ISBN 978-0-265-19186-6
PIBN 11010400

1 MONTH OF
FREE
READING

at

www.ForgottenBooks.com

By purchasing this book you are eligible for one month membership to ForgottenBooks.com, giving you unlimited access to our entire collection of over 1,000,000 titles via our web site and mobile apps.

To claim your free month visit:

www.forgottenbooks.com/free1010400

ANNALEN DER PHYSIK.

JAHRGANG 1803, ERSTES STÜCK.

I.

VERSUCHE

mit einer Voltaifchen Zink - Kupfer-
Batterie von 600 Lagen,

angeftellt

von

J. W. RITTER.

Die nachfolgenden Verfuche find angeftellt zu *Go-*
tha im Januar und Februar 1802. Wie fie entftanden, ift bekannt, (f. *Reichsanzeiger,* 1802, *B. I,*
No. 66, 8. *März, S.* 813 — 820,) und ich habe
zu ihrem Vortheile blofs zu wiederhohlen, dafs der
Durchlauchtige Begründer in eigner Perfon, und
nächft Ihm noch eine nahmhafte Anzahl anderer
Freunde der Wiffenfchaft, prüfende und faft beftän-
dige Zeugen derfelben gewefen find.

1. Zu Ende des Jahres 1801, alfo kurz vor diefer Zeit, war *Volta's Entdeckung über die aufser-*
ordentliche Gefchwindigkeit, mit welcher grofse ele-
ctrifche Batterien von Galvanifchen, zu gleichen

Spannungen mit diefen, geladen werden, bei uns bekannt geworden. *) Das allgemeine Erftaunen., das
diefe Entdeckung erregte, konnte nur durch eine
detaillirte Darftellung des Phänomens felbft gehoben
werden, und ich habe jene Gelegenheit zu ehren
geglaubt, indem ich ihr dies Gefchäft zunächft über-
trug. Auch hat fich gezeigt, dafs damit nichts
Ueberflüffiges gefchehen, denn felbft die uns fpäter
bekannt gewordnen Verfuche der Herren van Marum und Pfaff im Teylerfchen Mufeum zu Har-
lem, (f. *Annalen*, X, 123 — 134, 143,) find dabei ftehen geblieben, den Voltaifchen Verfuch
mit einer gröfsern electrifchen Batterie, als bisher
gebraucht worden, zu wiederhohlen, und darauf
die Wirkfamkeit einer Säule von 200 Lagen in Ladung folcher Batterien, mit derjenigen der grofsen
Teylerfchen Electrifirmafchine in felbiger Hinficht,
zu vergleichen. **). Von Verfuchen auf deutfchem

---

*) Siehe *Annalen*, IX, 381; *meine Beiträge*, B. II,
  St. I, S. 169 — 171; *Int.-Bl. d. A. L. Z.*, 1801,
  No. 107; = *Ann.*, IX, 489 — 490; u. f. w.   R.

**) Ich glaube nicht, dafs diefe Vergleichung ge-
  lungen fey, nach welcher fie die Kraft einer Voltaifchen Zink-Silber-Säule von 100 Lagen, grofse electrifche Batterien zu laden, zu der Kraft
  gedachter Mafchine, diefen Batterien die nämliche Spannung zu geben, wie 3 : 5 fetzen. Denn
  fie würden bei fortgefetzten Verfuchen gewifs gefunden haben, dafs fchon die Säule von 200 Lagen die Teylerfche Mafchine darin weit über-

Boden ift vollends nichts bekannt geworden; Gotha
allein fcheint das fremde Gewächs aufgenommen zu
haben, und ich hoffe, zu zeigen, dafs fein Gedeihen
mehr von der Günftigkeit des Himmels, als von
meiner Pflege, abgehangen hat.

2. Die *electrifche Batterle*, die in diefen Verfuchen gebraucht wurde, beftand aus zwei Abtheilungen, von denen die eine, (B',) in vier Flafchen
an $12\frac{1}{2}$, die andere, (B'',) in fechzehn Flafchen
an $21\frac{1}{2}$, beide folglich, wie gewöhnlich vereinigt,
gegen *34 par. Quadratfufs belegtes Glas* hatten. *)

trifft, und dafs fomit Volta's *erfte* Säule fchon
den Preis über fie davon trug. Nimmt man aber
jenes Verhältnifs einftweilen an, und fetzt mit
Volta, (f. *Ann.*, X, 443,) die Spannung von
Zink und Kupfer zu der von Zink und Silber
$= 11 : 12$; fo folgt, dafs die Zink-Kupfer-Batte-
rie von 600 Lagen, mit der die folgenden Verfuche gröfstentheils angeftellt wurden, die van
Marum'fohe Zink-Silber-Säule von 200, an
$2\frac{1}{4}$ mahl übertraf, und folglich $1\frac{11}{20}$ mahl, (oder
jenes Spannungsverhältnifs felbft auf 10 : 12 herabgefetzt, doch noch $1\frac{1}{2}$mahl,) ftärker, als die
grofse Teylerfche Mafchine, und fomit, nach
dem, was mir bekannt ift, die erfte Galvanifche
Batterie war, die fo ftark und ftärker als jene
Mafchine zu Ladungsverfuchen Voltaifcher Art
gedient hat.   R.

*) Hiernach ift Voigt's *Magazin*, IV, 587 u. 628,
zu berichtigen, wo aus einer Verwechfelung der
Maafse die Belegungsgröfse mehrere Fufs zu
hoch angegeben ift.   R.

Die ganze Batterie befand fich

Zuftande; jede Abtheilung ftand

ften von Holz, und beide ware

Glasfüfsen aufs befte ifolirt.

der war durch $\frac{1}{2}$ — $3'''$ ftar

fendrähte aufs vollkommenft

fand fich befonders nicht die

(womit die zur innern Bele

ftäbe und Kugeln gewöhnli

fchen dem Verbindungsd

der Kugel, oder überha

der Batterie verbunden

jener Lacküberzug an d

weggenommen war. J

genauen Verfuche alle

Berührungsftellen mit

dafs felbft bei ziemli

rats keine Trennun

möglich war. Nur

der Batterie mit d

wo überhaupt die

werden follten, w

doch war auch h

geringfte Oxydb

Berührung, wo

dere, im Wege

3. Das Elec

gebraucht wur

(f. Gehler'

der empfindlichſten Art, doch von einem ſehr regel-
mäſsigen Gange. Wenn bei gewöhnlicher Zimmer-
temperatur der obere Haken deſſelben mit dem
einen und der untere Haken mit dem andern Ende
der Säulenverbindung von 600 Lagen verbunden
wurde, deren Pappen mit Kochſalzauflöſung, oder
mit Lackmus, oder mit Lackmus und Galle, u. ſ. w.
genäſt waren, ſo betrug die Divergenz deſſelben
gegen $2\frac{1}{2}$ par. Linien. Dieſe Beſtimmung iſt indeſs
nur ungefähr, nicht als ob die Divergenz ſelbſt bald
gröſser oder kleiner geweſen wäre, ſondern weil
mein, durch den ſo häufigen Umgang mit dieſem Electrometer ſchon geübtes Auge mir die jedesmahlige
Divergenz ſchneller, und, ich möchte ſagen, ſcharfer
zur Vergleichung gab, als ein langſames Meſſen mit
Zirkel oder Maaſsſtab, das mich in tauſend Fällen nur
aufgehalten hätte, und für meine Abſicht an ſich
überflüſſig war. Ich werde gedachte Divergenz, unter obigen Verhältniſſen genommen, ſo oft ſie vor-
kommt, die *ganze Divergenz* nennen. Sie iſt bei
der nämlichen Säulenverbindung obiger Conſtru-
ction von *gleicher* Gröſse, es mag während deſſen
am poſitiven, oder am negativen Ende der Säulen-
reihe, oder wo es auch ſonſt ſey, abgeleitet werden.
Ferner iſt ſie genau *dieſelbe*, wenn man das
Electrometer am $+$- oder $-$-Ende der Säulenrei-
he aufhängt, an dem dieſem entgegengeſetzten Ende
der letztern eine Ableitung nach der Erde, und eine zweite vom Boden des Electrometers nach einer

andern Stelle der Erde, anbringt. In allen diesen
Fällen wird die Divergenz die ganze heifsen.*)

*) Man ſieht, daſs das Schema obiger Conſtru-
ctionsarten der Divergenzbedingungen im Grunde bei allen doch das nämliche iſt. Daſs die *Divergenz des Electrometers* aber allerdings *ihre Bedingungen* habe, erhellt daraus, daſs es *nie* divergirt, wenn es mit feinem obern Haken vom einen oder andern Pole der *gut iſolirten galvaniſchen
Batterie a b* in Fig 1, (Taf. I,) in die freie Luft
herabhängt, ohne daſs von der *untern Platte* deffelben eine Ableitung nach der Erde angebracht,
wenn diefe alfo *ganz iſolirt* iſt. Erſt wenn diefes
geſchieht, geht das Electrometer aus einander,
und zwar dann, wie natürlich, in dem, der Intenfität des vorhanduen + oder — entſprechenden Grade. Wenn der Nullpunkt der Säulenverbindung in der Mitte der Fig. 1, (in *h = i = k*,)
liegt, fo iſt diefe Divergenz am einen und andern Ende derfelben gleich grofs, und zwar die
halbe von der ganzen in §. 3. In dem Augenblicke,
als fodann, wenn das Electrometer fich an *a* befindet, auch in *b* abgeleitet wird, fpringt die Divergenz von diefer halben zur ganzen, bleibt darin, fo lange die Ableitung in *b* anhält, und
geht bei Aufhebung derfelben wieder zu der halben zurück Und fo umgekehrt. Es iſt übrigens
von dem höchſten Intereffe, die Bedingungen
der Divergenz irgend eines Electrometers, befonders an Volta's Säule, genau zu unterfuchen;
— eine Bemerkung, von der ich *hier* nicht fagen
kann, *wieviel* mit ihr gemeint fey. Wer es ahn-
det, wird mich in das Detail gegenwärtiger Abhandlung mit Vergnügen begleiten.   R.

4. Die *Galvanifche Batterie* war beftändig in vier
Säulen, jede von 150 Lagen, fo gebaut, dafs von
jedem fich berührenden Kupfer und Zink das Kupfer nach unten und der Zink nach oben lag. Die
Platten und Pappen *) felbft waren von der näm-

---

*) Pappe, und zwar dünne, wenig geleimte, ift
unter mehrern noch immer die Subftanz, die, als
Träger der Flüffigkeit, in Säulen, die einmahl
nicht anders, als mit Hülfe folcher Träger zu
bauen find, die Leitung diefer Flüffigkeiten am
wenigften fchwächt, und defshalb andern vor-
zuziehen ift. Ich habe ausdrücklich gefehen,
wie Säulen bei derfelben Flüffigkeit, aber mit
Tuch, wenn es auch noch fo locker war, oder mit
Leder, conftruirt, weit fchwächer gewirkt haben, als mit folcher Pappe. Welches Hindernifs
aber felbft die Pappe noch in den Weg legt, ift
an Cruickfhank's Trogapparate deutlich, wo
die Flüffigkeit ohne allen Träger zwifchen den
Plattenpaaren zugegen feyn kann; eine Anbrin-
gungsart, welche bei weitem die befte ift. Den
Apparat felbft für manche Zwecke bequemer zu
machen, fchlug ich vor, (fiehe Voigt's
Magazin, IV, 653, 654,) jede Zelle in ein
Fach für fich zu verwandeln, u. f. w.; welche
Einrichtung, wie ich fehe, Erdmann, (f *Annalen*, XII, 458 — 465, vergl. 380,) und früher
fchon, ausgeführt, und ihrer guten Seite nach
beftätigt hat.
  Zur Erhaltung aber eines *Apparats mit Platten
von fehr grofsen Flächen*, nach dem nämlichen
Princip, fcheint, ehe der *Verfuch* entfchieden
hat, kaum eine Einrichtung der *Zellen* fo gut, be-

lichen Gröſse, wie die in den *Annalen*, VII, 373,
beſchriebnen. Von jeder Säule war das Kupferende
mit dem Zinkende der folgenden verbunden, alle
glichen ſomit Einer von vierfacher Höhe der einzelnen. Da indeſs oft von den einzelnen Säulen als
ſolchen die Rede ſeyn wird, ſo werde ich für ihre

quem und wohlfeil zu ſeyn, als die kürzlich von
Werneburg, (ſ. *Verkündiger*, 1801, No. 84,)
in Vorſchlag gebrachte. Man darf dazu, für jede Zelle, nur in einem hölzernen viereckigen
Kaſten von gehöriger Gröſse, zu beiden Seiten in
die Längenwände, in ganz kleinen Diſtanzen, Falzen, z. B. 100 in jede Wand, einſchneiden, den
ganzen Kaſten darauf inwendig mit Harz oder
ſonſt einer iſolirenden Maſſe, dünn überziehen,
und nun 50 Zinkplatten von entſprechender Gröſse ſo in die Falzen einſetzen, daſs zwiſchen jeden zwei Zinkplatten zu beiden Seiten eine leer
bleibt, in welche man ſodann 50 Kupferplatten
einſetzt. Hat jede an der einen Wandſeite einen
kurzen ſtiftartigen Fortſatz, und ſo jede Zinkplatte ebenfalls, doch an der entgegengeſetzten,
ſo darf man nur alle Zinkplatten etwa dadurch,
daſs man einen ſchwachen Draht, z. B. von Eiſen, zwiſchen ihren Fortſätzen durchflicht, zu
Einem Contiguum verbinden, und eben ſo alle
Kupferplatten, und darauf den Kaſten mit der
anzuwendenden Flüſſigkeit ausfüllen. Die Platten ſeyen Quadrate von 3 Zoll Seite: ſo ſieht man,
daſs ſie, ſtatt bei der gewöhnlichen Anwendungs-
art höchſtens mit 9 Quadratzoll Fläche im Verſuche zu ſeyn, es hier mit 18 Quadratzoll Fläche
ſind, und daſs ſo der ganze Kaſten Einem Fach,

Summe beſtändig den Ausdruck: *Batterie*, mit dem Zunamen: *Galvaniſche*, beibehalten, und durch letztern hinlänglich vor Verwechſelung derſelben mit der *electriſchen* ſichern. Uebrigens verſteht ſich, daſs die Galvaniſche Batterie, in ihren Theilen wie als Ganzes, ſich jederzeit im Zuſtande der beſten

Einer Zelle, mit Plattenquadraten von 900 Quadratzoll Fläche, (auf jeder Seite,) gleicht, und überdies noch den Vorzug hat, daſs 1. die *ganze Fläche*, welche jede Zink- und Kupfermaſſe hat, in den Verſuch kommt, indeſs bei Einem Fache, (und ſo in Säulen u. ſ. w.,) immer eben ſo viel und oft noch mehr, ganz ungenutzt muſs liegen bleiben, als in den Verſuch eingeht; 2. daſs, da die kleinern einzelnen Zinkplatten *weit dünner* können gegoſſen werden, als die Eine groſse, wenigſtens die Halfte des Zinks, und leicht an zwei Drittheile, und eben ſo auch ein beträchtlicher Theil Kupfer, erſpart wird, welche Erſparniſs durch die Koſten des Kaſtens u. ſ. f. bei weitem nicht aufgehoben wird; 3. daſs man die Platten bald im Kaſten, bald wieder in gewöhnlichen Säulen, oder wie man ſonſt will, brauchen kann, ohne an ihnen das geringſte ändern zu dürfen; 4. endlich, daſs man mit einem ſolchen Apparate eine Menge Verſuche vornehmen kann, die mit einmahl eingerichteten Cruickſhank'ſchen Trogapparaten, oder einzelnen Fächern, ohne ſie jedes Mahl völlig anders einzurichten, gar nicht vornehmen kann.

Hat man eine Anzahl ſolcher Kaſten, ſo braucht man dann nur alle Mahl den Zinkplattendraht des einen mit dem Kupferplattendrahte des

Kolation befand, als in welchem fie zu jedem Verfuche vorausgefetzt werden wird.

———

5. Die Galvanifche Batterie fey angeordnet wie
in Fig. 1, Taf. I. Es fey am ╋ - *Drahte a* das Electrometer mit feinem obern Haken eingehangen,
und der Haken der untern Electrometerplatte mit

andern metallifch zu verbinden, um z. B. mit
10 folchen Kaften von der angegebnen Größe
eine Galvanifche Batterie darzuftellen, welche
wirkt wie ein Trogapparat von 10 Plattenpaaren,
deren jede Platte 6¼ Quadratfuſs groſs ift, welche
nur etwa den dritten Theil fo viel koftet, und
welche eine Wirkung verfpricht, deren Stärke
man ahnden kann, wenn man bei D a v y, (fiehe *Annalen*. XII, 353,) von einem Trogapparate
von eben fo viel, aber beinahe nur ⅛ fo groſsen
Plattenpaaren, fchon einen fo aufserordentlichen
Erfolg ſieht. — Uebrigens darf man nur wieder
die Zinkplattendrähte aller Kaften durch einen
neuen Draht zu Einem, und eben fo alle Kupfer-
plattendrähte, verbinden, um, bei der letzten
Verbindung der Drähte unter einander, das Phänomen einer einzigen Lage, Zelle, Eines Fachs
oder Einer Kette, mit Platten von 125 Quadratfuſs Größe, zu hahen.
Es ift zu wünfchen, daſs jemand Verfuche
mit einem Apparate diefer Art anftellte, um durch
Vergleichung der Wirkung deffelben mit einem
an Fläche gleichen Zellen- oder Trogapparate,
das praktifche Verhältniſs deffelben zu diefen
zu erfahren, und ob auch nicht wegen mancher
Umftände, (vergl. z. B. §. 31, Anm.,) diefe
Vorrichtung weniger Empfehlung verdiene. *R.*

dem — - *Drahte b* durch einen Eisendraht verbunden.
Da Electrometer und Draht ganz in der freien Luft
hängen, so ist alles von selbst wohl isolirt. Man
verbinde nun den + - Draht *a* mit der innern Belegung einer electrischen Batterie durch einen isolirten Eisendraht, lege darauf, (indem man selbst isolirt ist,) einen feuchten Finger der einen Hand an
die äußere Belegung, und schließe mit einem feuchten Finger der andern Hand an dem — - Drahte der
Galvanischen Batterie; oder berühre umgekehrt erst
diesen Draht, und schließe durch Berühren der
äußern Belegung. Man erhält einen *Schlag.* Dasselbe erfolgt, wenn man den — - Draht mit der äußern Belegung durch einen Eisendraht verbunden
hat, und nun zwischen den + - Draht und der innern
Belegung mit nassen Fingern schließt. Ehe man
den einen oder andern Finger abzieht, sieht man
nach dem Electrometer. Es wird die bekannte Divergenz zeigen, und somit auch dieselbe Spannung
für die electrische Batterie, wie für die Galvanische,
denn zu beiden steht es so eben in dem nämlichen
Verhältnisse. Bei erneuerter Berührung wird kein
Schlag weiter erfolgen, denn schon mit dem ersten
ist die Ladung geschehen. Nimmt man jetzt den
Verbindungsdraht zwischen der electrischen und
der Galvanischen Batterie fort, und verbindet beide
Belegungen der electrischen Batterie durch feuchte
Finger, so erhält man wieder einen *Schlag.* Nachher keines mehr, denn schon mit dem Einen ist die
Batterie entladen. Unter übrigens gleichen Um-

ständen war bei Galvanifchen Batterien, die mit einer der in No. 3 genannten Flüßigkeiten conftruirt
waren, der *Ladungsfchlag* jederzeit *ftärker*, *) als
der *Entladungsfchlag*.

6. Der vorige Verfuch werde fo wiederhohlt,
dafs man das Electrometer ganz weglaffe, und die
Verbindung der Säulen unter einander felbft an irgend einer Stelle trenne, die gewohnten Endpole
aber mit den Belegungen der electrifchen Batterie
auf die gehörige Weife verbinde. Wo nun auch
mit den Händen die getrennte Verbindung wieder
ergänzt werde, es gefchehe in *d*, *e*, *f*, *h*, *i*, *k*, *m*,
n oder *o*, überall erhält man, unter übrigens gleichen Umftänden mit denen in 5, einen *Ladungsfchlag*, genau fo grofs wie dort, und nach wieder
aufgehobner Verbindung nach Ladung der electrifchen Batterie, einen *Entladungsfchlag*, ebenfalls
fo grofs wie dort, beide alfo auch im nämlichen
Verhältniffe zu einander.

*) Man wird aber in der Folge finden, in welches
ganz entgegengefetzte Verhältnifs beide endlich
treten, fobald der Leiter zweiter Klaffe zwifchen
denen der erften in der Galvanifchen Batterie,
über einen gewiffen Grad hinaus fchlechter leitet,
als der zu obigen Batterien angewandte. Bedeutende Unterfchiede fanden fich fchon bei
Batterien, die fo eben gebaut waren, und andern
fonft gleichen, die aber bereits drei bis vier Tage
geftanden hatten, wo alfo die Pappen fchon fehr
eingetrocknet, und damit zu weit fchlechtern
Leitern, als anfangs, geworden waren. R.

7. Man weifs aus 5 die ganze Divergenz des Electrometers an der Galvanifchen Batterie. Man verbindet die Säulen mit einander wieder wie dort, fetzt des Electrometers einen Haken aber mit der einen, den andern mit der andern Belegung der electrifchen Batterie in Verbindung, und fodann die eine diefer Belegungen durch den ifolirten Zuleitungsdraht mit dem einen Ende der Galvanifchen Batterie. Bei der Verbindung der andern Belegung mit dem andern Pole erfcheint am Orte derfelben ein fchwach knickfender *Ladungsfunke* von 4 bis 5 Linien Durchmeffer, *) und nachdem nicht

---

*) Nur bei frifchen Batterien, (und folche find von 5 an vorausgefetzt,) hat diefer *Funke*, der übrigens an Strahlen und Kern ganz dem folgenden gleicht, die hier angezeigte Gröfse. Nachdem fie einen oder fchon etliche Tage geftanden, wird er kleiner und immer kleiner, bis er endlich ganz fehlt, indefs der Entladungsfunke der electrifchen Batterie für alle Zeiten von gleicher Gröfse ift, fo lange nur die Spannung der Galvanifchen Batterie die anfängliche bleibt. Ueberhaupt verhält fich der *Ladungsfunke*, (gleich dem Ladungsfchlage in 5 und 6,) bei gleichen Spannungen wie die Güte des *feuchten Leiters* in der Batterie, während der *Entladungsfunke* (und Schlag), in fofern hier alle Leitung diefelbe bleibt, fich nur verhält wie die *Spannungen*, folglich mit diefen ebenfalls derfelbe ift. — In was aber folche Entladungsfunken bei immer höhern Spannungen, folglich immer höhern eignen Stär-

wieder. Das Electrometer aber divergirt vom erſten Verbindungsaugenblicke an fort, und aufs
ſchärfſte mit derſelben ganzen Divergenz wie in 5,
oder vor allem Verſuche. Man nimmt die beiden
Communicationsdrähte ab, und entladet jetzt die
electriſche Batterie, entweder wie in 5 durch die
Hände, oder durch einen iſolirten Eiſendraht. Im
erſtern Falle hat man, unter ſonſt gleichen Umſtänden, einen Entladungsſchlag genau derſelben Stärke wie in 5 und 6; im letztern aber einen ſtark knick-
ſenden rothen ſonnenähnlichen *Entladungsfunken*
von 14 bis 15 Linien Durchmeſſer, mit einem ſchö-
nen blauen Kerne in der Mitte. Das Electrometer
aber iſt zuſammengefallen. *)

ken, ihrem Ausſehen nach, *übergehen*,...., darüber vergl. m. 22. R.

*) Zu bemerken iſt, daſs das Electrometer, wenn
der entladende Bogen, der an der einen Belegung
anliegt, ſich der andern Belegung bis auf ein Gewiſſes näherte, etwas ſtärker zu divergiren an-
fängt, und damit bei zunehmender Nähe jenes
ebenfalls zunahm, bis zu dem Augenblicke, wo der
Funke ſelbſt erſchien, bei welchem denn ſogleich
alle Divergenz auf einmahl verſchwand. Ich
habe es überhaupt als ein Geſetz aller und jeder
durch Electricität, ſie ſey wie oder woher ſie
wolle, geladner Körper, beſtätigt gefunden, daſs
vor der wirklichen Entladung die Spannung des geladnen Körpers bei der Annäherung des Entladers um ein Bedeutendes *zunimmt*, ehe ſie bei
wirklichem Eintritte der Schlagweite gänzlich

8. Man wiederhohlt den Verfuch nach Art der in 6 erwähnten Abänderungen. Nach welcher unter ihnen es auch gefchehe: der *Ladungsfunke* wird noch derfelbe, und fo auch der *Entladungs-* (Schlag oder) *Funke* durchaus der nämliche feyn.

9. *Ohne Gegenwart der electrifchen Batterie* hat man in Säulenverbindungen, die man, wie in 6 und 8, trennt und wieder fchliefst, (felbft, wenn man diefes bei *i* Fig. 1 thut, nachdem man fowohl von *a* als von *b* eine Ableitung nach dem Boden angebracht, fomit das Minus der Säulen *c* und *g*, und eben fo das Plus der andern *p* und *f*, auf das Maximum gebracht, und folglich im Verfuche die höchfte Entgegenfetzung beider zur Aufhebung hätte;) weder von Funken noch Schlag *das mindefte Merkliche.* *)

vernichtet wird, und es ift zu diefem Erfolge gleichviel, der Entlader beftehe aus der beftleitenden Subftanz, oder er gewähre nur eine fchwache Leitung, wie z. B. wenn er mit thierifchen Theilen, mit Waffer u. dergl., unterbrochen ift, oder daraus befteht. — Mehrere Erfcheinungen bei Gewittern u. f. w. gehören ganz hierher.   R.

*) Diefer Zufatz ift nöthig, denn es werden in der That *feinere Reagentien*, z. B. Frofchpräparate von gehöriger Erregbarkeit, erfordert, um die Aufhebung der Electricitäten, die in diefem Falle nothwendig zugegen ift, auf *fehr bedeutende Weife ins Auge fallen* zu machen. Auch erfährt man auf folche Weife, dafs nicht blofs in den Augenblicken der Herftellung und der Aufhebung folcher

Dennoch würde das Electrometer auf die Weife, wie in 5, mit *a* und *b* verbunden, in jedem diefer Fälle in die ganze Divergenz übergehn.

10. In jedem der Fälle 5 bis 8 ift der Entladungsfchlag oder Funke der nämliche, wenn auch die electrifche Batterie nach dem Ladungsfchlage oder Funken, durch den einen Draht mit der Galvanifchen in *Verbindung* bleibt.

11. In 5 bis 8 konnte die *letzte Verbindung* der Galvanifchen Batterie mit der electrifchen *fo fchnell, fo vorübergehend, als möglich* feyn: die electrifche Batterie war doch zu der nämlichen Spannung wie immer geladen, zeigte nachher diefelben Entladungsphänomene, und zeigte fich, namentlich in 7 und 8, nicht

Verbindungen, Wirkung da fey, fondern eben fo wohl auch *während* derfelben; in dem Falle nämlich, dafs von beiden Polen der Batterie zur Erde abgeleitet ift. Betrachtet man aber eine Galvanifche Batterie während folcher Verbindung, oder, was eins ift, Fig. 1, während an ihr in *a* wie in *b* abgeleitet ift, fo findet man fie im Zuftande einer ganz geringen *partiellen Schliefsung,* und zwar darein verfetzt durch das Stück des Bodens, das fich zwifchen den beiden Ableitungsdrähten befindet, und das allerdings einige Leitung, fo geringe fie auch fey, gewähren mufs, da überhaupt nur dadurch irgend eine wirkfame Ableitung der Batterie möglich ift. Die Batterie ift alfo ganz in denfelben Umftänden in welchen fie feyn würde, wenn fie durch eine fehr lange und

nicht im mindeſten bemerklich ſtärker oder ſchwächer, jene Verbindung mochte einen Augenblick,
ſo weit mechaniſche Geſchicklichkeit ſich ihm nähern
kann, oder 1, 2, 4, 8, 16 Sekunden und länger,
oder halbe, oder auch ſelbſt ganze Stunden gedauert
haben.

12. *Wiederhohlt* man den Verſuch 7 oftmahls
in kurzer Zeit nach einander, während die *Belegung* der electriſchen Batterie, die man mit dem
einen *Pole* der Galvaniſchen verbindet, alle Wiederhohlungen hindurch *dieſelbe* bleibt, — ſo bemerkt
man deutlich, daſs, bei ſonſt aufs höchſte gleich
gehaltnen Umſtänden, der *Entladungsfunke* der
electriſchen Batterie *immer gröſser* wird, ſo daſs er
von einem Durchmeſſer, von $1\frac{1}{4}''$ übergehn kann

und enge Röhre mit deſtillirtem Waſſer, einer
kürzern mit Weingeiſt, oder dergleichen, geſchloſſen wäre; Umſtände, die aus *Annalen*, VIII,
455 u. f., bereits bekannt genug ſind. — Weder
in 5 noch 6 bis 8 kommt indeſs eine ſolche Ableitung zu beiden Seiten vor, es fehlt alſo hier
ganz an fortdauernder Wirkung, die davon her-
käme; dieſe iſt es aber auch nicht einmahl, die
auf die dort beſchriebnen Phänomene von Einfluſs
ſeyn kann, ſondern bloſs das, was ohne alle Ableitung bei Verbindungsarten, wie in 6 und 8,
ſtatt hat. Wo aber dann die letzte Verbindung
geſchehe, iſt völlig gleich, ſomit auch das, was als
(ſolche) Folge des Verbindungsorts ſich dem Reſultate jener Verſuche beimiſchen kann (und muſs),
und damit ſind es jene Reſultate überhaupt. *R.*

zu einem von $1\frac{1}{2}$ bis $1\frac{3}{4}$, ja bis $2''$. Ich hatte mich
zu diefem Verfuche mit einem Gehülfen fo einge-
richtet, dafs mein Gehülfe von halben zu halben
Sekunden die electrifche Batterié durch momentane
Verbindung mit der Galvanifchen *lud*, ich hingegen
fie *entlud*, und zwar fo, dafs es gewöhnlich $\frac{1}{4}$ Sekunde nach der Ladung gefchah, dafs alfo die neue
Ladung auch immer $\frac{1}{4}$ Sekunde nach der Entladung
folgte. Beides ift fodann 200 bis 300 mahl fortge-
fetzt worden; und fo oft, zu fo verfchiednen Zeiten, und mit fo verfchiednen Galvanifchen Batterien
wir auch diefen Verfuch von neuem angeftellt haben, fo ift doch der Erfolg beftändig der angeführte gewefen. *)

13. Anderfeits habe ich oft gefehn, dafs electrifche Batterien, — nachdem fie mehr oder weniger
einem Verfahren wie in 12 ausgefetzt gewefen waren,
(d. i. *diefelbe Belegung* eine Zeit lang wiederhohlt
mit len *nämlichen Polen* der Galvanifchen Batterie
verbunden worden war,) wenn nachher fchnell die
Pole in Hinficht auf die Belegungen *umgewechfelt*

*) Ich habe mehrmahls nach einem folchen Ver-
fahren bei Galvanifchen Batterien, die fchon mehrere Tage geftanden hatten, fowohl die Spannung,
als die Fähigkeit, bei ihrer eignen totalen Schliefsung Funken zu geben, um ein merkliches *verftärkt* gefunden. Doch ift dies mehr eine zufäl-
lige Bemerkung, als ein Refultat abfichtlicher
Unterfuchung gewefen; weshalb ich auch keine
genauern Beftimmungen anzuführen weifs. *R.*

wurden, und man den Verfuch fortfetzte, — bei der
Entladung im Anfange *faſt gar keinen Schlag* oder
Funken gaben, ſie erſt nach einer ſehr *kurzen Zeit*
und dann ſchnell immer *ſtärkere*, zeigten, bis beide
endlich bald den *anfänglichen*, vor aller Verwechſelung, wieder *gleich* kamen, worauf ſie auf die
nämliche Weiſe langſam ferner zu *wachſen* fortfuh-
ren, wie vorhin.

14. Wiederhohlt man den Verfuch 7 mit einer
friſch gebauten Galvaniſchen Batterie, doch ſo,
daſs man nach der Ladung der electriſchen durch
*ſie weder den einen noch den andern der Communica-
tionsdrähte abnimmt*, ſondern beide an Ort und
Stelle läſst, und entladet nun, ſo hat man, ſtatt des
Entladungsfunkens von 14 bis 15 Linien Durchmeſſer, einen *von* 24, *von* 28, *und ſelbſt noch mehr.
Linien Durchmeſſer.* Die Strahlen deſſelben ſind
bei weitem zahlreicher und gedrängter, als die jener
kleinern, und alle frühern ſtehn ihm an Schönheit
gänzlich nach. Mit ſeiner Erſcheinung fiel das Electrometer zuſammen; es geht aber ſogleich wieder
aus einander, wenn man den Entlader von der Batterie abzieht. Geſchieht dies ſchnell genug nach der
Anbringung, d. i., war die ganze Entladung überhaupt nur momentan, (auf die Art, wie die Ladung
der electriſchen Batterie in 11,) ſo hat auch das
Electrometer ſogleich ſeine alte Divergenz gänzlich oder faſt gänzlich wieder. Es beweiſt dies
aber, daſs alſobald auch die Bedingungen des erſten Funkens, (Ladung der electriſchen Batterie,

u. f. w.,) wieder hergeftellt find, und man erfährt
diefes, wenn man von neuem fchliefst.

15. Man kann diefes *in äufserft kurzen Zwi-
fchenräumen* fehr oft nach einander wiederhohlen.
Befonders erhält man hierdurch ein Bild von der
alle frühere Vorftellung übertreffenden *Menge
von Electricität*, welche eine Galvanifche Batterie
mittheilen kann, wenn man den Entlader, (einen
ifolirten, am fchliefsenden Ende zugefpitzten Eifen-
drabt,) während fein eines Ende an der einen Belegung feft liegt, mit feinem andern eine Zeit lang
leicht über eine Fläche der andern in mannigfaltigen
Zügen hinführt, oder noch beffer, wenn diefe letztere Fläche noch ihren anfänglichen Lacküberzug
hat, und man die Spitze des Entladers, während
diefes Herumführens, fo gegen diefelbe an- und
eingedrückt hält, dafs fie den dünnen Lacküberzug
in jedem Augenblicke neu durchbricht, und fo fich
in Einer fortlaufenden Linie den Weg durch ihn
bahnt. Der Funke, welcher bei der allererften
Entladung erfchien, wird hier bei den unendlich
vielen darauf folgenden fo ungemein fchnell wieder
erneuert, dafs es dem Auge unmöglich wäre, das
Verfchwinden deffelben von einem zum andern Mahle, als ein befonderes, zu bemerken. Eine Sonne
fcheint fich an der Spitze des Entladers verfteinert
zu haben, fo beharrlich ift fie; und man mufs das
Phänomen gefehen haben, um felbft diefe Befchreibung noch mangelhaft zu finden.

16. In diesen Versuchen, (14' und 15,) übertrifft der Entladungsfunke den in 7 um so mehr,
je größer der Funke selbst ist, welchen die Galvanische Batterie ohne alle Verbindung mit der electrischen geben würde, und um so weniger, je kleiner
dieser ist. Daher Galvanische Batterien, die mehrere Tage gestanden haben, und bei der eignen Schließung selbst keinen Funken mehr geben, im Versuche 14 einen wenig, (oder auch ganz und gar
nicht,) größern Entladungsfunken, als in 7 ver-
anlassen.

17. Das Phänomen in 15 wird ebenfalls in dem
nämlichen Grade *mangelhaft*, als Galvanische Batterien entweder schon lange *gestanden* hatten, oder
von Anfang an mit einer *schlecht leitenden Flüssigkeit* construirt waren. Selbst bei den besten frische-
sten Batterien nimmt die Funkensonne nach einiger
Zeit ab, und verschwindet nach längerer endlich
ganz, worauf man nur eine mehr oder minder kleine Zeit warten darf, um das Phänomen mehr oder
weniger, oder auch ganz, wieder in seiner anfänglichen Vollkommenheit zu haben. In dem Maaße
aber, als die Batterien älter werden, nimmt jene
Zeit auch ab, und diese zu, bis zuletzt nur Spuren
des Phänomens zurück bleiben.

18. Es giebt aber selbst für noch so alte Galvanische Batterien, (so lange sie nur nicht ohne alle
Spannung sind,) für jede eine *bestimmte Zeit*, nach
welcher, wenn, wie in §. 14, die Entladung immer
von neuem wiederholt wird, der *Entladungsfun-*

ke nach wenigen frühern, die größer waren, sich
nun *in einer und derselben Größe fortzeigt.* Diese
Zeit ist um so kürzer, je frischer die Batterie, und
je leitender die Feuchtigkeit in ihr, und um so länger, je älter sie, und je schlechter der feuchte Leiter in ihr ist. Doch erhielt ich aus einer Batterie,
die bereits 4 Tage gestanden hatte, die nach 14
keinen größern Entladungsfunken, als nach 7,
und vor dem Versuche beinahe nur noch die halbe Spannung von der im ganz frischen Zustande
auch allein, ohne electrische Batterie, geschlossen,
gar keinen Funken mehr zeigte, — bei einem Verfahren, wie in §. 14, nach den ersten 3 oder 4 weit
größern Funken, nun fortdauernd in Entladungen
von $\frac{1}{4}'''$ zu $\frac{1}{4}'''$, rothe fein gestrahlte stille Funken
von 5 bis 6''' Durchmesser, ohne daß die Zeit fer-
ner eine Aenderung darin gemacht hätte.

19. Wenn man den Versuch §. 14 so wiederhohlt,
daß die beiden Belegungen der electrischen Batterie
durch isolirte Drähte repräsentirt werden, die in
der *Flamme* eines Talg- oder Wachslichts, erst einander nahe, dann näher, oder endlich in völlige
Berührung gebracht werden: so erscheinen während
der ersten Zeit die bekannten *Rußdendriten,* (s. *Annalen,* IX, 335—541,) und bei hinlänglicher Nä-
herung, die an Berührung grenzt, ein sehr schö-
ner sprühender *Funke,* dessen Strahlen zu beiden
Seiten weit zur Flamme herausschießen. Dendriten und Funken erscheinen, wenn auch die Drähte
so kalt wie möglich in den Versuch gebracht wer-

den follten, und letztere fo oft, als man die Drähte gegen einander bringt.

20. Wenn man aber, vor der Enfladung der
Batterie in der Flamme, zuvor die *Communicationsdrähte* zwifchen der Galvanifchen und electrifchen Batterie, beide, oder auch nur Einen, *abgenommen* hat, und nun genau wie vorhin verfährt;
fo erhält man dennoch *weder Dendriten, noch den
mindeften Funken.* Deffen ungeachtet ift die Batterie entladen. *)

*) Die Verfchiedenheit des Erfolgs in 19 und 20
wird *jetzt* hoffentlich keinen Anftofs mehr machen. Wie zu gleicher Spannung mit 600 Lagen geladne electrifche Batterien, die Ladung gefchehe, woher fie wolle, fich für fich verhalten,
fieht man eben aus §. 20; und dafs das Ganze das
Werk allmähliger Entladungen fey, lehren Verfuche, die ich bereits in Vo i g t's *Magazin*, IV,
587 — 590, angeführt habe. Was alfo in §. 20 ge-
fchicht, würde in §. 21 wohl auch vorgehen,
wenn nur dafelbft die Batterie von der Galvanifchen aus, nicht immer eben fo fchnell und fo
viel wieder erhielte, als fie verliert, daher in dem
Augenblicke, dafs die Drähte einander bis auf
die Schlagweite nahe gekommen find, die Batterie
doch faft noch fo ftark geladen vorhanden ift, als
wenn keine Flamme dazwifchen gewefen wäre,
alfo der Funke nothwendig überfchlagen mufs.
Eine Schicht *Weingeift* ftatt der *Flamme* in §. 20
und 21 angewandt, gab faft die nämlichen Refultate wie letztere, fo dafs die Flamme ein eben
fo fchlechter Leiter, als diefer; (vergl. Vo i g t's

21. Alles, was eine *electrische Batterie, von der Galvanischen aus geladen*, nach ihrer Trennung

Magazin, IV, 591,) zu feyn fcheint. Die *Allmühligkeit der Leitung*, welche die Flamme gewährt, erhellt noch mehr daraus, dafs die electrifche Batterie von einer Electrifirmafchine.... zu 2, zu 4, ja zu 8mahl höherer Spannung, als in §. 20, geladen, doch beim Zufammenbringen der Drähte, es mochte fo langfam oder fo fchnell gefchehen als möglich, nicht den mindeften Funken, oder wenn ich felbft im Entladungskreife war, den mindeften Schlag gab. Daffelbe gilt von Theilen der Batterie, durch Flafchen aller Gröfse herab, bis zu den kleinften. Ich lud unter andern eine Flafche von ¼ Q. F. Belegung durch 40 Umdrehungen einer Electrifirmafchine, die den Augenblick zuvor durch eben fo viele Umdrehungen die Batterie von 34 Q. F. auf gleiche Spannung als die Galvanifche Batterie von 600 Lagen, geladen hatte, fo dafs alfo in diefer Flafche die Spannung an 44 mahl höher feyn müfste, als in der Batterie in §. 20. Und doch war bei der Entladung noch kein Funke da. Ich lud fie darauf mit 60, 80, 100, 120, 140, ja felbft mit 160 Umdrehungen der nämlichen Mafchine, (als fo viel fie eben vertrug,) und noch immer kam es zu keinem Funken, fo klein er auch hätte feyn mögen. Dabei war es einerlei, ob an den Drähten, die in der Flamme waren, fich Kugeln von ½ Zoll Durchmeffer oder Spitzen befanden. Alles, was man bei folchen hohen Ladungen bemerkte, war ein mehr oder minder fchwaches Zifchen oder Saufen in der Flamme, begleitet von einer

von diefer in §. 5 — 8, 10, 11 und 20 bei der Entladung zeigt, zeigt fie *mit der gröfsten Genauigkeit*

gleichfalls gröfsern oder kleinern Bewegung der
Flamme felbft, beides aber nie fo momentan, alg
gefchähe ein plötzlicher Durchfchlag, fondern
nach und nach eintretend, und eben fo wieder
verlöfchend. — Erft wenn man den einen Bele-
gungsdraht der geladnen Batterie oder Flafche
felbft, durch eine Schicht Flamme, unterbricht,
und nun die *aufserhalb* der Flamme befindlichen
Enden diefes Drahts mit dem Drahte der andern
Belegung metallifch verbindet, erft dann kann
man dahin kommen, bei der Schliefsung des Kreifes, *in der Flamme felbft*, *einen Funken* überfpringen
zu fehn, vorausgefetzt, dafs die Drahtenden in
der Flamme einander bis auf die gehörige Schlagweite nahe ftehen; welche letztere hier für jeden
einzelnen Fall beträchtlich gröfser, als unter gleichen Umftänden in atmofphärifcher Luft ift. Es
ift mir wirklich auf diefe Weife geglückt, felbft
von einer *nicht ftärker* als in §. 7 geladnen Batterie,
bei faft an Berührung grenzender Nähe der Drähte in der Flamme, bei der Schliefsung des Kreifes aufserhalb derfelben, aufser dem Funken am
Schliefsungsorte, einen *zweiten* mitten in der
Flamme überfchlagen zu fehn; und je *höher* überhaupt die Spannung der Batterie ift, defto *leichter*
wird es auch, diefes Phänomen zu haben. Bei
ftark geladnen einzelnen Flafchen ift es jederzeit
da. Auch ift mit ihm die Flafche.... fo entladen, wie durch das vorhin angegebne Verfahren. — Alle in diefer Anmerkung angegebnen
Verfuche übrigens geben, mit der heifsen ver-

eben fo, wenn fie nur bis zu eben dem Grade von
Spannung von einer gewöbnlichen *Electrifirmafchine*, einem *Electrophor* u. f. w. *geladen* ift.

22. Vorzüglich wird man in Hinficht des *Funkens* aufmerkfam. Er ift genau derfelbe, als wenn
die Batterie von der Galvanifchen aus geladen wäre;
aber diefer ift, wie man in 7 gefehen hat, wiederum ganz gleich dem, den man an Galvanifchen Batterien felbft zu erhalten gewohnt ift. Denjeni-
gen, welche einen Unterfchied zwifchen „*electrifchen*“ und „*Galvanifchen*“ Funken angenommen,
ift die Geftalt, Farbe und höchft geringe Schlagweite diefes erftern auf einigen Stufen feiner Erfcheinung, nicht gegenwärtig gewefen. Die kleinfte Leidener Flafche hat ihre Spannungsgrade, binnen welchen fie Funken giebt, den fogenannten
Galvanifchen gleich; und fo fort bis zur größten
Batterie. Der Gang aber ift diefer: Es giebt für
jede belegte Fläche einen Grad von Spannung, *unter* welchem bei ihrer Entladung durchaus kein
Funke zu fehen ift. Sobald diefer aber *überfchrit-*

dünnten Luft ganz nahe um die Flamme oder über
derfelben, ftatt mit der Flamme felbft, angeftellt,
die nämlichen Refultate, nur in Graden, die der
merklich geringern Leitung oder ftärkern Ifolation diefer Luft angemeffen find.

Von den übrigen Eigenfchaften der *Flamme*, als
einem an Ifolatoren grenzenden *Halbleiter* der Electricität, und zwar der *zweiten Klaffe*, in der Folge das Nähere.   R.

ten ift, zeigt fich zuerft ein ftilles rothes, in die Breite flammendes Sternchen; diefes wird allmählig
gröfser, fo wie die Spannung zunimmt. Seine Strahlen werden gefchiedner, dichter, häufiger und länger, und während deffen fängt nun auch an fich in
der Mitte des immer fonnenähnlichern Sterns ein
blaues Pünktchen oder Kügelchen zu zeigen, welches zunimmt, während die Ausbildung des Sterns
auch weiter geht.   Endlich aber kommt in der
Scale der Spannungen ein Punkt, wo die Zahl und
Länge der Strahlen, während das Kügelchen immer
noch zunimmt, deutlich anfangen abzunehmen. Es
ift, als wenn fie das wachfende Kügelchen bei fteigender Spannung immer mehr in fich verzehrte;
bald bleiben nur noch wenige kurze übrig, und
endlich find fie alle mit einander verfchwunden.
Das Kügelchen, deffen fcharfe Grenzen bei diefem
ganzen Prozeffe fehr gelitten haben, bleibt allein
zurück, und ift nunmehr das, was bei Entladungen
immer gröfserer Spannungen der mannigfachen
Verzerrungen fähig ift, die man bemerkt, die aber
doch immer mehr oder weniger noch die Kugel-
form, als ihre Norm, beibehalten.   Zugleich bemerkt man, wie die *rothe Farbe des Sterns*, und
die *blaue des Punkts oder Kerns*, *) im Fortgange

---

*) Diefe Art von *Farbengegenfatz* als folchem ift
  merkwürdig, und bei fernern Unterfuchungen
  über das electrifche Licht ja nicht zu vernach-
  läffigen. Aus allem, was mir felbft bereits dar-

der Verfuche immer matter werden, fo dafs es
fcheint, als erlöfchten fie zuletzt in der Einen Mit-
telfarbe des übrig bleibenden Kugelfunkens. Mit
dem Erfcheihen und Zunehmen des Pünktchens in
der Mitte des Sterns fängt übrigens auch das Ganze
an, immer *hörbarer* zu werden, und etwas fpäter
kommt man auch dahin, eine wirkliche *Schlagweite*

über vorgekommen, fehe ich, dafs die Erfcheinung des *blauen Kerns* in der Mitte mehr von gegenwärtiger freier *pofitiver*, die des *rothen Sterns*
hingegen mehr von gegenwärtiger freier *negativer*
Electricität herrührt. Es ift mir nämlich häufig begegnet, bei zu ganz fchwachen Spannungen
geladnen *electrifchen Batterien*, ... die vor und
während der Entladung auf der *negativen* Seite *abgeleitet* waren, die fich alfo, wie aus noch folgenden Verfuchen, (fiehe §. 27, Anm.,) ganz
deutlich werden wird, im Zuftande der ○ auf diefer, und des doppelten + auf der pofitiven Seite befanden, — bei ihrer Entladung einen Funken
zu bekommen, in dem das *Blau* des Kerns weit
hervorftechender und *ftärker*, die rothen Strahlen hingegen eingezogner und matter waren, als
wenn jene Batterien nirgends, oder als wenn fie
von der *pofitiven* Seite aus *abgeleitet* waren, in
welchem letztern Falle das *Roth* des Sterns und
er felbft, eben fo häufig *ftärker* und höher zugegen waren, als ohne eine Ableitung. Ich fage: es
ift mir dies fehr häufig vorgekommen; ich fetze
indefs hinzu: dafs eben fo häufig, befonders bei
abfichtlich vorgefetzten Verfuchen darüber, mir
wenig oder nichts vorkam, dafs aber alles, was

des Funkens deutlich zu bemerken. Die gröfste
Breite des Stern- oder Sonnenfunkens aber, deffen
eine belegte Fläche fähig ift, fteht zur Zeit feiner
fchönften und längften Strahlen mit der Gröfse
diefer Fläche felbft im Verhältniffe, fo dafs beide
mit einander fteigen und fallen.' Sehr kleine Leidener Flafchen haben fie fchon bei '1 bis 2''' Durch-

mir wirklich unter den einen oder andern Umftänden vorgekommen ift, ohne unter hundert
Fällen Eine Ausnahme zu machen, immer die
obige Angabe von neuem beftätigt hat.

Bei *Galvanifchen Batterien* ift mir alles eben fo
wiedergekommen, und zuweilen höchft vollkommen. Schon in den *Ann.*, VII, 379, habe ich eines
Farbengegenfatzes der Funken, bei ihnen, gedacht, nur dafs mich fpätere Beobachtungen,
(vergl. *Annalen*, VIII, 469,) wieder irre mach-
ten; ich habe indefs bei fernerm Umgange mit der
Batterie das Phänomen unzählige Mahl wieder-
kehren fehen, dafs, wenn ich, bei übrigens gleichen Schliefsungsarten und Gliedern, vorher eine
Ableitung am *negativen* Ende der Säule anbrachte,
im erhaltnen Funken der blaue Kern, überhaupt
das *Blau*, das prädominirende war, ftatt dafs bei
einer am *pofitiven* Ende, der rothe Stern, oder
überhaupt das *Roth*, die Oberhand hatte. — Es
find auch hier Fälle möglich, wo diefer Unterfchied nicht merklich ins Auge fpringt, vornehm-
lich bei gröfsern Batterien, (der angeführte Fall,
Annalen, VIII, 469, war einer von ihnen.) Bei
Batterien von mittlerer Gröfse hingegen, hat er.
fich, wenn auch, nicht immer, doch fehr oft,

meſſer erreicht, während die Batterie von 34 Quadratfuſs Sonnen von .2½″ und drüber im Durchmeſſer geben kann, ehe ihre Strahlen ſich wieder zu
verkürzen anfangen. Zu gleicher Spannung mit einer Galvaniſchen von 600 Zink - Kupfer Lagen geladen, wie in §. 7, giebt ſie alſo bei weitem noch
nicht den gröſstmöglichſten Funken, (als wozu eine
noch höhere Spannung erfordert wird,) und es ſteht

und alle Zweifel völlig löſend, dargeboten, und
es iſt mir überdies, ſo wenig wie bei electriſchen
Batterien, nicht Eine Beobachtung bekannt, die
ein Mahl ein ganz andres Reſultat gegeben hätte.
Sehr grofs iſt jener Farbenunterſchied ſchon bei
Batterien mit Pappen, die mit bloſsem Brunnenwaſſer genäſst ſind. Sein Máximum aber habe
ich beſonders bei Batterien mit Potaſchenauflö-
ſung, (von 30 bis 100 Plattenpaaren,) geſehen.
Ich ſchloſs hier mit (iſolirtem) Eiſendrahte auf
der obern Zinkplatte der Säule. *Ohne alle Ablei-*
tung erhielt ich *ſchöne rothe Sterne mit dem blauen*
Kerne in der Mitte. Bei angebrachter *Ableitung* am
negativen Ende der Säule hingegen waren alle
Funken *blaſs blau*, bei welcher am *poſitiven* aber
beſtändig weit röther, als ohne eine Ableitung,
und oft *bloſs roth*. Es verſteht ſich, daſs in jenem
Falle bloſs der *Kern*, in dieſem bloſs der *Stern*,
zugegen war. — Zu bemerken iſt noch, daſs,
wenn der Schall der gewöhnlichen *gemiſchten Fun-*
ken, wie ſie erſcheinen wenn die Säule ohne Ableitung iſt, ein *Kuickſen* zu nennen war, die *mehr*
oder auch *bloſs blauen* ſtark *knackten*, die *mehr* oder
bloſs rothen hingegen nur ſchwach *ziſchten*. R.

zu erwarten, daſs electriſche Batterien, wie die groſse Teylerſche von 550 Quadratfuſs Belegung, bei derſelben Entladungsweiſe, wie der unſrer Batterie von 34 Quadratfuſs Belegung, bei der *ihr* entſprechenden Spannung, Funkenſonnen von ganz ungemeiner Gröſse und Schönheit liefern werden. Dieſes Phänomen müſste vollends alle Erwartung übertreffen, wenn jene Batterie mit einer Galvaniſchen von 600, 800, oder vielleicht auch mehr Lagen, (beſonders grofsplattigen, und um ſo beſſer, je mehr ſie es ſind,) auf die in §. 14 beſchriebene Art in Verbindung ſtände, und der Verſuch auf dortige Weiſe wiederhohlt würde. *)

*) Es iſt viel von den *Veränderungen* die Rede geweſen, welche *Galvaniſche Funken* erleiden, nachdem man ſie aus *Leitern verſchiedner Oxydabilität, Geſtalt, Zuſtand u. ſ. w.*, oder auch in *verſchiednen Medien*, als Gasarten u ſ w, überſchlagen läſst. (— Ich brachte einſt bei einer Batterie von 100 Lagen die Kette durch *zwei eiſerne Würfel* zur Schlieſsung; von *Fläche gegen Fläche* ſchlug der Funke *blau*, *bläulich*, von *Fläche gegen Kante* minder *bläulich*, mehr *weiſs*, oft ſchon mit *Roth* vermiſcht, von *Kante gegen Kante*, von *Kante gegen Ecke*, und von *Ecke gegen Ecke* aber beſtimmt *ſehr röthlich*, und meiſt *ganz roth*, über. —) Ohne hierüber ins Detail zu gehn, will ich blofs erwähnen, dafs die den *Funken* an Galvaniſchen Batterien ſo ganz gleichen Funken von *electriſchen* Batterien unter gewiſſen Umſtänden, bei gleicher Erhaltungs- und Behandlungsweiſe, überall

23. Die *Uebereinstimmung der Funken Galvani-*
scher Batterien mit den electrischen wird vollends
klar, wenn man, nach vollständiger Bekanntschaft
mit diesen, an irgend einer grossen Batterie mit einem guten Leiter von Eisen, nach allen Spannungen, von den niedrigsten aus, stufenweise immer höher schliesst, und so den Funken in seinen Uebergängen beobachtet. Man wird jene electrischen
Batterien hier gleichsam auf Einer Liste verzeichnet
finden, und so von hier aus von neuem veranlasst
werden, eine Galvanische Batterie bestimmter Com-
position zu vergleichen mit einer electrischen derselben Spannung von bestimmter Belegungsgröfse,
so dafs man der electrischen, mit der man die Gál-
vanische vergleicht, um so mehr Belegung giebt,
je besser, bei gleichem Metalle, der Leiter zweiter
Klasse in der Galvanischen, oder je breiter, bei
gleichem Leiter zweiter Klasse, die Platten der Leiter der ersten Klasse, (der Metalle,) sind; u. s. w.
Auch wird man sich nicht mehr wundern, sondern
es vielmehr höchst natürlich finden, wenn Galvanische Batterien von *sehr viel mehr* Plattenpaaren, als
selbst unsre, also auch weit höherer Spannung, endlich bei der Schliefsung Funken geben, die den ge-
wöhn-

die nämlichen Veränderungen erleiden müffen,
wie jene. — Es wird sehr intereffant seyn, alle
diese Verhältniffe einmahl, besonders mit Rückficht auf das in der vorigen Anmerkung Erzählte,
verfolgt zu sehen.   *R.*

wöhnlichen für electrifche genommenen Kugelfun-
ken u. f. w., indem fie aller fternmachenden Strahlen beraubt find, auf das höchfte gleichen; wie
dies wohl bei 2000 bis 3000 Lagen der Gröfse, wie
der von uns gebrauchten, fchon zu erwarten wäre.
Freunde *vorzüglich glänzender* Phänomene werden
alfo wirklich mehr in einer immer weiter gehenden
Vergröfserung der Breite der Plattenpaare, (vergl.
§. 4, Anm.;) als in einer Steigerung ihrer Zahl
ins Unbedingte, (auch wenn dabei fchon eine beträchtliche Gröfse jedes einzelnen Paars vorausgefetzt ift,) die Befriedigung ihrer Wünfche finden
können; ob es gleich fcheint, dafs auch zwifchen
Platten*breite* und *Zahl* ein Verhältuifs obwalte, das
praktifch vorzugsweife das befte, zur Zeit aber
noch unbekannt ift.

————————

24. Die Verfuche in 5 bis 8 und 10 bis 19 ge-
lingen eben fo gut, und ein jeder in dem nämlichen
Grade, wenn während ihrer die Galvanifche Batterie am einen oder dem andern ihrer Pole nach der
Erde zu abgeleitet ift. War diefe Ableitung am
— - Pole angebracht, fo befand fich, wie man weifs,
(f. *Annalen*, VIII, 447,) an diefem Pole o., am andern aber das doppelte ╋. Die *ganze Spannung*
der Batterie hatte fich alfo, ohne — , *fogleich von o
aus in blofsem* ╋ realifirt. Bei angebrachter Ableitung am ╋ -Pole hingegen hatte fie fich, ohne ╋,
fogleich von o aus in blofsem — zu realifiren gehabt.
Ein blofser *Unterfchied von o und* ╋, und eben fo

ein blofser *von o und* —, thut alfo in obigen Verfuchen *daffelbe*, als ein gewöhnlicher *von* — *und* +
oder umgekehrt, vorausgefetzt, dafs er *eben fo grofs*
ift; wie das in jenen Verfuchen der Fall war. *)

.25. So thut auch ferner ein *blofser Unterfchied*
von + *und* +, und eben fo ein *blofser von* — *und*
—, ganz *eben daffelbe*, vorausgefetzt nur, dafs er
abermahls gleich grofs fey. Man ftellt den *erften*
dar, indem man z. B. von einer Electrifirmafchine
der ganzen Galvanifchen Batterie eine hinreichende
Quantität + *E*, den *zweiten*, indem man ihr eine
gleiche von — *E*, zuführt, und darauf den Zulei-
ter wegnimmt. Man fieht hierbei im erften Falle
das Electrometer, welches am Kupferpole anfangs
mit — divergirte, zufammenfinken, und darauf wieder mit + aus einander gehen, während es am Zinkpole, wo es von Anfang an mit + divergirte, blofs

---

*) Nach dem, was in §. 22, Anm., über die Ver-
   änderlichkeit der *Funken* Galvanifcher Batterien
   bei unmittelbarer totaler Schliefsung derfelben,
   durch Ableitung om einen oder andern Pole, ift
   angeführt worden, wird eine nochmahlige Unterfuchung über den Einflufs, den folche Ableitungen auch auf *phyfiologifche* und *chemifche* Phänomene oder überhaupt auf alle Phänomene auf naf-
   fem Wege, haben könnten, allerdings nothwendig.
   Meine ehemahligen Beobachtungen des Gegentheils, (f. *Ann.*, VIII, 469, 470,) könnten immer
   nur zeigen, dafs diefer Einflufs, etwa unter gewiffen Umftanden, und gerade unter denen meiner
   damahligen Verfuche, fo geringe fey, dafs er nicht

darin erhöht wird. Im zweiten Falle steigt das Electrometer am — -Pole fogleich, und fährt damit fort, während am + -Pole es erst zusammensinkt, und darauf von neuem ebenfalls mit — aus einander geht. In beiden Fällen aber wird man, wenn man sowohl während als nach der *Zuleitung* fremden E's das Electrometer fo mit der Batterie verbindet, wie in §. 5, die nämliche ganze Spannungsdivergenz, (f. §. 3 u. 5,) behalten oder wiederfinden, die die Batterie vor aller Zufuhr fremden E's zeigte. Mit *fo zubereiteten Batterien* fallen die vorhin angeführten Verfuche nun ganz *eben fo* aus, wie ohne dies, es fey, dafs man *vor* der Verbindung mit den electrifchen, oder *nach* derfelben, die Ueberfetzung jener von der Electrifirmafchine aus mit diefem oder jenem E vorgenommen habe. Ich darf aber nicht erft wiederhohlen, was oben bereits ein für alle

merklich wird, (fo wie dies in Hinficht des Funkens bei ihnen erwiefen der Fall war.) Vorerft würde ich zu entfcheidendern Verfuchen, als modificirbare Bafis, Phänomene vorfchlagen, wie Gruner, (*Annalen*, VIII, 210,) Pfaff, (*daf.*, 231, 232,) Huth, (*daf.*, X, 45, 46,) und von Hauch, (*Nord. Arch.*, B. II, St. 1, S. 38, 39,) befchrieben, und ich in Voigt's *Mag.*, IV, 607 — 613, näher erörtert habe. Verfuche mit concentrirter Schwefel- und Salpeterfäure liefsen fich ebenfalls anftellen. Ich werde diefen Gegenftand in Kurzem vornehmen, da die Refultate, wie man wohl merkt, nach vielen Seiten von Wichtigkeit feyn müffen. R.

Mahl ist vorausgesetzt worden, dafs, wo die Ausnahme nicht ausdrücklich erwähnt ist, alles bei
durchgängiger Ifolation von allem und jedem vorgenommen wurde.

26. Man nöthige ferner durch *Ableitung* am einen Pole eine Galvanische Batterie zur Spannung zwifchen o und $+$, oder o und $—$. Wir wollen das $+$
oder das $—$, das eine folche Batterie unter diefen
Umftänden am äufserften Ende hat, feiner Quantität nach, mit 4 bezeichnen. Die Ableitung am Zinkpole verfetzt die Batterie in den Zuftand Fig. 2, die
Ableitung am Kupferpole in den von Fig. 3. Das
Batterieftück $hb = ib = kb$ in Fig. 2, und fo das
entgegengefetzte $ka = ia = ha$ in Fig. 3, werden
jetzt *halbe Batterien derfelben Art* vorftellen, *wie
vorhin die* von der Electrifirmafchine aus mit $—$
oder $+$ *E* präparirten *ganzen.* Man wiederhohle
mit ihnen, welche Verfuche aus 5 bis 8 u. 10 bis 19
man will, der Erfolg wird genau der nämliche feyn,
als wenn der Verfuch mit einer Batterie aus zwei
Säulen, (oder 300 Lagen,) die fich ganz im Zuftande von Fig. 1 befindet, angeftellt wäre. Ueberhaupt, welches Batterieftück aus Fig. 2 oder 3 man
auch nehme, die Wirkung wird durchaus mit der
von einer gleich grofsen Batterie im gewöhnlichen
Zuftande, übereinftimmen.

27. Bis hierher war zur Darftellung folcher *Batterien,* oder *Theile* derfelben, die mit einem blofsen *Unterfchiede von* $+$ *und* $+$ oder $—$ *und* $—$ in
den Verfuch eingingen, für *ganze* eine Zuleitung

fremden E's, für *Theile* aber eine Ableitung des
einen oder andern eignen E an den *Enden* der ganzen erforderlich. Man kann aber Batterien conftruiren, die zu Folge einer *aufserhalb* der Enden,
irgendwo in ihrer *Mitte* angebrachten Ableitung,
an ihren *beiden Enden* $+$ *und* $+$, oder $-$ *und* $-$,
mit einem blofsen Unterfchiede deffelben zeigen, und
mit folchem ihrem Unterfchiede genau *das nämliche*,
verrichten, wie *andre* mit einem eben fo grofsen
Unterfchiede von o *und* $+$, oder o *und* $-$, oder
noch andre mit einem eben fo grofsen gewöhnlichen
von $-$ *und* $+$, und umgekehrt. Wenn man die
4 Säulen der Batterie mit einander wie in Fig. 4
verbindet, woraus die Vertheilung der Electricitäten fo hervorgeht, wie fie dafelbft verzeichnet ift, *)

*) Obgleich der Verfuch mir das Refultat in der That
   fo lieferte, wie Fig. 4 es angiebt, fo glaube ich
   doch, dafs eine zu geringe Empfindlichkeit des Electrometers fowohl, als ein, der kurzen Zwifchen-
   zeit ungeachtet, doch fchon zu fpätes Anbringen
   deffelben an r und andern Orten in gedachter Figur
   blofs Schuld gewefen ift, dafs jenes fich nicht wirklich um ein Weniges anders gezeigt hat, als es der
   Fall war. Das $\frac{r}{2}$ — der letzten Säule IV, Fig. 4,
   welches fie vor der Verbindung mit den drei
   übrigen hatte, konnte, unter den Umftänden, die
   nach meinem Wiffen im Verfuch obwalteten, unmöglich anders zu einem höhern Grade gebracht
   werden, als dafs die Säule III, Fig. 4, einen Theil
   ihres eignen — an fie abtrat, fie gleichfam damit
   lud. Diefen Theil *verlor* fie alfo; ein folches *Ver-*
   lieren ift es aber und nichts anderes, was, wenn es

und nun in *r* eine Ableitung anbringt: so ordnen
sich die *E* der Batterie in das Schema der Fig. 6;
die Enden α und ω der Batterie haben beide +, jedoch mit einem Unterschiede = 2. Eben so, wenn
man die 4 Säulen wie in Fig. 5 verbindet, dadurch
die daselbst verzeichnete Electricitätsvertheilung bewirkt, und darauf in *t* ableitet, ordnen sich die *B*
d. B. in das Schema der Fig. 7; die Enden δ und β

weit genug geht, das sogenannte Phänomen der
Ableitung ausmacht, wo der abgeleitete Theil auf o,
der entgegengesetzte aber aufs Doppelte (+) erho-
hen wird. Es muß also im Augenblicke des Zusam-
menkommens der Säule III mit IV, an *r* nothwen-
dig weniger als $1\frac{1}{2}$ — und an α mehr als $1\frac{1}{2}$ + zugegen gewesen seyn. Sogleich im nächsten Augen-
blicke darauf trat dann die bekannte Eigenschaft
Galvanischer Batterien, sich nach aufgehobner Ableitung, (hier nach geendigtem Abgeben von —,)
wieder in die alte Ordnung zu begeben, (s. *Annalen*, VIII, 451,) ein, und so mochte es kommen,
daß, obgleich während dessen die Säule III, so
wie sie selbst wieder mehr — bekam, doch immer
noch etwas an die Säule IV abgeben mußte, u. s. w.,
doch, als ich das Electrometer anbrachte, alles
dies weit genug gediehen war, um das Resultat bis
auf ein *Unmerkliches* so zu geben, als der §. 27 und
Fig. 4 es angeben. Das nämliche gilt, nur auf seine Art, von Fig. 5. Ich habe damahls über der
Menge von Versuchen vergessen, diesen einzelnen
selbst weiter zu verfolgen. Daß dies übrigens für
die in §. 27 u. f. vorgetragnen Resultate von keinen
Folgen sey, wird man von selbst bemerken.   R.

haben beide —, doch abermahls mit einem Unterfchiede = 2. Man wiederhohle nun mit jeder diefer Batterien den Verfuch §. 7. Die electrifche
Batterie wird diefelbe Spannung, obgleich ebenfalls
in einem blofsen Unterfchiede von + *und* +, oder
— *und* —, zeigen, als von einer gewöhnlichen
Galvanifchen aus zwei Säulen geladen, wo die
Spannung als Unterfchied von + und — zugegen
ift. Sie giebt bei der Entladung denfelben Schlag,
denfelben Funken, wie nach der Entladung einer
auf letzterm Wege erhaltnen Ladung, oder auch als
im einen oder andern der Verfuche in §. 26. *)

*) Die in diefem §. bis §. 29 vorkommenden *Spiele
von Electricitätsvertheilung an Galvanifchen Batterien*
verdienen, dafs man mit ihnen ganz bekannt fey,
um nicht zuweilen in vorkommenden Fällen auf
Paradoxien zu ftofsen, wo keine find. Ich will
defshalb noch einige von ihnen angeben, fo wie ich
fie aus genauer Prüfung kenne, und wie fie gefchickt
find, als Wegweifer felbft in den verwickeltften
Fällen zu dienen. Zur Erfparung des Raums drücke ich ganze Säulenverbindungen durch Eine Linie aus, an der jede Grenze der einen Säule mit
der andern durch einen kleinen Strich angezeigt ift,
wie in Fig. 20, welche Figur die nämliche Batterie
vorftellt, als Fig. 4, und aus deren näherer Befchaffenheit man al e folgenden von felbft verftehen wird.
Alfo: Fig. 20, in *D*, (= *r* Fig. 4,) abgeleitet,
giebt Fig. 21; (= Fig. 6,) wie man fchon weifs.
In *C* abgeleitet, entfteht Fig. 22. In *B*, wird fie zu
Fig. 23. In *A*, zu Fig. 24. In *E*, kommt Fig. 22
wieder. In *d* abgeleitet, entfteht Fig. 25. In *c*,

28. Eben fo kann man auf die im vorigen §. angezeigte Weife Batterien conftruiren, deren *Enden*

bleibt Fig. 25. In *b*, wird fie die anfängliche
Fig. 20 wieder. In *a* entfteht Fig. 26.

Fig. 27 ift = Fig. 5. In *B*, (= *t*, Fig. 5,) abgeleitet, entfteht Fig. 28, (= Fig. 6.) In *C*, Fig. 29.
In *D*, Fig. 30. In *E*, Fig. 31. In *A*, erfcheint
Fig 29 wieder. In *a* abgeleitet, entfteht Fig. 32.
In *b*, bleibt Fig. 32. In *c*, kehrt Fig 27 wieder.
In *d*, wird Fig. 33. Keine einzige mit Fig. 4 oder
5 vorgenommne Ableitung hat indefs den anfänglichen Endunterfchied der ganzen Batterie im mindeften, blofs feinen Ausdruck, geändert.

Wie Fig. 8 — 11 bei Ableitungen an diefem oder
jenem Orte werden müffen, kann man aus dem
eben Erwähnten fchon mit leichter Mühe finden.

Fig. 12 an *B* abgeleitet, giebt Fig. 34. An *D*,
Fig. 35. An *C*, ftellt fich Fig. 12 wieder her, und
bleibt bei Ableitung an *A*, oder an *E*. Diefelbe
Fig. 12 in *a* oder in *c* abgeleitet, giebt gleiche Fig. 36.
In *b* oder in *d*, gleiche Fig. 37. Man fieht dabei, wie
durch keine von allen Ableitungen eine Differenz
zwifchen die beiden von Anfang an nicht verfchiednen Enden der Batterie gebracht werden kann.

Fig. 13 geht durch Ableitung in *A*, über in Figur 38. In *E*, ebenfalls. In *B*, wie in *D*, kehrt fie
zu Fig. 13 zurück. In *C*, wird Fig. 39. In *a* oder
in *d* abgeleitet, entfteht Fig. 40. In *b* oder in *c*,
Fig. 41.

Fig. 14 in *A* oder in *E* abgeleitet, giebt Fig. 42.
Man fieht, dafs man für die folgenden Fälle nur in
Fig. 38 — 41 überall das + in —, und das — in +,

eine *Differenz von* o *und* +, oder o *und* —, haben,
obgleich die Ableitung nicht am einen oder andern

umändern, und, ftatt Fig. 13, Fig. 14 fetzen darf,
um fie alle zu kennen.

Das vielleicht befonders Auffallende in den Ver-
wandlungen der Fig. 13 und 14 in Fig. 38 und 41,
tritt mehr heraus bei Fig. 15 u. 16. Fig. 15 in *A*
abgeleitet, giebt Fig. 43. So auch in *E*. Und eben
fo in *C*. In *B* oder in *D*, wird Fig. 44. Ableitungen in *a*, in *b*, in *c* oder in *d*, geben alle diefelbe
Fig. 15 wieder. Was Fig. 16 giebt, fieht man,
wenn man in Fig. 43 und 44 überall + ftatt —,
— ftatt +, und ftatt Fig. 16, Fig. 15 fetzt.

Vollends aber fällt jene Sonderbarkeit ganz ins
Auge bei der nähern Gefchichte der Fig. 18 u. 19.
Dafs, wenn man in Fig. 17 an auch nur Einem *B*
ableitet, alle Säulen an *A* 1 + haben, verfteht man;
man leitete doch an allen *B*'s zugleich ab. Daffelbe gilt von der Ableitung an Einem *A*, nach der Alle *B* 1 — haben. Der erfte Fall ift identifch mit einer Ableitung in Fig. 18 an *B*, der zweite mit einer
in Fig. 19 an *A*. Im erften war in Fig. 17 der obere, im zweiten dafelbft der untre Verbindungsdraht
überflüffig. — Aber: man leite in Fig. 18 an Einem
A ab, (d. i., fetze es auf o herab,) und *Alle* Säulen
haben an *A* o, und an *B* 1 —. Man leite in Fig. 19
an *Einem B*, und alle Säulen haben an *B* o und an
A 1 +.

In diefen Verfuchen waren nur *vier* Säulen mit
einander verbunden. Aber *Taufende* könnten es
feyn, und noch mehr, und alle würden auf die Ableitung an *Einem A* in Fig. 18, an *Allen* o, und an
Allen B's 1 —; und fo auf die Ableitung an *Einem B*

dieſer Enden ſelbſt geſchah. Zu einer Differenz er-
ſter Art braucht man in Fig. 4 nur in *i*, ($\doteq$ C,

in Fig. 19, an *Allen* o, und an Allen *A*'s 1 + haben; (vorausgeſetzt, daſs alle Säulen von Anfang
gleicher Spannung waren.) Und *was man auch
durch irgend eine Ableitung an* dem oder jenem
zwiſchen *A* und *B* an *Einer* Säule gelegnen Orte im
einen oder andern Falle än *A* oder *B* ſelbſt ſetzen
möchte, an *Allen* würde es an *A* oder *B* damit zugleich geſetzt ſeyn.

Man ſieht jetzt, was der Erfolg ſeyn müſſe,
wenn die *Säulen von verſchiedner Höhe* ſind, d. i.,
bei gleicher Natur der Plattenpaare aus einer verſchiednen Anzahl derſelben beſtehn. Und in der
That, was waren Figuren, wie Fig. 3 und 5,
ſchon anderes, als Fälle dieſer Art. Die drei erſten Säulen z. B. in Fig. 5, (= 20,) ſind völlig
gleich Einer von dreifacher Höhe. Man leitet in
A ab, und die dreifache Säule *A B C D* in der entſtandnen Fig. 24 hat bei *A* o, bei *D* aber 3 —;
aber auch die einfache Säule hat bei *D* 3 —,
bei *E* hingegen 2 —, welches ihr Ende iſt, und
zwar ihr + Ende, ſobald ſie für ſich allein ſteht.
Auf ähnliche Weiſe, nur überall + ſtatt —, iſt
Fig. 5 zu verſtehn.

Ueberhaupt bemerkt man, (wenn man es noch
nicht bemerkt hat,) jetzt, *worauf das ganze Spiel
von Electricitätsvertheilung,* was in dieſer Anmerkung erörtert worden, *hinauslaufe.*

Man erinnere ſich an das, was ich über Ableitung an homologen Säulen in *Annalen*, VIII, 447 —
449, vorgebracht; man denke daran, daſs, was
dadurch am Ende Einer homologen Säule geſetzt
wird, ſich Allen mittheilen müſſe, daſs alſo jedes

Fig. 20; f. § 27 d. Anm.,) abzuleiten, und die Batterie bekommt das Anfehn von Fig. 22 mit o am ei-

Ende einer folchen für feine gefammte Nachbar-
fchaft gleichfam dem zuführenden Leiter der
Electrifirmafchine in §. 25 mache; man fehe
zurück, was dort gefchah, als + oder — zugefetzt wurde, d. h., man gebe Acht auf die noth-
wendige Behauptung der einmahl durch jede Säule an und für fich geforderten Spannung, in was
es auch fey, — und man wird unter allen erwähnten Säulencombinationen und dem mannigfachen Wogenfpiele ihrer Electricitäten nicht Einen
Fall mehr antreffen, den man nicht fogleich über-
fähe; und unter den nicht angeführten noch unendlich vielen möglichen, wird nicht Einer *fo* com-
plicirt feyn können, dafs nicht eine augenblickliche Ueberlegung fogleich zurecht wiefe.

Was in diefer Anmerkung zur *Gefchichte der Span-*
nungen Galvanifcher Batterien ift angeführt worden,
gilt übrigens nicht allein von Spannungen *diefes*.
Vorkommens, fondern geradezu von *allen und je-*
den, die mit ihnen einerlei Art, d. i. *electrifcher*,
find.

Wenn die (gehörig ifolirte) *electrifche Batterie*
im Verfuche §. 7 oben von der Galvanifchen aus
geladen ift, und die Verbindungsdräthe jetzt aus-
gehoben werden, fo zeigt, wie bekannt, die eine
Belegung am Electrometer +, die andere —, beides
ungefähr gleich grofs, alfo, (wenn wir bei den oben
von der Galvanifchen Batterie gebrauchten Zahlen
bleiben,) von jedem 2. Man leitet an der —- Belegung ab, und die 2 + der andern fpringen
plötzlich auf 4 +. Man leitet an der +-Belegung
ab, und die 2 — der andern fpringen eben fo

nen, und 2 $+$ am andern Ende. Zu einer Differenz *zweiter* Art leitet man in Fig. 5, und gleich-

schnell auf 4 $-$. Man leitet an der $\rightarrow$ -Belegung
ab, indem sie auf 4 $-$ steht; sie wird o, und die
$+$ · Belegung springt von o auf 4 $+$: man leitet
an dieser ab, indem sie 4 $+$ hat; sie wird o und
die $-$ · Belegung springt von o auf 4 $-$ zurück.
Man sieht: eine geladne electrische Batterie, eine
geladne Fläche Glas überhaupt, verhält sich in
dieser Hinsicht, (von andern ist hier nicht die
Rede,) genau wie eine *Galvanische* Batterie, und
das Glas zwischen der einen Belegung und der andern gleicht völlig dem Körper der letztern,
(vergl. *Annalen*, IX, 223,) von ihrem einen Ende
bis zum andern.

Die Ableitung B' der Batterie, (s. §. 2,) besteht
aus 4 gleich großen Flaschen. Man lade zwei
davon, (*a* und *b*,) an der Galvanischen Batterie
nach Art des §. 7. Man verbinde darauf die positiven Belegungen, (α und α,) beide mit einem
Drahte, die *negativen* (β und β) aber lasse man
für sich. Jene, ($\alpha\alpha$,) afficiren das Electrometer
mit 2 $+$, jede von diesen, (β und β,) mit 2 $-$.
Man leitet an der $-$ · Belegung der *einen* Flasche,
(an $\alpha\beta$,) ab. Sie wird o, aber sie nicht allein,
sondern die gleichnahmige der *andern* Flasche,
($b\beta$,) *ebenfalls*. Die 2 $+$ an der gemeinschaftlichen
$+$ · Belegung, ($\alpha\alpha$,) aber sind auf 4 $+$ gestiegen.
Hätte man vorhin statt der positiven Belegungen
die negativen verbunden, die *positiven*, ($a\alpha$ und $b\alpha$,)
somit für sich gelassen; so würden bei der Ablei-
tung an der *einen* $+$ · Belegung ebenfalls *beide* auf
o herabgekommen, die 2 $-$ der gemeinschaftlichen $-$ · Belegung aber auf 4 $-$ gekommen seyn.

falls in *i*, (= *C*, Fig. 27,) ab, und die Batterie
wird zu Fig. 29 mit o am einen und 2 + am andern

(Ich brauche nicht zu erwähnen, daſs der Erfolg
durchgängig derſelbe iſt, wenn man die Flaſchen
u. ſ. w., ſtatt von der Galvaniſchen Batterie aus,
durch eine gewöhnliche Electriſirmaſchine, oder
durch eine hinreichende Anzahl Funken eines Ele-
ctrophors, bis zur nämlichen Spannung geladen
hat.)

Ferner: Man lade die eine Flaſche, (*a* z. B.,)
von der Electriſirmaſchine aus bis zur doppelten
Spannung der vorigen, und habe die Electricitäten
an den Belegungen durch Ableitung ſo geſtellt,
daſs die eine o, die andere 8 + zeigt. Die andere Flaſche, (*b*.) aber habe man, (am kürzeſten von
der Galvaniſchen Batterie aus,) bis zur einfachen
Spannung, (= 4,) geladen, und durch gehörige
Ableitung ebenfalls die eine Belegung auf o, die
andere aber auf + 4 geſtellt. Man verbinde die
beiden Belegungen von *a* und *b*, welche o haben,
mit einander, und leite nun an der Belegung der
Flaſche *a* ab, welche 8 + hatte. Sie wird o; die
verbundnen Belegungen von *a* und *b* ſpringen beide auf 8 —, und die Belegung von *b*, welche
vorhin 4 + hatte, erhält 4 —. Leitet man darauf an der — Belegung von *b* ab, ſo wird ſie o;
die verbundnen Belegungen ſpringen auf 4 +, und
die — Belegung von *a* erhält 4 — .

Ich habe hier in wenigen Verſuchen das Verhalten *geladner electriſcher Körper*, (Flaſchen, Batterien, ...) unter *ſich* erwähnt, wie vorhin das
Verhalten *Galvaniſcher Batterien unter ſich*. Verhalten ſich beide, (in der Hinſicht, von der hier

Ende. Sie verhalten fich in Hinficht der Ladungs-
gröfse, welche fie electrifchen Batterien mittheilen,
ganz genau wie die Hälften ai und ai von
Fig 2 und 3, oder wie die andern, ib und ib, der-

die Rede ift,) fo identifch, wie man gefehen hat,
fo ift kein Zweifel, dafs fich nicht *beide* auch *gegen einander* fo verhalten follten. Aber man braucht
den Verfuch auch nur anzuftellen, um es wirklich zu fehn.

Man weifs, dafs oben in §. 7 die electrifche
Batterie vor der Trennung von der Galvanifchen,
an der einen Belegung 2 +, an der andern 2 —
hatte. Man nehme den Draht, der die — · Belegung mit dem Kupferpole der Galvanifchen verband, ab, laffe aber den andern Verbindungsdraht, und leite an der — · Belegung der electrifchen ab. Sie kommt auf o, die + · Belegung auf
4 +, der Zinkpol der Galvanifchen Batterie
ebenfalls, der Kupferpol derfelben aber auf o,
und doch war er mit jener — · Belegung nicht
verbunden. Man leite jetzt in der Mitte der Galvanifchen Batterie ab: alles ift wieder in dem Zuftande wie vor dem Verfuche. Man leite darauf
am Kupferpole der Galvanifchen Batterie ab. Seine 2 — kommen auf o herab, der Zinkpol auf
4 +, eben fo die mit ihm verbundne Belegung
der electrifchen Batterie, die entgegengefetzte
derfelben aber kommt von — auf o herab, und
doch war fie abermahls nicht mit dem Kupferpole
jener Batterie unmittelbar verbunden.

Von fernern Fällen des Vorkommens und der
Anwendung deffen, was diefe Anmerkung zeigte, wird in der Folge die Rede feyn.   R.

felben Figuren, oder irgend eine der ganzen Batterien Fig. 4 — 7. *)

*) Ich babe von §. 27 an immer nur von der Gleich-
heit der *Entladungs*phänomene electrifcher Batterien mit denen gefprochen, die fie in §. 26, und
überhaupt in jedem Verfuche geben, wo fie nur
mit einer Differenz = 2, zu der nicht mehr als
300 Lagen verwandt waren, geladen wurden.
Sie können es aber in der That auch *nur* feyn, die
fich gleichen, die Differenz = 2 fey das Refultat von
300, oder, wie von §. 27 an, von 600 Lagen. Die
Urfache ift leicht zu entdecken. In §. 26 beruht
die Leichtigkeit, mit der die Differenz = 2 fich
der electrifchen Batterie mittheilt, auf dem Grade
der Leitung, den die Maffe des dazu angewand-
ten Galvanifchen Batterieftücks erlaubt, und es
wird dazu kein gröfseres verwandt, als eben un-
umgänglich nöthig ift. In §. 27 und 28 hingegen
ift die Differenz auch nur = 2, das dazu angewandte Galvanifche Batterieftück ift indefs noch
einmahl fo grofs, als das vorige; die Leitung, die
in §. 26 ftatt hatte, wird fomit gerade um fo viel
vermindert, als 600 Lagen, als blofser Leiter betrachtet, fchlechter leiten, wie jene 300. Es fey
dies nun, fo viel oder fo wenig es wolle: die Leichtigkeit, mit der die Galvanifche Batterie ihre End-
differenz der electrifchen mittheilt, die Gefchwindigkeit, womit, das Moment, mit dem es gefchieht, ift ein kleineres, und das Ladungsphä-
nomen, da es fich verhält wie diefes, ebenfalls.
Wie viel aber das Vorhandenfeyn überflüfiger Plattenpaare im Kreife, *jeder* Art von Wirkung, die
eine gewiffe Anzahl derfelben üben foll, in der

29. Galvanifche Batterien, die *ganz von fich*
felbft, ohne irgend eine fremde Zuthat, am *einen*
ihrer

That *nachtheilig fey*, macht der erfte befte Verfuch darüber fogleich deutlich. 1. Ich verband
eine Röhre mit verdünnter Lackmustinctur, (der
guten Leitung wegen,) und Golddrähten, bei
1 Linie Abftand ihrer Enden von einander, mit den
300 Lagen α h in Fig. 4. Es brach eine beftimmte
und fehr grofse Menge Gas hervor. 2. Ich verband diefelbe Röhre mit den 600 Lagen α w, und
die Gasentbindung war *fehr viel fchwächer*. 3. Ich
beftimme mit der nämlichen Gasröhre den Grad
der Gaserzeugung von 200 Lagen, z. B. von m x
in Fig. 13. 4. Ich fchliefse darauf 200 Lagen in
gedachter Figur, z. B. eben m x, durch Eifendraht total, wodurch fogleich, da nun von c und
d aus den 300 Lagen in a und b nur noch 100
entgegenftehen, fogleich 200 in Freiheit gefetzt
werden: ich verbinde darauf mit der Gasröhre
A und C, aber die Gaserzeugung wird *viel fchwächer* als vorhin. 5. Ich prüfe darauf den noch
immer ganz beträchtlichen Grad der Gasentbindung von nur 100 Lagen, z. B. von m y in Fig. 13.
6. Ich fchliefse darauf diefe 100 Lagen mit Eifendraht total, wodurch fogleich 100 andere in Freiheit gefetzt werden; ich verbinde darauf mit der
Gasröhre A und C, aber die Gaserzeugung ift *um
fo viel fchwächer* als in 5, dafs fie nur fo eben noch
erfcheint.

Wie in Hinficht auf *chemifche Wirkungen*, fo ift
dies alles auch der Fall in Hinficht des *Schlags*,
des *Funkens* u. f. w. Aber warum follte dies alles
nicht?

ihrer Enden o, am *andern* +; oder — zeigten, habe ich zu Ladung electrischer Batterien nicht angewandt; eben so wenig Galvanische Batterien, die *von sich selbst*, an beiden ihrer Enden +, oder an beiden —, mit einem *blossen Unterschiede des Grades* *) zeigten. Ich habe überhaupt vergessen, Bat-

nicht? In 2 hat die Action von 300 Lagen noch das Hinderniss von andern 300, in 4 die von 200 Lagen das von noch 200, in 6 hingegen die von 100 Lagen sogar das von noch 400, ganz unnützerweise zu überwinden, indess in 1, in 3 und in 5 jede Anzahl Lagen nur mit dem eignen nicht zu umgehenden, zu thun hat. — Nach solchen Erfahrungen werden also wohl Versicherungen, wie Volta's, (s. m. *Beitr.*, B. I, St. 4, S. 207,) und ähnliche anderer, die sich auf die seinige verliessen, einiger Einschränkung bedürfen. — Dass übrigens in den obigen Versuchen der nachtheilige Einfluss der unnütz vorhandnen Lagen, nach dem mehr oder weniger guten feuchten Leiter darin, seiner Quantität nach sehr veränderlich seyn müsse, versteht sich von selbst.   *R.*

*) Es ist einigen vielleicht nicht gleichgültig gewesen, von §. 24 an *Differenzen* von o *und* +, oder o *und* —, und fast noch weniger, blosse Differenzen von + *und* +, oder, — *und* —, in *Ladung electrischer Batterien* genau das nämliche ausrichten zu sehn, als die gewohntern Differenzen von + *und* —, und dass es dabei für diese gleichen Erfolge allein darauf ankam, dass die Differenzen der einen oder andern Art, als Differenz, *eine und dieselbe Grösse* hatten. Ich erinnere in dieser

terien *diefer* Art zufammenzufetzen. Fig. 8 und 9,
(wo jede der drei Säulen aus 150 Lagen befteht,)

Hinficht vorzüglich an den Fall §. 26. Es werden
diefe anfcheinenden Paradoxien in der Folge völlig gelöft werden; ich füge alfo blofs das noch
bei, was damit ebenfalls gelöft werden wird.

Wie in §. 26 z. B. die Differenz = 3 von + und
+ u f. w. genau wie eine Differenz = 2 von +
und — u. f. w. wirkt, fo thut fie es auch, wie ich
aus den genaueften Verfuchen unter möglichfter
Ifolation weifs, in *chemifcher und phyfiologifcher
Hinficht*; auch der *Funke* bei Schlief ung der Batterie felbft durch Eifendraht ift derfelbe. Das
Gleiche gilt auf feine Weife auch von Batterien,
wie fie §. 25 angiebt. Ueber Batterien, wie in
27 und 28, ift das Nöthige in der Anm. zu §. 28
fchon angeführt worden, und man fieht, nach
Abzug deffen, was dafelbft auf Rechnung des
gröfsern Leitungshinderniffes kommt, auch da
keine Ausnahme. Man hat indefs, was an allen
diefen Fällen paradox erfcheint, in der That
fchon häufig genug in den *allerülteften Galvanifchen
Verfuchen mit einfacher Kette an Fröfchen* .... gehabt. Es fey in einem folchen Verfuche die eine
Armatur von *Zink*, die andre von *Eifen*, und man
verbinde beide mit *Silber*, das man in der blofsen
Hand hält, an dem alfo eine Ableitung angebracht
ift. Zink und Eifen werden mit Silber +, das
erfte mehr wie das zweite; dies aber —. Man
drücke den Ueberfchufs der Z S-Differenz über
die von Z E, gleichviel durch welches Verhältnifs,
(alfo z. B. durch das Verhältnifs beider Differenzen = 2 : 1,) aus, fo bekam, indem man die Ar-

und Fig. 10 und 11, (wo zwei Säulen zufammen 375, die dritte aber 225 Lagen enthält,) würden

maturen verband, Z 2 +, E 1 +, und S war 0. (Vergl. Fig. 45.) Die Action der Kette gleicht aber hier bekanntermaſsen dem electriſchen Unterſchiede von Z und E, (= 1;) dieſer hat ſich hier als bloſser Unterſchied von + und + zu realiſiren gehabt, und dennoch wirkt die Kette ſo gut, als wenn an S keine Ableitung, überhaupt kein S, da geweſen wäre, die Differenz von $Z E$ alſo ſich durch $\frac{1}{2}$ + und $\frac{1}{2}$ — ausgedrückt gehabt hätte. Der Erfolg iſt derſelbe, wenn Z und E durch S zu Einem Bogen verbunden werden, und mit dieſem geſchloſſen wird; (auch iſt der Verſuch ſo reiner.) Den entgegengeſetzten Fall einer bloſsen Differenz von — und — bei $E Z S$, (vergl. Fig. 46,) verſteht man ebenfalls. Solcher Fälle iſt eine Menge möglich; alle Schemata von Batterien von §. 24 an bis §. 30 ſind ſo als einfache Kette längſt da geweſen, und eben ſo mag faſt nicht Ein Fall von E-Vertheilungsſpielen, die in §. 27, Anm., vorkamen, ſeyn, der nicht ebenfalls ſchon in der einfachen Kette da war; ſo wie man überhaupt hiermit ſieht, wie alles dort Geſagte, von *Reihen von Leitern,* (= *Excitatoren,*) *identiſcher Klaſſe* gleichfalls bis ins Unendliche gelten müſſe; *es ſey von Leitern der erſten oder der zweiten Klaſſe.* Denn daſs auch verſchiedne Individuen *dieſer zweiten* Klaſſe bei ihrem Conflict in ein *electriſches Spannungsverhältniſs* treten, bewies V o l t a durch Verſuche ſchon in ſeinen (anonymen) Briefen an A l d i n i, (Como im April 1798,) in B r u g n a t e l l i's *Annali di Chimica,* T. XVI, p. 79.

die ungefähren Schemata dazu feyn. Aber auch
nur die ungefähren; aus Gründen, die theils schon

Electrifche Batterien fo zu laden, dafs man fogleich an jeder Belegung nichts als + oder nichts
als —, mit einem blofsen Unterfchiede beider,
anbringt, diefe Aufgabe fcheint durch Galvanifche Batterien der Art, wie in §. 26 und 27 vorkommen, ihre einfachfte Auflöfung erhalten zu
haben. Aus §. 27 zwar kann man abnehmen,
wie 2 Electrifirmafchinen.... etwa vorzurichten
wären, um das nämliche zu leiften, es wird aber
für die Ausführung mit einer Menge Schwierigkeiten verbunden feyn, und mancher Zweifel
übrig bleiben, ftatt dafs man, befonders in §. 27,
fchlechterdings keine Möglichkeit fieht, dafs fich
an den ladenden Polen der Galvanifchen Batterie
etwas anderes als + E vor- und einfinden könnte.

Es ift nicht fchwer, Leidener Flafchen und Batterien in der That fo vorzurichten, dafs fie geladen
find, und *aufsen* fowohl wie *innen* dennoch *nichts*
wie + E, oder *nichts wie* — E, mit dem *blofsen*
Spannungsunterfchiede der Ladung felbft zeigen. Es
mögen A und B die beiden Belegungen der Batterie feyn. Man verbinde A mit dem + Conductor
der Mafchine...., indefs an B abgeleitet wird.
Man lade fo zu einem beliebigen Grade der Spannung. Die Batterie ift auf ganz gewöhnliche Weife geladen. Sie hat an A +, z. B. 4; an B hat fie o.
Man nehme nun die Ableitung von B ab, und
drehe die Mafchine noch etwas. Die 4 + an A
fteigen, z. B. auf 8 +, und B geht von o zu 4 +.
Man hat die Batterie *nicht hoher geladen;* man hat
nur *ihrer Spannung einen andern Ausdruck gegeben.*

in der Anmerkung zu §. 27 vorgekommen find, theils
noch aus der Folge hervorgehn werden. Die Bat-

Man entladet die Batterie, und fie verhält fich
ganz wie bei der gewöhnlichen Differenz = 4.
Wie Batterien mit gleichem Uhterfchiede von blofsem — zuzurichten find, fieht man ebenfalls,
und findet überdies nach bekannten Gefetzen noch
eine Menge Weifen, für eine oder die andere Batterie zu gleichem Zwecke zu gelangen. Immer
giebt eine folche Batterie bei der Entladung die
Phänomene einer zu gleicher Spannung geladnen
und im ganz gewöhnlichen Ausdrucke derfelben
gebliebnen Batterie. Aber doch ift keine von allen
diefen Batterien ihrer Darftellungsweife nach das,
was die in §. 26 oder 27 waren. Die *Galvanifche*
Batterie allein hatte alle Forderungen zu erfüllen
gewufst.

Es ift intereffant, zu erfahren, *was bei der Entladung mit den freien Electricitäten an electrifchen Batterien vorgeht*, die folche blofse Unterfchiede von
+ und +, oder — und — haben, als die in §. 26
u f. oder diefer Anm. befchriebenen. Man braucht
dazu bei der Entladung blofs ein Electrometer zur
Hand zu haben, und, wie immer, überall nöthige Ifolation zu halten. Eine Batterie mit 8 +
an *A* und 4 + an *B* verliert bei der Entladung
nicht das geringfte von di fen +'s; *fie gleichen
fich blofs aus*; nach der Entladung findet man an
A 6 + und an *B* 6 +, und man mufs erft den
Entlader während des Anliegens ableitend berühren, damit die ganze Batterie auf o herab-
kommt. Eben fo gleichen fich 8 — mit 4 — zu
6 — an *A* wie an *B* aus. Und was man auch für

terien Fig. 8 bis 11 mögen indefs an ihren Enden
+ oder —, beide in welcher Stärke man wolle,

eine Differenz von blofsem + oder — an der
Batterie vorher gehabt hätte: mit der Entladung
gleichen fich beide Belegungen aus, und an beiden
findet man die arithmetifche Mitte jener Differenz.

Hat eine Batterte an der einen Belegung + oder -
—, an der andern o, wie das kurz nach der gewöhnlichen Ladungsweife derfelben von der Mafchine .... aus beständig der Fall ift, fo gleichen
fich z. B. 4 + mit o, zu 2 + aus, die man nachher an beiden Belegungen vorfindet. So gehen
4 — mit o zu 2 — an jeder Belegung, fo geht
überhaupt x + oder x — mit o zu $\frac{1}{2} x$ + oder
$\frac{1}{2} x$ — an beiden Belegungen über.

Hatte eine Batterie an der einen Belegung zwar
+, und an der andern —, aber nicht von jedem
gleichviel, fondern z. B. 3 + und 1 —, fo findet
man nach der Entladung an beiden Belegungen
$$\frac{(3\ +)\ —\ (1\ —)}{2} = 1\ +.\ \ 3\ —\ \text{und}\ 1\ +\ \text{geben}$$
eben fo 1 —. Ueberhaupt kommen $x \pm$ und
$x y \mp$ auf $\frac{(x y \overline{+})\ +\ (x \pm)}{2}$ zurück.

Erft wo $y = 1$, d. i., + mit — in *entfpre-*
chendem Grade, z. B. 2 + mit 2 —, vorhanden
find, *erft da* findet man nach der Entladung an
beiden Belegungen o; denn $(x\ +)\ +\ (x\ —)$
ift $= 0$.

Was aber die *Spannung* felbft betrifft, fo geht
ein Electrometer, auf die Art an die electrifche
Batterie, wie in §. 7, gebracht, wo es alfo weder die Menge des an der einen, noch des an der

haben, immer wird; (ſelbſt wenn ihre Electricitätsvertheilung mit der Verzeichnung derſelben in ge-

andern Belegung befindlichen + oder — beſonders, ſondern allein ihren Unterſchied, die Spannung, anzeigt, in allen benannten Fällen mit der
Entladung auf o zurück, (weil die Spannung es
thut,) es mag an beiden Belegungen noch ſo viel
gleichvieles + oder —, oder ganz und gar nichts
zurückgeblieben ſeyn.

Es iſt hier zugleich der Ort, anzuführen, daſs
alles, was über Electricitäts-Arrangement bei der
Entladung *electriſcher* Batterien, als Reſultat unzäh-
liger und ſehr genauer Verſuche, hier erzählt worden iſt, *eben ſo unverändert auch von Galvaniſchen*
Batterien gilt.

Hat in §. 25 z. B. der eine Pol 8 +, der andere
4 +, ſo findet man, wenn man mit iſolirtem
Eiſendrahte total ſchlieſst, unmittelbar nach der
Schlieſsung über die ganze Batterie 6 +, und man
muſs den Draht oder die Batterie entweder ableitend berühren, damit ſie o wird, oder warten,
bis ſie dieſe 6 + nach und nach an die immer *E*
wegſaugende Atmoſphäre verloren hat.

In §. 26 kommt das Batterieſtück *k b*, Fig. 2, wenn
man es nach der Ableitung an *a* von *a h* trennt,
daſs es alſo mit der Differenz von 2 — und 4 —
zurückbleibt, bei der totalen Schlieſsung auf
durchgängige 3 —, und das Batterieſtück *h a*,
Fig. 3, bei ähnlicher Behandlung auf durchgängige
3 + zurück. (Hat man *k b* oder *h a* vorher nicht
von *h a* oder *k b* getrennt, ſo bleiben nur 2 —,
oder 2 + zurück, denn das dritte — oder +
ging durch die Ableitung an *a* oder *h* verloren,

dachten Figuren völlig übereinſtimmt, der Unterſchied beſtändig $= 1$ ſeyn, und ſomit die Ladung,

und ha oder kb hält nur, ſo viel es vermöge ſeiner Spannung $= 2$ nicht wegnehmen kann, d. i.,
$2 +$ oder $2 -$, an kb oder ha zurück.)

Wird in Fig. 2 die ganze Batterie geſchloſſen,
nachdem man den unmittelbaren Augenblick vorher die Ableitung an a weggenommen hat, ſo
kommt ſie durchgängig auf (etwas weniger als)
$2 -$ zurück; Fig. 3 auf (etwas weniger als) $2 +$.
(Dieſer Verſuch erfordert ſehr viel Geſchwindig-
keit und Vorſicht im Iſolement des Drahts, aus
Gründen, die ſpäter deutlich ſeyn werden; dann
aber iſt das Reſultat ſcharf das angeführte.)

Erſt Fig. 1, wo an a $2 +$ und an b eben ſo viel,
d. i., $2 -$, ſind, kommt bei totaler Schließung
durchgängig auf o zurück. Ein Electrometer,
das blós die Spannung indiciren kann, (vergl.
§. 3,) aber überall.

Dieſes, (was man als einen Zuſatz zu *Annalen*,
VIII, 450, betrachten kann,) läſst ſich *durch alle*
Figuren von Fig. 4 an mit gröſster Leichtigkeit
durchführen, wenn man nur in Fällen, wie z. B.
eben ſchon Fig. 4 und 5, an die ganz geringe
Spannung einzelner Theile der Batterie denken
will, die ſie doch nach der totalen Schließung
von α nach ω oder δ nach β, zufolge des in §. 28,
Anm., Angeführten, noch zurückhalten müſſen,
und deren Spiel in das, was in Fig. 1—3 bei totaler Schließung durchgängig *gleiche* E-Verthei-
lung wird, doch noch eine mehrere oder mindere
Wellenförmigkeit bringen muſs; wie der erſte beſte
genaue Verſuch auch wirklich beſtätigt.

welche die electrische Batterie durch Verbindung
ihrer Belegungen mit den Enden der Galvanifchen
bekommt, bei der Entladung beftändig einen Schlag
oder Funken geben, der ganz dem von Einer Säule
gewöhnlicher Art von 150 Lagen mit dem Unter-
fchiede $= 1$, (von $\frac{1}{2}$ + und $\frac{1}{2}$ —,) auf diefelbe
Weife veranlafst, gleich kommt. *) Bei der ele-

Nebenbei mache ich noch, auf Anlafs eines
auf Seite 54 vorgekommnen Falles, aufmerkfam
auf das ganz vortreffliche Mittel, das Galvanifche
Batterien an die Hand geben, um mit Electricitäten im Verfuche aufs fchärffte rechnen zu können, indem man ihre Quantitäten felbft aufs
fchärffte mifst. Man wollte z. B. einen grofsen
Conductor genau noch einmahl fo ftark geladen
haben, als einen andern. So ftelle man, für —
z. B., den einen an b, den andern an k in Fig. 2.
Man leite an a ab, nehme darauf die Conductoren von der Batterie weg, und man hat beide Conductoren im genaueften Verhältniffe von 2 : 1 geladen. Man fieht das Princip, das man nun auf
unendliche Weife ferner anwenden kann. R.

*) Ueber die Ladungsphänomene in Fig. 8 bis 11,
vergl. die Anm. zu §. 28. In Fig. 8 und 9 wird
die Thätigkeit der 150 freien Lagen der Batterie
in Mittheilung ihrer Differenz $= 1$ an die electrifche, durch den Widerftand von 300 Lagen, als
blofsem Leiter, in Fig. 10 und 11 aber durch einen von 450 befchränkt. In dem Maafse müffen
alfo auch Ladungsfchlag u. f. w. fchwächer feyn,
als bei Anwendung einer Säule von 150 Lagen,
wo keine Lage überflüffig ift.   R.

ctrifchen Batterie von 34 Q. F. Belegung hatte der
Entladungsfunke einer folchen Spannung jederzeit
gegen 2 Linien im Durchmeffer.

3o. Ein *wirklicher Unterfchied*, auf welche von
den angeführten und fonft noch möglichen Arten,
(f. z. B. Fig. 20 und 26,) er fich übrigens auch realifirt haben möge, ift jedoch *fchlechterdings nothwendig*, damit die Galvanifche Batterie die electrifche zu irgend einem Grade von Spannung laden
könne. Diefe Spannung ift ja felbft nichts, als jener Unterfchied, von der Galvanifchen der electrifchen Batterie mitgetheilt, und ohne eine folche
Mittheilung würde diefe überhaupt von jener nicht
geladen werden. Man kann indefs den Verfuch
gar leicht anftellen, und Batterien anwenden, die
entweder durch äufsere Hülfe, oder zufolge gehöriger Conftruction *von felbft*, an beiden Enden o,
oder gleichviel +, oder gleichviel — haben. Eine Batterie mit o an beiden giebt die Verbindungsart Fig. 12; eine mit gleichviel +, die von Fig. 13;
und eine von gleichviel —, die von Fig. 14. Wird
Fig. 12 mit der electrifchen Batterie verbunden, fo
zeigt das Electrometer an keiner Belegung etwas;
bei Fig. 13 zeigt es an jeder Belegung daffelbe +,
bei Fig. 14 daffelbe —, und bei der Verbindung
beider erfcheint weder Funke noch Schlag, der
Verfuch fey wie in §. 7 oder wie in §. 14 angeftellt.*)

*) Es ift ganz das nämliche, als ob man eine Gal-
vanifche Batterie von befter Wirkfamkeit total

Selbſt das allerempſindlichſte der Reagentien für
electriſche Batterieladungen, ein friſches Froſch-
präparat, auf einem Iſolatorium mit den beiden Belegungen zuſammengebracht, zeigt bei ihrer *Verbindung* nicht das mindeſte. *)

31. Iſt ein wirklicher electriſcher Unterſchied
der Enden einer Galvaniſchen Säulenverbindung aber
durchaus nöthig, um eine electriſche Batterie zu
irgend einem Grade damit zu laden, ſo bleibt auch
ferner dieſe *Ladungsgröſse dieſelbe*, der *Unterſchied*
an jener mag *durch viel* oder *durch wenig* $\pm$ *E* aus-

ſchlöſſe, (ſ. *Annalen*, VIII, 457,) und nun mit
dem Schlieſsungsdrahte die electriſche laden wollte.   R.

*) Die Bewegung, die es, ſelbſt wenn es auch nur
mäſsig erregbar iſt, unter den gehörigen Umſtänden, (den Fall Fig. 12 ausgenommen, wo beide
Enden, Belegungen, ..., = o ſind,) allerdings
erleidet, wenn es mit der *einen* Belegung erſt in
Berührung kommt, gehört nicht hierher, da ſie
bloſses Phänomen der Abgabe eines kleinern Theils
+ oder — dieſer Belegung an das Präparat iſt,
welche man dadurch für *beide* Belegungen gleich
ſetzt, daſs man das Präparat ſelbſt aus zwei ge-
ſonderten und gleich groſsen Theilen beſtehn läſst,
von denen man mit jeder Belegung einen, und
nach dieſem erſt beide unter einander, und damit
auch die Belegungen der Batterie in Verbindung
bringt, wobei indeſs auch bei höchſter Erregbarkeit des Präparats, wie ſchon geſagt, nicht das
mindeſte ſtatt hat.   *R.*

gedrückt feyn. Man verbinde in Fig. 13 oder 14
die beiden gleichnamigen Pole *A* und *E* durch Einen Draht (*F*); die gleichnamigen entgegengefetzten find es fchon durch *C*. Man erhält fo einen Unterfchied $= 2$, die Extenfität der Electricitäten
aber, welche ihn bilden, ift noch einmahl fo grofs,
als in §. 27 oder 28. Deffen ungeachtet giebt, nachdem man die electrifche Batterie mit *F* und *C* verbunden, und einen oder beide wieder abgenommen hat, jehe bei der Entladung denfelben Schlag,
Funken u. f. w., wie in §. 27 und 28, oder in jedem
Verfuche, wo man die Ladung mit einer Differenz
$= 2$, zu der blofs 300 Lagen verwandt waren,
vorgenommen hatte. Man verbinde ferner in
Fig. 17 alle $+$-Pole durch Einen Draht *A*, und fo
alle $-$-Pole durch Einen *B*. Die Differenz diefer
Poldrähte ift $= 1$, die Extenfität der Electricitäten
aber, welche fie bilden, ift 4mahl fo grofs, wie in
§. 29, oder bei einer einzelnen Säule von 150 Lagen. Dennoch gleichen Funken und Schlag bei der
Entladung der electrifchen Batterie ganz denen in
§. 29, oder denen nach der Ladung derfelben durch
Eine Säule von 150, d. i., mit der einfachen Electricität. *) Ladungen durch *B* und Ein *A* in Fig. 18,

*) Ich habe bereits Mehreres über folche Säulenver-
bindungen, als *aus kleinplattigen Lagen conftruirte
Aequivalente grofsplattiger Säulen*, in Voigt's Magazin, IV, 593—599, angeführt. Sie find zuerft
von Kortum, (*daf.*, III, 657,) in Anwendung

oder *A* und Ein *B* in Fig. 19, verhalten fich bei der
Entladung eben fo; die Fälle felbft aber find von jenen in Fig. 17 dadurch unterfchieden, dafs hier in
der That nur Eine Säule die Ladung verrichtet, ftatt
dafs dort nothwendig alle vier fich in das Gefchäft
theilen.

gebracht worden; auch find R e i n h o l d ' s Beobachtungen über fie, (f. *Annalen*, XI, 382, Anm.,
u XII, 46, 47,) bekannt. Ich füge hinzu, dafs
die Batterie Fig. 17 *weit ftärkere Funken und Ver-*
brennungen giebt, *als die nämlichen* 600 *Lagen nach*
Art der Fig. 1, als der gewöhnlichen, *verbunden*,
und dafs in *erfterer* Verbindung noch *bedeutende*
Funken erfcheinen, wenn fie in *letzterer* bereits
verfchwunden find. 450 Lagen in 3 Säulen, nach
Fig. 17 verbunden, wirkten zwar ebenfalls ftärker, als nach Fig. 1 verbunden, doch nach Verhältnifs fchon nicht um ganz fo viel, als die vorigen 4. Bei 300 Lagen in 2 Säulen zeigte die erfte
Verbindungsart verhältnifsmäfsig noch weniger
Ueberfchufs über die andre, der zuweilen kaum
merklich fchien. Hat man ferner 3 Säulen wie
in Fig. 17 verbunden, und eine fteht für fich, fo
ift bei fehr fchnell wiederhohlten Schliefsungen
durch Eifendraht, in gleich bleibenden Zwifchen-
räumen, der Vorgang folgender: In Fig. 17 ift
der erfte Funke ausnehmend grofs, (f. oben,)
von ihm an aber nehmen fie in fchneller Progref-
fion an Stärke ab, bis fie endlich nach x Schliefsungen fo eben verfchwinden. Bei der einzelnen Säule ift der erfte Funke bei weitem fchwächer, wie in Fig. 17; er mag etwa $\frac{1}{3}$ von jenem
feyn: die folgenden nehmen auch ab, aber in

32. Die Verſuche mit den in §. 31 erwähnten Säulenverbindungen *auf Art des* §. 14 *wiederhohlt*, geben ganz den dortigen analoge Reſultate. Doch war das, um was hier der *Entladungsfunke gröſſer war*, als in §. 31; nach Verhältniſs *ſcheinbar nicht ſo viel*, als in §. 7, verglichen mit §. 14. Dies war

weit ſchwächerer Progreſſion, und genau nach *x* Schlieſsungen verſchwinden ſie auch hier. Für *beide* Batterien iſt darauf nach *gleichen* Erhohlungszeiten wieder die anfängliche höchſte Wirkſamkeit da. Auch die electriſche Spannung iſt nach *gleichen* Erhohlungszeiten wieder gleich weit hergeſtellt, oder die anfängliche. — Alles zeigt an, daſs jene Verbindung in der That nichts thut, als eine groſse Anzahl kleiner Platten einer 2 mahl kleinern Anzahl 2 mahl gröſsrer Platten gleich zu ſetzen, und daſs eine von Anfang groſsplattige Batterie eben ſo gut betrachtet werden kann, als eine Anzahl neben einander befindlicher kleinplattiger, deren gleichnamige Pole mit einander verbunden ſind. Schlieſst man mit einem Eiſendrahte, ſo entladet er ſie alle zugleich, und das Phänomen dabei muſs gleichen der Summe der Phänomene der einzelnen.

Daſs mehrere Drähte, mit denen in Fig. 17 die verſchiednen Säulen auf verſchiednen gleichnamigen Höhen verbunden wurden, die Batterie wirkſamer gemacht hätten, als die bloſse Verbindung der Endpole durch zwei, habe ich nicht bemerkt. Reinhold ſah, (*Annalen*, XII, 46,) das Gegentheil. Deſſen ungeachtet mögen ſich beide Beobachtungen nicht widerſprechen. Der Unterſchied liegt wahrſcheinlich bloſs an klein ſchei-

befonders auffallend bei der Anftellung des. Verfuchs mit Fig. 17.

33. Wurden *drei* Säulen mit ihren homogenen Polen nach Art des §. 31, und fodann mit dem gemeinfchaftlichen —- (oder +-) Drahte der +- (oder
—-) Draht der vierten *einzelnen* Säule verbunden,

nenden Umftänden bei der anfänglichen Conftruction der Verbindung. Meine Säulen hatten alle.
an den Polen Drähte von ftarkem Eifen, die 8 bis.
10 Zoll über fie hervorftanden, und eben fo weit.
ftand eine Säule von der andern nur ab. Auch
verband der gemeinfchaftliche, (gleichfalls ftarke Eifen-) Draht jene Poldrähte allemahl ziemlich an ihrem äufserften Ende. Schlofs ich daher in Fig. 17, z. B. zwifchen der 2ten und 3ten
Säule, fo war der Schliefsungsort von allen Säulen, befonders wegen der äufserft guten Leitung,
die folcher Eifendraht gewährt, *beinahe gleich weit*
entfernt; auch waren alle Säulen zur Zeit meiner
Verfuche fo eben erft gebaut, alfo im beften Zuftande. Auf den erften Umftand aber fcheint
mir befonders viel anzukommen; es wären zu viel
Worte nöthig, die Schädlichkeit feines Gegentheils, und wie diefe durch mehrere Drahtver-
bindungen wirklich gemindert werden müfste,
daraus abzuleiten. Beides kann man kurzer
felbft, und fehen, dafs ich in §. 3, Anm., zu Ende,
jenen Umftand vorzüglich vor Augen hatte. —
An der Gegenwart des Gegentheils des nämlichen
Umftunds allein kann es auch nur liegen, dafs
Säulen oder einzelne Lagen von *fehr breiten* Platten
in van Marum's, (f. *Annalen*, X, 136, 259,)
und *meinen* Verfuchen, (f. Voigt's *Magazin*, IV,

wodurch eine Gefammtdifferenz $= 2$ entftand; fo
verhielt fich diefe Verbindung in §. 7 bei der Entladung der electrifchen Batterie, genau wie eine homologe Verbindung von 300 Lagen oder *zwei* Säulen. — *Zwei* Säulen mit ihren homologen Polen
verbun-

595, 596;) *nicht ganz* im Verhältniffe der Breite
der Platten wirken, (Funken, Verbrennungen, u.
dergl. geben;) ein Mifsverhältnifs, das um fo gröfser wird, je breiter die Platten felbft find, und
welches, wenn es in Vorrichtungen, wie die in
§. 4, Anm., vorgefchlagne, nicht *fehr* beträchtlich
weniger ftatt hat, beinahe nöthigen möchte, den
mühfamern Weg einzufchlagen, von einer Menge
kleinplattiger, in einen Kreis oder ein blofses Stück
deffelben geftellter Säulen, vom $+$-Pole jeder, einen Draht nach der Mitte eines Sterns, oder der
Spitze eines Stücks deffelben, zu führen, wo *alle*
$+$-Drähte zufammenkommen, eben fo mit den
—-Polen zu verfahren, und darauf die gemeinfchaftliche Kette aller von der *Mitte* des Sterns der
$+$-Drähte oder der *Spitze* feines Stücks, nach der
Mitte des Sterns der $+$-Drähte oder der *Spitze feines* Stücks zu fchliefsen; indem alles, (vergl. oben,)
darauf ankommt, dafs *jede einzelne Säule in gleichem Grade an der Schliefsung Theil nehme*, was nur
auf folche Weife zu erwarten fteht.

— Es hat fehr lange zum Anftofse gereicht, dafs
*grofsplattige Batterien wohl Funken und Verbrennun-
gen weit ftärker, chemifche und phyfiologifche Wirkungen hingegen genau nur fo ftark, als kleinplattige*
von gleich viel Lagen, geben; felbft Electriker von
Profeffion haben keine Erklärung dafür gewufst,
und

verbunden, und darauf mit ihrem einen Drahte mit
dem entgegengesetzten Drahte *zweier* nach dem Schema der Fig. 1 verbundnen Säulen verbunden, verhielten sich wie eine homologe Verbindung von 450 Lagen oder *drei* Säulen. (Der Versuch §. 32 ist mit
Batterien dieser Art nicht wiederhohlt worden.)

und die Verlegenheit darum war allgemein. Jetzt
kann sie durch D a v y, (f. *Annalen,* XII, 357, 358,)
gehoben seyn. Aber sie hätte das früher gekonnt.
Man weiss, dafs von allen den Flüssigkeiten . . . .,
mit denen gewöhnlich vergleichende chemische Versuche geschahen, und in den Maafsen, (in der Länge und Dicke derselben,) in denen man sie anwendete, keine einzige so gut leitet, dafs sie im Stande
wäre, die Spannung einer Säule gegebner Lagen-
zahl und gebräuchlicher Breite, (z. B. $1\frac{1}{2}$ bis 2 Zoll,)
ganz aufzuheben. (Vergl. *Annalen,* VIII, 455.)
Dasselbe ist der Fall mit dem Körper des Experi-
mentators. (Vergl. d. a. O. und m. *Beitr.*, B. I,
St. 4, S. 264 u. f.) Nennt man nun die ganze
Spannung der Säule x, die durch eine schliefsende
Flüssigkeit . . . . zurückgelassene y, und die Extensität
der Electricität, die sich verhalten mufs wie die
Breite der Säule, z; so ist die absolute Menge der
in einem gegebnen Augenblicke von der Flüssigkeit
. . . . zusammengeleiteten Electricität $= (x - y) z$,
und abermahls offenbar = dem Grade von Leitung,
den die Flüssigkeit bei der Spannung der Säule,
($= x$,) hatte. *So viel* kann sie leiten, und *mehr nicht.*
Denn es sey die Säule z. B. 4 mahl so breit, die Extensität der Electricität also = 4 z. Die Flüssigkeit
. . . . wird $\left(\frac{x - y}{4}\right) 4 z = (x - y) z$ leiten, und

34. Wenn man in Fig. 1 an *a* eine *Ableitung* zur Erde, (zum Boden des Zimmers ...,) und in *b* auch *eine* anbringt, fo wird, wenn die Batterie nur irgend in gutem Zuftande ift, ein Electrometer am einen oder andern Pole, (*a* oder *b*,) fcheinbar noch *genau fo ftark divergiren, als vor aller Ablei-*

mehr nicht. Alle Phänomene alfo, die fich, (bei *gleicher* leitender Fl..ffigkeit,) verhalten, wie diefe Leitung, werden bei der breiten und der fchmalen Säule gleich grofs feyn. Die Flüffigkeit leite beffer; fie leite bei der Saule einfacher Breite z. B. gerade $x z$ felbft. Bei der Säule von vierfacher Breite leitet fie alfo doch wieder nur $\frac{1}{4} x . 4 z = x z$; und ob fie gleich fo gut leitete, dafs fie die *einfache* Säule *total* fchlofs, fo konnten doch bei der Säule vierfacher Breite die mit dem Grade der Leitung in Ver- h ltnifs ftehenden Phänomene noch nicht gröfser feyn, wie bei der einfachen. Damit das der Fall ift, mufs die Flüffigkeit fchon bei der *fchmalen* Säule *fo gut* leiten, dafs $x z$ nur einen *Theil* ihrer Lei- tungsfahigkeit in Befchlag nimmt, und $2 x z$, $4 x z$ u. f. f. erfordert werden, um fie ganz zu verbrauchen Und dann werden auch die *Phänomene, die, (bei derfelben Flüffigkeit,) fich verhalten wie die Leitung, bei den breiten Säulen grofser feyn, als bei den fchmalen.* Dies ift der Fall in den angeführten Verfuchen D a v y 's. Denkt man aber nun an die *ganz aufserordentliche Leitungsfähigkeit* derjenigen *Körper*, mit denen man die Batterie zu *Funken, Ver- brennungen* u. dergl. fchliefst, der *Metalle;* daran, dafs diefe Leitungsfähigkeit vielleicht für 100 $x z$, für 1000 $x z$, noch grofs genug ift, bei der Säule einfa-

tung. Verbindet man daher, *während* jene *Ablei-*
tungen an beiden Polen bleiben, *a* und *b* mit den
Belegungen der electrifchen Batterie, wie in §. 5
oder 7, fo zeigen fich die Phänomene der Ladung
und Entladung fcheinbar ganz im felbigen Grade,
wie dort.

cher Breite aber doch nur 1 $x z$ vorhanden ift, alfo
auch nicht mehr geleitet wird, indefs bei Säulen von
4-, 8-, 16facher Breite mit Leichtigkeit auch das 4-,
8-, 16fache geleitet wird, u. f. w.: fo ift es endlich,
wenn man alles überfchlägt, nun wohl fo paradox
nicht mehr, dafs chemifche Wirkung, Schlag u. f. w.
bei breiten Säulen immer nicht gröfser, als bei fchmalen, gefunden wurde, indefs Funken, Verbrennungen
u. dergl. mit der gröfsern Breite der Säule fo fichtbar zunehmen. — Es ift nicht etwa erft feit Davy's Verfuchen, dafs ich diefe Anficht faffe, (deren Buchftabe übrigens aus der Sprache der Electricität noch manche Entfchuldigung, und manches Wort anders fucht;) fie hat der Abhandlung
von der Galvanifchen Batterie in meinen *Beitr.* B. I,
St. 4, und B. II, St. 2, von Anfang an zum Grunde
gelegen, und wird es ferner thun. Eine Menge Verfuche fteht zu ihrem Dienfte, es geht ihnen aber
wie den Körpern, die mehr als $x z$ leiten; fie warten daher auf die beffere Gelegenheit.

Anmerken will ich noch, dafs, wenn das
Schema Fig. 1 gefchickter ift, *electrifche Fifche* ....,
als Krampfrochen, Zitteraale u. f. w., zu *Batterien*
höherer Spannung zu verbinden, und damit Verfuche, wie ich, *Beitr.*, B. I, St. 4, S. 237 u. f., vor-
fchlug, immer kräftiger vorzubereiten, (auch über-

E 2

35. Legt man aber eine lange (Gas-) Röhre
voll reinen deſtillirten Waſſers mit ihren Enddrähten an *a* und *b* in Fig. 1, wodurch man die ganze
Batterie *partiell ſchließt*, *) ſo wird ihre electriſche

haupt, *Thierbatterien aller Art*, zur leichtern Entdeckung der kleinern Spannung der einzelnen
aus der größern des Ganzen, zu vermitteln,) —
das *Schema Fig.* 17 geſchickter ſeyn wird, die
nämlichen Fiſche .... zu Verſuchen auf trocknem
Wege, als *Funken, Verbrennungen* u. ſ. w., zu verbinden; obgleich, was die *Funken* angeht, Beobachtungen an *einzelnen* Fiſchen, (Säulen,) im Grunde
bereits gar nicht ſo ſelten ſind, als gemeinhin behauptet wird.   *R.*

*) Daſs eigentlich *in* §. 34 *auch ſchon partiell geſchloſ-*
ſen war, weiſs man aus der Anm. zu §. 9, wo gezeigt wurde, wie eine an beiden Polen abgeleitete
Galvaniſche Batterie einer in ſehr geringem Grade
partiell geſchloſnen gleich kömmt. Daſs dieſer geringe Grad von Schließung in §. 34 die Spannung *nicht*
merklich ſchwächte, kam eben von dieſer ſeiner
Geringfügigkeit her. Es iſt aber nicht ſchwer, ihn
allerdings größer zu machen, und ſomit wirklich
eine *merkliche* Schwächung der Spannung hervorzubringen. Man darf nur den Boden des Zimmers
feucht machen, beſonders zwiſchen den beiden Ableitungsdrähten vom einen zum andern, oder gar
naſs, und dann zuerſt mit bloſsem Waſſer, dann
mit Salzwaſſer, mit Salmiakauflöſung u. ſ. w.; und
man bringt es mit der leichteſten Mühe dahin, daſs
die Batterie erſt bloſs etwas weniger Spannung,
was ſo eben merklich, dann immer weniger zeigt,

Spannúng fchnell vermindert, und zwar, wie man
weifs, um fo mehr, je kürzer unter fonft gleichen
Umftänden der Waffercylinder zwifchen den Enden
der beiden Drähte in der Röhre ift. Wie grofs die

und endlich wohl bald ganz und gar keine mehr.
Aber was hat man auch anders gethan, als das gewöhnlich *faft* trockne, und defshalb *faft* recht gut
ifolirende Holz des Zimmerbodens zwifchen den Ableitungsdrähten, durch alle Stufen mindrer Ifolation
hindurch, bis zu einem Grade der Leitung geführt
zu haben, der *beinahe* nach Vergleichung mit dem
beften fragen darf? Wäre der Boden von Metall, fo
wäre eine zu beiden Seiten durch Drähte abgeleitete Batterie geradezu *total* gefchloffen. — Und fo
fieht man auch umgekehrt wieder, wie *alle partiellen Schliefsungen* einer Galvanifchen Batterie bis herauf zur *totalen*, wie wir diefe Schliefsungen gewöhnlich vornehmen, und wie fie z. B. in §. 35 vorkommen, nichts als mehr oder minder weit ge-
hende *Ableitungen derfelben zu beiden Seiten find.* —
Wie wahr diefes fey, (vergleiche §. 9, Anmerk.,)
fieht man aus den nähern Umftänden bei Ableitungen jener Art felbft, am beften. Der Boden
des Zimmers fey beftändig der gleiche, und fo
trocken, als er es in einem reinlich gehaltnen
Zimmer zu feyn pflegt, fo habe ich beftändig gefehen, dafs *Menfchen eine weit kräftigere* Ableí-
tung an den Polen der Batterie, als *Eifendrähte*
bewirkten, und fomit fchon eher, wenn gleich
noch immer nicht fo ganz leicht, eine bemerklich werdende Schwächung der Spannung der
Batterie felbft hervorbrachten. Daffelbe gefchah,

zurückgebliebne Spannung fey, erfährt man durch
das Electrometer auf die in §. 3 angezeigte Art.
Wiederhohlt man mit folchen partiell gefchlofsnen

wenn ich da, wo jeder Eifendraht den Boden berührte, mit Waffer .... einen *naffen Fleck* machte,
ohne dafs diefe Naffe am Boden beide Drahte unter einander wirklich verbunden hätte. Man darf
hier aber nur, was ich in m. *Beitr*, B. I, St 4, von
S. 255 an, abhandelte, (f. befonders S. 259 u. f.,)
noch gegenwärtig haben, um bei der Anwendung
deffelben auf den hiefigen Fall fogleich zu fehen,
wie, wo ftärkere Ableitung war, in der That auch
das Totum gegenwärtiger Leitung ein gröfsres war.

Läfst man in Fig. 1 am einen Pole Eine Perfon,
am andern hingegen zwei ableiten, fo wird die
Spannung d. B. merklicher, alfo mehr, gefchwächt,
als wenn an jedem nur Eine abgeleitet hätte. Gröfser ift die Schwächung, wenn am andern Pole drei,
und noch gröfser, wenn vier ableiten. Man vergleiche aber hiermit m. *Beitr*., a. a. O., S. 276 u. f.

Während übrigens die Spannung unter folchen
ungleichen Ableitungen abnimmt, ändert fich auch
das Verhältnifs der Vertheilung von + und — an
der Säule felbft. D. i., war, bei gleichen Ableitungen zu beiden Seiten, auf jeder z. B. durch Eine
Perfon, die +-Divergenz am Zinkpole fo grofs wie
die —-Divergenz am Kupferpole, fo wird z. B. die
+-Divergenz kleiner und die —-Divergenz gröfser, wenn am Zinkpole zwei Perfonen ableiten,
während am Kupferpole die Eine bleibt. Bei drei
Perfonen am Zinkpole wird jene +-Divergenz noch
kleiner, und bei vieren, (auch wohl fchon bei den

Batterien die Verſuche §. 5 oder 7, ſo werden die
Entladungsphänomene ſich jederzeit verhalten, wie
der bei der Ladung gegenwärtige Grad der Span-

dreien,) verſchwindet ſie ganz. Während deſſen
aber iſt die — Divergenz am Kupferpole immer ge-
ſtiegen, ohne daſs jedoch, wenn man das Electrometer wie in §. 5 mit der Batterie verbindet, die
jetzige *ganze* Divergenz noch der ganzen vor allem
Verſuche gliche, (wenn auch der Unterſchied von
ihr an ſich kein ſehr beträchtlicher iſt.) — Man
ſieht, wie in dieſen Verſuchen, *zur doppelten Ablei-*
tung, die einer ſehr geringen partiellen Schlieſsung
gleicht, (ſ. oben,) allmählig noch *die einfache*, an
dem Pole, wo die *mehrern* Perſonen ſind, herzu-
komme. Man kann zwar, ja man muſs ſogar, das
Phänomen mit dem, welches V o l t a, (ſ. V o i g t's
Magazin, IV, 44, Verſ. 9,) beſchreibt, unter Eine
Rubrik bringen, indem beide völlig ſynonym ſind;
wodurch aber die vorige Zuſammenſetzung des Phänomens aus doppelter und einfacher Ableitung keineswegs aufgehoben, vielmehr man nur ſo eben
aufmerkſam darauf wird, worin das Phänomen der
einfachen Ableitung überhaupt beſtehe. — Wovon
zu andrer Zeit mehr.

Zu bemerken iſt nur noch, daſs die doppelte Ableitung, in §. 34 unter ſonſt gleichen Umſtänden um
ſo merklicher eine Schwächung der Spannung ....
hervorbringt, und ſo auch alle in dieſer Anm. angeführten Urſachen von um ſo gröſsern Folgen ſind,
je älter, vertrockneter, die Galvaniſche Batterie
an ſich, oder je ſchlechter der feuchte Leiter von
Anfang an in ihr war.   *R.*

nung jener. *) **) Berühren fich aber die Drähte
in der Röhre, fo ift die Batterie *total* gefchloffen,
und der Fall §. 30, Anmerkung, zugegen; es fehlt
fomit alles.

*) Ich habe vergeffen, mit folchen Batterien Verfuche
wie §. 14 zu wiederhohlen, welches, wie man
leicht finden kann, fehr intereffante Refultate hätte
geben müffen.   R.

**) Ich habe mehrmahls genau unterfucht, ob in §. 35
der Gasbildungsprozefs in der Röhre geändert fey,
während die Enden der Batterie zugleich mit der
electrifchen verbunden, diefe alfo geladen, folglich
bei derfelben Spannung; beide freie Electricitäten in
unweit gröfsrer Extenfität zugegen waren; *niemahls*
aber habe ich den *geringften Unterfchied* bemerken
können. Ich wandte zuletzt Röhren mit faft waffer-
freiem Weingeifte an, in welchem die Gasentbindung
aufserordentlich dürftig, die zurückgebliebne Spannung faft noch die anfängliche, und fomit die Bedingungen zum Offenbarwerden einer Veränderung
aufs höchfte gegeben waren; aber *ohne Erfolg.* R.

(Die Fortfetzung im nächften Stücke.)

II.

VERSUCHE

über die Kohle und über einen liquiden Schwefel-Kohlenstoff,

von

den Bürgern CLEMENT und DESORMES,

nebst einigen Bemerkungen von BERTHOLLET. *)

Man glaubt ziemlich allgemein, die Kohle, welche bei Zersetzung organischer Körper im Feuer zurückbleibt, enthalte, auch wenn sie dem heftigsten Feuer ausgesetzt worden, doch noch etwas von den flüchtigen Stoffen, mit denen sie zuvor in chemischer Verbindung stand; eine Meinung, welche man darauf gründet, daß sich *erstens* beim Verbrennen der Kohle zuweilen Wasser zeigt, welches die Gegen-

---

*) Der interessante gelehrte Streit, der zwischen Berthollet von der einen, und Guyton, Clement und Desormes von der andern Seite, über die wahre Natur des sogenannten *Kohlenoxydgas* entstanden ist, (*Annalen*, IX, 99, 364 a, 409; XI, 199,) wird zwischen ihnen, mit wahrem Gewinne für die Wissenschaft, noch immer eifrig fortgesetzt. Die hierher gehörigen in den *Annalen* noch unbenutzten Aufsätze aus den neueren Heften der *Annales de Chimie*, (t. 41, p. 121, 184; t. 43, p. 301,) enthalten insgesammt sehr wichtige Verhandlungen über mehrere streitige Punkte, oder über beiläufig gemachte Entdeckun-

wart von *Hydrogen* in ihr zu beweifen fcheint; und dafs *zweitens* weniger Sauerftoff erfordert wird, um Kohle, als um gleichviel Diamant in kohlenfaures Gas zu verwandeln, woraus man auf Gegenwart von *Sauerftoff* in der Kohle fchliefsen zu dürfen glaubt.

Wir behaupteten in unfrer Abhandlung über das gasförmige Kohlenftoffoxyd, (*Annalen*, IX, 409,) diefes Gas enthalte kein Hydrogen. Andre Chemiker, [Berthollet,] die von der Gegenwart des Hydrogens in der Kohle überzeugt waren, erklärten daffelbe für eine dreifache Verbindung von Kohlenftoff, Sauerftoff und Hydrogen, und fchreiben die Brennbarkeit deffelben auf Rechnung diefes letztern Stoffs. Es fchien uns intereffant zu feyn, über diefen Gegenftand eine Reihe von Verfuchen zu unternehmen, und wir legten uns daher folgende Fragen vor:

gen. Ich hielt es daher für zweckmäfsig, aus ihnen die gleichartigen Materien in einzelne Auffätze zufammenzuziehn. Hier zuerft die Verhandlungen, welche die Natur der *Kohle* und des *Kohlenoxydgas* unmittelbar betreffen, und die fich zunächft an Berthollet's Arbeiten über die Kohle, (*Annalen*, IX, 199,) anfchliefsen, und die Verfuche über ein fehr intereffantes neu entdecktes chemifches Produkt, den liquiden *Schwefel-Kohlenftoff*. Die trefflichen Unterfuchungen über das in den Gasarten enthaltne Waffer, im nächften Hefte.   *d. H.*

Enthält gut gebrannte Kohle Hydrogen?

. *Beruht der Unterschied der verschiednen Kohlen-*
stoffhaltenden Körper darauf, daß sie bei gleicher
Masse verschiedne Mengen von Sauerstoff enthalten?

Wir suchten durch zwei verschiedne Mittel zur
Beantwortung dieser Fragen zu gelangen: mittelst
der Wirkung des *Sauerstoffs* und mittelst der Wirkung des *Schwefels* auf die Kohle.

Bei unsern vorigen Versuchen erhielten wir in
Recipienten, worin Kohle in Sauerstoffgas verbrannt wurde, (*Annalen*, IX, 413,) kein Wasser.
Es war möglich, daß doch Wasser gebildet, nur
sogleich vom kohlensauren Gas aufgelöst wurde, indem man diesem Gas gewöhnlich eine grofse Kraft,
das Wasser aufzulösen, zuschreibt. Wir wiederhohlten daher diese Versuche mit gut gebrannten Kohlen. Einige derselben hatten eine Zeit lang an der
Luft gelegen; und diese liefsen durch blofse Einwirkung der Hitze viel Wasser ausdünsten, indefs
sich beim Verbrennen derselben nicht Wasser genug
mehr bildete, um sich sichtlich abzusetzen. Die
Kohlen, welche sorgfältig gegen alle Einwirkung
der Feuchtigkeit geschützt worden waren, gaben
nicht eine Spur von Wasser. Dieses bewies uns,
dafs das Wasser, welches sich während des Verbrennens von Kohle absetzt, sich schon zuvor in der
Kohle befand, und von diesem Körper, dessen bekannte hygrometrische Eigenschaft Guyton in der
Encyclopédie méthodique bestätigt hat, aus der Atmosphäre eingesogen war.

Wir fanden, dafs 4 Grammes *guter Kohle* *) aus
weifsem Holze, die an die Luft gelegt werden,
felbft während trockner Witterung um 0,2 Gr. am
Gewichte zunehmen. Erhitzt man fie darauf, fo erhält man Waffer, deffen Menge fich wiegen läfst,
und das über ¾ diefer Gewichtszunahme ausmacht.
Das übrige ift Luft, welche die Kohle in der Hitze
oder im luftverdünnten Raume wieder fahren läfst.
Begreiflich müffen diefe Phänomene, nach dem Zuftande der Atmofphäre, der Textur der Kohle und
der Zeit, wie lange fie an der Luft gelegen hat, beträchtlich variiren.

Es ift mithin ausgemacht, dafs, wenn fich während des Verbrennens der reinen Kohle Waffer bildet, diefes nicht anders als in Geftalt *elaftifcher
Flüffigkeit* in den Gasarten, die diefer Prozefs erzeugt, vorhanden feyn kann.

Es kam daher nun darauf an, zu wiffen, wie viel
Waffer diefe Gasarten in Geftalt einer elaftifchen Flüffigkeit in fich enthalten können. Die Unterfuchungen, die wir darüber angeftellt haben, beweifen,
dafs die verfuchten, und wahrfcheinlich alle Gasarten,
unter gleichen Umftänden genau gleichviel Waffer
gasförmig in fich aufnehmen, und es beim Durchftei-

---

*) Als folche fehn wir nur die an, die nach ihrer
erften Verkohlung eine Stunde lang in der Gluth
einer Schmiedeeffe erhalten worden ift. *C. u. D.*
(Vergl. *Annalen*, IX, 410.)

gen durch falzfauren Kalk faft ganz abfetzen; und
zwar nehmen 36 Litres Gas 0,33 bis 0,34 Grammes
Waffer, oder jeder Kubikfufs Gas 5,89 bis 6,09 fr.
Grains Waffer in fich auf. Gebundnes Waffer giebt
es in keiner Gasart, und unter gleichen Umftänden
verdampft diefelbe Flüffigkeit in ihnen allen auf
gleiche Art. *)

Gefetzt nun, das Gas, welches durch Verbrennen guter, nicht feuchter Kohle in getrocknetem
Sauerftoffgas entfteht, enthielte nicht mehr Waffer,
als das trocknende Salz im Sauerftoffgas zurückge-
laffen hat, (und das liefse fich dadurch wahrnehmen, dafs es dann durch eine gleiche Menge diefes
Salzes durchfteigen könnte, ohne das Gewicht deffelben zu vermehren;) fo wünde es faft gewifs feyn,
dafs beim Verbrennen der Kohle kein Waffer erzeugt wird.

Wir ftellten, um diefes auszumachen, folgenden
Verfuch an. Es wurden 4,5 Grammes gewöhnlicher Holzkohle eine Stunde lang in einer Effe geglüht, und noch warm in eine lange Glasröhre gethan, die über einem kleinen Ofen lag. An die

*) Diefe Unterfuchungen, die im Originale zum
Theil hier mitgetheilt, doch erft in andern Abhandlungen vervollftändigt werden, verdienen in
einer eignen Abhandlung zufammen zu ftehn, daher ich hier nur das Refultat derfelben hinfetze,
und den gründlich geführten Beweis für das nächfte Heft der *Annalen* verfpare.   *d. H.*

Enden diefer Röhre wurden zwei andre Röhren mit
4,5 Gr. falzfauren Kalks, und an diefe Blafen gekittet,
deren eine mit 12 Litres Sauerftoffgas gefüllt, die andre leer war. Die letztern Röhren gingen durch
Mifchungen aus Eis und Kochfalz, und wurden durch
fie fortdauernd in einer Temperatur von ungefähr
— 6° R. erhalten. Nachdem die lange Glasröhre an
der Stelle, wo in ihr die Kohlen lagen, ftark erhitzt
worden war, wurde das Sauerftoffgas aus der einen in
die andre Blafe getrieben. Dabei verbrannten die
Kohlen, ohne dafs fich ein Atom Waffer abgefetzt hätte. Die Röhre mit falzfaurem Kalke, durch welche das
Sauerftoffgas, ehe es an die Kohle kam, gegangen
war, hatte um 0,13 Grammes an Gewicht zugenommen, folglich um 0,02 Grammes mehr, als das nach
den obigen Verfuchen hätte feyn follen, welches fich
indefs daraus erklärt, dafs das Gas in jenen Verfuchen
nicht, wie in unferm jetzigen, erkältet wurde.
Der falzfaure Kalk in der andern Röhre, über welchen die Produkte des Verbrennens, die erzeugtes
Waffer enthalten follten, fortgeftiegen waren, hatte nur um 0,02 Gr. an Gewicht zugenommen; und
felbft diefe Gewichtszunahme rührte wahrfcheinlich
nur von der Feuchtigkeit her, welche die Kohle
während des Hineinfüllens in die Röhre aus der
Luft eingefogen hatte. Aber felbft wenn man behaupten wollte, diefe 0,02 Grammes Waffer wären
beim Verbrennen mittelft des Hydrogens der Kohle
erzeugt worden, fo würden hiernach 4,5 Gr. Kohle
nur 0,003 Gr. Hydrogen, und mithin 100 Gr. Koh-

le nur 0,o65 Gr. Hydrogen enthalten, und nur $\frac{7}{1500}$ der Kohle aus Hydrogen beftehn; ein Antheil, der ganz unbedeutend wäre.

Berthollet beftimmt in einem Briefe, der in der *Bibliotheque Britannique*, No. 142, abgedruckt ift, den Gehalt des fogenannten Kohlenoxydgas an Hydrogen auf 0,0902 Grammes in 1,9683 Litres oder von 1,7 Grain in 100 Kubikzollen. Nun wiegt diefe Menge Kohlenoxydgas ungefähr 2,278 Grammes und enthält 1,139 Gr. Kohle und eben fo viel Sauerftoff. *) Folglich kämen hier auf 100 Theile Kohle 7,91 Theile Hydrogen. Berthollet hat daher den möglichen Gehalt diefes Gas, mithin auch der Kohle felbft, an Hydrogen, viel zu hoch angegeben, da fich nach dem obigen Verfuche höchftens 0,065 Th. Hydrogen in 100 Th. Kohle annehmen laffen.

Diefer mit der höchften möglichen Sorgfalt angeftellte Verfuch bewies zugleich wiederum, dafs die Kohlenfäure nahe aus 28 Theilen Kohle und 72 Theilen Sauerftoff in 100 Theilen befteht, wie fchon Lavoifier diefe Verhältniffe beftimmt hat. Erhielt er Waffer beim Verbrennen der Kohle im Sauerftoffgas, fo konnte das höchftens diefe Zahlbeftimmungen nur um Bruchtheile irrig machen, da diefes Waffer, wie wir gezeigt haben, fich fchon vor dem Verbrennen in der Kohle befand.

*) Hiernach ift zu verbeffern *Annalen*, XI, 103.

d. H.

Begierig, zu wiffen, ob alle Kohlen, gleich der
Holzkohle, durch Feuer fich von allem Hydrogen
trennen laffen, mit dem fie zuvor verbunden waren,
fetzten wir Kohlen vom *Zucker*, vom *Wachfe* und
von *thierifchen Körpern* einem heftigen Feuer aus.
Sie alle gaben beim Verbrennen eben fo wenig Waffer als die Holzkohle.

Unfre Abficht bei diefen Verfuchen ging zugleich
dahin, das Verhältnifs der Sauerftoffmengen, welche diefe verfchiednen Arten von Kohlen vielleicht
enthalten könnten, zu beftimmen, aus dem Antheile
von Sauerftoff, den fie erfordern, um fich damit in
Kohlenfäure zu verwandeln. — Es diente uns zu
diefen Verfuchen derfelbe Apparat, worin wir zuvor die Holzkohle verbrannt hatten. Die Blafen
deffelben waren fo präparirt, dafs fie kein Gas entweichen liefsen, wie man das fonft von den Blafen
zu glauben geneigt ift. Ueberdies ftimmen die Refultate, die wir gerade fo mittheilen, wie wir fie erhielten, mit Lavoifier's Verfuche, und mit dem,
was wir früher beim Verbrennen der Kohle in einem Ballon voll Sauerftoffgas gefunden hatten, fo
gut überein, dafs man fich auf diefe Verfuche völlig
verlaffen kann.

	Verbrannte kohlenftoffhalt. Körper.				
	Kohle vom Zucker.	Kohle vom Wachfe.	Reifs-blei.	An-thra-cit.	Thieri-fche Kohle.
Menge des beim Verbren-nen verzehrten	Gram-mes.	Gram-mes.	Gram-mes.	Gram-mes.	Gram-mes.
kohlenftoffh. Körpers	1,63	1,05	2,44	2,05	1,55
Sauerftoffs . . .	3,93	2,72	6,36	5,16	4,08
Menge von Kohlenfäure die daraus als Sum-me beider entftehn follte	5,56	3,77	8,80	7,21	5,63
wirklich entftand .	5,46	3,65	8,80	7,21	5,68
Verluft	0,1	0,12	0,00	0,00	— 0,05
Hiernach find in 100 Gr. Kohlenfäure vorhanden vom kohlenftoffhalt. Körper	29,3	27,8	27,8	28,4	26,9
von hinzugekommn. Sauerftoff . . .	70,7	72,2	72,2	71,6	73,1

Alle diefe aus Kohlenftoff beftehende Körper,
das *Reifsblei,* (*Graphyt,*) die *Kohlenblende*, (*An-
thracit,*) und die *Coaks* fowohl, als die vegetabilifchen und die thierifchen Kohlen, bedürfen alfo zum
vollftändigen Verbrennen von gleichen Maffen, nahe gleichviel Sauerftoffgas, und geben dabei gleichviel kohlenfaures Gas. *)

*) Hierdurch wäre alfo Guyton's Vermuthung
widerlegt, nach welcher diefe Körper Kohlen-
ftoffoxyde von verfchiednem Grade feyn follten.
(*Annalen*, II, 396 f.) Tennant's Verfuchen,
(*Annalen*, II, 471,) zu Folge machte felbft der
Diamant hier keine Ausnahme. Wie ift aber diefes Refultat damit zu vereinigen, dafs Kirwan
fo verfchiedne Mengen von Salpeter bräuchte, um

Die Verbrennung des *Reifsbleies* war unter diefen Verfuehen der intereffantefte. Es verbrannte
nicht ganz. Der Rückftand fah matt fchwarz aus,
genau wie die Holzkohle an manchen Stellen ihrer
Oberfläche, und es hatte ganz das Anfehn, als fey
die Textur des Reifsbleies minder dicht geworden,
und rühre die fchwarze Farbe nur davon her, dafs
das Gewebe jetzt lockerer fey. So-mancher glänzender Körper wird nach dem Feilen und Schrapen
matt. Auch hier frifst der Sauerftoff in das Reifsblei kleine Vertiefungen, welche die Lichtftrahlen
zerftreuen, und daher im Auge nur eine geringe
Senfation bewirken, weshalb der Körper matt erfcheint. Und hiernach fcheint alfo die fchwarze
Farbe, unter der fich der Kohlenftoff gewöhnlich
zeigt, von feiner Vertheilung und Textur herzu-
rühren.

Umgekehrt fahen wir Kohle vom *Terpenthin*
und vom *Wachfe*, die gewöhnlich fo fchwarz und
matt find, glänzend werden wie Reifsblei, während
die Theilchen gedrängter wurden, und fich mehr
in einander fchoben. Der treffliche Beobachter
Prieftley kannte fchon diefe glänzende Terpen-
thinkohle, und nannte fie eine weifse Kohle,

gleiche Theile diefer brennbaren Körper im Ver-
puffen durch die Salpeterfäure zu verbrennen,
(*Annalen*, II, 478.)? Diefes verdiente wohl eine
genauere Unterfuchung. *d. H.*

Folglich ist die Kohle, welche Textur und welche
Farbe sie auch habe, immer eine und dieselbe, wenn
man sie gehörig gebrannt hat, enthält kein Hydrogen, und erfordert zum Verbrennen immer gleiche
Mengen von Sauerstoff; abgesehn hierbei von den
alkalinischen und erdigen Theilen, die variiren können, ohne etwas im Grundstoffe der Kohle zu verändern.

Aus diesen Versuchen läst sich zwar nichts für
den *Diamanten* folgern; sie erregen aber wenigstens
den Wunsch, die Versuche über die Verbrennung
dieses Körpers, der für Versuche mit grosen Quantitäten allzukostbar ist, wiederhoblt zu sehn.

———————

Hätten wir unsre Versuche in der Ordnung angestellt, wie wir sie erzählen, so würden uns un-
streitig die hier mitgetheilten Beweise, dafs die Kohle kein Hydrogen enthält, völlig genügt haben. So
aber hatten wir auch aus der Einwirkung des *Schwefels* auf die Kohle, Entscheidungsgründe für diese
streitige Frage gesucht, und dabei entdeckten wir
eine neue noch unbekannte Verbindung, die wir
anfangs, (doch, wie sich bald zeigte, mit Unrecht,)
für Scheele's flüssigen hydrogenirten Schwefel
hielten, und welche uns zu einer ganzen Reihe von
Versuchen Veranlassung gegeben hat.

Schwefel und *Kohle* können sich in den höhern
Temperaturen wahrscheinlich nach verschiednen
Verhältnissen mit einander vereinigen. Eine dieser

Verbindungen ift in der Temperatur und unter dem
gewöhnlichen Drucke der Atmofphäre tropfbar-
flüffig, und diefer *liquide Schwefel - Kohlenftoff*, (*fou-*
fre carburé,) hat uns hauptfächlich zu unfern Verfuchen gedient. Er ift durchfichtig; wenn er ganz
rein ift, farbenlos, gewöhnlich aber gelbgrünlich;
riecht unangenehm, etwas pikant, doch nicht fade
wie der Schwefel-Wafferftoff; fchmeckt anfangs
frifch, nachher aber fehr pikant, wie *Aether*, und
ift auch fo flüchtig wie der Aether, daher er auf
der Haut die Empfindung von Kälte erzeugt. Legt
man einen Leinwandlappen, der damit getränkt ift,
um eine Thermometerkugel, und bläft mit einem
Blafebalge darauf, fo finkt das Queckfilber bis unter
0° R., das ift tiefer als durch verdünftenden Aether
unter gleichen Umftänden. Der farbenlofe verdünftet ganz und gar, der gelbliche läfst etwas Schwefel zum Rückftande. Beim Verdünften vermehrt der
Schwefel Kohlenftoff das Volumen der Luft um faft
eben fo viel als der Aether, und macht fowohl fie, als
auch das Sauerftoffgas, Stickgas, Hydrogengas und
das Salpetergas durch feine Beimifchung entzündlich,
ohne diefe Gasarten an fich in ihrer Natur zu verändern. Auch für fich ift der liquide Kohlenftoff fehr
leicht zu entzünden. Beim Verbrennen riecht er
ftark nach fchwefliger Säure, und fetzt anfangs etwas Schwefel ab, der nachher auch verbrennt. Als
Rückftand bleibt fchwarze ebenfalls verbrennliche
Kohle. In einer glühenden Glasröhre, durch die
man ihn treibt, verändert er fich nicht. Wenn

er als Dunſt der *atmoſphäriſchen Luft* beigemiſcht
iſt, ſo verbrennt er darin ruhig. *Sauerſtoffgas*, das
ihn als Dunſt enthält, detonirt dagegen mit ihm
mit einer unglaublichen Heftigkeit, die unendlich
gröſser iſt als die, womit Sauerſtoffgas mit Hydrogengas detonirt, ſo daſs wir es nicht wagten, die
Detonation in verſchloſsnen Gefäſsen vorzunehmen,
ſo ſehr wir gewünſcht hätten, die Beſtandtheile des
Schwefel-Kohlenſtoffs dadurch zu beſtimmen. *Salpetergas*, das mit dem Dunſte deſſelben vermiſcht
iſt, giebt ihm im Verbrennen eine vorzüglich ſchöne Farbe und Flamme, denen des ſchnell verbren-
nenden Zinks ähnlich; eine gleiche Wirkung hat
das Salpetergas auf Schwefel-Waſſerſtoffgas. ——
Er iſt ſchwerer als Waſſer, und ſinkt darin zu Boden, ohne ſich damit zu miſchen, gerade ſo wie die
ſchweren Oehle: das ſpecifiſche Gewicht deſſelben
ſcheint zu variiren; einmahl beſtimmten wir es
auf 1,3.

Man erhält ihn auf verſchiednen Wegen: 1. Wenn
man Schwefeldämpfe durch eine glühende Porzellänröhre treibt, in der Kohle, die zuvor durchgeglüht
worden, in Stücken und Pulver etwas aufgehäuft
liegen. Wir hätten an dem einen Ende der Porzellänröhre eine lange ziemlich dicke Glasröhre an-
gekittet, welche eine Reihe kleiner Schwefelcylin-
der enthielt, deren einer nach dem andern mittelſt
einer eiſernen Spindel, die luftdicht durch den Kork
ging, welche die Röhre verſchloſs, in die glühende
Porzellänröhre geſchoben wurden. Das andere

Ende der Porzellänröhre war mit einem Vorſtoſse,
dieſer mit einer Mittelflaſche voll Waſſer, und dieſe
mit dem hydro - pneumatiſchen Apparate verbunden. Man muſs den Schwefel nicht eher in die Röhre ſchieben, als bis die Kohle alles Gas, das ſie in
der Hitze fahren läſst, hergegeben hat; und dieſes
Hineinſchieben muſs ſehr langſam geſchehn; auch
die Porzellänröhre nach dem Vorſtoſse zu etwas
herabgeneigt ſeyn, damit der ſchmelzende Schwefel
zu den Kohlen hinabflieſse. Giebt man dem Schwefel zu ſchnell eine ſtarke Hitze, ſo verflüchtigt er
ſich in eingeſchloſsnen Gefäſsen nicht, ſondern wird
zu einer Art von Teig, der erſt, wenn er durch
neu hinzukommenden Schwefel erkältet wird, ſich
volatiliſirt, dann aber zu ſchnell durch die Kohle
hindurchgeht, um ſich damit zu vereinigen, und
öfters den Vorſtoſs, in dem er ſich condenſirt, zerſprengt. Daher iſt es auch immer miſslich, ob
der Verſuch gelingt. Geht die Verbindung von
Schwefel und Kohle gehörig vor ſich, ſo ſieht man
eine gelbliche, öhlähnliche Flüſſigkeit erſt in dem
Vorſtoſse, und bei fortgeſetztem Feuer im Waſſer der
Mittelflaſche ſich condenſiren, durch welches ſie in
kleinen Kügelchen herabſinkt, ohne ſich damit zu
vermiſchen. Während der Bildung derſelben entwickelt ſich kein Gas; nur expandirt ſich die Luft
der Gefäſse durch die Verdünſtung des ſehr flüchtigen Schwefel-Kohlenſtoffs, und die wenige Luft,
die entweicht, iſt vermöge des beigemiſchten Dunſtes des Schwefel - Kohlenſtoffs brennbar. In ei-

dem unfrer Verfuche verfchwanden 10 Grammes
Kohle; es fehien uns, fie mache etwa ⅓ des liquiden
Schwefel-Kohlenftoffs aus. Die zurückbleibenden
Kohlenftücke find fichtlich ausgefreffen, und von
einem mattern Schwarz als vor dem Verfuche. —
Ein Uebermaafs von Schwefel bringt in der Vorlage
Kryftalle eines *feften Schwefel-Kohlenftoffs*, von
der Form der Schwefelkryftalle zuwege, die beim
Verbrennen an freier Luft ihren Kohlenftoff ver-
rathen.

Kohle und Schwefel fcheinen beide fehr heifs
feyn zu müffen, wenn fie fich auf diefe Art verbinden follen. Denn erhitzt man 2. in einer Retorte
beide fein pulverifirt und wohl gemengt, fo fubli-
mirt fich immer der Schwefel allein, und man erhält aufserdem nur ein wenig übel riechendes, im
Waffer unauflösliches Gas, Scheele's fogenanntes
unauflösliches hepatifches Gas. — 3. Dagegen bekömmt man fchönen Schwefel-Kohlenftoff, obgleich
nur in geringer Menge, und erft nach langer Feue-
rung, wenn man *Kohle* und *Schwefelantimonium*
erhitzt. *Schwefelqueckfilber* giebt davon mit Kohle
nur fehr wenig; *Schwefelkupfer* und *Schwefeleifen*
nicht ein Atom. — 4. Deftillirt man *Wachs* und
Schwefel, fo erhält man zuerft fehr viel Schwefel-
Wafferftoffgas, und zuletzt liquiden Schwefel-Kohlenftoff, der indefs mit unzerfetztem, brenzlich
riechenden Oehle verunreinigt ift.

Wenn man bei der Bereitung des Schwefelftron-
tions den *fchwefelfauren Stroution* mit vieler *Kohle*

glüht, fo entbindet fich kohlenfaures Gas, Kohlen-
Oxydgas, wahrfcheinlich mit Hydrogen vermifcht,
und zuletzt ein *ftinkendes Gas*, das theils,im Waffer
auflöslich, theils unauflöslich ift, und diefes letztere ift dem in 2 fich entbindenden ganz ähnlich. Es
giebt beim Verbrennen viel kohlenfaures Gas, und
viel fchweflige Säure, aber *kein* fichtbares Waffer.
Ob es *Schwefel - Kohlenftoffgas*, oder *Schwefel-
Kohlen - Oxydgas* fey, können wir nicht beftimmen.
Oxygenirt-falzfaures Gas zerftört es faft gänzlich,
wobei fich Schwefel abfetzt; daffelbe ift mit dem in
der Luft vaporifirten Schwefel-Kohlenftoffe der Fall.
Bei jenem Glühen des fchwefelfauren Strontions mit
Kohle wird ziemlich viel Strontion ganz frei;
wahrfcheinlich entzieht ihm hierbei die Kohle den
Schwefel. — Eine ganz aufserordentliche Menge
diefes Gas erhält man, wenn man *Kohle* und *Schwe-
felkali*, die forgfältig zufammengerieben worden,
ftark erhitzt; auch etwas beim Calciniren des
Alauns mit *Kohle;* nichts aber beim Erhitzen des
Gypfes mit *Kohle*.

Dafs unfer *Schwefel - Kohlenftoff* weder *Schwefel - Wafferftoff* ift, noch etwas davon enthält, beweift das ganze Verhalten beider :

Bringt man im Recipienten der Luftpumpe fehr
flüffigen *Schwefel - Kohlenftoff* unter eine Glocke voll
Waffer, und pumpt nun die Luft aus, fo fieht man
bei der gewöhnlichen Temperatur, wenn die Baro-
meterprobe bis auf 20 oder 25 Centimètres, (7 bis
9 Zoll,) gefallen ift, den Schwefel - Kohlenftoff gas-

förmig werden, und in grofsen Blafen durch das Waffer anfteigen, ohne dafs er fich im Waffer auflöft. Läfst man die Luft hinein, fo condenfirt er fich augenblicklich, und erfcheint wieder in liquider Form. — *Schwefel - Wafferftoffgas* dagegen, das bei einem gleichen Drucke durch Waffer fteigt, löft fich darin auf, und Waffer, das unter dem Drucke der Atmofphäre mit Schwefel - Wafferftoff gefättigt worden, läfst davon nur fehr wenig fahren, wenn dieter Druck bis auf $\frac{1}{4}$ vermindert ift. — Die elaftifche Flüffigkeit, die aus dem Schwefel - Kohlenftoffe auffteigt, kann folglich kein Schwefel - Wafferftoff feyn.

Läfst man bei einer Temperatur von 10° R. in einem Barom ter, worin das Queckfilber auf 76 Centimètres, (28" par.,) fteht, liquiden Schwefel - Kohlenftoff anfteigen, fo finkt das Queckfilber augenblicklich bis auf 50 Centimètres, (18,5";) und verfenkt man dann die Röhre in ein tiefes Gefäfs voll Queckfilber, fo condenfirt fich die elaftifche Flüffigkeit wieder, und die ganze Röhre füllt fich mit Queckfilber. *) — Schwefel - Wafferftoffgas

*) Beträge folglich der Druck der Atmofphäre nur 26 Centimètres Queckfilberhöhe, fo würde es nur gasförmigen Schwefel - Kohlenftoff geben, und die Expanfivkraft des Schwefel - Kohlenftoffs ift in der gewöhnlichen Temperatur fo grofs, dafs fie einem Drucke von 9,5" Queckfilberhöhe das Gleichgewicht hält. Die Expanfivkraft des Aethers ift etwas gröfser in derfelben Tempera-

würde auch jetzt gasförmig geblieben feyn; jene
elaftifche Flüffigkeit kann folglich kein Schwefel-
Wafferftoffgas feyn.

Giefst man über liquiden Schwefel-Kohlenftoff
effigfaure Bleiauflöfung, und fetzt das Gefäfs unter
einen Recipienten der Luftpumpe, aus dem man
die Luft auspumpt, fo fchwärzt fich beim Durchfteigen des gasförmigen Schwefel Kohlenftoffs das
effigfaure Blei nicht, welches Schwefel-Wafferftoffgas fogleich thut. Nur wenn man den Schwefel-
Kohlenftoff und die Bleiauflöfung fchüttelt, fo trübt
fich endlich letztere und wird braun, aber nicht
fchwarz.

Unfre Verfuche, Schwefel mit Schwefel-Wafferftoff zu verbinden, waren ganz fruchtlos. Liefsen
wir Schwefeldämpfe und diefes Gas in einen er-
hitzten Recipienten fteigen, fo nahm der Schwefel
blos etwas vom Geruche des Gas an, ohne deshalb
minder ein fefter Körper zu werden. Etwas Schwefel-Wafferftoff in eine Säure gegoffen, gab uns
einen Niederfchlag von Schwefel von öhligem Anfehn, und der Confiftenz eines Teiges, der bald
fein Schwefel-Wafferftoffgas verlor, und dann feft
wie der gewöhnliche Schwefel wurde. Alles die-

tur. *C. v. D.* [Nach van Marum's Verfuchen
mit derfelben Art von Apparat beträgt letztere
12,5″; dagegen die des Ammoniakgas nur 7,1″,
die des Alkohols 1,5″, und die des Waffers 0,4″:
Annalen, I, 153. *d. H.*]

fes fcheint uns hinlänglich zu beweifen, dafs der Schwefel - Kohlenftoff weder Schwefel - Hydrogen ift, noch Schwefel - Hydrogen enthält.

Hier noch mehrere chemifche Charaktere des liquiden Schwefel - Kohlenftoffs. Er löft den *Phosphor* aufserordentlich leicht auf, die Auflöfung ift aber nicht entzündlicher als der reine Phosphor. Auch nimmt er noch einen kleinen Antheil *Schwefel* in fich auf, ohne dadurch feine Natur zu ändern; nur wird er gelblich. Auf *Kohle* fcheint er gar nicht zu wirken. Keine Säure wirkt auf ihn, ausgenommen *Salpeterfäure*, die ihn, doch nur mit Hülfe der Wärme, zum Theil verbrennt, und liquide *oxygenirte Salzfäure*, die ihn langfam verbrennt, und zwar mehr die Kohle als den Schwefel anzugreifen fcheint, denn diefer letztere fetzt fich in fefter Geftalt ab. Auf diefem Wege wird fich der Schwefel - Kohlenftoff wahrfcheinlich analyfiren, laffen.

Das *Waffer*, worin er fich bei feiner Bereitung condenfirt, wird dadurch grünlich - gelb, mit der Zeit aber milchicht und weifs, und fällt anfangs die Bleiauflöfungen röthlich - braun, nachher fchwarz, wie Schwefel - Wafferftoffgas; und nach langer Zeit zuletzt weifs, wie Schwefelfäure, welches wahrfcheinlich einer Zerfetzung des Waffers zuzufchreiben ift. — Merklicher werden alle diefe Wirkungen, wenn dem Waffer ein *fixes Alkali* beigemifcht ift. Zwar löft fich auch dann der Schwefel - Kohlenftoff nur mit Mühe darin auf, doch zuletzt faft

ganz; nur mit Rückstand von ein wenig Kohle, wenn
man fie, um das Verdampfen des Schwefel-Kohlenftoffs zu vermeiden, in einem beinahe verfchlof-
nen Gefäfse erhitzt. Die frifche Auflöfung hat eine
Farbe wie dunkler Bernftein, und giebt beim Zu-
tröpfeln von Säure nur fehr wenig Schwefel-Wafferftoffgas; fehr viel dagegen, wenn fie längere Zeit
geftanden, und befonders, wenn man fie abgedampft
hat. Zugleich entwickelt fich dann kohlenfaures
Gas in fo grofser Menge, dafs das Alkali, (befonders Natron,) fehr gut kryftallifirt. Die Mutter-
lauge, die dabei zurückbleibt, ift Schwefel-Wafferftoff, welcher die Bleiauflöfung in einem fchönen Roth, das fich an der Luft in braun verwandelt,
niederfchlägt. Diefer Niederfchlag ift eine Verbindung von Bleioxyd mit Schwefel-Wafferftoff. —
Der Schwefel-Kohlenftoff verbindet fich zwar auch
mit dem *Ammoniak*, aber ohne es zum Kryftallifiren
zu bringen; das Ganze verflüchtigt fich in der Hitze.

Der Schwefel-Kohlenftoff löft fich fehr gut in
Baumöhl auf, in der Wärme mehr als in der Kälte,
wobei er ein wenig Kohle abfetzt; beim Erkalten
kryftallifirt er fich fchnell und fehr regelmäfsig. —
Alkohol verwandelt ihn faft augenblicklich in eine
weiche Maffe, und löft dabei etwas auf, das ein
Zufatz von Waffer daraus niederfchlägt. — *Aether*
zum Schwefel-Kohlenftoffe gegoffen, macht, dafs
ein Theil deffelben fich auf der Stelle regelmäfsig
kryftallifirt. Noch beffere Kryftalle giebt eben fo
fchnell eine heifse *Kaliauflöfung*, die in ein offnes

Gefäſs zum Schwefel-Kohlenſtoffe gegoſſen wird;
die Kryſtalle ſind ziemlich groſse, ſehr vollſtändige
und regelmäſsige längliche Octaedra, die ſich mitten in der Flüſſigkeit bilden.

Phosphor-Kohlenſtoff durch dieſelben Methoden
zu bereiten, wie es uns geglückt iſt *Schwefel-
Kohlenſtoff* zu erhalten, haben wir umſonſt ver-
ſucht. Auch hier, wie in ſo manchen andern Fällen, fehlt zwiſchen Phosphor und Schwefel die
Analogie. Uebrigens iſt der Schwefel-Kohlenſtoff
keine durchaus neue Entdeckung, da wir nach Voll-
endung unſrer Arbeit erfahren haben, daſs man
ihn auch ſchon anderswo angekündigt hat. Hätten
wir nicht gehofft, bei unſern Verſuchen auf irgend
eine nützliche Eigenſchaft deſſelben zu kommen, ſo
würden wir uns ſchwerlich ſo lange mit ihm beſchäftigt haben; wir fanden ihn indeſs zu eben nicht viel
mehrerm brauchbar, als beim Einathmen ſeines
Dunſtes, wenn er der Luft beigemiſcht iſt, ſtarkes
Kopfweh und Neigung zum Schlafen zu erwecken.
Wenigſtens iſt nun die Arbeit gemacht, und wir
wiſſen nun, daſs die Verbindung der Kohle mit dem
Schwefel nichts vorzüglich Intereſſantes hat, es
müſste denn ſeyn, daſs ſie in geſchicktern Händen,
als den unſrigen, ein Mittel zu fernern Entdeckungen würde. *)

*) Die Entdeckung dieſes gewiſs nicht wenig inte-
reſſanten Stoffs dürfte wahrſcheinlich folgenrei-
cher ſeyn, als die Urheber derſelben es ſelbſt zu

Refultate.

1. Gut bereitete Kohle, fie rühre her von welchem Stoffe man wolle, giebt beim Verbrennen *kein Waffer*, und gleiche Mengen derfelben erfordern zum vollftändigen Verbrennen ftets *gleiche Mengen von Sauerstoffgas*. Folglich enthält fie *kein* Hydrogen; und hat fie Sauerftoff mit zu ihren

glauben fcheinen. Irre ich mich nicht, fo erhalten wir dadurch Winke über die wahre Natur der *Erdharze*, die noch fo ganz im Dunkeln liegt, und Materialien zu einer genügendern *Theorie der Vulkane*, als die bisherigen find. In Durchfichtigkeit, Farbe, Geruch, Entzündlichkeit, Brennbarkeit der Dämpfe und ausnehmender Flüchtigkeit, ftimmt der flüffige Schwefel - Kohlenftoff mit dem reinften und feinften unter den Erdharzen, der *Bergnaphtha*, fo nahe überein, dafs man fehr geneigt feyn möchte, diefe für nichts anderes als flüffigen Schwefel Kohlenftoff zu halten, wäre das fpecififche Gewicht der Naphtha nicht fo aufserordentlich viel geringer; wiewohl auch die Verf. diefer Abhandlung das fpecififche Gewicht des liquiden Schwefel - Kohlenftoffs variabel fanden. Die meiften chemifchen Charaktere der Naphtha find noch nicht recht ausgemittelt, und es wird daher erft durch vergleichende Verfuche mit ihr zu denen unfrer Verfaffer ausgemacht werden können, ob meine Vermuthung gegründet ift, dafs die Naphtha Schwefel - Kohlenftoff ift, und dafs wahrfcheinlich alle Erdharze diefen Stoff mehr oder minder modificirt enthalten. Wäre diefe Vermuthung gegründet, fo

Beftandtheilen, fo enthält davon jede Kohle *gleichviel*, [und fo auch jeder Körper, der aus Kohlenftoff befteht; ob der Diamant eine Ausnahme mache, ift noch nicht ausgemacht.]

2. *Kohle* und *Schwefel* treten in hohen Temperaturen in chemifche Verbindungen, und können
fich vereinigen *erftens* zu einer durchfichtigen, far-
benlofen und fehr flüchtigen tropfbaren Flüffigkeit;

> liefse fich der Urfprung der Erdharze, und be-
> fonders der Naphtha fehr wohl erklären; und da
> damit die *Theorie der Vulkane* im nächften Zufam-
> menhange zu ftehn foheint, fo würde der Schwe-
> fel-Kohlenftoff dann auch hier eine grofse Rolle
> fpielen, und die beiden bisherigen Theorien der
> Vulkane, (deren eine Schwefelkies, die andre
> Steinkohlenflötze für den Sitz der Entzündung
> hält,) aufs befte vereinigen. Die fo aufseror-
> dentliche Expanfivkraft des Schwefel-Kohlenftolfs
> und die fchreckliche Gewalt, womit die Dämpfe
> deffelben mit Sauerftoffgas detoniren, geben ganz
> andere und mächtigere Kräfte an die Hand, als
> alle, die man bis jetzt zu Hülfe gerufen hat, um
> die furchtbare Gewalt ausbrechender Vulkane zu
> erklären, und alles, was man für jede der bei-
> den bisherigen Hypothefen einzeln angeführt hat,
> würde zu Gunften diefer fprechen. Doch follen
> wir zu diefer Hypothefe berechtigt feyn, und
> nicht Gefahr laufen, blofse Luftfchlöffer zu bauen,
> fo müffen erft noch die Erdharze und die ihnen
> ähnlichen vulkanifchen Produkte chemifch unter-
> fucht und mit dem Schwefel-Kohlenftoffe genau
> verglichen werden.   *d. H.*

zweitens zu einem kryſtalliſirbaren feſten Körper, und vielleicht auch *drittens* zu einem unter dem Drucke der Atmoſphäre permanent - elaſtiſchen Gas. In allen dieſen Verbindungen zeigt ſich keine Spur von Hydrogen.

3. Das *gasförmige Kohlenſtoffoxyd*, das man aus Kohle und getrocknetem kohlenſauren Gas, und auf ähnlichen Wegen erhält, enthält daher *kein* Hydrogen. Es iſt eine einfache und durch ſich ſelbſt brennbare Verbindung.

A N H A N G.

1. *Bemerkungen Berthollet's über dieſen Aufſatz.*

Die Bürger Clement und Desormes, die mit ſo vieler Zuverſicht behaupten, dafs ich mich getäuſcht habe, ohne nur einmahl mit dieſem Urtheile zu warten, bis ich meine Arbeit über die Kohle und die verſchiednen Arten von Kohlen-Waſſerſtoffgas werde bekannt gemacht haben, um die Gründe, auf welche ich meine Meinung ſtütze, zu widerlegen, *) behaupten, 48 Theile Saüerſtoff können 52 Theile Kohlenſtoff auflöſen, (*Annalen*, IX, 416,) ungeachtet dieſer ein feſter Stoff von

nicht

_____

*) Einige Aeuſerungen Berthollet's ſcheinen darauf zu deuten, dafs er an ihr noch mit verbeſſernder Hand beſchäftigt ſey; dies iſt vielleicht der Grund, warum er ſie im Originale dem Drucke noch nicht übergeben hat.   *d. H.*

nicht unbeträchtlichem fpecififchen Gewichte ift, und
die Verbindung, die daraus entftehn foll, (ihr gas-
förmiges Kohlenoxyd,) fpecififch leichter als felbft
das Sauerftoffgas ift.   Ich möchte wohl irgend eine
andere gasförmige Verbindung nachgewiefen haben,
die fpecififch leichter als der leichtefte ihrer Beftandtheile wäre.   Salpetergas ift fpecififch fchwerer als
Stickgas; fchwefligfaures Gas und oxygenirt-falzfaures Gas find fchwerer als Sauerftoffgas; Waffer-
dampf ift fchwerer als Hydrogengas; und Ammoniakgas, Kohlen-, Schwefel-und Phosphor-Wafferftoffgas find insgefammt fchwerer als das Hydrogengas.

Hier follen 48 Theile Sauerftoff erft 17 Theile
Kohle auflöfen, um damit zur Kohlenfäure zu werden, die fchwerer als das Sauerftoffgas ift, und
darauf follen fie nochmahls 35 Theile derfelben feften Kohle auflöfen, und damit eine Verbindung
geben, die fpecififch leichter ift, nicht blofs als
kohlenfaures Gas, fondern auch als Sauerftoffgas.

Diefe Erfcheinung wird noch auffallender, wenn
man ein ähnliches Gas der Einwirkung electrifcher
Funken ausfetzt. Auftin und Henry, (Annalen,
II, 194,) fanden, dafs das brennbare Gas, welches
man aus effigfaurem Käli durch Hitze erhält, beim
Electrifiren bis zum doppelten Volumen expandirt
wird, obfchon, neuern Beobachtungen gemäfs, die
Feuchtigkeit deffelben einen nur geringen Antheil
an diefer Expanfion haben konnte.

Es würde kein unwürdiger Gegenftand für den Scharffinn beider Chemiker feyn, wenn fie einige Betrachtungen über die Wirkung der Verwandt-fchaftskraft anftellten, welche ein von allen andern fo går verfchiednes Phänomen veranlafst und un-fern Ideen über die chemifche Verwandtfchaft fo ganz entgegen ift. *) Solche allgemeine Betrach-tungen können nicht immer, als trügerifche Ana-logien, über die Seite gefchoben werden; vielmehr müffen fie, wie ich glaube, den Chemiker leiten und ihn befonders auf Mifsgriffe aufmerkfam machen.

Die Bürger Clement und Désormes fügen ihrer Kritik intereffante Verfuche über eine neue Verbindung des *Schwefels* bei. Sie fcheinen mir fo viel dargethan zu haben, dafs diefe Verbindung *Kohle* enthält, und dafs fie *kein* Schwefel - Waffer-ftoff ift, aber fchwerlich läfst fich denken, dafs fie kein Hydrogen enthalten follte. Die grofse Flüch-tigkeit deffelben fcheint mit zwei fo wenig flüchti-gen Stoffen, als Kohle und Schwefel, nicht beftehn zu können.

Kirwan erhielt aus einer Mifchung von Kohle, die er zuvor lange geglüht hatte, und von Schwefel,

_____

*) „Die Verwandtfchaft oder chemifche Anzie-hung," fagt Guyton, „entfpringt aus der ge-genfeitigen Tendenz aller Theilchen zur voll-kommnen Berührung.... Die Natur hat keine Kraft, zu trennen, zu entfernen; nur Kraft, zu nähern und zu vereinigen." *Berth.*

Schwefel - Wafferftoffgas mit ein wenig Hydrogengas
vermifcht, in *grofser Menge.*

Es ift nicht genau, wie fie, zu fagen, *ein Verfuch
habe ihnen bewiefen,* dafs das kohlenfaure Gas aus
nahe 28 Theilen Kohlenftoff und 72 Theilen Sauerftoff in 100 Theilen beftehe; welches Refultat auch
Lavoifier aufgeftellt habe. Diefer grofse Chemiker fchliefst die Abhandlung, in der er diefes Refultat giebt, mit folgenden Worten: „Später ange-
„ftellte Verfuche machen mich glauben, dafs diefe
„Angabe in Hinficht des Kohlenftoffs zu hoch ift,
„und ich glaube, dafs 100 Pfund kohlenfaures Gas
„wirklich nicht mehr als 24 Pfund Kohlenftoff und
„zum mindeften 76 Pfund Sauerftoff enthalten."
Seine Meinung würde noch viel mehr von der der
Bürger Clement und Désormes abweichen,
wenn fie bewiefen hätten, dafs die Kohle ein Oxyd
fey, das fchon 0,32 Sauerftoff enthalte, und doch
inflammabler als der Grundftoff fey, dem fie ihre
Verbrennlichkeit verdankt, nämlich als der Kohlenftoff oder Diamant.

2. *Antwort der Bürger Clement und Desormes.*

Berühmte Chemiker haben ihre Verwunderung
geäufsert, dafs das fpecififche Gewicht des gasförmigen Kohlenftoffoxyds geringer feyn foll, als das
des Sauerftoffs, des leichteften feiner Beftandtheile,
und verlangen, ehe fie daran glauben können, ein
ähnliches Beifpiel unter den gasförmigen Verbindungen.

G 2

Diefe Verbindungen find nicht fehr zahlreich, und wir kennen unter ihnen keine, die hierin mit dem Kohlenftoffoxyd übereinftimmte. Daraus folgt indefs nichts anderes, als, dafs diefes Gas allein jene Eigenfchaft befitzt, und fich darin von allen andern zufammengefetzten Gasarten unterfcheidet; die Eigenfchaft felbft hat nicht mehr Sonderbares, als jede andre neue Eigenfchaft, welche ein zufammengefetzter Körper erft durch die chemifche Verbindung erhält. Wollte man über die zufammengefetzten Körper nach Analogien fchliefsen, fo würde man fich faft jedes Mahl irren. Da wir, nie alle Beziehungen durchfchauen, in welchen zwei Naturkörper auf einander ftehn, und uns vielleicht die allerwichtigften noch verborgen find, fo bleiben alle Analogien durchaus unvollftändig, und dürfen uns nur dienen, Vermuthungen zu begründen.

Hier eine ziemlich einfache Thatfache, bei der die Analogie vollkommen fehlt. *Aether* in die Torricellifche Leere gebracht, macht das Queckfilber beträchtlich fallen. Das Waffer löft den Aether auf, und wird dadurch nur wenig flüchtig. Bringt man es daher in die Torricellifche Leere, fo fcheint es, müffe der Aether abforbirt, zurückgehalten und feiner Elafticität beraubt werden. Das follte man nach vielen Beifpielen erwarten; allein gerade das Gegentheil gefchieht. Die Expanfivkraft des Aethers wird dadurch unglaublich *erhöht*, und das Queckfilber bleibt in einer viel niedrigern Höhe ftehn. Wir werden uns bemühen, über diefes fon-

derbare Phänomen in einer eignen Abhandlung über
die Umwandlung liquider Flüffigkeiten in die Gasform mehr Licht zu verbreiten.

So vieles Bewundernswürdige, welches uns die
neuere Chemie bekannt gemacht hat, ift weit wun-
derbarer als die Abnahme des fpecififchen Gewichts
des gasförmigen Kohlenftoffoxyds. Giebt es etwas
Sonderbareres als die Condenfationen und die Art
von Durchdringung bei Metall-Legirungen und den
Mifchungen von Flüffigkeiten, die zuvor incom-
preffibel waren? Die Materie tritt dabei in Räume,
die wir für erfüllt hielten, und die für die gröffte
bewegende Kraft undurchdringlich waren. Im *gasförmigen Kohlenftoffoxyd* ift nichts fo Wunderbares.
Die Theilchen deffelben halten fich in gröfsern Entfernungen von einander, als die Theilchen der Beftandtheile deffelben einzeln genommen; daran hindert fie nichts und der Wärmeftoff ftrebt dahin mit
feiner ganzen Kraft.

Etwas Aehnliches gilt vom *Schwefel-Kohlenftoffe*, der fehr flüchtig ift, obgleich von feinen Beftandtheilen der eine feuerfeft, und der andre nur
fehr wenig flüchtig ift. Es ift, um diefes zu begrei-
fen, keineswegs nöthig, Hydrogen darin anzuneh-
men, nur einzugeftehn, dafs die zufammengefetzten Stoffe andre Eigenfchaften als ihre Beftandtheile
haben, wovon wir die Urfach nicht zu errathen
vermögen.

Die Angaben der Beftandtheile der *Kohlenfäure*,
von der wir geglaubt haben, dafs fie die Angabe

Lavoisier's sey, haben wir aus seinen *Elémens de Chimie* entlehnt. Er giebt sie, wo er die Verbrennung der Kohle beschreibt, und an die Genauigkeit dieser darf man wohl glauben.

Wir sind sehr weit entfernt gewesen, in unsrer Abhandlung beweisen zu wollen, dass die Kohle ein Oxyd sey, die in 100 Theilen 32 Theile Sauerstoff enthalte. Vielmehr zeigten uns unsre Versuche alle *Kohlen* und alle aus *Kohlenstoff* bestehende Körper, (bis auf den *Diamanten*, den wir nicht verbrannt haben,) für durchaus von einerlei Art, und leiten daher auf die Vermuthung, dass die Kohle, wenn sie gehörig erhitzt worden, immer dieselbe, und vollkommen rein sey. Wir würden hinzufügen, sie scheine mit dem Grundstoffe des Diamanten übereinzustimmen, wäre dieses nicht eine Conjectur, die noch erst durch neue Versuche bestätigt werden muss.

III.

VERSUCHE

über die Entfärbung der Pflanzen-säfte durch Kohlenpulver,

von

DUBURGUA,

Apotheker in Paris. *)

Die Kohle ift einer der Körper, über die wir noch die wenigften Beobachtungen haben, obfchon wir uns täglich mit ihr befchäftigen. Erft in den Händen von Lowitz zeigte fie fich als ein unvergleichliches Mittel, Pflanzenfäfte zu entfärben, und als ein Filtrum, welches das unreinfte Waffer hell und klar macht; und vermuthlich waren es die Entdeckungen diefes verdienten Chemikers, welche die *Filtres inaltérables*, die *Fontaines depuratoires* etc. veranlaft haben. **) Mir waren die Arbeiten von Lowitz unbekannt, als ich die Verfuche, die ich hier befchreiben will, anftellte; und erft jetzt lernte ich fie kennen, da ich im Begriffe war, meine Verfuche bekannt zu machen.

Die Refultate, welche Lowitz durch feine Verfuche über die Kohle ausgemittelt, und in mehrern Auffätzen bekannt gemacht hat, find folgende:

*) Zufammengezogen aus den *Annales de Chimie*, t. 43, p. 86.   d. H.

**) Siehe den Zufatz zu diefem Auffatze.   d. H.

1. Nimmt man von Kohlen, die durch Glühen in verschlofsnen Gefäfsen gereinigt find, $3\frac{1}{2}$ Unze, und benäfst fie mit 24 Tropfen Schwefelfäure, fo laffen fich damit $3\frac{1}{2}$ Pfund *verdorbnen Waffers reinigen*, ohne dafs das Waffer dabei einen merkbaren fauren Gefchmack annähme. Der ganze Prozefs hierbei befteht darin, dafs das Waffer über diefe Kohlen digerirt und dann filtrirt wird.

2. Die auf die vorige Art präparirte Kohle *zerftört das adftringirende Princip*, und *entfärbt* Infufionen von Krapp und Safran, fchwarzen Syrup und die Auflöfung von Indigo in Schwefelfäure. Ihre entfärbende Wirkung wird durch etwas Wärme befchleunigt.

3. Sie *redueirt die Metalle* in der gewöhnlichen Temperatur der Atmofphäre;

4. *abforbirt das Fett* und die fettigen Subftanzen,

5. und *zerftreut das riechende Princip* des Erdharzes, des Schwefelbalfams, der Benzoeblumen, des Bernfteinfalzes, der Wanzen, der brenzlichen Oehle, der Infufionen von Baldrian und Wermuth, des Zwiebelnfaftes u. f. w.; daher man fich ihrer mit Vortheil zum Scheuern der Gefäfse, welche diefe riechenden Körper enthalten haben, bedienen kann. Dagegen hat fie

6. *keine* Wirkung auf den Geruch des Kamphers, des Aethers, der Effenzen, der natürlichen Balfame, der ätherifchen Oehle, der Effenz aus Orangenfchale u. f. w.

7. Sie *entfärbt* die weinigen Flüffigkeiten, indem fie fie zugleich zerfetzt; den Effig, ohne ihn zu zerfetzen; den Kornbranntwein und andre Liqueurs.

8. Sie vermindert die Anfälle des *Scorbuts*, mindert das Keichen, und ist ein Mittel, die Zähne weifs zu erhalten.

Mehrere Chemiker des Auslandes haben die Verfuche von Lowitz wiederhohlt und beftätigt; und doch wird in keiner Schrift französischer Chemiker diefer intereffanten Eigenschaften der Kohle gedacht.

Mich leitete auf meine Verfuche über die Kohle die Betrachtung, dafs die Kohle, als ein fchwarzer Körper, und als ein Stoff, der fo begierig nach Sauerftoff ift, vorzüglich gefchickt feyn müffe, andern Körpern das zu entziehn, was fie farbig macht. Ich ftellte diefem gemäfs folgende Verfuche an, die mich beinahe 9 Monate lang befchäftigt haben:

Es dienten mir dazu Kohlen aus Weidenholz, aus denen ich in trockner Deftillation Wafferftoff und köhlenfaures Gas ausgetrieben hatte, und die nun brüchig, klingend, leicht, und ohne Gefchmack und Geruch waren. Ich pulverifirte fie, und fand, dafs fie alle Pflanzenfäfte entfärbten, und zwar das 12fache ihres Gewichts.

a. Ein Theil Kohle *entfärbt* 12 Theile *Wein*, und zerfetzt den Wein, wenn man ihn länger als zwei Tage darüber ftehn läfst; zuweilen noch eher.

b. Man kann, dafs der Wein fich nicht zu ftark färbe, dadurch verhindern, dafs man den Maft über Kohle gähren läſt; der Wein wird dadurch weiter nicht verändert.

c. Zwei Theile Kohlen benahmen 15 Theilen *Oxymel*, (Eſſig und Honig,) ſeine Säure, und brachten ihn faſt zu dem Zuſtande des Zuckerſyrups, da er, abgeklärt und hinländlich eingedickt, ſich ſchön kryſtalliſirte.

d. Zwölf Theile ranzigen und mit Alcannakraut gefärbten *Oehls* verloren durch 3 Theile Kohle Geſchmack und Farbe gänzlich.

e. Die farbigen Körpertheilchen weichen der Anziehung der Kohle, und hören auf, die Farbe der Flüſſigkeit zu begründen, in einer gewiſſen Ordnung, welche mit der Brechbarkeit und Reflexibilität der farbigen Lichtſtrahlen in Zuſammenhang zu ſtehen ſcheint. Als ich 7 verſchiedne Farben, die ſorgfältig bereitet waren, und den Farben des Sonnenſpectrums gröblich glichen, mit Kohle behandelte, fand ich, daſs das *Roth* in 10 bis 12 Tagen, und die übrigen in ihrer Folge immer langſamer entfärbt wurden. Die Farbe des *Violetts* hatte ſich am 40ſten Tage noch nicht verändert, und wich überhaupt nur, wenn ein gröſster Antheil Kohle unter Erwärmung angewendet wurde.

f. Während des Entfärbens entbindet ſich kohlenſaures Gas in Menge. Man überzeugt ſich davon leicht, wenn man Kohle und Flüſſigkeit in eine Fläche thut, die mit einer Entbindungsröhre verſehen iſt, und dieſe mit Lackmustinktur oder Kalkwaſſer ſperrt.

g. Die Kohle bemächtigt fich *nicht* des riechenden Princips, wie Lowitz behauptet.

h. Sie entfärbt die *Alkoholarten* ganz gut, ohne fie in ihrer Natur zu verändern; der Gentian-
branntwein verlor felbft faft alle feine Bitterkeit.

i. Sie reinigt felbft das unreinfte *Waffer* vollkommen, benimmt aber den Infufionen der Kamil-
le, der Kornblume, den bittern Decocten, und
den Pflanzenfäften, die fie entfärbt, ihren Gefchmack nicht.

k. Sie entfärbt den *Weineffig* und verändert ihn,
wenn er zu lange über ihr fteht.

Hiernach ift die Kohle dem Apotheker wichtig,
als ein leichtes und wohlfeiles Mittel, die Pflanzenfäfte, die fchwarzen Syrupe, die Waffer, die gefärbten Spiritus u. f. w. zu entfärben, und im Haus-
halte kann fie dienen, die Oehle, fchmutziges Waffer, den Moft und den fchlechten Wein, woraus
man Effig machen will, farbenlos zu machen.

Die Art, wie die Kohle in allen diefen Fällen
wirkt, fcheint mir nicht leicht zu erklären zu feyn.
Beruhen etwa die Farben der Körper auf der Gegenwart des Sauerftoffs, und beftimmt diefe die Geftalt der Theilchen, welche die farbigen Sonnenftrahlen zurückwerfen? Dann ift die Entfärbung
durch Kohle leicht erklärt. Sie bemächtigt fich
diefes Sauerftoffs. Dafür fcheint auch die Entbindung von kohlenfaurem Gas während des Entfärbens zu fprechen.

Nach den Verfuchen mehrerer Aerzte läfst fich
die Kohle als ein topifches Mittel gegen phagade-
mifche Gefchwüre brauchen, vielleicht, dafs fie
auch innerlich gebraucht, in manchen Krankheiten
heilfam feyn würde. Darüber, wie über die Wirkungen der Kohlenfäure auf den Körper, habe ich
mir vorgenommen Verfuche anzuftellen. Es fcheint
mir nicht zweifelhaft zu feyn, dafs man fie als die
Haupturfach der endemifchen Fieber in fumpfigen
Gegenden u. f. w. anzufehn habe.

Z U S A T Z.

*Nachricht von den neuen franzöfifchen
Filtrirapparaten vom Herausgeber* *)

Der Mangel an gutem Brunnenwaffer zwingt die
Parifer, fich gröfstentheils des Waffers aus der Seine
zum Kochen und Trinken zu bedienen. Einige
Druckwerke, (befonders die Dampfmafchine zu
Chaillot,) verfehen damit die Stadt. Obfchon man
das Waffer hier erft dreimahl in verfchiednen Baffins
fich fetzen und abklären läfst, ehe man es durch
Röhren in die Stadt vertheilt, fo ift es doch felten
zum Trinken und Kochen klar genug, daher Vorrichtungen, das Seinewaffer zu filtriren, (fogenannte *Fontaines,*) in jeder Haushaltung unentbehrlich

---

*) Die meiften diefer Nachrichten findet man um-
ftändlicher in *London und Paris,* 1801, Stück 7.
d. H.

find. Die gewöhnlichsten bestehn aus einem grofsen Gefäfse aus Sandstein oder gebranntem Thon,
das unten mit einem Hahne, und darüber mit zwei
bretternen Boden versehn ist, die auf einem Rande
lose aufliegen und mit Sande überschüttet find,
(*fontaines sablées.*) Sehr trübes Waffer wird dadurch, dafs es durch die beiden Lagen Sand durch-
sickert, nicht völlig klar; auch verschlämmt sich
der Sand bald und mufs gereinigt werden. Man
hat daher in den Haushaltungen mehrentheils noch
einen Filtrirapparat mit einem Filtrirsteine, (*fontaines à pierre filtrante,*) durch die man das durch
jene filtrirte Waffer noch einmahl durchlaufen läfst.
Dieser giebt zwar kryftallhelles Waffer, aber in sehr
geringer Menge.

Beiden weit vorzuziehn find die neuen Filtrirapparate, welche unter den Namen *Fontaines depuratoires* oder *Filtres inaltérables* der Bürger Smith
und Cuchet, (die von der Regierung ein Erfin-
dungspatent darüber erhalten haben,) bekannt find.
Sie gleichen im Aeufsern den *Fontaines sablées.* Inwendig fieht man ftatt des Sandes in jenen einen
bleiernen Boden, der so befeftigt ist, dafs er sich
nicht herausnehmen läfst. In einer Vertiefung in
der Mitte deffelben find in einer Art von bleiernem
Zapfen zwei Wafchfchwämme angebracht, durch
die alles zu filtrirende Waffer hindurch mufs. In
ihnen läfst es die gröbsten erdigen Theile zurück,
und fie müffen etwa alle acht Tage ausgewafchen
werden. Den eigentlichen Filtrirapparat, der dar-

unter liegt, halten die Beſitzer des Patents geheim.
Smith, ein Irländer, giebt ſich für den Erfinder
des eigentlichen *Filtre tiré des trois regnes de la na-
ture* aus; Cuchet hat es in die mannigfaltigen,
zum Theil ſehr eleganten Formen gebracht, in denen man es in den Haushaltungen braucht.

Dieſe neuen Filtrirmaſchinen machen nicht bloſs,
wie die alten, das trübe Waſſer *klar*, ſondern ſelbſt
verdorbnes Waſſer trinkbar, und das durch ein ein-
mahliges Durchlaufen durch den Filtrirapparat,
welches in kurzer Zeit geſchieht. Man hat damit
an mehrern Orten in Frankreich ſehr in die Augen
fallende Verſuche angeſtellt. Nach einem im April
1797 dem Nationalinſtitute über dieſe Filtrirmaſchinen abgeſtatteten Berichte hatten die Commiſſarien
des Inſtituts Waſſer, worin eine verfaulte Ochſen-
zunge Tage lang macerirt worden war, bis es ganz
mit faulenden Theilen geſchwängert war und heftig
ſtank, in die Filtrirmaſchine gegoſſen. Nach etwa
10 Minuten ſickerte es ſchon völlig farbenlos und
ohne Geruch und Geſchmack zum Filtrirapparate
heraus. — Im Mai 1797 erprobte man in *Breſt*
die Güte der Filtrirmaſchine an zwei Tonnen gänzlich faulen Waſſers aus einem Schiffe. Schon nach
$\frac{1}{4}$ Stunde lief es friſch und klar heraus, und wurde
von allen Kommiſſarien der Marine, die dabei gegenwärtig waren, gekoſtet. Sie lieſsen 7 Tage
lang ununterbrochen verdorbnes Waſſer durch die
Filtrirmaſchine laufen; als ſie ſo 32 Fäſſer verdorbnen Waſſers durchfiltrirt hatten, war das zuletzt

durchlaufende noch völlig eben fo klar, und rein als das erfte; daher auch Smith feine Mafchine für ein *Filtre inaltérable* erklärt. Endlich wurden noch 10 Eimer Waffer aus den Kübeln des chirurgifchen Amphitheaters, das voll faulender thierifcher Theile und Flocken war und unerträglich ftank, in denfelben Filtrirapparat gegoffen, auch fie kamen völlig rein und ohne Gefchmack hervor.

Rochon, der einer der Kommiffarien bei diefen Brefter Verfuchen war, fagt in einer feiner fpätern Schriften, man habe bemerkt, dafs Smith's Filtrum aus Kohlenftückchen, nach Lowitzens Art, und aus einem zweiten Filtrirapparate aus klein geftofsnem und gewafchnem Tufffein, der den erften umgab, beftanden habe. Und das gefteht Smith jetzt dadurch felbft ein, dafs er erklärt, die Verfuche, welche Darbefeuille im vorigen Jahre in Nantes öffentlich mit feinen Filtrirgeräthen angeftellt habe, wären diefelben, als die eben erwähnten Brefter.

Darbefeuille's Filtrirkies befteht aus gleichen Theilen *Holzkohle* und *kohlenfaurem Kalkftein*, die wohl unter einander gemengt find. Die Kohle wird zu Stücken von der Gröfse eines kleinen Nadelknopfs zerftofsen, und durch Schlemmen von allem Kohlenftaube befreit, fo dafs fie zwifchen die Finger genommen nicht mehr abfärbt. Eben fo wird der Kalkftein zubereitet, wozu man recht harten und feften ausfucht. Die *Filtrirfäffer* waren 3 Fufs hoch und 1 Fufs weit, hatten ganz nahe am

Boden einen Hahn, und 4 Zoll über dem Boden ein rundes hölzernes Gitter, das auf der obern Seite mit einem härnen Siebe überzogen war, und wurden bis 3 Zoll unter dem oberſten Rande mit dem Filtrirkieſe gefüllt, ſo daſs dieſer unmittelbar auf dem Siebe auflag. Nun goſs man das unreinſte Goſſenwaſſer darauf, welches aus der Goſſe des Stadthoſpitals, oder dicht neben einer Lohgerberei geſchöpft war. Es lief vollkommen klar und durchſichtig, ohne den mindeſten Geruch und Geſchmack heraus. In 1 Stunde ſollen ſich durch ein ſolches Faſs über 120 Pinten ſchlammigen ſtinkenden Waſſers reinigen laſſen.

Im März 1801 ſtellte die medicinifche Geſellſchaft in Paris nochmahls prüfende Verſuche mit den neuen Filtrirmaſchinen an. Waſſer, worin todte Thiere und Pflanzen mehrere Tage lang gefault hatten, das grünlich und ganz öhlig war und unerträglich ſtank, lief nach ¼ Stunde ohne Geruch, Geſchmack und Farbe ab. Es löſte die Seife vollkommen auf, gab mit ſalzſaurem Baryt nur wenig, mit Gerbeſtofftinktur gar keinen Niederſchlag, veränderte ſich nicht, ob es gleich 14 Tage lang in ziemlicher Wärme ſtand, und enthielt, gleich dem Seinewaſſer, in 8 Unzen nur 1 Gran feſte Beſtandtheile. — Auch ſtarkes Seifenwaſſer läuft ganz klar ohne Geſchmack hindurch.

IV.

IV.

METHODE,

*mittelst der Einwirkung des Lichts auf
salpeterfaures Silber Gemählde auf Glas
zu copiren und Schattenriffe zu
machen; erfunden*

von

T. WEDGWOOD, Esq.,

und befchrieben

von

HUMPHRY DAVY,

Prof. der Chemie an der Royal - Inftitution. *)

Weifses Papier oder weifses Leder mit einer Auflöfung von falpeterfaurem Silber angefeuchtet, leidet
an einem dunkeln Orte keine Veränderung; aber,
dem Tageslichte ausgefetzt, ändert es fchnell die
Farbe, und geht durch mehrere Schattirungen
von grau und braun, bis es endlich beinahe fchwarz
wird.

Die Farbenveränderungen gehn nach Verhältnifs
der Intenfität des Lichts fchneller vor fich. In den
Sonnenftrahlen felbft reichen zwei oder drei Minuten hin, um die ganze Wirkung hervorzubringen;
im Schatten werden dazu mehrere Stunden erfordert. Wenn das Licht zuvor durch farbige Gläfer

*) Aus den *Journals of the Royal-Inftitution*, I, 170.
d. H.

Annal. d. Phyfik. B. 13. St. 1. J. 1803, St. 1.　　H

durchgeht, fo wirkt es auch hier mit verfchiednen Graden von Intenfität. So findet fich, dafs die *rothen* Strahlen, oder die gewöhnlichen Sonnenftrahlen, die durch ein rothes Glas gehn, nur wenig auf das falpeterfaure Silber einwirken, während die *gelben* und *grünen* Strahlen wirkfamer find und die entfchiedenften und ftärkften Wirkungen vom *blauen* und *violetten* Lichte hervorgebracht werden. *)

Aus diefen Thatfachen ift es leicht einzufehn, wie fich mittelft der Einwirkung des Lichts die Contoure und Schatten von Gemählden auf Glas, copiren, und Profile von Figuren machen laffen. Stellt man eine weiße Fläche, die mit Auflöfung von falpeterfaurem Silber überftrichen ift, hinter ein, dem Sonnenlichte ausgefetztes Gemählde auf Glas, fo bringen die Strahlen, welche durch die verfchiedenfarbigen Stellen durchgehn, beftimm-

*) Diefes ftimmt mit den zuerft von S c h e e l e bemerkten und dann von S e n e b i e r beftätigten Thatfachen völlig überein. S c h e e l e fand, dafs im Farbenbilde des Prisma die Wirkungen der rothen Strahlen auf falzfaures Silber fehr fchwach und kaum bemerkbar waren, während die violetten Strahlen es fchnell fchwärzten. S e n e b i e r beftimmt die Zeit, die nöthig ift, um falzfaures Silber zu fchwärzen, im rothen Lichte auf 20′, im orangefarbnen auf 12′, im gelben auf 5′ 30″, im grünen auf 37″, im blauen auf 29″, und im violetten Lichte nur auf 15″. (S e n e b i e r *fur la lumière*, Vol. III, p. 199.) — Vor kurzem find

Tinten von braun oder schwarz hervor, die in ihrer Intensität nach dem Schatten des Gemähldes merklich verschieden sind. Wo weder Schatten noch Farbe auf dem Glasgemählde ist, wird die Farbe des salpetersauren Silbers am dunkelsten.

Stellt man einen *Schattenriß* vor eine mit salpetersaurer Silberauflösung überzogne Fläche, so bleibt der von der Figur beschattete Theil weiß, und die andern Theile werden schnell geschwärzt.

Um *Glasgemählde* zu copiren, muß man die Auflösung auf Leder anbringen, weil in diesem Falle die Einwirkung des Lichts schneller vor sich geht, als wenn man Papier nimmt.

Ist die Farbe eidmahl auf dem Leder oder dem Papiere fixirt, so kann sie weder durch Wasser noch durch Seifenwasser abgewaschen werden, und ist in hohem Grade beständig.

einige neue Versuche dieser Art, auf Veranlassung der Herschelschen Entdeckungen über die nicht-sichtbaren Wärmestrahlen der Sonne, in Deutschland von den Herren Ritter und Böckmann, und in England vom Dr. Wollaston gemacht worden. Versuche im prismatischen Spectro haben gezeigt, daß die nicht-sichtbaren Wärmestrahlen auf der Seite des Roth, welche die mindest-brechbaren sind, keine Wirkung auf das salzsaure Silber haben, während dieses in einem Raume über die sichtbaren violetten Strahlen hinaus mächtig und bestimmt verändert wird. Siehe *Annalen der Phyßk*, VII, 527. *Davy.*

Die Copie eines Gemähldes oder Schattenriſſes
muſs gleich nach der Verfertigung an einen dunkeln
Ort geſtellt, und darf nur im Schatten beſehn werden, und ſelbſt in ihm muſs man ſie dem Tageslichte nicht über wenige Minuten ausſetzen. Der
Schein gewöhnlicher Lampen oder Lichter hat
dagegen keine merkliche Wirkung auf ſie. Alle
Verſuche, die man gemacht hat, um zu verbindern,
daſs die ungefärbten Partien derſelben vom Lichte
nicht verändert würden, ſind noch vergebens geweſen. Man hat ſie mit einer dünnen Decke eines
feinen Firniſſes überzogen; aber dies binderte die
Empfänglichkeit für das Gefärbtwerden nicht, und
ſelbſt nach wiederhohltem Waſchen hängt den wei-
ſſen Stellen des Leders oder Papiers immer noch
ſo viel von den veränderbaren Theilen der Silber-
auflöſung an, daſs ſie im Sonnenlichte dunkel
werden.

Von dieſe Methode, zu copiren, läſst ſich noch
mancher andere Gebrauch machen, da man mittelſt
ihrer von allem, wovon ein Theil durchſichtig, ein
anderer undurchſichtig iſt, Zeichnungen nehmen
kann. So laſſen ſich die holzigen Fibern der Blätter,
und Inſectenflügel durch ſie ſehr ſauber darſtellen,
indem man das Sonnenlicht geradezu durch dieſe
Gegenſtände auf das zubereitete Leder fallen läſst.

Wenn man Sonnenſtrahlen durch einen *Kupfer-
ſtich* auf zubereitetes Papier fallen läſst, ſo werden
die hellern Stellen langſam copirt; aber die Lichter,
welche von den dunkeln Stellen durchgelaſſen wer-

den, find felten fo begrenzt, dafs fie eine beftimmte Aehnlichkeit durch die verfchiedne Intenfität der
Färbung hervorbringen follten.

Die Bilder in der *Camera obfcura* find zu fchwach,
als dafs fie in mäfsiger Zeit auf das falpeterfaure
Siber wirken follten. Wedgwood wurde auf diefe
Copirmethode gerade dadurch geführt, dafs er diefe
Bilder zu copiren wünfchte, und dafs einer feiner
Freunde ihm dazu das falpeterfaure Silber als eine
Materie, die für die Einwirkung des Lichts äufserft
empfindlich fey, empfahl. Allein feine zahlreichen
Verfuche waren für diefen erften Zweck derfelben
ohne Erfolg.

Dagegen laffen fich, wie ich im Verfolge meiner
Verfuche fand, die durch das *Sonnenmikrofkop* dar-
geftellten Bilder kleiner Gegenftände ohne Schwierigkeit auf zubereitetem Papiere copiren; und
dies wird wahrfcheinlich zu manchen nützlichen
Anwendungen führen, Doch darf man hierbei das
Papier nur in geringer Entfernung von der mikro-
fkopifchen Linfe ftellen.

Was die Bereitung der Auflöfung betrifft, fo
fand ich, dafs das befte Verhältnifs war: Ein Theil
falpeterfauren Silbers auf etwa 10 Theile Waffer.
Hierbei reicht das auf das Papier oder Leder aufge-
tragne falpeterfaure Silber zur Färbung hin, ohne
dafs es der Subftanz und dem Gewebe derfelben
fchadet.

Bei Vergleichung der Wirkungen des Lichts auf
falzfaures und auf *falpeterfaures Silber* fchien es mir

unverkennbar, dafs das falzfaure Silber das empfindlichere ift. Auf beide wirkte das Licht weit
fchneller, wenn fie nafs, als wenn fie trocken waren, wie das auch längft bekannt ift. Selbft im
Zwielichte veränderte fich die Farbe des feuchten
auf Papier verbreiteten falpeterfauren Silbers langfam vom Weifs in ein fchwaches Violett, da doch unter gleichen Umftänden das falpeterfaure Silber keine
Veränderung unmittelbar erlitt. Deffen ungeachtet ift das falpeterfaure Silber wegen feiner Auflös-
lichkeit in Waffer dem falzfauren Silber vorzuziehn,
obgleich Leder oder Papier fich auch ohne viel
Schwierigkeit, mit dem falzfauren Silber überziehn
läfst, wenn man diefes entweder in Waffer zerrührt,
oder wenn man das Papier erft mit falpeterfaurer
Silberauflöfung befeuchtet, und es dann in fehr
verdünnte Salzfäure taucht.

Für die, welche nicht mit den Eigenfchaften
der Salze, die Silberoxyde enthalten, bekannt
find, wird es gut feyn, anzuzeigen, dafs diefe Salze
einen etwas dauernden Fleck, felbft wenn fie auch nur
einen Augenblick die Haut berührten, verurfachen.
Man mufs fich daher eines Haarpinfels oder einer
Bürfte bedienen, um fie auf Papier oder Leder auf-
zutragen.

Da fich der färbende Stoff der Silberauflöfung
auch von den Theilen der Copie, auf welche kein
Licht gewirkt hat, nicht wieder abwafchen läfst,
fo ift es mir wahrfcheinlich, dafs ein Theil des Sil-
beroxyds aus feiner Verbindung mit den Säuren

tritt, und sich mit den thierischen oder den Pflanzentheilen zu einem unauflöslichen Stoffe chemisch vereinigt. Angenommen, dass dieses wirklich der Fall sey, so wäre es vielleicht nicht unmöglich, Stoffe zu finden, die diese chemische Verbindung durch einfache oder durch doppelte Verwandtschaft zerfetzen. Ich habe einige Verfuche darüber ausgedacht, und werde den Erfolg derselben bekannt machen; denn es kömmt nur darauf an, ein Mittel zu finden, welches verhindert, dass der ungefärbte Theil der Zeichnung vom Tageslichte nicht allmählig gefärbt werde, um diese Copirmethode eben so nutzbar zu machen, als sie elegant ist.

V.

NEUE VERSUCHE
über die Zurückwerfung dunkler Wärme,

von

PICTET,

in Genf. *)

Schon in feinem Verfuche über das Feuer machte
Pictet einen Verfuch bekannt, mit dem er die
Reflexibilität dunkler Hitze beweift. Er ftellte
nämlich zwei metalloe Hohlfpiegel einander gegen-
über, und in den Focus des einen ein febr empfind-
liches Luftthermometer. In den Brennpunkt des
andern brachte er eine heifse, doch nicht leuchtende *Kanonenkugel;* und fogleich ftieg das Thermometer fchnell an.

Seitdem hat diefer Phyfiker noch mehrere Verfuche über diefen Gegenftand angeftellt, die er jetzt
in der *Bibliotheque Britannique* bekannt gemacht
hat. Statt der Kanonenkugel ftellte er ein *brennen-
des Licht* in den Focus des zweiten Spiegels; fogleich ftieg wieder das Thermometer. Als aber
eine Glasplatte zwifchen einen der Spiegel und deffen Brennpunkt gebracht wurde, hörte das Anfteigen des Thermometers im Augenblicke auf, ungeachtet das Glas fehr dünn, hell und durchfichtig
war, und nur wenig Licht zurückhielt.

*) Aus dem *Bulletin des Sciences*, No. 62. *d. H.*

Um zu erfahren, ob sich die Geschwindigkeit
meffen laffe, mit der die ftrahlende Wärme sich fort-
pflanzt, entfernte er beide Spiegel um 25 Mètres,
(7.7 Fufs,) von einander, hing in dem Brennpunkte
des einen eine heiße, doch nicht leuchtende Kugel
auf, und ftellte vor fie einen Schirm. In demfelben Augenblicke, in welchem der Schirm fortge-
zogen wurde, fing auch die Flüffigkeit im Luftthermometer, die zuvor vollkommen ruhig ftand, zu
fteigen an, und es war unmöglich, irgend eine Zwi-
fchenzeit zwifchen dem Fortnehmen des Schirms
und der Wirkung der fortgepflanzten Wärme wahrzunehmen.

Pictet ßeht diefes als Beftätigung feiner Meinung an, dafs Licht und Wärme nicht auf einerlei
Urfach beruhn; eine Meinung, die Herfchel aufs
neue in Umlauf gefetzt habe.

VI.

VERSUCHE

über das wahre Gewicht des Waffers und Bemerkungen über den Einfluſs des Magnetismus auf feine Wagen mit stählernen Balken,

J. G. STUDER,

Bergmechanicus in Freiberg.

Die Verfchiedenheit in den Angaben der eigentlichen *Schwere des Waffers* brachte mich fchon mehrmahls auf den Gedanken, über diefes wichtige Erfahrungsdatum, auf das fo viel ankommt, da das Gewicht des Waffers uns in fo vielen Fällen zur Einheit dient, mit möglichfter Genauigkeit Verfuche anzuftellen. Ich verfertigte mir zu diefem Zwecke eine fehr genaue Wage, auf welcher man, ohne Nachtheil derfelben, noch eine Mark wiegen kann, und die den hundertften Theil eines Gräns noch beftimmt angiebt. Ferner Gewichte, bei denen ich die Cöllnifche Mark zum Anhalten nahm, und die ich bis aufs Grän, und das Grän wieder in 300 gleiche Theile abtheilte. Und endlich metalne Würfel, die ich mit eben der Genauigkeit als die Wage und die Gewichte arbeitete. Denn es lieſs fich leicht vermuthen, daſs die Unrichtigkeit in diefen Vorrichtungen die Haupturfach der fo verfchiednen Angaben über die Schwere des Waffers gewefen feyn dürfte. Wie oft findet man nicht feine Wagen, die, wenn fie auch richtig find, kaum den 8ten oder 10ten Theil eines Gräns noch beftimmt angeben, und Gewichte, die weder im Ganzen noch in ihren untern Abtheilungen gehörig abgeglichen find; Umftände, unter denen der Gelehrte freilich nicht mit Zuverläßigkeit arbeiten kann, und es ift traurig genug für ihn, wenn er fo in die Hände unwiffender Künftler fällt.

Bei Verfertigung der Würfel, die genau einen Kubikzoll parifer Maafs halten follten, (welches ich völlig richtig zu haben glaube, weil ichs mir auf meinen Reifen, von einem Originale, auf Glas aufgetragen habe,) hatte ich mit mancher Schwierigkeit zu kämpfen. Die beiden erften Würfel, welche ich fo genau wie möglich nach dem Winkel und Zirkel gearbeitet hatte, gaben mir bei der Beftimmung der Schwere des Waffers, unter übrigens gleichen Umftänden, doch einen Unterfchied von 1,1 Grän. Da ich nicht mit Gewifsheit beftimmen konnte, ob einer von beiden, und welcher, genau einen par. Kubikzoll hielt, unternahm ich die Arbeit noch einmahl, und verfertigte zwei andere eben fo grofse Würfel. Um hierbei ficherer zu gehn, verfuhr ich folgendermafsen: Ich nahm eine viereckige ebne Meffingplatte, deren Seite ungefähr 4 Zoll hatte, zog fo genau als möglich 9 Quadrate, jedes von einem par. Zoll, darauf, und durchbrach vier derfelben, mit aller nur erfinnlichen Genauigkeit. Mittelft ihrer arbeitete ich meine Würfel dergeftalt,

dafs fie diefe durchbrochnen Quadrate, ich mochte
fie durchschieben wo und von welcher Seite ich
wollte, immer genau ausfüllten. Diefe 2 neuen
Würfel gaben mir bei Beftimmung des Gewichts von
reinem *deftillirten Waffer*, welches ich durch die
Güte des Herrn Prof. Lampadius erhielt, unter
übrigens genau gleichen Umständen, nur einen Unterschied von 0,18 Grän.

Da diefer Unterschied bei wiederhohlten Verfuchen sich fast immer gleich blieb, glaubte ich den
Fehler auf Rechnung der Würfel setzen zu müffen,
der Mühe ungeachtet, die ich auf deren Bearbeitung verwendet hatte. Ich verliefs daher die kubi-
fche Form, und verfertigte nun einen Cylinder,
dem ich genau einen parifer Zoll zum Durchmeffer
gab, und deffen Höhe ich nach einem 10000theili-
gen Maafsitabe fo bearbeitete, dafs fein Inhalt genau einen parifer Kubikzoll betragen mufste. Diefer Cylinder traf mit dem einen Würfel fo genau
zufammen, dafs der Unterschied in der Beftimmung
der Schwere eines Kubikzolls deftillirten Waffers
durch beide nur 0,06 Grän betrug. Diefes beftimmte mich, diefen Würfel zu meinen Verfuchen zu
wählen.

Mittelft deffelben fand ich das Gewicht eines
par. Kubikzolls *deftillirten Waffers*, deffen Temperatur 12° Reaum. war, einmahl = 330,92 Grän
Cöllnifch, und zu einer andern Zeit, unter übrigens
gleichen Umständen, = 330,96 Grän.

Ein par. Kubikzoll *Regenwaſſer* wog unter den nämlichen Umſtänden einmahl 531,06 Grän, zu einer andern Zeit 531,11 Grän.

Ungeachtet ich dieſe Verſuche oft wiederhohlte, ſo habe ich doch die Unterſchiede nie gröſser, als die hier angeführten gefunden, ſondern immer kleinere, einige Mahl ſelbſt gar keine. Woher aber dieſe Unterſchiede? Da ich bei den Verſuchen alle Vorſichten genau beobachtet habe, ſo wage ich darüber nichts zu entſcheiden. Anfänglich glaubte ich, ſie auf den Druck der Luft ſchieben zu können; aber die Verſuche, die ich nachher unter Beobachtung des Barometerſtandes anſtellte, überzeugten mich vom Gegentheile.

Bei Verfertigung der Gewichte zu dieſen Verſuchen, auf deren Genauigkeit mir ſo auſserordentlich viel ankam, fand ich, daſs man ſich bei genauen Verſuchen leicht Fehlern ausſetzen kann, wenn man ſich dazu einer *Wage mit ſtählernen Balken* bedient. Die Mittheilung dieſer Entdeckung wird, wie ich glaube, hier nicht am unrechten Orte ſtehn.

Ich fand nämlich, als ich die ganz kleinen Gewichte auf einer übrigens ſehr feinen und richtigen Probirwage, die aber einen ſtählernen Balken hatte, aufzog, dieſe Gewichte zu einer Zeit anders als zu einer andern; auch die Wage ſelbſt ſpielte nicht alle Tage gleich ein. Dieſes machte mich bedenklich. Ich unterſuchte die Wage mehrmahls, konnte es aber, ungeachtet aller Mühe, nicht dahin bringen, daſs ſie

fich zu allen Zeiten gleich blieb. Die Urfach mufste wohl in etwas anderm als im Baue der Wage liegen, befonders da ich diefes auch an mehrern Probirwagen mit ftählernen Balken, die ich Gelegenheit zu unterfuchen fand, bemerkt habe.

Diefes führte mich auf den Gedanken, eine
Probirwage mit meffingenem Balken zu verfertigen.
Sie blieb fich immer gleich, und gab auf Ein und
daffelbe Gewicht zu allen Zeiten gleichen Ausfchlag.
Dadurch, und durch mehrere angeftellte Verfuche
und Beobachtungen, welche hier anzuführen, zu
weitläufig feyn würde, kam ich endlich darauf,
dafs die *magnetifche Kraft* wohl die Urfach diefer
Veränderungen feyn könnte, und meine Muth-
mafsungen wurden in der Folge um fo mehr Erfah-
rungsfatz, weil einestheils alle Probirwagen, die
ich feitdem mit meffingenem Balken verfertigt habe,
diefen Fehler nicht hatten, und anderntheils fort-
gefetzte Verfuche und Beobachtungen mich belehr-
ten, dafs wirklich alle ftählerne Wagebalken, wie
fich vermuthen liefs, *magnetifch* find, alfo zugleich
als Inclinationsnadel mitwirken, und aus diefem
Grunde leicht Veränderungen unterworfen find.
Bei gröfsern Wagen hat diefes keinen Einflufs, weil
die magnetifche Kraft zu fchwach ift, um bei der
Maffe des Balkens und der Friction in Anfchlag
zu kommen; folche Wagen find aber auch zu ganz
genauen Verfuchen zu unempfindlich. Eben fo wenig darf man, ohne vorher genau unterfucht zu haben, ob die Wage auch keinen andern wefentlichen

Fehler hat, auf gedachte Urfach fchliefsen. Denn
auch nur ein kleiner Fehler in der Vertheilung der
Maffe des Balkens, in Bearbeitung der Pfannen,
des Nagels, oder der Frictionsfchilder, macht die
Wage nicht blofs unempfindlich, fondern kann auch
Urfach werden, dafs der Balken feine Lage leicht
in den Pfannen ändert, wodurch die Wage einen
Ausfchlag bekömmt.

Freiberg am 14ten Dec. 1802.

VII.

Aus zwei Briefen des Profeffors PROUST
in Madrit, an DELAMÉTHERIE. *)

1. Sie werden von mir bald detaillirte Nachrichten
über ein neues Metall, *le Silène*, erhalten, das ich
in einer ungarifchen Bleimine entdeckt habe. Es ift
zweier verfchiedner Oxydationsgrade fähig. Oxyd,
Auflöfungen und Gläfer find im Maximo der Oxydirung gelb, im Minimo grün. Das Metall gehört
zu denen, welche ihren Sauerftoff dem Schwefel-
Wafferftoffe nicht abtreten; auch habe ich es auf
diefelbe Art, als Nickel, Kobalt, Eifen, Magnefium
u. f. w., gereinigt. Die Reduction, fürchte ich,
wird fehr fchwierig feyn.

2. Es hat fich gezeigt, dafs mein neues Metall
nichts anderes als *Uranium* ift. Ich werde indefs doch

---

*) *Journal de Phyfique*, t. 55, p. 297 und 457. d. H.

meine Arbeit bekannt machen, da ſe dieſes Metall
unter Beziehung kennen lehrt, die Klaproth
nicht berührt hat. — So eben kömmt Garcia
Fernandes mit der Entdeckung zurück, daſs die
Gegend um *Burgos* völlig vulkaniſch iſt. Er bringt
von dort her Baſalte, Olivin, Bimsſtein, Puzzolane,
Wacken, gebrannten Thon u. ſ. w., und unter andern Merkwürdigkeiten auch eine 20 Pfund ſchwere Eiſenmaſſe mit, mit deren Analyſe ich mich jetzt
beſchäftige. Die berühmten königl. Steinſalzgru-
ben bei *Poza* in der Gegend von Burgos liegen mitten in einem ungeheuren Crater.

JAHRGANG 1803, ZWEITES STÜCK.

I.

BEOBACHTUNGEN

über die Wirkung electrischer Funken auf kohlenfaures Gas,

VON

THEODORE DE SAUSSÜRE,
in Genf. *)

1. *Zerfetzung des kohlenfauren Gas durch Metalle.*

Prieftley war der Erfte, der die Bemerkung machte, dafs kohlenfaures Gas, durch welches electrifche Funken ftrömen, fich dilatirt, und von dem Kalkwaffer oder von den Alkalien nicht mehr ganz verfchluckt wird. Späterhin fand Monge, (*Mém. de Paris,* 1786,) dafs, wenn er durch eine 34" lange Säule kohlenfaures Gas, lange Zeit über electrifche Funken zwifchen Eifendrähte fchlagen liefs, die

*) Zufammengezogen aus einer Vorlefung in der phyfikalifch-naturhiftorifchen Societät zu Genf, und aus dem *Journ. de Phyf.,* t. 54, p. 450. d. H.

Luftfäule ſich bis auf 35,5" ausdehnte, ſich dann
aber durch Electricität nicht weiter ausdehnen liefs;
dafs dabei die Eiſendrähte und das ſperrende Queckfilber ſich etwas oxydirten, und dafs ätzendes Kali
nun von der Gaſſäule nur noch 21,5" abſorbirte,
indeſs die übrigen 14" brennbares Gas waren. Dieſes Phänomen erklärte ſich M o n g e dadurch, dafs,
während das kohlenſaure Gas ſelbſt nicht die mindeſte Veränderung in ſeinen Beſtandtheilen leide,
das im kohlenſauren Gas aufgelöſte Waſſer von dem
Eiſen und dem Queckſilber zerſetzt werde. Dadurch entſtünden zwei entgegengeſetzte Wirkungen: eine Verminderung im Volumen des kohlenſauren Gas, dem das aufgelöſte Waſſer entzogen
wird, und eine Vermehrung des Volumens durch
das aus dem zerſetzten Waſſer entbundne Hydrogengas.

Dieſe ſcharfſinnige Erklärung war unſtreitig die
einzige, die ſich damahls für dieſe Erſcheinungen
geben liefs. Indeſs ſetzt ſie voraus, dafs das kohlenſaure Gas eine groſse Menge von Waſſer aufgelöſt enthalten könne; *) und für dieſe Annahme

—————————

*) Nach S i m o n 's Verſuchen, (*Annalen*, X, 293,)
geben 4,6 fr. Grän Waſſer, die zerſetzt werden,
27,54 par. Duodéc.-Kubikzoll Gas, und darunter
ſind 19,75 Kubikzoll Hydrogengas. Entſtünden
daher auf die Art, wie M o n g e es ſich denkt,
aus 34 Kubikzoll kohlenſaurem Gaſ 14 Kubikzoll
Hydrogengas, ſo muſsten jene 34 Kubikzoll koh-

hat man auch nicht einen einzigen directen Verfuch. *)

Wäre Monge's Erklärung die wahre, fo müfste kohlenfaures Gas, das durch die Electricität
feines Waffers beraubt, und dadurch condenfirt
worden wäre, wenn man Waffer hinzuliefse, fich
wieder ausdebnen, und die Luftfäule in Monge's
Verfuch hierdurch um ungefähr 12 Zoll zunehmen.
Da Monge feine Erklärung diefer entfcheidenden
Prüfung nicht unterworfen hat, fo glaubte ich mich
ihr unterziehn zu müffen.

Ich liefs zu dem Ende 18 Stunden lang electrifche Funken durch die Kugel eines Kolbens fchlagen, in welchem 13 Kubikzoll reines kohlenfaures
Gas, das nicht mehr Waffer als in feinem natürlichen
Zuftande enthielt, durch Queckfilber gefperrt waren,
welches im Kolben bis in die Hälfte des Halfes hin-

---

lenfaures Gas 3,86 Gran Waffer aufgelöft enthalten
haben, welches allerdings ein beifpiellos grofser
Gehalt an Feuchtigkeit wäre.   d. H.

*) Dafs Prieftley aus dem kohlenfauren Baryt
in der Glühehitze die Kohlenfäure nur mittelft
Wafferdämpfe, die er darüber hinftreichen liefs,
zu entbinden vermochte, liefse fich allenfalls fchon
aus der bloffen Verwandtfchaft des Waffers zum
Baryt erklären. Ueberdies könnte wohl das kohlenfaure Gas in der Glühehitze eine ziemlich grofse Menge von Waffer auflöfen, ohne dafs es diefes
in der Temperatur der Atmofphäre vermöchte.
                                        Saufs.

I 2

auf ftand. Das Queckfilber fand fich darauf, wie in
Monge's und Prieftley's Verfuche, fchwarz
oxydirt; die Drähte aber, die aus Kupfer beftanden, waren nicht merklich verändert. Das Gas
hatte fich zwar etwas ausgedehnt, doch, nach meiner Schätzung, um nicht mehr als um $\frac{1}{10}$ Kubikzoll. Ich liefs darauf 1 Gran Waffer in den Kolben hinauf fteigen, und ihn mehrere Tage lang mit
dem Gas in Berührung ftehn; diefes dehnte fich
aber nicht im mindeften aus; *) und eben fo wenig
als ich darauf das Innere des Kolbens mit dem
Waffertropfen befeuchtete. Ich liefs nun das rückftändige kohlenfaure Gas von Kali abforbiren, und
dabei zeigte fich, dafs 1 Kubikzoll kohlenfaures
Gas verfchwunden, und durch eine gleiche oder
fehr wenig gröfsere Menge brennbares Gas erfetzt
war. Diefer Kubikzoll Gas nahm im Halfe des Kolbens eine Länge von 4 Zoll ein; und um fo viel hätte fich das rückftändige kohlenfaure Gas durch den
zugelafsnen Waffertropfen ausdehnen müffen, wäre
Monge's Erklärung die wahre.

Diefes brachte mich auf die Vermuthung, das
rückftändige brennbare Gas rühre nicht von einer
Zerfetzung des Waffers, fondern von einer *Zerfetzung des kohlenfauren Gas* durch die Metall-

---

*) Da Waffer unter dem gewöhnlichen Luftdrucke
nicht mehr als fein Volumen kohlenfaures Gas abforbirt, fo kam diefes hier nicht in Betracht.
d. H.

drähte her. In der That fand ich, dafs dieses
brennbare Gas kein Hydrogengas, fondern vollkommen reines *Kohlenoxydgas* war. Ich verbrannte davon einen Theil mit etwa ⅓ beigemifchtem
Sauerftoffgas, worauf 0,77 kohlenfaures Gas, aber
kein fichtbares Waffer zurück blieb.

Dafs das kohlenfaure Gas durch Electrifiren ausgedehnt wird, erklärt fich hiernach aus der mindern
Dichtigkeit des Kohlenoxydgas, in das es fich verwandelt. Dafs es nicht gelingt, alles kohlenfaure
Gas auf diefe Art in Kohlenoxydgas umzugeftalten,
rührt daher, weil die entftehende Oxydlage das
Metall umhüllt, und die fernere Oxydirung verhindert, indem fie das Gas abhält, das Metall zu berühren. Etwas Aehnliches nimmt man felbft beim
Entbinden des Kohlenoxydgas wahr. Es ift mir
nicht geglückt, Monge's Beobachtung zu verificiren, nach der electrifirtes kohlenfaures Gas fich,
indem es Queckfilber auflöft, ausdehnen foll.

Nach diefen Beobachtungen ift alfo der Grund,
warum kohlenfaures Gas durch Electrifiren ausgedehnt wird, eine partielle Zerfetzung deffelben
durch die Metalle, die einem Theile des Gas etwas
Sauerftoff entziehn, und es dadurch zum Kohlenoxydgas machen. *)

*) Henry erhielt, als er kohlenfaures Gas mit Pla-
tindrähten electrifirte, (wahrfcheinlich in feinem
Apparate mit eingeriebnen Glasftöpfeln,) eine

2. *Zerfetzung des kohlenfauren Gas durch Hydrogengas.*

Daſs kohlenſaures Gás durch Hydrogengas zer-
ſetzbar fey, iſt zwar längſt vermuthet, aber noch
nicht dargethan worden, obſchon man darüber
Verſuche angeſtellt hat. — Ein Gemiſch aus gleichen Theilen von beiden Gasarten, das ein Jahr
lang über Queckſilber geſtanden hatte, fand ich
vermindert, und als ich das rückſtändige kohlenſaure Gas durch Kali abſorbiren lieſs, und dann das
Hydrogengas mit Sauerſtoffgas verbrannte, bildete
ſich etwas kohlenſaures Gas.   Doch waren dieſe
Reſultate ſo wenig merkbar, daſs ſie mehr eine Vermuthung als Facta an die Hand geben konnten.

Seitdem iſt es mir geglückt, dieſe erſte Anſicht
auf eine entſcheidende Art zu beſtätigen.   Ich lieſs
durch eine Miſchung kohlenſaures Gas und Hydrogengas electriſche Funken ſchlagen.   In wenigen
Augenblicken verminderte ſich das Gasvolumen; es

Raumsvermehrung, und nachdem er das übrige
kohlenſaure Gas durch Kali abgeſchieden hatte,
einen Gasrückſtand, den ein electriſcher Funke
detonirte, und der daher nach ihm aus einer Miſchung von oxygenirten und hydrogeniſirten Gasarten beſtehn muſste. (*Annalen*, VII, 279, wo
eine Stelle hiernach zu verbeſſern iſt.) Sollte ſich
hierbei das kohlenſaure Gas in Sauerſtoffgas und
Kohlenoxydgas geſchieden haben? und wodurch
beſtimmt?   *d. H.*

entſtanden Waſſertröpfchen, und faſt alles kohlenſaure Gas verwandelte ſich in *Kohlenoxydgas.* Hier
das Detail dieſer Verſuche.

Ich ſperrte in einer cylindriſchen Röhre von 9‴
Durchmeſſer, über Queckſilber, 4 Theile kohlenſaures Gas und 3 Theile Hydrogengas, die zuſammen eine Länge von 7 Zollen einnahmen, und ließ
electriſche Funken mittelſt Eiſendrähte durch das
Gasgemiſch ſchlagen. Dieſes condenſirte ſich anfangs
ſchnell, dann immer langſamer, und nach 12 Stunden Electriſiren kaum noch merkbar. Der obere
Theil der Röhre hatte ſich mit ſo viel feinen Waſſertröpfchen überzogen, daſs er nicht mehr recht
durchſichtig war, und die Gasſäule nahm nur noch
4 Zoll in der Röhre ein, hatte ſich folglich um 3 Zoll
vermindert. Flüſsiges Kali, das ich in die Röhre
brachte, abſorbirte ungefähr 1 Zoll kohlenſaures
Gas. Die übrigen 3 Zoll waren faſt ganz reines
Kohlenoxydgas; 100 Theile mit Sauerſtoffgas detonirt, gaben als Rückſtand 64 Theile kohlenſaures Gas.

Obgleich ſich von Verſuchen, die mit ſo geringen Mengen von Gas angeſtellt werden, keine groſse Präciſion erwarten läſst, ſo ſcheint es mir doch
wahrſcheinlich, daſs das kohlenſaure Gas dieſes
Verſuchs nicht ganz rein war; denn das Kohlenoxydgas hätte mehr Raum einnehmen müſſen als das
kohlenſaure Gas, woraus es entſtanden war.

Ich wiederhohlte diefen Verfuch mit mehrerer Sorgfalt in derfelben Röhre, in die ich von jeder der beiden Gasarten $3 + \frac{3}{4}$ Zoll hineinfteigen liefs. Nach 12 Stunden Electrifiren waren nur noch 4 + $\frac{3}{4}$ Zoll Gas zurück, das aus 1 Zoll kohlenfaurem Gas und $3 + \frac{3}{4}$ Theilen faft reinem Kohlenoxydgas beftand. Folglich hatten in diefem Verfuche 2 + $\frac{3}{4}$ Zoll kohlenfaures Gas fich in 3 + $\frac{3}{4}$ Zoll Kohlenoxydgas verwandelt, und 100 Theile von diefem Gas mit einem Drittel Sauerftoffgas verbrannt, gaben 70 Theile kohlenfaures Gas als Rückftand. Wahrfcheinlich war das Kohlenoxydgas mit ein wenig Hydrogengas vermifcht.

Die Eifendrähte und das Queckfilber werden in diefem Verfuche, wenn man ihn in einem Tage vollendet, nicht merklich verändert. Bei längerer Dauer würde das Eifen wahrfcheinlich roften, weil es mit Waffer und kohlenfaurem Gas in Berührung ift.

Man fieht hieraus, dafs das kohlenfaure Gas durch Hydrogengas zerfetzbar ift, und dabei in Kohlenoxydgas übergeht. Der Antheil Sauerftoff, der dem kohlenfauren Gas durch das Hydrogen entzogen wird, verbindet fich mit dem Hydrogen zu Waffer; daher die Verminderung des Gasvolums.

Man hat fchon vor geraumer Zeit bemerkt, dafs Hydrogengas, welches über Waffer gefperrt ift, mit dem die atmofphärifche Luft in freier Berührung fteht, fehr langfam an Volumen abnimmt, und mit einer minder lebhaften Flamme brennt. Man fchlofs daraus, das Hydrogengas filtrire fich durch das Waffer langfam hindurch in die Atmofphäre; allein hierfür hat man keinen Grund. Es fcheint mir wahrfcheinlicher, dafs vielmehr das kohlenfaure Gas aus der Atmofphäre fich durch das Waffer hindurchziehe, nach Maafsgabe, wie es durch das Hydrogengas zerfetzt wird, welches eben durch diefe Zerfetzung vermindert wird.

II.

Ueber die vorgebliche Zersetzung des gasförmigen Kohlenstoffoxyds durch Wasserstoffgas,

von

THEODORE DE SAUSSÜRE,
in Genf. *)

Die Bürger Clement und Desormes haben gefunden, dafs, wenn man gleiche Theile Kohlen-oxydgas und Wasserstoffgas, die zuvor ausgetrocknet sind, durch eine glühende Glasröhre steigen läst, das Innere der erweichten Röhre sich an der Oberfläche mit einem prächtigen *schwarzen Email* überzieht, während sich Wasser bildet, das aus der Röhre tröpfelt, und blofs reines Wasserstoffgas zurückbleibt. Sie halten diesen schwarzen Niederschlag für Kohlenstoff. Kohlensaures Gas machte unter gleichen Umständen die Oberfläche der Glasröhre nur grau. (*Annalen*, IX, 427.)

Dafs der Stoff, der sich hier dem Anscheine nach absetzt, Kohlenstoff sey, schliefsen sie aus der Farbe desselben; allein die schwarze Farbe ist nicht immer ein sicheres Kennzeichen von Kohlenstoff.

Ich liefs reines Wasserstoffgas durch eine glühende Glasröhre steigen, und erhielt ebenfalls ein prächtiges schwarzes Email, von völlig so grofser

*) Aus einem Briefe an Delamétherie im *Journal de Physique*, t. 55, p. 396.

Intenfität, a]s da ich das Gas mit Kohlenoxydgas
vermifchte.   Kohlenftoff liefs fich in dem fo gefchwärzten Glafe nicht entdecken, wohl aber fand
ich darin *Blei.*

Man hat längft gezeigt, dafs Gläfer mit Bleioxyd,
wenn diefes Oxyd in ihnen reducirt wird, einen
fchwarzen Teint annehmen; eine Bemerkung, auf
welche P r i e f t l e y's Verfuche führten, in denen
er Wafferftoffgas in einer hermetifch verfchlofsnen
Glasröhre, die er der Rotbglühehitze ausfetzte, zerfetzt zu haben gläubte.   Porzellänröhren, die kein
Bleioxyd enthalten, fohwärzen fich unter übrigens
gleichen Umftänden nicht. *)

Dafs das Kohlenoxydgas durch Wafferftoffgas
zerfetzbar fey, ift mithin noch keinesweges dargethan.   Vielmehr habe ich gefunden, dafs kohlenfaures Gas, welches durch Hydrogengas zerfetzt
wird, fich in Kohlenoxydgas verwandelt. Die Bürger C l e m e n t und D e s o r m e s haben fpäterhin
diefes Refultat beftätigt. **)   Sie glauben zwar, der
Kohlenftoff fchlage fich unter gewiffen noch unbekannten Umftänden ganz daraus nieder; allein es
fcheint nicht, dafs unter ihren Verfuchen auch nur
Einer fey, wo diefer Niederfchlag ftatt gefunden
habe. ***)

*) Auch überzog fich in D e s o r m e s Verfuchen ei-
ne Porzellänröhre nicht mit fcharzem Email, und
Eifen in der Röhre oxydirte fich nur, ohne fich
in Stahl zu verwandeln, (*Annal.,* IX, 417.) *d. H.*
**) Siehe die folgende Abhandlung.   *d. H.*
***) *Kohlen-Wafferftoffgas,* durch das man electrifche

Funken fchlagen läfst, dehnt fich, auch wenn es mit
keinem andern Metalle als mit Gold in Berührung
ift, bis auf etwas mehr als das Doppelte feines
Inhalts, dann aber nicht weiter aus. Das dem
Gas beigemifchte *Waffer* wird hier in der erhöh-
ten Temperatur des electrifchen Funkens von
dem *Kohlenftoffe* des Gas zerfetzt, wie Henry,
(*Annalen*, II, 194,) dadurch bewies, dafs fich
über ätzendem Kali getrocknetes Kohlen - Wafferftoffgas durch Electrifiren nur um ⅒ und nicht
weiter dilatiren liefs, und dafs electrifirtes und
nicht - electrifirtes Gas mit Sauerftoff verbrannt,
genau gleichviel kohlenfaures Gas gaben. Henry glaubte, durch das Electrifiren entftehe kohlenfaures Gas und Wafferftoffgas; diefes ift aber nicht
möglich, da, nach Sauffüre's Verfuchen, Hydrogengas das kohlenfaure Gas beim Electrifiren
zerfetzt. In diefem Falle kann daher nur *Kohlenoxydgas* und *Wafferftoffgas* entftanden feyn. Dafs
aber Kohlenftoff, ungeachtet er an Wafferftoff
gebunden ift, fich doch in höhern Temperaturen
auf Koften des Sauerftoffs des Waffers in Kohlenoxydgas verwandelt, fcheint mir ein vollgültiger
Beweis zu feyn, dafs das *Kohlenoxydgas* durch Hydrogengas, (es fey denn, dafs die Maffenunter-
fchiede hier mit ins Spiel kämen,) *unzerlegbar*
fey. — Electrifirtes Kohlen - Wafferftoffgas fcheint
indefs in Henry's Verfuchen immer mehr Sauerftoffgas als nicht - electrifirtes zum vollftändigen
Verbrennen bedurft zu haben: (Henry felbft
bemerkt das nicht ausdrücklich.) Daraus fchliefst
ein englifcher Phyfiker in Nicholfon's *Journ.*,
1803, Vol. 2, p. 186, Henry's Erklärung könne
nicht die wahre feyn, und der wahre Grund der
Erfcheinung fey noch unbekannt.   *d. H.*

III.

VERSUCHE

über das in den Gasarten enthaltene Waf-
fer und über einige Barytfalze,

VON

den Bürgern CLEMENT und DESORMES;

*nebft einigen Bemerkungen von. BERTHOLLET. *)*

I. *Verfuche über den Waffergehalt einiger Gasarten.*

Sauffüre behauptet in feiner Hygrometrie, (*Ef-*
fai 2, chap. 9,) dafs bei gleicher Temperatur und
unter gleichem Drucke atmofphärifche Luft, Wafferftoffgas und kohlenfaures Gas, wenn fie feucht
find, das Haarhygrometer auf gleiche Art afficiren.
Da aber diefes Inftrument nur den Grad der Sätti-
gung und nicht die Waffermengen der Gasarten
anzeigt, fo fuchten wir diefe Waffermengen durch
Verfuche zu beftimmen.

Wir nahmen zum gänzlichen Trocknen der Gasarten *falzfauren Kalk* im feften Zuftande, weil er
die Eigenfchaft hat, den Gasarten die Feuchtigkeit
zu entziehn, ohne die Gasarten chemifch zu verän-

---

*) Vergl. im vorigen Hefte S. 73, *Anm.* Die erften
Unterfuchungen Clement's und Desormes
find aus den *Annales de Chimie*, t. 42, p. 124 f.,
entlehnt.   *d. H.*

dern, und bedienten uns hierzu des gewöhnlicher
Apparats. Eine abgewogne Menge trockner falz-
faurer Kalkerde wurde in eine Glasröhre gethan,
und das Gas über fie weg geleitet. Um ficher zu
feyn, dafs die Gasarten fich vollkommen mit Feuchtigkeit gefchwängert hatten, liefsen wir fie erft
durch eine Flafche voll Waffer fteigen, aus der fie
unmittelbar zur falzfauren Kalkerde kamen. Die
Atmofphäre, die Gasarten und diefes Waffer hatten
diefelbe Temperatur, welche immer 12 bis 13° der
hunderttheiligen Scale, (10 bis 11° R.,) betrug,
und befanden fich unter einem Drucke von 762 bis
765 Millimètres, (28,15" par.) Folgende Tabelle
zeigt die Refultate unfrer Verfuche:

Von völlig feuchter	wurde Feuchtigkeit abgefetzt in der falzfauren Kalkerde	
	von 36 Litres (37/8 Pint.) Luft	von 1 Kubikfufs Luft
atmofphär. Luft	0,33 Grammes	0,313 Gramm. = 5,89 Grains
Sauerftoffgas	0,34	0,323	6,08
Wafferftoffgas	0,34	0,323	6,08
Stickgas	0,33	0,313	5,89
kohlenfaurem Gas	0,33	0,313	6,08

Das kohlenfaure Gas wäre vom Waffer der Flafche abforbirt worden, hätten wir diefes nicht zuvor mit Kohlenfäure gefättigt; fo ging davon eben
fo viel als von den andern Gasarten über die falzfaure Kalkerde fort.

Die von den verfchiednen Gasarten abgefetzte
Feuchtigkeit ift ihrer Menge nach fo wenig verfchieden, dafs diefe Verfchiedenheit unftreitig nur der
unvermeidlichen Unvollkommenheit in der Verfah-

rungsart zuzufchreiben ift. Es ift daher ausgemacht, *dafs gleiche Volumina diefer fehr verfchiednen Gasarten gleiche Mengen von Waffer abfetzen.*

Nun ift aber die Frage, ob auch die Feuchtigkeit, welche fich den Gasarten durch kein Austrocknen entziehn läfst, in allen gleich ift. Diefes durch directe Verfuche auszumachen, fcheint faft unmöglich zu feyn, weil man die Gasarten nicht vollkommen trocken erhalten kann. Wir glaubten indefs nach Analogie fchliefsen zu können, dafs, wenn alle Gasarten völlig gleiche Waffermengen enthielten, fie auch gleiche Mengen andrer Flüffigkeiten, die fich in der Berührung mit denfelben verflüchtigen, wie Alkohol und Aether, aufnehmen müfsten. Da die Einwirkung der Gasarten auf den letztern fehr beträchtlich ift, fo war es leicht, diefe fehr genau zu beftimmen.

Aus unfern Verfuchen, die wir darüber angeftellt haben, folgte das Refultat, *dafs,* wenn die Temperatur, der Druck und alle übrigen Umftände völlig gleich find, *alle erwähnten Gasarten,* das Wafferftoffgas fowohl als das kohlenfaure Gas, *die Verdünftung des Aethers auf gleiche Art begünftigen;* das heifst, dafs in gleichen Räumen, welche mit Gas von verfchiedner Natur, gleichviel welchem, erfüllt find, immer diefelbe Menge von Aether in elaftifcher Geftalt befteht, und darin einerlei Expanfion hervorbringt. Daffelbe findet mit dem Alkohol ftatt, nur dafs die Menge, die davon verdünftet, weit geringer, als die des Aethers ift, und gerade fo ift die Verdünftung des liquiden *Schwefel-kohlenftoffs*, (*Annalen*, XII, 87;) unter übrigens gleichen Umständen dem Volumen des Gas proportional, ohne im mindeften von der Natur des Gas abzuhängen. *)

Die Natur der Gasarten hat folglich gar keinen Einfluſs auf ihre Eigenſchaft, den Aether oder den Alkohol, oder den Schwefelkohlenſtoff zu verdünften; dieſe hängt lediglich von der Temperatur und vom Drucke ab. Höchft wahrfcheinlich findet daffelbe bei der Verdünftung des Waffers Statt. Könnte man auf ätherifirten oder auf alkoholifirten Gasarten eine ähnliche Wirkung hervorbringen, wie fie die falzfaure Kalkerde auf die feuchten Gasarten äufsert, fo würden alle gleichviel Aether oder Alkohol abfetzen. Da fie nun umgekehrt alle gleichviel Waffer hergeben, fo ift fehr zu vermuthen, dafs die abfolute Waffermenge in allen gleich ift.

Erinnerungen Berthollet's gegen diefe Verfuche.

Diefe Refultate widerfprechen geradezu Berthollet's Anficht der Sache, nach welcher Waffer zur Bildung des kohlenfauren Gas unentbehrlich, und darin chemifch gebunden ift, (*Annalen*, IX, 264

*) Alfo eine dritte Verfuchsreihe zu denen von Dalton und Volta, (*Annalen*, XII, 394,) wodurch diefelbe Thatfache bewährt und aufser Zweifel gefetzt wird.   *d. H.*

264.a, XI, 200,) und veranlaſsten Berthollet zu folgenden Aeuſserungen: (*Annales de Chimie*, t. 42, p. 282). „Die Bürger Clement und Desormes bemerken ſehr mit Recht, daſs alle Gasarten, bei gleicher Temperatur, gleiche Menge hygrometriſchen Waſſers enthalten. Dieſes beweiſen die Verſuche Sauſſüre's und Deluc's; Volta hatte ſich davon durch directe Verſuche überzeugt, die ſchon alt ſind, und die er bei ſeiner Pariſer Reiſe uns bekannt gemacht hat, und ſchon Prieſtley zeigte, daſs alle Gasarten dieſelbe Menge von Aëthergas auflöſen, abgeſehen von einer kleinen Differenz beim kohlenſauren Gas, die leicht zu erklären iſt.‟

„Wären die Verſuche, welche die Bürger Clement und Desormes beſchreiben, genau, ſo müſsten ſie in einem Kubikfuſse atmoſphäriſcher Luft, die mit Feuchtigkeit geſättigt iſt, ungefähr bei einem Thermometerſtande von 7° den Waſſergehalt erhalten haben, den ſie bei 12 bis 13° fanden. Das ſpecifiſche Gewicht des Waſſerdampfs verhält ſich zum ſpecifiſchen Gewichte der Luft, bei gleichem Drucke und gleicher Wärme, ungefähr wie 10 : 14. Auſser dieſem Waſſerdampfe giebt es indeſs in einigen gasförmigen Stoffen ein *gebundnes* und mehr condenſirtes Waſſer, welches auf die hygrometriſchen Phänomene keinen Einfluſs hat.‟

„Dieſes gebundne Waſſer fehlt der Kohlenſäure im *natürlichen kohlenſauren Baryt*, wie das Withering ſchon vor langer Zeit ſehr gut gezeigt hat, weshalb ſich auch aus dem natürlichen nicht ſo, als

aus dem künftlichen, kohlenſaures Gas durch bloſse
Hitze, ſondern nur mittelſt ziemlich wäſsriger Salpeterſäure austreiben läſst; der künſtliche behält dagegen Waſſer genug zurück, um dem kohlenſauren
Gas etwas davon abzutreten. Prieſtley zeigte,
daſs, wenn man über den natürlichen kohlenſauren
Baryt Waſſerdämpfe wegſteigen läſst, man aus ihm
leicht kohlenſaures Gas erhält, und ſchreibt dieſe Wirkung mit Recht dem Waſſergehalte zu, der dem kohlenſauren Gas nothwendig iſt. Er hat Verſuche angeſtellt, um die Menge dieſes Waſſers zu beſtimmen;
ungeachtet die Mittel aus ihnen genau ſcheinen, ſo
halte ich doch ſeine Reſultate für übertrieben."

„Nur aus dieſem weſentlichen und chemiſch gebundnen Waſſer des kohlenſauren Gas läſst ſich die
Menge Waſſerſtoffgas erklären, die ſich bildet,
wenn man kohlenſaures Gas der fortgeſetzten Wirkung electriſcher Funken ausſetzt, wie das Prieſtley, van Marum, Monge und Henry ge-
than haben, ohne dadurch die Kohlenſäure im mindeſten zu zerſetzen. Es iſt nicht das hygrometri-
ſche Waſſer, welches hierbei zerſetzt wird, oder
wenigſtens macht dieſes nur einen kleinen Theil
des zerſetzten aus; denn das Waſſerſtoffgas bildet ſich dabei in zu groſser Menge und Henry
ſtellte ſeine Verſuche mit ſehr trocknem kohlenſauren Gas an." *)

---

*) Dieſe Behauptungen ſind nicht ganz gegründet;
  aus den Verſuchen Sauſſüre's in Aufſatz I

Fernere Verfuche von Clement *und* Desormes.

Diefe Bemerkungen Berthollet's beftimmten die Bürger Clement und Desormes, eine
Reihe neuer Unterfuchungen zu unternehmen. Folgendes ift ein vollftändiger Auszug aus dem lehrrei-
chen Auffatze in den *Annales' de Chimie*, t. 43,
p. 284, worin fie die Refultate derfelben bekannt
machen.

Nach der Meinung einiger Chemiker giebt es in
den Gasarten *gebundnes*, nicht auf hygrometrifche
Stoffe wirkendes Waffer, welches in unfern Verfuchen nicht zum Vorfcheine gekommen fey. Vorzüglich foll fich diefes gebundne Waffer im *kohlenfauren Gas* befinden, worauf mehrere Verfuche hin-
zuweifen fcheinen, ganz befonders *die Entbindung
von kohlenfaurem Gas aus natürlichem kohlenfauren
Baryt*, welche Prieftley, (*Journ. de Phyf.,* 1788,
Juil., p. 107,) mittelft Wafferdämpfe bewirkte, von
denen dabei ein Theil verfchwand. Prieftley
fchlofs aus diefem Verfuche, der Antheil Waffer,
den er nicht wiederfand, habe fich mit der Kohlenfäure verbunden, und mache fie gasförmig. Diefes fuchte er noch dadurch zu beftätigen, dafs er
kohlenfauren Baryt in Salzfäure auflöfte, und dabei
das entweichende kohlenfaure Gas auffing, dann die

und II diefes Hefts, die freilich erft fpäter angeftellt wurden, laffen fie fich indefs leicht berichtigen.   d. H.

Auflöfung bis zur Trocknifs abrauchte, und den Rückftand, den er für reinen Baryt hielt, nach dem Glühen wog; beide Gewichte betrugen mehr als das des aufgelöften kohlenfauren Baryts. Diefe Gewichtsvermehrung fchreibt er dem Waffer zu, welches fich mit dem kohlenfauren Gas verbunden habe, um es gasförmig zu machen. Allein fie rührte offenbar von dem Antheile von Salzfäure her, der ungeachtet des Glühens beim Baryt geblieben war. Auch zeigte fchon Berthollet in feiner Antwort an die Anhänger des Phlogiftons, (*Annales de Chimie*, t. 3,*) wie unzuverläffig beide Verfuche find. Begierig, die Sache aufs Reine zu bringen, haben wir über diefen intereffanten Gegenftand eine Reihe von Verfuchen angeftellt, welche uns zu Refultaten geführt haben, die der Meinung Prieftley's gerade entgegenftehn.

II.

Es kam hier darauf an, auszumachen, *ob die Kohlenfäure vollkommen trocken in Gasgeftalt beftehn kann, oder ob fie des Waffers bedarf, um gasförmig zu feyn.*

Wir liefsen durch eine völlig luftdichte Porcellainröhre, welche *natürlichen kohlenfauren Baryt* enthielt und im Feuer glühte, *Wafferdämpfe* fteigen. Es entwickelte fich hierbei ein Theil der Kohlenfäure in Gasgeftalt, vom Waffer fand fich aber nach dem Verfuche gerade fo viel als vorher, bis auf etwa 0,01 oder 0,02 Gramm. Am Ende der

Röhre, in welcher sich das kohlensaure Gas entband, befand sich ein Gefäfs mit fester salzsaurer
Kalkerde, das in Eis gesetzt war; diese salzsaure
Kalkerde sollte alles sogenannte hygrometrische
Waſſer zurückbehalten, und dem Gas nur das Was-
ſer laſſen, das darin *gebunden* sey. Wir erhielten
1 Litre kohlensaures Gas, welches, wegen seiner
niedrigen Temperatur, 1,84 Grammes wog. —
Dieses kohlensaure Gas konnte hiernach zum aller-
höchsten 0,02 Grammes Waſſer enthalten; wenn es
mithin trocken aus dem kohlensauren Baryt durch
Zwischenwirkung des Waſſers entbunden wird, befindet sich darin nicht einmahl $\frac{1}{92}$ seines Gewichts
an Waſſer. Ueberdies läfst sich noch mit Gewiſs-
heit behaupten, dafs der Verluſt an Waſſer nicht
ganz auf Rechnung einer Bindung deſſelben im kohlensauren Gas zu setzen, sondern eben so sehr der
Unvollkommenheit des Verſuchs zuzuschreiben iſt.
— Als wir diesen Verſuch mit demselben Apparate,
doch mit einer andern Porcellainröhre wiederhohlten, ging 4mahl so viel Waſſer verloren, als wir
an kohlensaurem Gas erhielten. Sollte dieser Verluſt nicht der Durchdringbarkeit dieser Porcellainröhre zuzuschreiben seyn?

Hier noch mehrere Thatsachen, welche alle
Schwierigkeiten auflöſen werden.

Läfst man statt der Waſſerdämpfe *atmosphärische
Luft* über natürlichen, glühenden, kohlensauren Baryt fortsteigen; so entbindet sich gerade so, als
bei Waſſerdämpfen, kohlensaures Gas, welches

fich durch augenblickliche, Trübung des Barytwaf-
fers zeigt.

Eben fo, wenn man ftatt der atmofphärifchen
Luft *Wafferftoffgas* nimmt. Der Baryt wird dann,
wie in den vorigen Verfuchen, kauftifch, und das
Hydrogen zerfetzt das kohlenfaure Gas zuweilen
vollftändig, indem man dann Waffer und ein fchwar-
zes Pulver erhält, welches nichts anderes feyn kann,
als der Kohlenftoff der Kohlenfäure. *) Andre
mahl erhält man zwar ein Gas, welches das Baryt-
waffer trübt, aber doch auch einen durch Kohlenftoff gefchwärzten Niederfchlag.

Diefe Zerfetzung des kohlenfauren Gas durch
Wafferftoffgas ift diefelbe, welche T h e o d o r e
d e   S a u f f ü r e bewirkte, indem er *electrifche Funken*
durch eine Mifchung von Hydrogengas und kohlenfaurem Gas fchlagen liefs; es entftand dabei Waffer
und Kohlenoxydgas. (Vergl. S. 135.) Ein folches
Gemifch, das wir durch eine fehr ftark erhitzte Porcellainröhre gehn liefsen, gab völlig daffelbe. —
Die Verwandtfchaften des Hydrogens und des Kohlenftoffs zum Oxygen find folglich nicht fix, fondern hängen von gewiffen Umftänden ab, die noch
aufzufuchen find. **)

Der *natürliche kohlenfaure Baryt*, mit dem wir
unfre Verfuche anftellten, verlor im Glühefeuer.

---

*) Vielmehr rührt es von reducirtem *Bleioxyd* der
Glasröhren her. Vergl. oben S. 139. *d. H.*
**) Vergl. oben S. 139. *d. H.*

nur $\frac{1}{450}$ an Gewicht. Man glaubt daraus gewifs feyn
zu können, dafs er gar kein Waffer, oder nur höchft
wenig enthält. Wir mengten davon 50 Grammes
mit 75 Grammes geftofsnen Glafes, und thaten das
Gemenge in eine Retorte, die fehr heifs gemacht
war, um ficher zu feyn, dafs fie keine Feuchtigkeit
enthalte. Darauf wurde eine gekrümmte Glasröhre, die mit einem Glasftöpfel verfehn, und fo in
den Hals der Retorte eingefchmirgelt war, dafs fie
genau fchlofs, vor der Retorte angebracht und ftarkes Feuer gegeben, wobei wir über dem Queckfilber 6,02 Litres kohlenfaures Gas auffingen, welche
10,836 Grammes wogen. Folglich würden 100 Gr.
natürlichen kohlenfauren Baryts 21,672 Gr. Kohlenfäure gegeben haben. Der Rückftand in der Retorte war blafig, und hatte folglich noch nicht alles
kohlenfaure Gas hergegeben.

Wir wiederhohlten den Verfuch dreimahl mit
einer gleichen Menge kohlenfauren Baryts, und mit
einem Fluffe aus gleichen Theilen Kiefelerde und bo-
raxfaurem Natron, die den Augenblick vorher ver-
glaft waren, und erhielten in der That nur ein klein
wenig kohlenfaures Gas mehr, als zuvor. Im Mittel
geben 100 Gr. natürl. kohlenfauren Baryts 22,5 Gr.
kohlenfaures Gas. Der Rückftand in diefen Verfuchen war ein fehr fchönes, faft farbenlofes und
nicht im mindeften blafiges Glas, deffen Gewicht
fich indefs nicht beftimmen liefs, weil es mit dem
Innern der Retorte zufammengefloffen war.

Um unfern Verfuch mittelſt des Gewichts dieſes
Rückſtandes berichtigen zu können, behandelten
wir dieſelbe Mengung in einem Platintiegel. Wir
erhielten dabei daſſelbe Produkt; und immer übertraf das Gewicht des Rückſtandes das Gewicht des
Fluſſes um 78 Gr. auf 100 Gr. kohlenſauren Baryts.
— Auch die verglaſte Boraxſäure zerſetzt den kohlenſauren Baryt im Schmelzen ſehr gut, und giebt
ungefähr dieſelben Reſultate; nur daſs ſich dabei
immer etwas Boraxſäure mittelſt der Kohlenſäure
volatiliſirt.

Der durch Zerſetzung des ſalpeterſauren Baryts
mittelſt kohlenſauren Natrons gebildete, gut ausge-
waſchne, anfangs ſehr langſam getrocknete, dann
¼ Stunde lang in Weiſsglühehitze erhaltne *künſtliche kohlenſaure Baryt* giebt, wie der natürliche,
0,22 kohlenſaures Gas und 0,78 Rückſtand, wenn
man ihn mit einem Fluſſe ſchmelzt, der ganz frei von
Feuchtigkeit iſt. Es iſt uns zwar begegnet, daſs
wir in einem künſtlichen kohlenſauren Baryt nur
0,18 Kohlenſäure gefunden haben; er war aber in
zu heftiges Feuer gebracht worden, ehe faſt alle
Feuchtigkeit deſſelben verjagt war, daher er ſchon
in dieſem erſten Brande mittelſt des Waſſers einen
Theil ſeiner Kohlenſäure verlor.

Nicht in allen hier beſchriebnen Verſuchen
bedienten wir uns einer in den Hals der Retorte
eingeriebnen Glasröhre. In mehrern wurde die
Entbindungsröhre mittelſt eines Korkſtöpfels, durch
den ſie hindurchging, in dem Halſe der Retorte luft-

dicht befeſtigt. Die Hitze dörrte dieſen Korkſtöpfel aus, und dabei rann aus dem Innern deſſelben etwas Waſſer in die Röhre. Das trockne, aus der ſchmelzenden Maſſe ſich entbindende kohlenſaure Gas vermochte kaum dieſes Waſſer als Dämpfe fortzuführen, und riſs es nur mit fort, um es auf dem Queckſilber oder auf kryſtalliſirtem ſalzſauren Kalke abzuſetzen, durch den man es hindurchſteigen ließ. Dieſes Waſſer, welches wir in 10 Litres kohlenſaures Gas ſich nicht auflöſen ſahen, wog nicht über 0,3 Grammes. Wie ſehr ſpricht nicht dieſe Beobachtung gegen Prieſtley, welcher wähnte, die Kohlenſäure enthalte als Gas die Hälfte ihres Gewichts an Waſſer.

Nach allen dieſen Verſuchen kann *die Nichtigkeit eines gebundnen Waſſers in dem kohlenſauren Gas* nicht mehr zweifelhaft ſeyn. Es exiſtirt darin *kein* Waſſer, das auf das Hygrometer nicht zu wirken vermag, und *dieſes Inſtrument miſst ſehr nahe alles Waſſer, das in dieſer Luftart gasförmig vorhanden iſt.* Wollte man alles dieſes Waſſer finden, ſo brauchte man nur trocknes kohlenſaures Gas, auf die Art, wie ich es angegeben habe, entbunden, mit Feuchtigkeit zu ſchwängern, und die Waſſermenge, die es in Gasform aufgenommen hätte, zu meſſen. Doch müſte man dazu viel kohlenſauren Baryt nehmen, um mit mehrern Kubikfuſs Gas operiren zu können. Uns ſcheint, als müſſe ſich eine faſt vollkommne Trockniſs erreichen laſſen, wenn man Froſt und Druck mit der Wirkung zerflieſsbarer Salze vereinigt. Der Punkt gröfster Trocknifs am Sauffürifchen Haarhygrometer ift wahrfcheinlich ziemlich genau.

Dafs es *eben fo wenig im Sauerftoffgas gebundnes Waffer giebt*, erhellt daraus, dafs kohlenfaures Gas, welches durch Verbrennen gut gebrannter Kohlen in getrocknetem Sauerftoffgas entftanden ift, nicht mehr Waffer, als diefes, enthält, wie wir durch Verfuche gewiefen haben. Da wir nun gezeigt haben, dafs diefes kohlenfaure Gas kein grofses Vermögen, Waffer aufzulöfen, befitzt, fo folgt, dafs das Sauerftoffgas, wenn es viel Waffer gebunden enthielte, diefes abfetzen müfste, indem es fich mit dem Kohlenftoffe verbindet. Allein es erfcheint dabei gar kein Waffer oder höchft wenig; folglich enthält auch das Sauerftoffgas keins.

Man bemerke wohl, dafs unfre Unterfuchungen lediglich das *gebundne* Waffer betreffen, und dafs wir auf das fogenannte hygrometrifche hierbei nicht fehn. Unfre Behauptung geht daher nicht dahin, dafs das durch falzfauren Kalk getrocknete Sauerftoffgas gar kein Waffer mehr enthalte, fondern nur fehr wenig, welches, nachdem diefes Gas beim Verbrennen von Kohle verzehrt worden, gasförmig bleibt, weil das erzeugte kohlenfaure Gas ungefähr daffelbe Volumen als zuvor das Sauerftoffgas einnimmt.

Dafs es *gebundnes* Waffer in allen Gasarten gebe, war eine Vermuthung, die fich lediglich auf Analogie mit dem kohlenfauren Gas ftützte. Diefe

Vermuthung fällt also von selbst fort, und bedarf
keiner weitern Widerlegung.

Wir fügen nur noch hinzu, dafs wir an die *gafi-*
firende Kraft des Waffers bei den auflöslichsten Gasarten, die am begierigsten nach Waffer find, eben
so wenig, als an diese Kraft bei den nicht-auflös-
lichen Gasarten glauben. Und das nach folgendem
Verfuche. Wir trockneten falzfaures Gas, welches
über Queckfilber in einen grofsen leeren Ballon
geleitet wurde. Der falzfaure Kalk, über den es
fortftieg, wurde dabei faft nicht ftärker, als von
jedem andern Gas genäfst, indem diefes Salz in
beiden Fällen ungéfähr gleichviel an Gewicht zunahm. *)

*) Das Refultat aller diefer Verfuche wäre alfo, dafs
es *keinen* fogenannten *chemifchen Dunft*, nur *phyfi-*
fchen Dunft gebe, (*Annalen*, X, 167 f.,) und dafs
diefer letztere bei einerlei Druck und Wärme in
allen Gasarten, die durch Waffer gegangen find,
in gleicher Menge vorhanden fey. Die Arbeit
der franzöfifchen Chemiker enthielte daher zugleich, wie es fcheint, eine vollftändige Widerlegung der fcharffinnigen Hygrologie des Herrn
Prof. Parrot, die darauf fufst, dafs das Sauerftoffgas, und zwar diefes unter allen Gasarten
allein, das Vermögen babe, Waffer aufzulöfen,
um einen fogenannten chemifchen Dunft zu bilden, der von dem in der atmofphärifchen Luft
vorhandnen Waffer o,9, der phyfifche Dunft dagegen nur o,1 betragen foll. (*Annalen*, X, 173.)
Die Vertheidiger und die Beftreiter der Parrot-

III.

Beſtandtheile des ſalpeterſauren und *des ſchwe-*
felſauren Baryts, nebſt einigen Bemerkungen. Dem
Obigen gemäſs beſteht *kohlenſaurer Baryt*, natürlicher ſowohl als künſtlicher, aus 0,78 Baryt und
0,22 Kohlenſäure. Von dieſem Reſultate unſrer
Verſuche gingen wir aus, um auch die Beſtandtheile des ſalpeterſauren und des ſchwefelſauren Baryts
zu beſtimmen, da beſonders eine genaue Kenntniſs
des letztern, als des einzigen guten und ſichern Mittels, welches wir beſitzen, die Menge von Schwefelſäure, die ſich in einer Verbindung befindet, zu
beſtimmen, dem Chemiker von groſſer Wichtigkeit
iſt. Da die Reſultate, die wir erhielten, von denen anderer ſehr geſchickter Chemiker abwichen,
ſo iſt nicht Ein Verſuch unter den folgenden, den
wir nicht 7 - bis 8mahl mit der möglichſten Sorgfalt
und mit nicht unbedeutenden Mengen wiederhohlt
hätten.

a. Kohlenſaurer Baryt iſt nach der Bemerkung
Sage's, (*Journal de Phyſique*, 1788, *Avr.*) in con-

ſchen Hygrologie werden daher vor allen Dingen
die ſehr wichtigen Verſuche von Clement und
Desormes wiederhohlen und abändern, und
was in ihnen und in den darauf gebauten Schlüſ-
ſen vielleicht noch mangelhaft iſt, prüfend er-
gänzen müſſen. Irre ich mich nicht, ſo haben
wir von Herrn Prof. Parrot ſelbſt in dieſer Hinſicht etwas Intereſſantes zu erwarten. *d. H.*

centrirter Schwefelsäure auflöslich. Wir bewirkten
diese Auflösung in einem Ballon, der so eingerichtet war, dafs alles sich entbindende kohlensaure
Gas über Queckfilber aufgefangen wurde, und enthielten auf 100 Theile kohlensauren Baryts etwas
weniger als 22 Theile kohlensaures Gas, daher etwas deffelben wahrscheinlich in unfrer fehr wäfsri-
gen (*très limpide*) Flüffigkeit geblieben war. Verdünnt man diese Flüffigkeit mit fehr viel Waffer, fo
läfst fie fehr nahe allen fchwefelfauren Baryt, der
fich gebildet hat, fallen, und diefer im Glühen fehr
ftark getrocknet, wog auf 100 Theile kohlenfauren Baryts 115 Theile. — Folglich enthalten
115 Theile *fchwefelfauren Baryts* 78 Theile Baryt,
und alfo 100 Theile 67,82 Th. Baryt, und 32,18
Theile Schwefelfäure. Wir vermuthen, dafs fich in
diefem Baryt, nach einem fo heftigen Brennen, kein
Waffer mehr befindet.

b. Es gaben 100 Theile kohlenfauren Baryts, die
in fehr verdünnter Salpeterfäure aufgelöft wurden,
22 Theile kohlenfaures Gas und 130 Theile *kryftallifirten* falpeterfauren Baryts. Folglich enthalten
130 Theile diefes letztern 78; und alfo 100 Theile deffelben 60 Theile Baryt. — Wurde zu einer
folchen falpeterfauren Barytauflöfung Schwefelfäure
in Uebermaafs gefetzt, fo erhielten wir höchftens
109 Theile gebrannten fchwefelfauren Baryts, und
noch 4 oder 5 Theile, wenn die Flüffigkeit bis zur
Trocknifs abgedampft wurde, überhaupt alfo 113
oder 114 Theile fchwefelfauren Baryts. Fällt man

dagegen jene Auflöfung durch ein auflösliches
fchwefelfaures Salz, fo erhält man fogleich, ohne
dafs man die Flüfligkeit abzudampfen braucht,
115 Theile fchwefelfauren Baryts; doch mufs man,
um den falpeterfauren Baryt bis auf diefen Punkt
zu zerfetzen, ein grofses Uebermaafs des fällenden
fchwefelfauren Salzes zufetzen. *)

c. Werden 100 Theile kohlenfauren Baryts in
Salzfäure aufgelöft, fo erhält man 22 Theile kohlenfaures Gas, und durch Zufatz von Schwefelfäure
115 Theile geglühten fchwefelfauren Baryts.

*) Dafs der falpeterfaure Baryt von der Schwefel-
fäure, ungeachtet diefe eine weit gröfsere chemifche Verwandtfchaft zum Baryt hat, als die
Salpeterfäure, nicht ganz zerfetzt wird, (aber
doch, wie Desormes noch bemerkt, bei Vermehrung der zugefetzten Schwefelfäure vollftändiger,) ift ganz dem *Bertholletfchen Verwandtfchafts-
gefetze* gemäfs, nach welchem von zwei Stoffen
B, *C*, die zu einem dritten *A* verfchiedne Verwandtfchaft haben, nicht der eine allein fich diefes Stoffs *A* bemächtigt, und den andern von aller
Verbindung mit *A* ausfchliefst, fondern beide fich
in *A* nach einem Verhältniffe theilen, welches
(ungefähr) aus den Verhältniffen ihrer abfoluten
chemifchen Kraft und ihrer Maffen zufammenge-
fetzt ift. Noch mehr fällt diefes Gefetz in die
Augen bei dem umgekehrten Verfuche, den
Desormes anftellte. Er wufch eine abgewogne Menge reinen fchwefelfauren Baryts mit vieler
Salpeterfäure, und dabei verlor der fchwefel-

Aus diefem Verfuche folgt, wie aus den beiden
vorigen, dafs 100 Theile *fchwefelfauren Baryts* aus
67,82 Theilen Baryt und 32,18 Theilen Schwefelfäure beftehn. Da wir bei diefen mannigfaltigen
Abänderungen unfrer Verfuche dàrin keinen Grund
eines Irrthums entdecken konnten, fo fetzen wir
in diefes Refultat volles Vertrauen.

Kirwan giebt in feinem neueften Auffatze über
die Beftandtheile der Salze vom Jahre 1799 dem
fchwefelfauren Baryt 66,66 Th Baryt und 33,33 Th.
Schwefeläure,*) und führt dàbei die Verfuche

----

faure Baryt 0,1 an Gewicht, indefs die Salpeterfäure Baryt in fich aufnahm, welchen Schwefelfäure,
die in Menge zugefetzt wurde, daraus wieder nie-
derfchlug. — Dafs ich Berthollet's wichtige
Reform unfrer bisberigen chemifchen Grundbe-
griffe, (die freilich mit unter etwas dürftig find und
manche fchiefe Anficht enthalten,) diefen Annalen
nicht wenigftens in einem Auszuge eingerückt habe, davon liegt der Grund darin, dafs ich ihnen
fchwerlich etwas fo Zweckmäfsiges und Gutes, am
wenigften in der hier nöthigen Kürze, hätte liefern können, als fie in folgendem Werke finden:
Berthollet *über die Gefetze der Verwandtfchaft
in der Chemie; aus dem Franzöfifchen überfetzt, mit
Anmerkungen, Zufätzen und einer fynthetifchen Darftellung von* Berthollet's *Theorie verfehn, von*
E. G. Fifcher, *Prof. der Mathematik und Phyfik
am Berliner Gymnafio,* Berlin 1802, 332, 8.

d. H.

*) Vergl. Kirwan's Tafel über die Beftandtheile

Withering's, Klaproth's und Black's an,
die mit den feinigen ziemlich ftimmen; und auch
unfre Beftimmung kömmt diefer fehr nahe. — Dagegen foll diefes Salz nach den Verfuchen Vauquelin's und Thenard's aus 75 Theilen Baryt
und 25 Theilen Schwefelfäure beftehn, und Chenevix giebt in feinen Unterfuchungen über die
Beftandtheile der Schwefelfäure dem fchwefelfauren Baryt gar 76,5 Theile Baryt und 23,5 Theile
Schwefelfäure. *)

Diefen gefchickten Chemikern kömmt es mehr
als uns zu, die Urfachen des Irrthums in den einzelnen Prozeffen aufzufuchen. Die Verfchiedenheit
in ihren Beftimmungen brachte uns auf den Gedanken, es möge wohl zwei verfchiedne Arten von
fchwefelfaurem Baryt geben. Wir haben darüber
Verfuche angeftellt; fie führten uns indefs zu nichts,
daher wir uns mit einigen Bemerkungen, die fich
uns dabei dargeboten haben, begnügen.

Kocht man über *natürlichem fchwefelfauren Baryt*, der gepulvert ift, *Waffer* oder flüffiges *ätzen-*
                                                    des-

der Salze in den *Annalen*, XI, 285. Auch Kirwan's Angabe der Beftandtheile des natürlichen
und des künftlich gebrannten *kohlenfauren Baryts*
ftimmt vollkommen mit den Beftimmungen Desormes zufammen: 0,78 Baryt und 0,22 Kohlenfäure. Dem *kryftallifirten falpeterfauren Baryt*
giebt Kirwan 0,57 Baryt, 0,32 Salpeterfäure
und 0,11 Waffer.   *d. H.*
*) Vergl. Auffatz IV diefes Hefts.   *d. H.*

des oder *kohlenfaures Kali*, fo nimmt er an Gewicht
ab: und zwar ift diefer Gewichtsverluft einem kleinen Antheile von fchwefelfaurem Baryt zuzufchreiben, der fich vermittelft der kochenden Flüffigkeit
verflüchtigt; denn operirt man in verfchlofsnen Gefäfsen, fo findet man darin fublimirten fchwefelfauren Baryt. Die Menge deffelben variirt fehr nach
der Heftigkeit und der Dauer des Aufkochens. Man
darf daher bei diefer Unterfuchung keinen Weg einfchlagen, bei welchem evaporirt wird. — Das
Kohlenfaure Kali zerfetzt zwar den fchwefelfauren
Baryt; *) dabei ift aber ein offenbarer Verluft, da
der gebildete kohlenfaure Baryt nicht eben fo viel
fchwefelfäuren, als man genommen hatte, wieder
zu erzeugen vermag. Wahrfcheinlich nimmt das
Kryftallifationswaffer, auch wohl etwas überfchüffige
Kohlenfäure des Kalifalzes, ein wenig Baryt mit davon. Aus 100 Theilen fchwefelfauren Baryts erhält man auf diefe Art ungefähr 83 Theile kohlenfauren Baryts, der, wie wir uns davon verfichert
haben, dem von uns analyfirten ganz ähnlich ift,
und daher 0,78. 83, d. i., nicht ganz 65 Theile Baryt enthält. In 100 Theilen fchwefelfauren Baryts
find aber 67,82 Theile Baryt vorbanden. Während
des Verfuchs fieht man einen weifsen Rauch; Be-

---

*) Auch das reine Kali mufs etwas fchwefelfauren
Baryt zerfetzen; vielleicht felbft das kochende
Waffer, vermöge der ftarken chemifchen Kraft,
mit der es auf Schwefelfäure einwirkt. *d. H.*

weifes genug für einen wirklichen Verluft. Diefer
ift indefs auf keinen Fall fo anfehnlich, dafs 100 Th.
fchwefelfauren Baryts 75 Theile Baryt enthalten
könnten. Noch haben wir bemerkt, dafs es, um
diefe Zerfetzung zu bewirken, nöthig ift, dafs das
kohlenfaure Kali einen *Ueberfchufs an Kali* habe;
welches auf den Verhältniffen der Beftandtheile in
dem fich bildenden kohlenfauren Baryt und fchwefelfaurem Kali beruht.

Wenn *falpeterfaurer Baryt* durch Hitze zerfetzt
wird, erhält man ftets kohlenfauren Baryt; eine
Bemerkung Vauquelin's, die wir Gelegenheit
hatten zu beftätigen. Wir wogen einen Rückftand
von falpeterfaurem Baryt, der in einem Platintiegel
durch Hitze zerf.tzt worden war, zugleich mit dem
Tiegel, und fetzten ihn dann aufs neue dem Feuer
aus. In 3 bis 4 Minuten nahm dabei fein Gewicht
um 0,6 Grammes zu, ob er gleich bedeckt war,
(doch nicht fehr genau.) Diefe Gewichtsvermehrung rührt unftreitig von der Kohlenfäure des brennenden Feuermaterials her, die fich mit dem reinen Baryt fehr begierig verbindet. In der That
enthielt auch diefer Baryt viel Kohlenfäure, die fich
durch verdünnte Salzfäure austreiben liefs.

Die *verdünnte Salzfäure* ift das befte Auflöfungsmittel, durch das der kohlenfaure Baryt fich
zerfetzen läfst; die Zerfetzung und Auflöfung gehn
fchnell von ftatten, und find vollftändig, indefs *Salpeterfäure*, die dazu brauchbar feyn foll, mit einer
aufserordentlichen Menge Waffer verdünnt werden

muſs, da dann bei wenig kohlenſaurem Baryt die
Kohlenſäure aufgelöſt wird und ſichtlich verloren
geht. Concentrirte Salpeterſäure greift den kohlenſauren Baryt gar nicht an, ſelbſt wenn man ſie
darüber kocht. — Auch verdünnte *Schwefelſäure*
zerſetzt den kohlenſauren Baryt nicht vollſtändig;
ſie giebt nur wenig kohlenſaures Gas, und der Rückſtand iſt minder ſchwer als er ſollte. Man darf ſich
daher nicht der letztern Säuren zur Analyſe des
kohlenſauren Baryts bedienen.

Daſs Salpeterſäure und Salzſäure nur mit vielem
Waſſer verdünnt, den kohlenſauren Baryt zerſetzen und auflöſen, davon iſt der Grund nicht, daſs
die Kohlenſäure, wie man gemeint hat, Waſſer be-
dürfte, um gasförmig zu werden, ſondern er liegt
darin, daſs der ſich bildende ſalpeterſaure oder
ſalzſaure Baryt ſich ohnedies nicht auflöſt, ſondern
über dem noch unzerſetzten kohlenſauren Baryt
kryſtalliſirt, und ihn dadurch der Einwirkung der
Säure entzieht. *Concentrirte Schwefelſäure* löſt den
kohlenſauren Baryt ſehr gut auf, weil der ſich bildende ſchwefelſaure Baryt in dieſer Säure auflöslich
iſt, und weil überdies die Kohlenſäure keines Waſſers bedarf, um gasförmig zu werden. *Verdünnte*
Schwefelſäure löſt ſchwefelſauren Baryt nicht auf,
daher auch kohlenſaurer Baryt darin faſt unange-
griffen bleibt, oder höchſtens in den Berührungs-
punkten mit der Säure angegriffen wird.

IV. *Resultate.*

1. Die Natur der Luftarten hat *keinen* Einfluß auf die Verdünstung der Flüssigkeiten; das heißt, gleiche Mengen von Aether oder von Alkohol, oder von Schwefel-Kohlenstoff, höchst wahrscheinlich auch von Waller, verdünsten, unter übrigens gleichen Umständen, (Wärme, Druck u. f. w.,) gleichmäßig in gleichen Voluminibus Sauerstoffgas, Wasserstoffgas, Stickgas, kohlensaures Gas und atmosphärische Luft.

2. Der Wasserdampf befördert zwar die Zersetzung des kohlensauren Baryts durch Hitze, tritt aber dabei mit der Kohlensäure in *keine* Verbindung.

3. Atmosphärische Luft bewirkt dasselbe.

4. Hydrogen zersetzt die Kohlensäure. Die Verwandtschaft des Oxygens zum Hydrogen und zum Kohlenstoffe ist von Umständen abhängig, die noch unbekannt sind.

5. Das kohlensaure Gas enthält *kein* gebundnes Waller, und das gasförmige Waller in ihr läßt sich faft ganz durch die gewöhnlichen [hygrometrischen] Mittel erhalten.

6. Dasselbe ist der Fall mit den übrigen unauflöslichen, wahrscheinlich auch mit den auflöslichern Gasarten.

7. Der *kohlensaure Baryt*, [natürlicher sowohl als gehörig getrockneter und geglühter künstlicher,] besteht aus 0,78 Baryt und 0,22 Kohlensäure.

8. Der *schwefelsaure Baryt* besteht aus 0,6782 Baryt und 0,3218 Schwefelsäure. Er ist in concentrirter Schwefelsäure auflöslich, (wie schon längst von Sage bemerkt wurde;) diese Auflösung zieht aus der Luft-Feuchtigkeit an, und dabei schlägt sich der schwefelsaure Baryt allmählig nieder, und krystallisirt nadelförmig.

9. Der *krystallisirte salpetersaure Baryt* enthält 0,60 Baryt.

10. Der schwefelsaure Baryt wird in sehr geringer Menge von darüber kochendem Wasser volatilisirt; eine Eigenschaft, welche der der Boraxsäure ähnlich ist.

11. Er wird durch sehr viel Salpetersäure zersetzt.

IV.

VERSUCHE

über die Bestandtheile der Schwefelsäure und der schwefelsauren Salze,

VON

RICHARD CHENEVIX, Efq., F. R. S., *)

mit Bemerkungen von BERTHOLLET. **)

Um die Menge von *wahrer Säure* ***) zu beftimmen, die durch das Verbrennen eines fäuerbaren
Grundftoffs entfteht, giebt es nur zwei Mittel: un-

---

*) Zufammengezogen aus den *Transactions of the
Irifh Academie*, Vol. 7, Dubl. 1801. Chenevix wurde auf diefe Unterfuchungen durch feine Analyfe des arfenikfauren Kupfers und Eifens
aus Cornwallis, und der Schwefelkiefe, die diefen Erzen zur Mutter dienen, geleitet. Die Salpeterfäure, in welche die Miner aufgelöft wurde,
acidifirte zugleich einen Theil des Schwefels;
und um diefen Antheil zu beftimmen, kam es auf
die Beftandtheile des fchwefelfauren Baryts und
der Schwefelfäure an. Nach Lavoifier's Beftimmung enthält Schwefelfäure 0,71 Schwefel,
und nach Fourcroy's fynoptifchen Tafeln
fchwefelfaurer Baryt 0,33 Schwefelfäure, daher
der Gehalt des letztern an Schwefel 0,2343 feyn
würde; eine Beftimmung, welche Chenevix
fehr zweifelhaft fchien.   d. H.

**) Aus den *Annales de Chimie*, t. 40, p. 166.   d. H.

***) Vergleiche *Annalen*, XI, 269.   d. H.

mittelbare Verbindung der entſtehenden Säure zu
einem Salze, deſſen Beſtandtheile ſchon bekannt
ſind, oder Darſtellung derſelben in einem vollkommen waſſerfreien Zuſtande. Gegen die erſte Methode finden die nämlichen Bedenklichkeiten, als
gegen alle Analyſen von Salzen überhaupt ſtatt;
die zweite iſt noch viel mangelhafter. Es läſt ſich
auf keine Art behaupten, daſs wir bis jetzt irgend
eine Säure, die Phosphorſäure und die Arſenikſäu-
re ausgenommen, in einem Zuſtande vollkommner
Trockniſs dargeſtellt hätten; denn auch die kry-
ſtalliſirten Pflanzenſäuren enthalten Waſſer in Geſtalt des Kryſtalliſationswaſſers. Zwar hieſe es der
Natur ſehr enge Grenzen ſetzen, wollten wir behaupten, kein verbrennlicher Körper, der ſich mit Sauerſtoff ſchwängert, könne dadurch für ſich den Zuſtand
der Flüſſigkeit annehmen, ſondern bedürfe dazu
des Waſſers, und Schwefelſäure könne nicht, eben
ſo gut als das Waſſer, an ſich ſpecifiſche Wärme genug enthalten, um in der gewöhnlichen Temperatur und unter dem gewöhnlichen Luftdrucke tropf-
bar-flüſſig zu ſeyn. Allein bei der groſsen Verwandtſchaft von Schwefelſäure und Waſſer und da
beide leicht verdampfbar ſind, iſt es unmöglich, ſie
durch Deſtillation völlig von einander zu ſcheiden.

Verſuch 1. In eine tubulirte Glasretorte, deren tubulirte Vorlage mit einem Woulfſchen Apparate in Verbindung ſtand, zog ich über 100 Theile gereinigten Schwefels concentrirte Salpeterſäure wiederhohlt ab, indem die übergehende Flüſſig-

keit wiederhohlt in die Retorte zurückgegossen
wurde, bis aller Schwefel aufgelöft war. Sowohl
das Waſſer, das ſich überdeſtillirt hatte, als das
Waſſer im Woulfſchen Apparate, durch welches
das Salpetergas hindurchgeſtiegen war, wurden auf
ſchweflige Säure geprüft, zeigten aber keine Spur
derſelben. Da auch kein Schwefel volatiliſirt war,
ſo blieb kein Zweifel, daſs ſich nicht aller Schwefel
in Schwefelſäure verwandelt hätte. Nun wurden
die Flüſſigkeiten aus den verſchiednen Theilen des
Apparats zuſammengegoſſen, ſalpeterſaurer Baryt
in gehöriger Menge dazu gethan, und alles langſam
abgedampft, weil Salpeterſäure ein wenig ſchwefelſauren Baryt zurückbehält, beſonders wenn dieſer
in einer Flüſſigkeit ſich bildet, worin Uebermaaſs
an Schwefelſäure iſt. So erhielt ich in drei Verſuchen, im erſten aus 100 Theilen Schwefel 694,
in den beiden andern aus halb ſo viel Schwefel einmahl 347, das andre Mahl 348 Theile *ſchwefelſauren Baryts*. Das giebt für 100 Theile ſchwefelſauren Baryts nach den beiden erſten Verſuchen 14,6,
nach dem dritten Verſuche 14,4 Theile Schwefel;
und daraus laſſen ſich im Mittel 14,5 Theile Schwefel in 100 Theilen ſchwefelſauren Baryts annehmen.
Da dieſe abgeänderten Verſuche ſo gut zuſammen-
ſtimmten, ſo muſs die Beſtimmung von 23,43 Theilen Schwefel unrichtig ſeyn. Woher aber dieſer
Irrthum?

Verſuch 2. Darüber ſuchte ich auf folgendem
Wege Aufſchluſs. Ich bereitete mir möglichſt rei-

nen Kalk, indem ich weifsen Marmor in Ueberflufs
mit Salzfäure digèrirte, und die Auflöfung, (welche Ammoniàk nicht trübte,) durch kohlenfaures
Kali fällte. Der Niederfchlag wurde tüchtig gewa-
fchen, und dann in einem Platintiegel fo lange geglüht, bis er nichts mehr an Gewicht verlor. Ich
kenne keinen beffern Weg, ganz reinen Kalk zu bereiten, wie ihn die feinften chemifchen Analyfen
erfordern. — Von diefem reinen Kalke wurden
100 Theile in dem nämlichen Platintiegel, deffen
Gewicht vorher beftimmt war, in verdünnter Salzfäure aufgelöft, und darauf eine hinreichende Menge Schwefelfäure hinzugegoffen. Sogleich fiel
fchwefelfaurer Kalk zu Boden. Nun wurde gelinde
Hitze gegeben, um die Flüffigkeit zu verdampfen,
und darauf die Hitze bis zu einem Grade verftärkt,
bei dem alle Flüffigkeit, bis auf die chemifch gebundne Schwefelfäure, verjagt werden mufste. So
blieb der fchwefelfaure Kalk vollkommen calcinirt
zurück. Das Gewicht des Tiegels und des Kalks
hatte um 76 Theile zugenommen. War diefer cal-
cinirte fchwefelfaure Kalk vollkommen wafferfrei,
(und ich fehe nicht ab, warum wir diefes nicht annehmen follten,) fo konnten diefe 76 hinzugekomm-
nen Theile nichts anderes als Schwefelfäure feyn;
und die Schwefelfäure mufste dem, was wir *wahre*
Säure nennen, in diefem Zuftande näher, als in
jedem andern kommen. Mithin find enthalten
in 100 Theilen *calcinirten fchwefelfauren Kalks*,
57 Theile Kalk und 43 Theile Schwefelfäure.

Verſuch 3. Die groſse Menge von Waſſer, die
nöthig geweſen wäre, 100 Theile von dieſem ſchwefelſauren Kalke geradezu aufzulöſen, hätte mir bei
den folgenden Verſuchen hinderlich ſeyn können;
daher verfuhr ich auf folgende Art: Ich goſs auf
100 Gran des calcinirten ſchwefelſauren Kalks etwas Sauerkleeſäure, wodurch ſie ſich in ſauerklee-
ſauren Kalk verwandelte. Dieſer iſt in einem geringen Ueberſchuſſe irgend einer Säure auflöslich,
daher ſich mittelſt ein wenig Salzſäure ſehr viel davon in wenig Waſſer auflöſte. In dieſe Auflöſung
wurde ſalzſaurer Baryt gegoſſen, und das Ganze eine Zeit lang gelinde erwärmt. Aller ſauerkleeſau-
rer Baryt, der ſich hierbei gebildet haben mochte,
muſste in der Auflöſung mittelſt des anfänglichen
Ueberſchuſſes an Säure aufgelöſt zurückbleiben,
und die ganze Menge des entſtandnen ſchwefelſauren Baryts niederfallen. Mehrere vorläufige Verſuche überzeugten mich von der Genauigkeit aller
dieſer Prozeſſe, mittelſt deren ich die folgenden Reſultate erlangt habe. *) — Ich erhielt ſo nach dem
Filtriren, Waſchen und Trocknen bei der mäſsigen
Wärme eines Sandbades aus den 100 Theilen

---

*) Ich ſehe nicht ab, warum der Verfaſſer dieſes
indirecte Verfahren erwählt hat, das ſeine Reſultate, mag er auch noch ſo viel Sorgfalt angewendet haben, etwas zweifelhaft macht, da er
doch hier ſo gut als beim Kalke eine abgewogne
Menge Baryt unmittelbar hätte mit Säure ſättigen
können. *Berthollet.*

ſchwefelſauren Kalks in einem Verſuche 185, in
einem zweiten 183 und in einem dritten 180 Theile ſchwefelſauren Baryts; Unterſchiede, welche für
Verſuche dieſer Art nicht zu groſs ſind. Nach einem Mittel aus ihnen enthalten folglich 183 Theile
ſchwefelſauren Baryts gerade ſo viel Schwefelſäure,
als 100 Theile ſchwefelſauren Kalks, das iſt, nach
Verſ. 2, 43 Theile Schwefelſäure. Und dieſes giebt
auf 100 Theile *ſchwefelſauren Baryts* 23,5 Theile
Schwefelſäure. — Da ſie nun zugleich nach Verſuch 1 an Schwefel 14,5 Theile enthalten; ſo müſſen 100 Theile *wahrer Schwefelſäure* aus 61,5 Theilen *Schwefel* und 38,5 Theilen *Sauerſtoff* beſtehn.

Keine dieſer Beſtimmungen ſtimmt mit denen
Lavoiſier's und Fourcroy's überein. Dieſes
machte mich bedenklich, und beſtimmte mich, meine Verſuche mehrmahls zu wiederhohlen. Und
doch würde ich mich auch jetzt nicht bei ihnen be-
ruhigen, glaubte ich nicht den Grund dieſer Abweichung angeben zu können. Damahls wuſste man
noch nicht, was, wie ich glaube, zuerſt Pelletier
bemerkt hat, daſs auch die heftigſte Hitze vom
kohlenſauren Baryt nicht alle Kohlenſäure abſchei-
det, und daſs, um ganz reinen Baryt zu erhalten,
die Zerſetzung des ſalpeterſauren Baryts durch Wärme, nach Vauquelin's Art, der einzige zuver-
läſſige Weg iſt. Jene Chemiker, welche den Säu-
regehalt des ſchwefelſauren Baryts auf 33 Theile in
100 Theilen beſtimmt haben, ſetzten die Barytſal-
ze mittelbar oder unmittelbar aus ſolchem Baryt,

der noch etwas Kohlenfäure enthielt, und aus Säuren zufammen, daher ihre Verfuche, ob fie gleich
wiederhohlt diefelben Refultate gaben, doch insgefammt nicht ganz richtig find. — Beim Verbrennen des Schwefels in Sauerftoffgas kann fich etwas
Schwefel unverbrannt volatilifiren, oder nur in
fchweflige Säure verwandeln, und beim Rectificiren
der entftandnen Schwefelfäure kann etwas Säure
mit fortgehn, oder etwas Waffer bei der Säure bleiben; Gründe, warum Lavoifier's Beftimmung
der Beftandtheile der Schwefelfäure vielleicht nicht
ganz genau ift. *)

*) Den Gehalt der Schwefelfäure an Sauerftoff hat
    Lavoifier nach meinen Verfuchen beftimmt,
    und ich benutze diefe Gelegenheit, um die Um-
    ftände anzudeuten, die mich hierbei in Irrthum
    geführt haben. Ich bediente mich zweier Me-
    thoden. Einmahl zerlegte ich falpeterfaures Kali
    durch Schwefel, und diefer Verfuch gab mir für
    100 Theile Schwefelfäure 69 Theile Schwefel und
    31 Theile Sauerftoff. Vergleicht man die Ge-
    wichte, die in meiner Abhandlung angegeben
    find, fo fieht man leicht, dafs ich die Menge des
    Schwefels, der fich fublimirt hatte, ein wenig
    zu niedrig angefchlagen habe; überhaupt war
    von diefem Prozeffe nicht viel Genauigkeit zu er-
    warten. — Zweitens acidifirte ich den Schwe-
    fel durch Salpeterfäure, fchlug die Schwefelfäure,
    die fich gebildet hatte, durch ein Barytfalz nie-
    der, wie diefes auch Thenard und Chene-
    vix gethan haben, und brachte die Beftandtheile
    des fchwefelfauren Baryts, fo wie Bergmann

Thenard giebt in den *Annales de Chimie,*
No. 96, den Gehalt der Schwefelſäure, die er durch
Behandlung des Schwefels mit Salpeterſäure erhielt,
zu 55,56 Theilen Schwefel und 44,44 Theilen
Sauerſtoff in 100 Theilen an; doch wird da ſein
Verfahren nicht beſchrieben. Die Beſtandtheile
des calcinirten ſchwefelſauren Baryts ſchätzt er auf
74,82 Theile Baryt und 25,18 Theile Schwefelſäure
in 100 Theilen, welches meiner Beſtimmung ſehr
nahe kömmt, da ſchwefelſaurer Baryt nicht über
3 Procent Kryſtalliſationswaſſer enthält.

ſie angiebt, in Rechnung, wodurch ich verhältnifsmäfsig zu wenig Schwefelſäure erhielt. Wäre
dieſes die einzige Quelle von Irrthum, ſo brauchte man ſtatt der Angabe Bergmann's nur die
von Thenard oder von Chenevix zu nehmen; allein das giebt verhältnifsmäfsig zu viel
Sauerſtoff in der Schwefelſäure. Ich ſchreibe
das Fehlerhafte meines Verſuchs folgendem Um-
ſtande zu: Es war nur ein Theil des Schwefels,
den ich mit Salpeterſäure behandelt hatte, in
Schwefelſäure verwandelt worden. Davon ſon-
derte ich den übrigen Schwefel und zog das Gewicht deſſelben vom ganzen Gewichte ab. Höchſt
wahrſcheinlich hatte ſich dieſer Schwefel ſchon
etwas oxydirt, und war dadurch ſchwerer geworden, da ſich dann weniger Schwefel acidi-
ſirt zu haben ſchien, als wirklich in die Schwefelſäure eingegangen war. *Berthollet.*

V.

Ueber den Phosphor, das Phosphor-Oxygenometer, und einige hygrologische Versuche, in Beziehung auf Herrn Prof. Böckmann's vorläufige Bemerkungen über diese Gegenstände,

vom

Professor Parrot,
in Dörpat.

In einem Briefe an den Herausgeber.

Einige Wochen nach Ankunft Ihres schätzbaren Briefs, in welchem Sie mir die freundschaftliche Fehde des Prof. Böckmann ankündigen; erhielt ich durch Ihre Annalen denn auch seinen hingeworfnen Handschuh, und mache mir ein Vergnügen daraus, seine vorläufigen, mit musterhafter Anständigkeit gemachten Bemerkungen, (*Annalen*, XI, 66,) in eben diesem humanen Tone zu beantworten. Zum voraus keine Versicherungen davon, daß mir diese Einwendungen willkommen sind, nicht einmahl Erwiederung der Höflichkeiten, die mir Herr Böckmann sagt. Er hat dafür gesorgt, daß man ihn, ohne meine Versicherung, für einen schätzbaren Physiker und eifrigen Wahrheitsfreund halte. Ich forderte überdies selbst alle Naturforscher auf, diese Arbeit ihrer Prüfung zu würdigen, und je größer meine Ueberzeugung von der Festigkeit meines an-

gehenden Gebäudes ift, defto willkommner müffen
mir Einwendungen feyn, welche diefe Feftigkeit
entweder durch die Widerlegung beweifen, oder
durch ihre Richtigkeit vermehren werden.

Das Erfte, was Herr Böckmann thut, ift,
dafs er mein Phosphor-Oxygenometer in Anfpruch
nimmt, und zwar find feine Einwendungen von
zweierlei Art. Erftens betreffen fie die mechanifche Einrichtung deffelben; zweitens die Theorie
des Phosphors. Aus den erften zieht er Schluffe
wider die Richtigkeit meines Fundamental-Verfuchs
über das Auflöfungsvermögen des Sauerftoffgas
für das Waffer. Der andere Theil des Angriffs
auf mein Oxygenometer hat auf diefen Satz keinen
Einflufs; denn es kam bei dem Verfuche auf das
Verhältnifs der eudiometrifchen Zahlen an; und
habe ich fonft den Verfuch unter völlig gleichen Umftänden angeftellt, fo bleibt diefes Zahlverhältnifs
feft, es mag übrigens mit den abfoluten Quantitäten ausfehn, wie es will.

Herr Böckmann findet, (XI, 66,) mein
Oxygenometer fehlerhaft, weil im Augenblicke
der Einfenkung die Luft im Inftrumente mit der
Atmofphäre in Berührung kömmt, und zwar gilt
es hier vorzüglich die Quantität der Dünfte. Allerdings findet diefes ftatt; aber welche Fläche ift es,
welche diefe Berührung geftattet? Die Scalenröhre
meines gröfsten Inftruments hat einen Durchmeffer
von etwa 2″ des alten parifer Fufses, und die Zeit
jener Berührung dauert gewifs felten eine Secun-

de; denn bei fehr genauen Verfuchen verfchlie-
fse ich die Mündung mit dem Finger, bis fie
über der grofsen Röhre fteht, wo fie denn in Berührung mit der Atmofphäre etwa 4 bis 6 Zoll
Weges zu machen hat. Sollte es nöthig gewefen
feyn, Phyfikern diefe kleine Vorficht mit dem Finger zu empfehlen? Noch mehr: Man denke an
die Langfamkeit, mit welcher die chemifche Veränderung des Waffergehalts der eingefchlofsnen
Luft in einer fo engen Röhre, die jede relative Bewegung der Luft unmöglich macht, vorgeht. Von
diefer Langfamkeit giebt der berühmte Verfuch
Rumford's über die vermeintliche Nichtver-
mifchung des gemeinen Waffers mit Salzwaffer einen Begriff; noch mehr aber ein Verfuch, den ich
ehemahls anftellte, als ich noch glaubte, dafs die
Gegenwart des Waffers ftatt des Queckfilbers in
meinem Oxygenometer den Dunft beträchtlich vermehren würde, und ich diefen Umftand als eine
vorzügliche Urfache zur Vermeidung des Waffers
anfah. Ich füllte zwei meiner Inftrumente mit ziemlich trockner atmofphärifcher Luft ohne Phosphor;
zu gleicher Zeit fteckte ich in jede Röhre ein bleier-
nes Cylinderchen von gleicher relativer Länge, nach
den Scalen gemeffen, und ftürzte dann beide Inftrumente, das eine kleinere in Queckfilber, das andere
in Waffer, und zwar fo, dafs die Flüffigkeiten innerhalb und aufserhalb gleich hoch ftanden, als ich die
Cylinderchen herausgenommen, und Flüffigkeiten
an ihrer Stelle hatte auffteigen laffen. So liefs ich
                                              beide

beide Inftrumente 8 Tage lang hängen, und beobachtete fie während diefer Zeit täglich 2mahl. Es kamen freilich einige Unterfchiede in diefen Beobachtungen zum Vorfcheine, die ich aber durchaus nicht
der Einwirkung des Waffers zufchreiben konnte,
wie ich es ganz gewifs erwartet hatte, die ich aber
von den unvermeidlichen kleinen Unrichtigkeiten
in, der Beobachtung und in der ungleichen Schnelligkeit, mit welcher die äufsere veränderliche Temperatur die ungleich dicken Glaswände der Eudiometer durchdringt, herleiten mufste. *)

Herr Böckmann möge felbft den Schlufs
ziehn. Mit aller Aufrichtigkeit, deren ich fähig
bin, und bei der grofsen Kenntnifs diefes Inftruments, die ich durch deffen langen Gebrauch mir
erworben habe, kann ich verfichern, dafs der angeführte Fehler nicht 0,00001 betragen kann. Und
follten folche Fehler einen Vorwurf von Unrichtigkeit einem Inftrumente zuziehn, wer wird dann
beftehn? Welches Inftrument bietet uns das ganze

---

*) Zwar habe ich felbft daraus einen Zweifel gegen
Berthollet's Beobachtungen kürzlich gezogen,
(*Annalen*, X, 204,) aber feine Eudiometerröhre
war wie die gewöhnliche Fontanafche, alfo etwa
30mahl weiter als die meinige; fie mufste alfo
30mahl mehr in diefer Hinficht wirken, dann aber
auch, vermöge des gröfsern Durchfchnitts, die
mechanifche Mifchung der unterften Luftfchichten
mit den obern begünftigen, wenn jene ihr fpecififches Gewicht geändert haben würden. P.

Gebiet aller Naturwiſſenſchaften an, die allerem-
pfindlichſten Wagen vielleicht ausgenommen, das
nicht weit gröbere Fehler beſäſse? Ich mag keine
Vergleichungen mit dem Salpetergas - Eudiometer
anſtellen; ſie iſt zu leicht und fällt zu ſehr zum
Vortheile meines Oxygenometers aus. Allein man
nehme ein neueres Inſtrument, als etwa Humboldt's *Anthracometer*. Weder Herr Prof, Böckmann noch andere Phyſiker haben etwas gegen
die Füllungsmethode dieſes beliebten Inſtruments
erinnert, da doch die in Hinſicht auf den Gehalt
an Luftſäure zu prüfende Luft bei dieſer Füllung
durch das Kalkwaſſer ſelbſt ſich mühſam durchwin-
den muſs, und alſo in dieſem Durchgange ſchon viel
Luftſäure ſitzen läſst. Ein Fehler, der um ſo beträchtlicher iſt, da die noch reſpirable Luft die
Luftſäure gewöhnlich nur nach Tauſendtheilchen
enthält.

Indeſs bitte ich ſehr, daſs man dieſes Beiſpiel
nicht als einen Beweis von einer, (mir von H. Böckmann S. 72 vorgeworfnen,) Neigung, dieſem berühmten Naturforſcher nahe zu treten, anſehen
möge. In ſolchen Fällen müſſen die Beiſpiele gerade von den geſchätzteſten Männern gewählt werden; von andern würden ſie nichts beweiſen. Daſs
ich übrigens den vortrefflichen Humboldt vereh-
re, beweiſt der Ton meines Angriffs; daſs ich ihm
Gerechtigkeit widerfahren laſſe, ſo ſehr als ich
kann, das beweiſt die geſchäftige Bereitwilligkeit,
die ich zeigte, ſeine fehlerhaften Verſuche zu ent-

fchuldigen, fobald ich das neue Gas, das fich aus
dem Phosphor entwickelt, entdeckt hatte. Ich
fchrieb deshalb fogleich an Voigt und an Berthollet, und erfuchte beide, meine Briefe druc-
ken zu laffen. *) Wie Berthollet diefen Schritt

*) Diefer Brief fteht in Voigt's *Magazin*, B. 4,
St. 1, S. 84 f. Herr Prof. Parrot bemerkte,
dafs, wenn er den Phosphor lange in feinem Eudiometer in dem erzeugten Stickgas liefs, der
Phosphor durch und durch roth, dann braun,
und zuletzt beinahe fchwarz wurde. Zwar verlor er dadurch nicht die Eigenfchaft, die atmofphärifche Luft langfam und vollftändig zu zerfetzen, allein es bildete fich dann bald nachher,
aus diefem alt gewordnen Phosphor eine Menge
einer noch ununterfuchten Gasart, (wie er damahls glaubte, durch die Einwirkung des rück-
ftändigen Stickgas auf den Phosphor,) in einem
feiner Verfuche fo viel, dafs das Queckfilber in
der Scalenröhre binnen 18 Tagen von 0,231 bis
0,105 herabfank. Bei frifchen, in Stickgas nicht
braun gewordnen Phosphorftangen hatte Herr
Parrot nie dergleichen bemerkt; was er in den
Annalen, X, 207, für eine gasförmige phosphorige
Säure hielt, war, nach ihm, wahrfcheinlich nichts
anderes, als jene Gasart. Da Herrn von Humboldt's Verfuche mit Phosphor oft 14 bis 20 Tage dauerten, fo konnte, bei manchen derfelben,
befonders wenn derfelbe Phosphor zum zweiten
und dritten Verfuche gebraucht wurde, etwas
Aehnliches ftatt finden, und hieraus glaubt Herr
Prof. Parrot fich die auffallenden Refultate derfelben erklären zu können, ohne Herrn von

aufgenommen haben wird, da Er einen nicht ganz
humanen Ton gegen Humboldt angenommen
hatte, weifs ich noch nicht. Diefes möge mich
rechtfertigen, wenn mich zuweilen meine Unpar-
teilichkeit zwingt, Fehler aufzudecken, und mich
täglich mehr von der Wahrheit, dafs man nicht dem
Namen eines berühmten Mannes huldigen folle,
überzeugt. Ich vollende eben eine umftändliche
Widerlegung der Hypothefe des Grafen Rumford. über die Wärmeleitung, worin ich diefem
vortrefflichen Naturforfcher Gerechtigkeit widerfahren zu laffen glaube, obfchon ich feine Verfuche
und Schlüffe mit einer Mühfamkeit verfolge, die,
in jedem andern Falle vielleicht, für die Frucht
perfönlicher Feindfchaft gelten könnte. Ich rechne
aber zu fehr auf Rumford's Wahrheitsliebe, als
dafs ich im geringften Mifsdeutungen von feiner
Seite befürchten follte.

Die zweite Einwendung gegen das Oxygenometer betrifft die *Theorie des Phosphors.* Herr Böckmann will immer noch den Göttlingfchen Streit
über den Phosphor und das Stickgas, der entfcheidenden Verfuche der franzöfifchen Chemiker und
der meinigen ungeachtet, als unbeendigt anfehn.

Humboldt einer nachläffigen Beobachtung zu
befchuldigen. Humboldt's Verfuche wurden
alle bei einer Temperatur von 14 bis 16° R. vorgenommen, und gerade bei 14,5 und 15° R. foll
jene Gaserzeugung am ficherften vor fich gehn.
                                        d. H.

Ich fehe ihn als entfchieden an, und glaube, dafs
diefe meine individuelle Ueberzeugung die der
meiften jetzigen Naturforfcher ift.   Sollte indefs
die Göttlingfche Hypothefe noch viele Anhänger
haben, fo müfste eine Revifion der Acten gefchehen; aber durch Männer, die fich noch nicht erklärt haben.   Da ich mich fchon erklärt habe, fo
kommt mir diefe Prüfung nicht zu.   Nur erlaube
man mir, das Vorzüglichfte, was Herr Böckmann
hier anführt, zu beleuchten.

In der Note §. 70 führt Herr Böckmann, als
Hauptbeweis und Auszug aus feiner Abhandlung,
über das Verhalten des Phosphors in Gasarten, zwei
Verfuche an, die ich nachzulefen bitte, um die Wiederhohlung mir zu erfparen.   Der zweite beweift
nur, dafs Kohlenftoff-Wafferftoffgas eine gröfsere
Verwandtfchaft zum Oxygengas habe, als Phosphor.   Vom blofsen Kohlenftoffe allein, unter beftimmten Umftänden, war es fchon früher bekannt.
Warum nicht von beiden vereinigten?   Im erften
Verfuche ift weiter nichts enthalten, als dafs der
Phosphor mit Wafferftoffgas verbunden, und in
elaftifcher oder wenigftens fehr zertheilter Form,
eine nähere Verwandtfchaft zum Oxygengas hat,
als der Phosphor in Stangen.   Diefes habe ich nie
geläugnet; vielmehr folgt es aus meinen eignen Verfuchen und aus den franzöfifchen über den Phosphor, dafs der im Stickgas aufgelöfte oder nur
fchwebende, diefen Vorzug der nähern Verwandtfchaft zum Oxygen vor dem Stangenphosphor hat,

da in folcher mit Phosphor gefchwängerten Luft
die Entzündung früher gefchieht, als am Phosphor felbft.

.Wichtiger als diefe, fcheint die Einwendung des
Herrn Böckmann S. 72, 73, worin angeführt
wird, dafs bei der Abforption von beinahe ganz
reinem Oxygengas durch Phosphor, dennoch 4, 6
und noch mehr Theile von 100, fogar von 80 übrig
bleiben.. Herr Böckmann wird mir erlauben,
diefen Verfuch zu analyfiren. Sein Sauerftoffgas
enthielt *höchftens* $\frac{1}{80}$ Stickgas, wir wollen unneh-
men 0,01. Es blieben aber zuweilen 6 von 80 Th.
oder 0,075 nach gefchehner Einwirkung des Phosphors zurück. Diefe unvollkommne Zerletzung hin-
terliefs alfo einen gasartigen Rückftand, der aus 0,01
Stickftoff und 0,065 Sauerftoff beftehn foll; und auf
diefes Gas follte der Phosphor nicht wirken können,
da er doch bei umgekehrten Verhältniffen noch
lebhaft wirkt? und hier kann die fogenannte dreifache Verbindung, oder die Gegenwart des Phosphors, nicht die Wirkung gehindert haben, da der
Zutritt von einem einzigen Hunderttheilchen atmofphärifcher Luft in einer durch Phosphor zerfetz-
ten Luft fogleich ein lebhaftes Leuchten des Phosphors erzeugt. Daran liegt es wahrlich nicht, dafs
ein fo grofser Rückftand in dem Verfuche des Hrn.
Böckmann fich zeigte, fondern diefer Verfuch
rangirte fich in die Klaffe der Humboldtfchen, welche durch meine Entdeckung des neuen Gas aus
dem dem Lichte ausgefetzten Phosphor fich befrie-

digend erklären laſſen. Wahrſcheinlich hatte Herr
Böckmann hier eins ſeiner Phosphorſtücke gebraucht, die ſchon zu ſeinen Verſuchen über die
Einwirkung des Sonnenlichts auf den Phosphor
gedient hatten, und ſo muſste ſich, beſonders bei
der groſsen Wärme, welche in dieſem Verſuche
ſtatt finden muſste, (es war faſt reines Sauerſtoffgas,) dieſes noch unbekannte Gas erzeugen. Wer
noch kein Oxygenometer beſitzt, nehme eine etwas längliche Flaſche, lege einige Drachmen Phosphor, (alten durch Einfluſs des Sonnenlichts braun
gewordnen,) hinein, ſchlieſse die Flaſche mit einer
feuchten Blaſe ſorgfältig, und lege ſie an einen
warmen Ort, wo der Phosphor anfangs ſtark leuchtet, bald aber nachher flieſt, und laſſe dann das
Ganze erkalten. Dann ſteche er *im Dunkeln* die
Blaſe auf. Unter andern Umſtänden, bei einer
langſamen Zerſetzung durch wenig und *neuen* Phosphor, ſtürzt die atmoſphäriſche Luft hinein, und
erzeugt eine gänzliche Entzündung in der Flaſche.
Aber hier wird man kaum eine kleine bläuliche
Flamme nahe an der Blaſe bemerken. Dieſes rührt
daher, daſs ſich faſt eben ſo viel Gas erzeugt hat,
als Sauerſtoff abſorbirt worden iſt, und es kann
alſo nur ſehr wenig atmoſphäriſche Luft durch die
enge Oeffnung dringen. Dieſes mir einſt uner-
wartete Phänomen ſetzte mich in einige Verlegenheit, als ich eine gänzliche Entzündung der Flaſche,
wie ich ſie gewiſs 5mahl vorher erhalten hatte, in
einer Vorleſung angekündigt hatte, und nun nur

eine fehr kleine erfolgte. Hierin liegt auch die
Beantwortung der Bemerkungen S. 75 des Herrn
Böckmann über das phosphorige Gas in Betreff
der Genauigkeit des Oxygenometers. Die, hoffe
ich, nun bekannt gewordne Entdeckung des neuen
Gas fetzt uns in diefer Hinficht in ganz andere
Verhältniffe.

S. 73 fcheint Herr Böckmann mit meiner Behauptung, dafs der von der Stange getrennte Phosphor fich aus dem Gas als *Phosphorrufs* niederfchlage, unzufrieden. Ich erinnerte fchon damahls,
dafs es nur unter gewiffen Temperaturen gefchehe,
und trägt mich mein Gedächtnifs nicht, fo mufs fie
nicht unter + 14° R. feyn. Es ift auch beiläufig
diejenige, welche zur Entftehung des neuen Gas
erforderlich ift. Dafs diefer Niederfchlag wirklich
ftatt finde, zeigen meine meiften oxygenometrifchen
Verfuche, wo ich *immer* in dem Inftrumente, worin der meifte Phosphor lag, den Niederfchlag beobachtete, in den andern aber nur bei den höchften Temperaturen meines Zimmers, etwa 14°; woraus folgt, dafs die gröfsere Menge des auf einmahl
leuchtenden Phosphors das an Temperatur erfetzte,
was die äufsere Luft nicht lieferte.

Damahls waren mir die fchönen Verfuche des
Hrn. Böckmann mit dem dem Sonnenlichte ausgefetzten Phosphor in Wafferftoffgas noch nicht bekannt, und ich zweifle, ob fie damahls fchon vorhanden waren. Auch noch fpäter waren fie mir
unbekannt, als ich die Entdeckung des neuen Gas

machte, welches ich durch einen Brief des Herrn
Grindel aus Riga beweifen kann, der mir das
27fte Heft von Scherer's Journal der Chemie,
das fie enthält, zufchickte, und mich befonders
auf fie aufmerkfam machte, weil ihm die Einwirkung des Sonnenlichts auf den Phosphor durch mich
bekannt geworden war. Was ich alfo über den
Niederfchlag des Phosphorrufes je fagte, konnte
keinen Bezug auf die Böckmannfchen Verfuche haben, die nicht einmahl meiner Meinung widerfprechen. Wir behaupten beide den Niederfchlag:
Herr Böckmann findet, dafs das freie Sonnenlicht auf ihn vielen Einflufs hat; *Er giebt zu, dafs
es Fälle giebt, da das Dafeyn diefes Einfluffes nicht
erforderlich ift, und dafs zuweilen der Niederfchlag
beim bloßen Tageslicht ftatt findet.* Ich habe blofs
das Factum angeführt, ohne des Lichts zu erwähnen, aber mit Erwähnung des Einfluffes des freien
Wärmeftoffs. Jetzt aber mufs ich den Böckmannfchen Verfuchen zwei der meinigen entgegenfetzen,
von denen ich fchon fprach. Sie gefchahen gleichfalls, ehe mir die Böckmannfchen bekannt wurden.
Ich zerfetzte nämlich in der Wärme eine Portion
Luft in einer vierkantigen Flafche, welche etwa
6 Unzen Waffer halten mochte, und zwar zweimahl nach einander. Das eine Mahl war es Tag,
aber kein Sonnenftrahl beleuchtete diefe Stelle, und
das andre Mahl war es Nacht; und in beiden Fällen
habe ich die prächtigften dunkelorangefarbigen ftern-
artigen Phosphor-Kryftallifationen am Glafe gehabt,

und zwar an der dem Ofen entgegengefetzten Seite
am meiften, an den Nebenfeiten weniger, an der
dem Ofen zugekehrten Seite gar nicht. Meine
Freude, mein Erftaunen waren fo grofs, dafs ich
damit zu zweien meiner Freunde lief, um ihnen diefes fchöne Phänomen zu zeigen. Ich wage es
noch nicht, die mir bekannten entgegengefetzten
Eigenfchaften des Wärme- und Lichtftoffs zur allgemeinen Erklärung diefer Phänomene des Phosphors anzuwenden. So wie ich aber in meinen
Verfuchen den Einflufs des Lichts nicht läugne, indem ich felbft bemerke, dafs der Phosphor zu diefen Verfuchen brauner Phosphor war, fo wird, hoffe ich, Herr Böckmann zugeben, dafs in feinen
intereffanten Verfuchen der Lichtftoff nicht einzig
thätig war, und auch nicht unmittelbar dem Phosphor diefe Theile raubte, fondern dafs das Gas fie
ihm mit Hülfe des freien Wärmeftoffs entzogen, fie
in unfichtbarer Form enthalten, und der freie Lichtftoff blofs ihren Niederfchlag bewirkt habe. *)

*) Es fey dem Herausgeber erlaubt, hier ei-
nes andern elaftifch-flüffigen Products aus Phosphor mit einigen Worten zu erwähnen, welches Herr Profeffor Trommsdorf neuerlich
durch Behandlung der Phosphorfäure mit Kohle
erhalten hat. Wenn *Phosphorfäure* durch *glühende Kohle* in einer Retorte, die mit einem Gas-
apparate in Verbindung fteht, entoxydirt wird,
fo geht in den Gasrecipienten kohlenfaures
Gas und eine zweite Gasart über, die anerlei-

Wenn ich meine Meinung über das *Dampfen des Phosphors* nicht genau genug geäufsert habe, fo ifts freilich eine Nachläffigkeit von meiner Seite, oder, wenn Sie wollen, Folge meiner Scheu gegen das ungeheure Poftporto. Es liegen in meinem Pulte noch fo manche Bemerkungen, Beobachtungen und Verfuche, die ich aus diefem Grunde noch nicht mittheilen konnte! Für diefes Mahl alfo hier meine ausführliche Meinung über diefen nicht unerheblichen Gegenftand. Ich glaube, dafs weder die Auflöfung des Phosphors durch Stickgas, noch deffen Verbindung mit dem Oxygen es ift, welche das Sichtbare an der niederfallenden Dampffäule verurfachen, fondern dafs diefes Sichtbare nichts anderes ift, als der Waffernieder fchlag, worin freilich auch Phosphorfäure, wegen ihrer grofsen Verwandtfchaft zum Waffer, fich befindet. Und diefes Sichtbare an der Dampffäule hat mit dem Leuchten des Phosphors nichts gemein, als die Gleichzeitigkeit, und die Oxydation als Urfache. Der Beweis ift fehr leicht

fpecififches Gewicht mit der atmofphärifchen Luft hat, im Waffer unauflöslich ift, das Kalkwaffer nicht trübt, und auf keine andre Metallauflöfung wirkt, als auf die, deren Oxyde für fich in der Hitze reducirbar find, die flüffigen Gold -, Silber - und Queckfilber - Auflöfungen aber zerfetzt. Sie wirkt auf Sauerftoffgas in der gewöhnlichen Temperatur nicht, läfst fich aber mit Sauerftoffgas detoniren, und giebt dabei als Producte des Verbrennens Waffer, Phos-

zu führen. Ich habe nämlich jederzeit beobachtet,
daſs völlig trockne Luft keine ſichtbare, gewöhnlich feuchte Luft eine merkliche, und ſehr feuchte Luft eine ſehr ſtarke Dampfſäule hat. Ue-

phorſäure und kohlenſaures Gas. Herr Profeſſor
Trommsdorf, der dieſe Gasart zuerſt unter-
ſucht, und dieſe ihre Eigenſchaften ausgemittelt
hat, erklärt ſie hiernach für eine *neue Gasart* von
dreifacher Baſis, nämlich für ein *Phosphor-Koh-
len-Waſſerſtoffgas.*

Irre ich mich nicht, ſo berechtigt uns dieſes
Verhalten indeſs mehr zu dem Schluſſe, daſs
dieſe luftförmige Flüſſigkeit ein Gemiſch aus *Kohlenoxydgas* und *Kohlen-Waſſerſtoffgas* ſey, welches den Phosphor wahrſcheinlich in demſelben
Zuſtande elaſtiſch-flüſſig in ſich enthält, worin er
ſich bei den Parrotſchen Verſuchen im Stickgas,
und bei den Röckmannſchen im Waſſerſtoffgas befindet. — Hier die Gründe für dieſe Vermuthung.

1. Faſt alle Stoffe, die eine ausgezeichnete
Verwandtſchaft zum Sauerſtoffe haben, geben,
wenn ſie aus ihren Verbindungen mit Sauerſtoff
durch glühende Kohle reducirt werden, beſonders beim Fortgange des Proʒeſſes, *Kohlenoxydgas.* So die Metalloxyde nach den Verſuchen von
Prieſtley, Woodhouſe, Cruickſhank,
Desormes, Fourcroy u. ſ. w.; ſo auch nach
den Verſuchen Desormes das Waſſer, die
Schwefelſäure, ja ſelbſt Salpeterſäure und über-
oxygenirte Salzſäure. (*Annalen*, IX, 411, 413.)
Iſt dieſes aber der Fall, ſo muſs ſich gewiſs auch
bei Zerſetzung der Phosphorſäure durch Kohle,
Kohlenoxydgas bilden, da der Phosphor in der

berdies wird jeder Phyfiker wohl fchon beobachtet
haben, dafs das Leuchten nur an der Phosphorftan-
ge felbft haftet, fo lange fie leuchtet und dampft,
fich hingegen nicht nach unten längs der Dampffäule

Reihe der Verwandtfchaften zum Sauerftoffe
dem Hydrogen und dem Kohlenftoffe am nächften fteht.

2. Verbände fich der *Wafferftoff* chemifch mit
dem Kohlenoxydgas, fo hätte das gewifs in den
Verfuchen D é s o r m e s gefchehn müffen, in denen er als Producte feiner Prozeffe in hohen Wär-
megraden, Kohlenoxydgas und Hydrogengas erhielt, (*Annalen*, IX, 423,) oder als er beide Gasarten durch glühende Röhren fteigen liefs, (*Annalen*, IX, 427.). Da diefes dort nicht gefchah,
fo ift es auch hier nicht wahrfcheinlich.

3. Phosphor-Wafferftoffgas fcheint jene luftförmige Flüffigkeit nicht enthalten zu haben;
fonft hätte fie auf Sauerftoffgas in der gewöhnlichen Temperatur wirken müffen. Eine chemifche Verbindung aller dreier Stoffe, Phosphor,
Hydrogen und Kohlenftoff, kennen wir nicht.
Es ift daher das Wahrfcheinlichfte, dafs das Hydrogen entweder als reines Hydrogengas, oder
in Geftalt von *Kohlen-Wafferftoffgas* dem Kohlenoxydgas beigemifcht war. Mir fcheint das letztere das Wahrfcheinlichere, da fich fonft wohl
Phosphor-Wafferftoffgas hätte bilden müffen.
Wäre die Phosphorfäure vollkommen wafferfrei
gewefen, welches freilich fehr fchwer zu erhalten ift, und wäre das Kohlenpulver kurz vor dem
Verfuche eine Stunde lang ftark geglüht worden,
fo hätte kein Wafferftoff in das Gas mit eingehn

erſtreckt. Mithin haben dieſe beiden Phänomene nicht einmahl einerlei Ort. Folglich iſt das Dampfen bei Tage nicht das Synonym von Leuchten bei Nacht. Dürfte ich auch mir hier ein Glaubensbekenntniſs erlauben, ſo würde ich ſagen: *die herabſlieſſende Dampfſäule im Oxygenometer iſt eine Waſſerhoſe en miniature.*

Ich komme wieder auf den Streit über die *eudio- metriſchen Eigenſchaften des Phosphors* zurück. Die Frage kann, kurz, nur folgende ſeyn: Kann die Verbindung des Oxygengas mit dem Azotgas durch den Phosphor völlig aufgehoben werden? Ich erkläre mich für die Bejahung, und zwar, weil die chemiſche Verbindung *) beider Gasarten keine Aen- derung in ihrer Form bewirkt, da hingegen die Ver-

können. Es wäre vielleicht der Mühe werth, das Gas, wenn es unter dieſen Umſtänden erhalten worden wäre, zu unterſuchen.

4. Da das Gas Gold-, Silber- und Queckſilber- auflöſungen reducirt, ſo ſcheint der *Phosphor* darin höchſtens ſehr leicht oxygenirt, auch nicht ſtark gebunden zu ſeyn. Und ſollte nicht daſſelbe mit dem Phosphor, wie er in Herrn Parrot's Gas vorhanden iſt, der Fall ſeyn?

d. H.

*) Herr Böckmann ſollte ſie nicht läugnen, ſonſt verliert er allen Grund wider dieſe Bejahung, in- dem die geringſte chemiſche Verwandtſchaft je- de mechaniſche Mengung trennt; das bezeugen die Hygrometer, die Entfärbung der Pflanzen- ſtoffe durch die ſchwächſten Säuren, u. ſ. w. *P.*

bindung des Oxygengas mit Phosphor die gröfsten
Grade der Formänderung bewirkt; eine Anzeige
von weit gröfsrer Verwandtfchaft zwifchen den beiden letzten, als zwifchen den beiden erften Stoffen. *)
Zu diefer Betrachtung kommt noch der Grund, dafs
fonft beträchtliche Temperaturerhöhungen alle Oxydationen befördern und intenfiver machen; wenn
alfo das Sauerftoffgas einer zerlegten Portion atmofphärifcher Luft nicht völlig durch den leuchtenden Phosphor entzogen worden wäre, fo müfste
eine höhere Temperatur im Prozeffe angewandt, etwa die Schmelzhitze des Phosphors, mehrere Pro-
cente Sauerftoff abforbiren.   Allein keine Erfahrung fpricht dafür; vielmehr hat man im Durchfchnitte immer gröfsere Abforptionen durch das blofse Leuchten als durch das Entzünden des Phosphors erhalten.

Das einzige Erhebliche, was man bisher gegen die vollkommne Zerfetzung durch Phosphor
angeführt hat, ift, dafs das *Salpetergas - Eudiometer*
gröfsere Abforptionen anzeigt. Ich halte es für
nöthig, diefen Einwurf näher zu beleuchten. Ich
habe fchon an andern Orten gezeigt, dafs diefes Inftrument weder die Zerfetzung des elaftifchen Waffers noch die der Luftfäure in Anfchlag nimmt, und

---

*) Die letzte Note diefes Briefs, in welcher ich
   die Meinung auffelle, dafs die beiden Gasarten
   fich blos durch Flächenanziehung penetriren,
   würde diefem Grunde eine noch gröfsere Kraft
   geben.   P.

dafs diefer doppelte Umftand eine fcheinbare Erhö-
hung der Abforption um etwa 0,03 bewirken kann.
Allein das ift nicht der einzige Fehler diefes Inftru-
ménts: die Bereitung des Salpetergas liefert mir
wichtige Einwendungen gegen daffelbe, und zwar
von ganz andrer Art als die Humboldtfchen, denen
diefer fcharffinnige und unermüdete Naturforfcher
auszuweichen gefucht hat. Ich befitze jetzt feit
einem Jahre ein folches Eudiometer, von guter
Hand verfertigt, und ich habe gefunden, wie mehrere andre vor mir, dafs, wenn man die Salpeterluft
mit zu ftarker Säure bereitet, die Abforption 4 bis
6 Procent gröfser ausfällt, als wenn man die Säure
gehörig verdünnt. Woher kann diefer Unterfchied
entftehen? Offenbar daher, dafs Säure mit Salpeterluft übergeht, und dann durch die Mifchung mit
Oxygengas und Waffer die elaftifche Form verliert.
Wer darf nun behaupten, dafs bei einer *gewiffen*
Verdünnung nichts von der Säure übergeht? Man
antwortet, dafs man fie nicht im Salpetergas findet,
indem diefe Luftart, fo bereitet, keine Säure anzeigt. Wie aber, wenn diefe Säure durch den vielen Stickftoff gebunden würde? Das Waffer zum
Beifpiel ift nach allen Hypothefen in der Luft,
ohne nafs zu machen. Die Säure, die zum Aether
gebraucht wurde, foll, nach neuern Verfuchen, zum
Theil fich im Aether wieder finden, ohne dafs man
die geringfte faure Eigenfchaft am Aether je beobachtet hätte. Warum follte die Salpeterfäure
nicht auch einer folchen latent machenden Verbindung

dung mit dem Azot fähig feyn, und dann in der eudiometrifchen Operation ihre elaftifche Form verlieren? *) Ferner: Sollte bei der Erzeugung der
Salpeterfäure im Eudiometer nicht auch ein Theil
des Azotgas fich mit dem Salpetergas vereinigt, und
fo die Fähigkeit erhalten haben, fich durch das
Sauerftoffgas zu fäuern? Wenigftens geben uns die
verfchiednen Zuftände der Salpeterluft in Rückficht
auf ihren Oxygengehalt das Recht zu diefer Vermuthung. Endlich ift es bekannt, dafs die Salpeterluft, (befonders die frifche, und frifch foll fie feyn,
um die gröfste Abforption zu bewirken,) fich fehr
leicht mit dem Wäffer verbindet; wenn nun ein
Maafs von diefer Luft durch das Wäffer hindurch
ins Eudiometer eingelaffen wird, fo kömmt nicht
das volle Maafs hinein, fondern etwas weniger,
und diefes Wenige wird auch auf Rechnung der Zerfetzung des Sauerftoffgas gebracht. — Ehe man
die ewig unter fich abweichenden Refultate des Sal-
petergas-Eudiometers zum Grunde lege, beherzige
man doch alle diefe Umftände, bringe diefes alles
ins Reine. Die genau verfertigten Phosphor-Oxygenometer zeigen keine folchen Irregularitäten.
Denn dafs die Bertholletfchen und meine Beobachtungen nicht völlig übereinftimmen, läfst fich, wie

*) Man erinnere fich an die Prieftleyfchen und Fon-
tanafchen Verfuche, welche zeigen, dafs das
reinfte ausgekochte Wäffer mit Salpeterluft im-
prägnirt, die Lackmustinktur roth färbt. P.

Herr Prof. Gilbert fchon zum Theil gethan hat, daraus erklären, dafs Berthollet den durch die Oxydation bewirkten Niederfchlag des Waffers nicht kannte, und dafs deffen Inftrument eine geringere mechanifche Genauigkeit befafs, als die meinigen.

Nun gehe ich zu den eigentlichen *Einwendungen gegen meine Theorie der Dünfte* über.

Ihr allgemeiner Charakter ift der Wunfch, dafs ich meine Verfuche mehr vervielfältigt und mit gröfserer Beftimmtheit von Maafs und Gewicht angeftellt haben möchte. — Aber wie oft habe ich mich nicht fchon hierüber erklärt? Soll ich noch einmahl meine damahlige Lage fchildern? Sie konnte für einen Phyfiker nicht unvortheilhafter feyn. Einige Glasröhren von Italiänern gekauft, einige Zucker- und Arzeneigläfer, hier und da eine brauchbare Lichtform, das waren meine Mittel. Das Ausland war gefperrt; abgefchnitten vom gelehrten Europa, lebte ich damahls in einer Handelsftadt, die alle Vorzüge einer anfehnlichen, reichen, wohlthätigen Stadt hat, nur nicht den der Vorliebe für die Phyfik. Meine einzige Zuflucht war meine Fingergefchicklichkeit, meine eiferne Beharrlichkeit, und bei eigentlich chemifchen Arbeiten mein treuer Freund Grindel, der aber gerade für diefe Arbeit keine Apparate in feiner pharmaceutifchen Officin befafs. Fordert man nicht demnach unbillig, wenn man antwortet, dafs ich *von da aus* mit dem

impoſanten Aufzuge mich erhebe, womit Prieſtley, Sauſſüre, de Lüc, van Marum,
Fourcroy, Berthollet, Guyton u. ſ. w. auf-
traten? Je weniger Mittel ich beſaſs, deſto mehr
glaube ich auf die Achtung der Naturforſcher An-
ſpruch machen zu können, daſs ich mich durch dieſe traurige Lage, in welcher ich, am Ende von Europa, von der ganzen gelehrten Welt iſolirt war,
nicht abſchrecken lieſs, *) ſondern allen meinen
Scharfſinn aufbot, um aus meinen wenigen Mitteln
allen möglichen Vortheil zu ziehen. Von dieſem
Eifer war mein Freund Grindel gleich ſtark be-
ſeelt, und es wird einſt vielleicht in der Geſchichte
der Naturlehre nicht unintereſſant ſeyn, zu finden,
daſs wir beide in dieſen ungünſtigen Umſtänden die
Erſten waren, welche die Natur der Kohle auf dem
wahren Wege erforſchten, ihren groſsen Gehalt an
Waſſerſtoff in feſter Geſtalt entdeckten, und aus
dieſem Waſſerſtoffe und Sauerſtoffgas Waſſer erzeugten. Eine gläſerne Lichtform war unſer Haupt-
apparat. — So wollte ich, angefeuert durch die
Entdeckung des Waſſerniederſchlags durch die
Phosphoroxydation, nicht ruhen, bis ich die Materialien zur Bildung einer neuen Theorie der Meteo-
rologie hätte, — und dieſes war damahls mir nicht
anders möglich, als auf dem Wege, den ich betrat.

*) Der Druck meiner Aufſätze im Auslande ſetzte
mich ſogar der Gefahr aus, nach Sibirien ver-
wieſen zu werden.   P.

Allein fo wenig impofant das Gerüft meiner Verfuche ift, fo feft ift es, der vielen Mängel ungeachtet, die ich an ihm felbft entdecke, die ich gewifs mit der Zeit und mit den Apparaten, die ich bald zu erhalten hoffe, wegfchleifen werde. Man erinnere fich ja in diefer ganzen Unterfuchung, dafs es nicht fo wohl auf die Quantität, als auf die blofse Wahrheit in den angeführten Verfuchen ankommt. Ich zeige, dafs der Waffernīederfchlag durch jede Oxydation, durch jede Säurung, kurz, durch jede Entziehung des Sauerftoffgas ftatt findet. Diefes ift hinlänglich zur Begründung des Satzes der Auflöfung des Waffers in Sauerftoffgas. Die Beftimmung der Quantitäten für alle Zerfetzungen der Luft, (die ich *für die Oxydation durch Phosphor* ge iefert habe,) werden die Wiffenfchaft erweitern und meiner Theorie mehr Würde geben, — aber die Verfuche, wie fie da find, find zu ihrer Aufftellung hinreichend. Ich wünfche hiermit, zum letzten Mahle hierüber geredet zu haben. Der Eifer, womit an der Anfchaffung eines vortrefflichen Apparats für unfre Univerfität gearbeitet wird, läfst mich hoffen, dafs ich bald an eine gänzliche und neue Bearbeitung diefes wichtigen Gegenftandes werde gehen können, und ich bewahre bis dahin meine weitern Beobachtungen im Pulte. Möge ich denn die Erwartungen und das Intereffe, die man dafür bezeigt hat, zum Theil rechtfertigen!

Die erfte fpecielle Einwendung des Herrn Prof. Böckmann betrifft meinen *Hauptverfuch mit dem*

Eudiometer. Diefer Verfuch ift nicht der einzige,
den ich angeftellt habe. Mehrere gingen ihm vor,
mit welchen ich aber meiftens in Betreff der Beftimmung der Quantitäten nicht ganz zufrieden war.
Diefer befriedigte mich völlig, und fo war er der
einzige, den ich befchrieb. Mit Freuden werde ich
es fehen, dafs ein fo eifriger Freund der Naturfor-
fchung, wie Hr. Böckmann, ihn wiederhohle. —
Wie follte an meinem Inftrumente ein Fehler von
beinahe 0,02 möglich feyn, da Fehler von 0,001
fchon unter die beträchtlichen gehören, die man
mit einiger Aufmerkfamkeit meiden kann? Solche
Zufälle, und dazu wiederhohlte, die mit allen übrigen Beobachtungen fo fchön harmoniren, find keine Zufälle.

Die Einwendung, dafs die *Fliegen* das an den
Wänden niedergefchlagne Waffer hergegeben haben, habe ich längft vorausgefehen. Was konnte
ich aber dagegen thun? Mir ift kein Mittel bekannt,
als dasjenige, das ich anwendete. Ich nahm natürlich trockne und gefeuchtete Luft, beide an Vo-
lum gleich, liefs jene durch 5 Fliegen, diefe durch
eine einzige Fliege zerfetzen. Durch *diefe* Zerfetzung erhielt ich weit mehr Waffer als durch jene.
Herr Böckmann wendet nun ein, dafs *vielleicht*
die einzige Fliege fich in der feuchten Luft beffer
befunden habe, als die andern in der trocknen Luft,
und dafs daher *vielleicht* die grofse Waffererzeugung
herrührte. Um diefe Möglichkeiten zu Wahrfchein-
lichkeiten zu machen, und mein daftehendes Fa-

ctum anders zu erklären, als ich, müfste man erwei-
fen, 1. dafs der thierifche Lebensprozefs überhaupt
Waffer erzeuge, welches oft angenommen, aber,
meines Wiffens, nie erwiefen worden ift; 2. dafs
die Fliegen fich in einer Luft vom höchften Grade
von Feuchtigkeit beffer befinden, als in einer gewöhnlichen Luft, welches der Erfahrung widerfpricht, die uns fagt, dafs die Fliegen bei feuchter,
nebliger Luft fich verkriechen, hingegen bei heiterm trocknen Wetter fehr lebhaft find; 3. endlich,
dafs das Wohlbefinden der Fliegen die Production
von gröfsern Waffermengen zur Folge habe, da wir
hingegen bei andern Thieren fo manche Krankheiten kennen, welche eine gröfsere Ausdünftung verurfachen. Man lefe die ganze Reihe meiner Verfuche aufmerkfam, betrachte die Mannigfaltigkeit
der Umftände, unter welchen ich diefelben Refultate
beftändig erhielt, und frage fich dann, wie viele
fonderbare höchft glückliche Zufälle erforderlich
wären, um diefe Phänomene ohne Hülfe des von mir
aufgeftellten Hauptnaturgefetzes der Ausdünftung zu
erklären. Darf man hier von Zufall reden, fo ift
kein Lehrgebäude in der Phyfik feft. — Herr
Böckmann führt einen eignen Verfuch an, den
er mit einer Fliege, nach Anleitung der meinigen,
angeftellt hat, woraus er zu fchliefsen fcheint, dafs
die Fliege das Waffer an den Wänden gleichfam deponirt habe, weil das Waffer füfs befunden worden
ift, und in nahmhaften flachen Tropfen, nicht als
ein äufserft feiner Dunftniederfchlag, an der innern

Glaswand hing. Diese letztere Bemerkung zeugt von
wahrem Beobachtungsgeifte bei Hrn. Böckmann,
und ich danke ihm wahrlich dafür; wir werden fogleich fehen, warum. Dafs das Waffer fich füfs befunden habe, kann, glaube ich, nur beweifen, dafs
die Fliege mit ihrem Bauche Zuckertheile an der
innern Wand des Gefäfses durch ihr Herumirren
deponirt habe, ehe der beträchtliche Waffer<!---->nieder-
fchlag entftanden war. Hätte die Fliege zur Zeit
ihrer gröfsern Lebhaftigkeit das Waffer abgefetzt,
an jeder Stelle, befonders wo fich die Tropfen befanden, fo frage ich, wie es kam, dafs die Fliege
durch ihr Herumwandern die Tropfenform nicht
völlig zerftört, warum fie nicht das Waffer weit
mehr auf der Glasfläche gedehnt habe. Ich befitze
noch eine folche Flafche mit 4 Fliegen, (denn ich
habe zu verfchiednen Zeiten bis 23 folcher Flafchen
gehabt,) wo das Waffer genau nach der Befchreibung des Herrn Böckmann hängt, wo fogar
2 Tropfen, jeder von mehr als $1\frac{1}{2}'''$ Durchmeffer, fich
befinden, die übrigen aber meiftens unter $\frac{1}{2}'''$ find,
und alle fehr flach. An einer Stelle ift ein vertika-
ler Streifen, wo die Tropfen ganz weg find, hingegen eine dünne Wafferfchicht darüber liegt.
Diefer vertikale Streifen ift über $2'''$ breit und $17'''$
hoch, und unmittelbar unter demfelben ift eine todte Fliege. Eine andere Fliege klebt mit dem Rücken an der vertikalen Glaswand. Um fie herum
ift eine kleine Stelle ganz ohne Tropfen, die wahr-
fcheinliche Wirkung ihrer Flügel im letzten Augen-

blicke ihres Lebens, da fie fich von diefer drücken-
den Lage zu befreien fuchte. Und überhaupt wird
Herr Böckmann finden, dafs gewöhnlich in der
Gegend, wo die Fliegen todt liegen, keine Waffertropfen bemerkt werden, weil diejenigen, die fich
anfetzen, durch die letzten Bewegungen des Thiers
verwifcht werden. Doch warum quäle ich mich
mit den fterbenden Fliegen? Man betrachte den
Niederfchlag einer fehr feuchten Luft im Oxygenometer; man wird das Waffer an der Glaswand völlig in ähnlichen breiten flachen Tropfen, nicht in
unmerklichen Pünktchen, antreffen, und hier ift
der Ort, dem Herr Böckmann meinen Dank für
diefe Beobachtung zu erneuern. Mit mehrerer
Sorgfalt, und befonders durch die Vergleichung mit
dem phyfifchen Niederfchlage, wird man vielleicht
darauf kommen, in diefer verfchiednen Form der
Tropfen ein äufsres Merkmahl für die beiden Nie-
derfchläge zu entdecken, wodurch der chemifche
im Refultate fchon von dem phyfifchen fich unterfcheiden wird. So gewinnt die Wiffenfchaft durch
jede unparteiifche und fcharffinnige Prüfung.

Der Einwurf wider den Verfuch mit den *Wachs-
lichtern* kann, denke ich, kein andrer feyn, als
der Wunfch überhaupt, dafs ich hier die Menge des
Niederfchlags abgewogen hätte. Dazu fehlte es
mir an einer hinlänglich ftarken und genauen Wage. Aber diefer Fehler oder Mangel kann dem
Satze felbft nicht fchaden, indem für denfelben es hinlänglich ift, zu beweifen, dafs fich bei gefeuchteter

Luft mehr Waffer anfetzt, als bei trockner Luft.
Wünscht Herr Böckmann diefen Verfuch, den
ich öfters wiederhohlt habe, felbft anzuftellen, fo
kann ich hier den Apparat, deffen ich mich bediente, befchreiben. Es war ein kubifcher Kaften von
$1\frac{1}{2}$ Fufs Seite von weifsem Bleche, mit einer Schiebe-
thür verfehn, um alles hineinzubringen, was hineinkommen follte. An allen Winkeln waren Röh-
renanfätze von etwa 9''' im Durchmeffer, um die
Mündung eines Blafebalgs darin anzubringen, um
nach dem Verfuche die zerfetzte Luft durch frifche
zu erfetzen, wozu gewöhnlich eine volle halbe
Stunde geblafen, und dann noch der Kaften mehrere Stunden offen gelaffen, worauf dann vor dem
neuen Verfuche wieder einige Minuten lang geblafen wurde. Nach gefchehnem Luftwechfel verftopf-
te ich alle Oeffnungen mit Korken und Klebwachs,
fteckte dann das Licht oder was fonft dahin gehörte,
durch die Thür hinein, verfchlofs diefe fchnell,
und verklebte die Fugen mit fchon dazu vorbereiteten,
mit weichem Klebwachfe beftrichnen leinenen Streifen. Zwei immer verfchlofsne Fenfter von 6'' ins
Quadrat erlaubten, den Prozefs inwendig zu beobachten. Mit trockner Luft hing das Waffer nur
tropfenweife, und nicht ftark befetzt an den Wänden. Mit befeuchteter Luft war der Niederfchlag
fo beträchtlich, dafs er an mehrern Stellen in kleinen Strömen herabflofs, obfchon nach dem Verfuche und während deffelben die Temperatur fehr
erhöht war, und alfo kein phyfifcher Niederfchlag

denkbar war, ohne eine Ueberfättigung bei der vorigen Temperatur anzuzeigen.

Herr Böckmann nimmt S. 84 den wichtigen Verfuch mit dem *Stickgas* und der feuchten atmofphärifchen Luft oder Sauerftoffgas in Anfpruch, und zwar auf eine dreifache Art; indem er die Richtigkeit des Verfuchs, dann die Verwandtfchaft des Stickgas zum Sauerftoffgas, endlich den Schlufs felbft, das heifst, *alles*, bezweifelt. — Die Richtigkeit des Verfuchs kann ich verfichern, ohne geradezu gläferne Hähne an den Flafchen gehabt zu haben, die ich mir damahls unmöglich verfchaffen konnte; und wenn Herr Böckmann diefe Forderung recht überlegt, fo wird er finden, dafs diefe Vorrichtung nicht einmahl für den Verfuch recht paffend gewefen wäre. Den Raum zwifchen jedem Hähne und der Mündung der Flafche hätte ich mit etwas füllen müffen, etwa mit gut getrocknetem Queckfilber. Allein konnte beim Oeffnen der Hähne nicht diefes getrocknete Queckfilber die niedergefchlagne Feuchtigkeit verfchlucken? Statt diefer Umfchweife bedeckte ich die abgefchliffne Mündung jeder Flafche, die vorher mit weichem Wachfe belegt worden war, mit einem fteifen Papiere, legte die Mündungen über einander, und zog die Papiere fchnell durch, indem ich zugleich die obere Flafche an die untere andrückte. So mufsten fich die Flafchen fogleich von felbft verkitten und keine fremde Luft dazu kommen laffen. Uebrigens weifs ich nicht, wie die Berührung einer luftvollen Fla-

.fche von mittlerer Temperatur mit den immer wär-
mern Händen einen Niederfchlag des phyfifchen
Dunftes bewirken könne, und es' möchte doch
wohl der entfchiedenfte Gegner der Auflöfungs-
theorie, felbft de Lüc und 'Lichtenberg, fich
fchwerlich an die Erklärung machen wollen. —
Was die Verwandtfchaft des Sauerftoffgas mit dem
Stickgas betrifft, fo kann ich zu dem fchon Gefag-
ten noch hinzufetzen, dafs wir noch kein mecha-
nifches Mittel zur Trennung diefer beiden Gasarten,
wohl aber unzählige chemifche-befitzen, und dafs
die meiften Oxydationen in atmofphärifcher Luft
noch Sauerftoff hinterlaffen. So haben mich unzählige Verfuche belehrt, dafs eine brennende Ker-
ze und glühende Kohlen, nachdem fie alles mögliche
zur Zerfetzung der atmofphärifchen Luft gethan
haben, noch 15 bis 16 p. C. Sauerftoffgas in derfelben laffen. Uebrigens würde ein Verfuch entfcheidend feyn. Man nehme nämlich eine Partie
atmofphärifcher Luft, zerfetze fie durch frifchen
Phosphor bis etwa zu 12 p. C. Sauerftoffgas, reinige
fie von allem Phosphorrauche und aller Phosphorfäure durch Alkalien, fo dafs man blofs reines Stick-
und Sauerftoffgas im Verhältniffe von etwa 12 : 88
habe, und bringe dann ein Licht in diefe Luft.
Löfcht es aus, fo ift die Frage für die chemifche
Verwandtfchaft; brennt es noch, fo ift fie für die
mechanifche Mifchung entfchieden, *) weil hier
keine Luftfäure eine Rolle fpielen wird.

*) Noch ein Drittes liefse fich denken, nämlich

Diefes erinnert mich an einen Zweifel, den
Herr Böckmann S. 82 gegen die Reinheit meines
gebrauchten Stickgas äufsert. Die Löfung deffelben
beruht blofs auf der Entfcheidung der Frage über den
Phosphor, worüber ich fchon das Nöthige beige-
bracht habe. Und follten auch meine Gründe zur
völligen Rettung der eudiometrifchen Eigenfchaften
des Phosphors nicht hinreichend feyn, fo würde doch
diefe Einwendung meine Theorie nicht treffen, da
es hier ganz gleichgültig ift, ob mein Stickgas ganz
fein war, wenn es nur fehr arm an Sauerftoff war,
(und das letztere wird doch wohl Herr Böckmann
nicht läugnen,) um fo mehr, da mein Verfuch defto
mehr für mich beweift, je unreiner mein Stickgas war.

Endlich erhebt Herr Böckmann Zweifel gegen meinen Schlufs aus diefem wichtigen Verfuche,
indem er zugleich meinen Scharffinn in diefer Erklärung zu rühmen, die Artigkeit hat. Dafs ich
ihm eine eben fo höfliche Erwiederung fchuldig fey,

dafs die beiden Luftarten nur durch *Flächenanziehung* verbunden wären, und ich glaube, dafs diefes Naturgefetz, (der Flächenanziehung der Flüffigkeiten,) am Ende nicht nur hier beide Par-
teien vereinigen, fondern auch uns den Zuftand des
Waffers als phyfifchen Dunft in der Luft auf-
klären wird. Und fo würden wir den Einwendungen des Herrn Böckmann eine wichtige
Anwendung eines von den Phyfikern noch zu
wenig gewürdigten Naturgefetzes verdanken. *P.*

wird kein Sachverftändiger in Zweifel ziehn. Aber
es ift uns um Wahrheit zu thun, und diefe pflegt
wohl felten im Gefolge eines Gleichniffes zu feyn,
zumahl wenn es ftrenge Unterfuchungen gilt. Es
ift Hauptgrundfatz meiner Theorie, dafs das Sauerftoffgas feine Eigenfchaft, Waffer aufzulöfen und in
Gasgeftalt darzuftellen, durch hinzugetretnes Stick-
ftoffgas nicht verliere, wogegen der Alkohol von
feinem Auflöfungsvermögen für das Harz durch
Vermifchung mit Waffer verliert. Bei diefem wichtigen Verfuche kommt es auf die Beobachtung der
Zeit an. Das Sauerftoffgas wurde ftärker vom
Azot angezogen, als es das Waffer anzog. Mithin mufste das Sauerftoffgas anfangs ohne Waffer
übergehn, und das Waffer im kleinen Gefäfse zurückbleiben und niederfallen. Durch diefen Uebergang hatte aber das Oxygen feine Verwandtfchaft
zum Waffer nicht verloren, wie der Alkohol zum
Harze. Diefe wich nur einer gröfsern Verwandtfchaft, und nachdem diefe ihre Rolle gefpielt hatte,
kam auch an fie die Reihe, und der kleine Niederfchlag wurde abforbirt. *)

*) Ich argumentire hier aus dem Satze der Affinität
beider Luftarten. Aber wie wäre es, wenn nur Flächenanziehung zwifchen den beiden Gasarten ftatt
fände? — Dann würde der Schlufs derfelben
nur nicht mehr das Waffer in beftändig elaftifcher
Form betreffen, fondern es würde der hier beobachtete Niederfchlag ein phyfifcher gewefen
feyn; und der Verfuch felbft würde beweifen,

Da ich nun die vorläufigen Bemerkungen des
Hrn. Prof. Böckmann entkräftet zu haben glaube, so ists meine Pflicht, ihm jetzt meinen Dank,
den er mit Recht erwartet, abzustatten. Und ich
thue es hiermit, nicht mit einem versteckten Gefühle
von Eitelkeit, sondern mit den aufrichtigen, von
ihm gewünschten, freundschaftlichen Gesinnungen,
und um so lieber, da ich das förmliche Zeugniß
ablegen muß, daß die gemachten scharfsinnigen
Einwendungen mir den Vortheil gewährt haben,

daß das Sauerstoffgas eine größere Flächenanziehung zum Stickgas äußert, als zum Wasser. Dadurch würde der Satz von dem Niederschlage des
Wassers aus der Luft durch Verminderung des
Sauerstoffgehalts noch allgemeiner, indem er auch
vom physischen Niederschlage gölte. Diese Folgerung stimmt mit *a* des 11ten Versuchs, (Voigt's
Magazin, B. III, S. 24,) wo der Niederschlag
durch Erkältung sich in atmosphärischer Luft etwas größer zeigte, als in Stickgas, welches anzeigt, daß jene Mischung mehr physischen Dunst
zu enthalten fähig ist, als das Stickgas. — Uebrigens spricht für die Meinung, daß die Penetration
des Sauerstoffgas und Stickgas nur durch Flächenanziehung geschehe, manches: Man bemerkt bei
dieser Penetration keine Formänderung, welche
auf eine Affinität zu schließen berechtigte, und
diese beiden Stoffe rangiren sich in die Klasse der
Substanzen, die große Flächenanziehung gegen einander äußern, sehr gut, indem sie weder homogen
sind, noch Affinität äußern. Man erinnere sich an
die Carradorischen Versuche, (Ann., XII, 108,) und

meine Ideenumriſſe über dieſe wichtigen Gegenſtände ſchärfer zu verzeichnen, und manches zu
erweitern und zu berichtigen. Möge der wahrhaft
humane Ton dieſes kleinen Streits, deſſen rühmli-
ches Beiſpiel Herr Prof. Böckmann gab, künftig
unſer Ton bleiben! Möge er der einzige unter den
Naturforſchern übliche werden!

an die Imprägnation des Waſſers mit Luftarten.
Hierher gehört auch der Satz, daſs alle färbende
Stoffe in den tropfbaren Flüſſigkeiten nur durch
Flächenanziehung gemiſcht ſind, obſchon ſie durch
kein bis jetzt bekanntes Mittel mechaniſcher Art zu
trennen ſind; ein Satz, deſſen Beweis ich ſowohl
aus meinen galvaniſchen Verſuchen, als aus der
Prüfung der Rumfordſchen Theorie der Wärmeleitung und der Verwandtſchaftsäuſserung ableite.
Dieſe Mittelverbindung der feſten und flüſſigen
Körper, tropfbar oder elaſtiſch, fehlte bis jetzt
noch der Naturlehre. In meinen phyſikaliſchen Arbeiten, ſogar in meinen Vorleſungen, ſpielt ſie ſchon
eine groſse Rolle, und füllt eine Menge Lücken,
welche die Affinität und die mechaniſche Miſchung
zurücklieſsen, ſehr glücklich aus. Um aber
dieſen Vortheil von ihr zu haben, muſste ich ſie
vorher ſorgfältiger bearbeiten. Hier iſt es nicht
der Ort, dieſe Arbeit mitzutheilen. Vielleicht
kann ich es bald thun, und zwar als Prolegomena
zu meiner Theorie des Wärmeſtoffs, an der ich
jetzt arbeite. — Iſt der Satz der Flächenanziehung auf den phyſiſchen Dunſt anwendbar, welches Licht fällt nicht dann auf die Hygrometrie
und auf die Theorie der atmoſphäriſchen Strah-
lenbrechung zurück! P.

VI.

BESCHREIBUNG
eines neuen sehr empfindlichen Conden-
sators,

VON

JOHN, CUTHBERTSON,

phyſikaliſchem Inſtrumentenmacher in London. *)

Seitdem Volta's neuer Galvaniſch - electriſcher
Apparat bekannt geworden iſt, hat man ſich man-
cherlei Electrometer, Condenſatoren, Duplicato-
ren und Multiplicatoren bedient, um die electriſchen Eigenſchaften deſſelben zu erforſchen, Sie
alle ſcheinen mir indeſs einem Condenſator nachzu-
ſtehn, den John Read im Jahre 1796 erfunden
und ausgeführt hat. Da dieſer ſcharfſinnige Künſt-
ler ſich bald darauf zur Ruhe ſetzte, ſo hat er ihn
nicht in das Publikum gebracht, daher ihn nur wenige Electriker kennen. Er iſt mir in allen Verſuchen, wo es darauf ankam, ſehr geringe Mengen
von Electricität ſichtbar zu machen, von groſsem
Nutzen geweſen, und ich zweifle nicht, daſs man
ihn als eine ſchätzbare Bereicherung des electriſchen Apparats anerkennen werde. Ich habe gefunden, daſs er fähig iſt, viel geringere Mengen von

Ele-

*) Ausgezogen aus Nicholſon's *Journal*, Vol. 2,
8., p. 281. d. H.

Electricität, als jedes (?) andere Inſtrument, merkbar zu machen. Er zeigt die poſitive und negative
Seite einer einzigen Lage Zink, Kupfer und naſſen
Tuchs. Es iſt mir kein Inſtrument bekannt, mittelſt
deſſen man dieſes bei weniger als 20 Lagen vermocht hätte. (?)

Fig. 1, Taf. III, ſtellt einen ſenkrechten Durch-
ſchnitt von Read's groſsem electriſchen Condenſator vor. a a iſt eine ebne Meſſingſcheibe von ungefähr 8 Zoll Durchmeſſer, welche auf einem hölzernen Fuſse g iſolirt und feſtſteht. Sie iſt mittelſt
einer meſſingnen Hülſe mit einem ſoliden Glasſtabe
f a verbunden, und dieſer in einem hohlen meſſin-
genen Cylinder e g feſtgekittet. b b iſt eine andere
Meſſingſcheibe von einem etwas kleinern Durchmeſſer, in deren Mitte eine runde Oeffnung von
etwa 2 Zoll Durchmeſſer durchgebrochen iſt. Sie
ſitzt auf einem hohlen Kegel c h, und dieſer auf dem
hohlen meſſingnen Cylinder h g, der ſich über den
Cylinder e g ſanft herauf- und herabſchieben läſst.
Die Druckſchraube i hält die untere Scheibe b b in
der gehörigen Lage, für welche ein Anhalt gemacht
iſt. Lüftet man die Schraube i, ſo ſinkt b b durch
ihr eignes Gewicht hinab, und ruht auf dem Fuſse g.

Dieſes iſt die Original-Conſtruction Read's.
Sie ſchien mir zuſammengeſetzter und weniger trag-
bar zu ſeyn, als man wünſchen möchte. Ich än-
derte ſie daher folgendermaſsen ab, wie ſie Fig. 2
in einem ſenkrechten Durchſchnitte darſtellt. Da-

durch, dafs ich den condenfirenden Platten eine
fenkrechte Lage gebe, wird das Inftrument einfacher und tragbarer, und ich zweifle nicht, dafs
Read felbft diefer Verbefferung Beifall geben wird.
a a und *b b* find ebne Meffingfcheiben, von ungefähr 6 Zoll Durchmeffer. Die Platte *b b* ift an der
mit einer Hülfe verfehnen Kugel von Meffing *e* angefchroben, und wird von dem Glasftabe *c* getragen, deffen unteres Ende in dem hölzernen Fufse *d*
befeftigt ift. Die andere Platte *a a* wird von dem
Meffingdrahte *f*, der unten mit einem Charnier und
oben mit einer Kugel, an der fie angefchroben,
verfehn ift, in paralleler Lage mit *b b* erhalten. Mittelft des Charniers läfst fich diefe Platte *a a* zurück-
legen, in die Lage, wie die punktirten Linien *g a*
bezeichnen. Ein hervorragendes Stück am Charnier hält die Platte auf, wenn fie in die gehörige
Lage parallel mit *b b* gekommen ift, und erhält fie
in ihr. — Auf der Kugel *e* befindet fich eine Mut-
terfchraube, in welche fich die drei Stücke *l, m, n*
einfchrauben laffen; *l* ein kleiner, meffingner Be-
cher, *m* ein mit Stanniol überzognes Stäbchen für
die Luftelectricität, und *n* ein Meffingdraht, der
bei *o* mit einem Gelenke verfehn, und beftimmt
ift, die Condenfatorplatte *a a* mit der Endplatte *P*
der Voltaifchen Säule in leitende Verbindung zu
fetzen.

In Fig. 3 fieht man ein gewöhnliches Goldblatt-
electrometer, woran fogleich ein kleiner verbeffer-

ter Condenſator angebracht iſt. Die Scheiben deſſelben haben 1½ Zoll im Durchmeſſer. Die eine iſt
an der meſſingnen Deckplatte des Electrometers
feſtgeſchroben, die andere an einem Meſſingdrahte,
deſſen Charnier auf dem Fuſſe des Electrometers
feſtſitzt. Read bedient ſich in ſeinem Electrometer ſtatt der Goldblättchen ſehr feiner Flachsfäden,
welche er für empfindlicher hält. Allein ſie ſind
ſehr ſchwer zu ſehn, und verwickeln ſich leichter,
daher ich Goldblättchen, wenn ſie gehörig behandelt werden, vorziehe.

Beide Inſtrumente, Fig. 2 und 3, laſſen ſich einzeln, oder in Verbindung mit einander brauchen,
je nachdem es der Verſuch mit ſich bringt. Erfordert der Verſuch beide Condenſatoren, ſo werden ſie ſo mit einander verbunden, wie man es
in Fig. 4 ſieht. Die feſte Platte *bb* des groſsen
Condenſators muſs zu dem Ende an der Seite
mit einem Meſſingſtifte verſehn ſeyn, mit dem
ſie an die condenſirende Platte des Goldblattelectrometers angeſchoben wird.

Methode, den doppelten Condenſator zu brauchen.

1. *Für die bei Efferveſcenzen u. ſ. w. erregte Electricität.* Schraube das Schälchen *l* auf die Kugel
e des groſsen Condenſators, und ſetze in daſſelbe
eine Glas- oder Porzellänſchale, mit den Materialien, welche das Aufbrauſen hervorbringen ſollen,
und verbinde darauf beide Condenſatoren, wie in

O 2

Fig. 4. Hat das Aufbraufen begonnen, fo fchlage die beweglichen Platte *bb* des grofsen Condenfators in die punktirte Lage der Fig. 2 zurück, wobei die fefte Platte *aa* nicht berührt werden darf. Wird beim Aufbraufen viel Electricität erzeugt, fo divergiren die Goldblättchen fchon jetzt: wo nicht, fo rücke man das Electrometer vom grofsen Condenfator ein wenig ab, und drehe die bewegliche Platte des kleinen Electrometer-Condenfators zurück; fo wird nun, wenn anders genug Electricität erregt ift, das Electrometer divergiren.

2. *Für die Luftelectricität.* Schraube das Stäbchen *m* in *e* ein, fetze beide Inftrumente an einem fchicklichen, weder mit Gebäuden noch mit Bäumen zu fehr umgebenen Orte mit einander in Verbindung, und verfahre, wie vorhin.

3. *Für die Galvanifche Electricität.* Schraube in *e* den kurzen Schenkel *e* des Meffingdrahts *ne* ein, fetze beide Inftrumente in Verbindung, und bringe das Stück *n* in eine folche Lage, dafs die beiden fich berührenden Metallftücke, deren Electricität man beftimmen will, z. B. Zink und Kupfer, fich wie *P*, darunter fchieben, und wieder wegziehn laffen, ohne dafs *n* dann das Tifchchen, worauf fie liegen, berühre. Ift von den beiden fich berührenden Metallen das eine $\frac{1}{4}$ bis $\frac{1}{2}$ Minute mit *n* in Berührung gewefen, und man nimmt fie nun unter der gehörigen Vorficht fort, dreht darauf die bewegliche Scheibe des grofsen Condenfa-

tors zurück, rückt das Electrometer von der Platte
a a des grofsen Condenfators ab, und fchlägt nun
auch die bewegliche Platte des Electrometer - Condenfators zurück, fo rühren die Goldblättchen
fich nicht.

Wiederhohlt man dagegen diefen Verfuch mit
zwei fich berührenden Metallplatten, auf deren eine
man ein Stück Tuch legt, das mit Salmiakwaffer,
oder einem andern Auflöfungsmittel, dergleichen
man fich gewöhnlich in den Galvanifch - electrifchen
Verfuchen bedient, genäfst ift, gleichviel, ob man
es auf die Zinkplatte oder auf die Kupferplatte legt,
und fetzt nun den Draht n damit in Berührung, indem man ihn andrückt; fo wird, wenn man die
Metallfcheiben fortzieht, und wie zuvor verfährt,
das Electrometer im Augenblicke aus einander fahren, als man die bewegliche Platte deffelben zurück-
fchlägt. Lag der Zink zu oberft, fo divergirt das
Electrometer mit $+ E$; lag er zu unterft, mit $— E$.
Hierbei macht es im Allgemeinen keinen Unterfchied, ob das naffe Tuch über oder unter den Metallplatten liegt, oder ob diefe mit zwei Tuchfchei-
ben, eine oben, die andere unten, in Berührung
find; (?) nur dafs, wenn das naffe Tuch blofs auf
das Kupfer und nicht auch auf den Zink gelegt wird,
nur fo wenig Electricität erregt wird, dafs beide
Condenfatoren vereinigt fie kaum merkbar zu machen vermögen. Liegt es auf dem Zink, fo divergiren die Goldblättchen um etwa $\frac{1}{20}$ Zoll; manchmahl mehr, manchmahl weniger, wie es denn

überhaupt bei so feinen Versuchen gar sehr auf den
Zustand der Luft ankömmt. *)

Ich erkläre mir diese Erscheinung folgendermafsen, ohne dabei zu neuen Hypothesen meine
Zuflucht zu nehmen: Im Augenblicke der gegenseitigen Berührung wird der Zink +, das Kupfer —, und dann ist, so lange beide in Berührung
bleiben, das electrische Fluidum in ihnen vollkommen im Gleichgewichte, so dafs sie jeder fernern

*) Die Beschreibung dieser Versuche ist so mangel-
haft, dafs sich nicht beurtheilen läfst, ob sie mit
Volta's Fundamentalversuchen übereinstimmen,
oder ob sie ihnen widersprechen. Der Draht on
ist Messing, und Messing erregt, nach den Versuchen der Hrn. Seyffert und Reinhold, eben
so stark die Electricität als Kupfer. (*Annalen*, XI,
377.) Lag im ersten Versuche die Kupferplatte
zu unterst, so waren die Erreger KZM, konnte
also auch nach Volta keine Action statt finden;
lag dagegen Zink zu unterst, so waren die Erreger ZKM, und da hätte das Goldblattelectrometer mit — E divergiren müssen. Wenn das nicht
geschah, so lag es vielleicht an der mangelhaften
Berührung zwischen Draht und Platte nP. Ein
nasser Leiter zwischen beide gelegt, in welchen
n eingedrückt wurde, gab eine bessere Berührung;
deshalb hätte bei $ZKhM$ vielleicht ein Erfolg mit
— E, bei $hZKM$ aber so wenig Erfolg wie zuvor
statt finden müssen. War das in Cuthbertson's
Versuchen der Fall, oder nicht? $KZhM$ und $hKZhM$
mufsten + E, aber $hKZM$ mufste gar keine Action
nach Volta's Ansicht geben. *d. H.*

Veränderung in Hinficht deffelben Widerftand leiften. Bringt man nun irgend ein Auflöfungsmittel,
das den metallifchen Zuftand verändert, auf die
andere Seite der Metalle, fo mufs daraus eine Veränderung in ihrer eléctrifchen Eigenfchaft entftehn,
die jedoch, wie diefe Veränderung felbft, nur ober-
flächlich feyn kann. Die übrigen Theile der beiden
Metalle, die unverändert bleiben, behalten ihren
Widerftand bei, die veränderten nehmen aber die
entgegengefetzten Eigenfchaften in Abficht auf Electricität an; der Zink fucht fie auszutreiben, das
Kupfer, fie zu abforbiren: daher das electrifche Fluidum vom Zink *durch das Auflöfungsmittel* zu dem
Kupfer übergehn mufs. Das kann aber nur allmählig gefchehn, weil das Auflöfungsmittel ein
fchlechter Leiter ift; eine Bedingung, die unnach-
läfslich zu feyn fcheint, foll Electricität von einiger
Intenfität hervorgebracht werden. Der Schlag und
die Empfindungen, welche man erhält, wenn man
die beiden Enden des Galvanifchen Inftruments berührt, hängen daher von dem Auflöfungsmittel ab,
(das weder ein vollkommner Leiter, noch ein Nichtleiter feyn darf,) und von dem Widerftande, den
die beiden fich berührenden Metalle dem electrifchen Fluidum leiften.

VII.

ABRISS

von ALDINI's neuesten Versuchen über den Galvanismus,

VON

WILL. NICHOLSON. *)

Aldini, Professor am Institute zu Bologna und Neffe des berühmten Galvani, hat uns in London besucht, nachdem er zuvor in Paris seine neuern Galvanischen Versuche dem französischen Nationalinstitute gezeigt hatte. Er theilte der königl. Societät eine umständliche Beschreibung seiner Versuche und Entdeckungen mit, und dieser sein Auffatz wurde in der Sitzung vom 25sten November vorgelesen. Ich habe das Vergnügen, daraus hier einige der Hauptsachen mitzutheilen, die ich seiner Güte verdanke, und die vieles Licht über eins der schwierigsten Phänomene in der Natur zu verbreiten scheinen.

Mehrere Naturforscher haben die Metalle als nicht nothwendig zur Erzeugung des Galvanismus angesehn, und Davy hat dieses in der Voltaischen Säule dargethan. Auch hat man wohl angenommen oder vermuthet, daß die Galvanische oder ele-

*) Nicholson's *Journal*, Dec., 1802, p. 298 f.
d. H.

ctrifche Materie im thierifchen Körper erregt, angehäuft oder erzeugt werde, und hier die grofse
Urfach oder das Agens der Muskelbewegung, der
Empfindung und andrer fehr wichtigen Erfcheinungen fey, deren Gründe noch ganz im Dunkel liegen. Aldini hat das ausgezeichnete Verdienft,
diefe Behauptungen zum Range ausgemachter Wahrheiten erhoben zu haben. (?) Es ift ihm gelungen,
Muskelcontractionen durch das blofse Berühren
der Nerven durch Muskelfleifch in präparirten Fröfchen zu erregen, ohne dafs man dabei irgend einen in der Berührung entftehenden Stimulus in Ver-
dacht haben könnte. *) Er hat ferner in den Gliedern eines kleinen kaltblütigen Thiers durch die
Galvanifche Kraft eines warmblütigen Thiers Bewegungen bewirkt; ein Verfuch, auf den noch niemand vor ihm gekommen war. Er nimmt den abge-
löften Kopf eines eben getödteten Ochfen, berührt
mit einem Finger der einen Hand, die er mit Salzwaffer genäfst hat, das Rückenmark, fafst mit der
andern Hand den Muskel eines präparirten Frofches,
und bringt dann den Cruralnerven deffelben mit

---

*) Zuckungen durch gegenfeitige Berührung blofs
thierifcher Theile beobachtete bekanntlich fchon
Galvani, und fie werden hier wohl nur durch
einen Mifsverftand des englifchen Referenten für
eine neue Entdeckung Aldini's ausgegeben.
Vergl. Reinhold's *Diff. de Galvanifmu*. p. 28,
und deffen Umarbeitung von Sue's *Gefch. des
Galvanismus*, S. 14. d. H.

den Nackenmuskeln der Zunge des Ochſen in Berührung. Bei jeder Berührung geräth der Froſch in ſtarke Contractionen. Dieſer Verſuch gelingt ſelbſt bei
einer Kette von Menſchen, die ſich die Hände geben.
Iſt die Verbindungskette unterbrochen, ſo bleibt alle
Wirkung aus. *) Hier ſehen wir offenbar, daſs das
organiſche thieriſche Syſtem gerade ſo wie die Me-
tallſäule wirkt und ſich ſtatt derſelben gebrauchen
läſst; es iſt eine animaliſche Säule. Daſs das Galvaniſche Fluidum, oder Electricität, unmittelbar
und unabhängig durch die bloſse Energie des Lebens in Thieren erzeugt werde, läſst ſich daher
nicht weiter bezweifeln.

Aldini hat neulich dieſe Verſuche in Oxford.
wiederhohlt, und in Gegenwart der Doctoren Pegg
und Bancroft gezeigt, daſs die Nerven eines.

*) Mehrere ähnliche Verſuche, welche Aldini
den Naturforſchern in Paris gezeigt hat, findet
man im *Journal de Phyſ.*, t. 55, p. 442, von Delamétherie, jedoch ſehr mangelhaft beſchrieben. Hier die bemerkenswertheſten dieſer Verſuche. Er näſste beide Hände mit Salmiakwaſ-
ſer, legte einen Finger der einen Hand in das
Ohr des abgeſchnittnen Kopfes eines eben getödteten Kalbes, faſste in die andere Hand einen
präparirten Froſch, und berührte mit ihm die
Zunge des Kalbes; der Froſch gerieth in Contractionen. (Als dieſe aufhörten, *it unit deux têtes de
veaux*, und die Zuckungen traten wieder ein. (?))
— Er ſchnitt einen Muskel eines eben getödteten
Ochſen ab, und brachte ihn an einer Stelle mit

präparirten Frofches, auf die hier angeführte Art
behandelt, fich merklich den Muskeln warmblüti-
ger Thiere nähern, und von ihnen wirklich angezogen
werden; welches etwas ganz Neues in der Phyfik und
in der Phyfiologie ift. Er fordert die Naturforfcher
auf, diefen Verfuch, den fchon mehrere, befonders der berühmte Felix Fontana in Florenz,
beftätigt haben, zu wiederhohlen und zu verändern.
Nach diefen Verfuchen zu fchliefsen, ift der Galvanismus höchft wahrfcheinlich keine blofs leidende
thierifche Electricität, fondern er bewirkt die wichtigften Funrtionen der thierifchen Oekonomie.
Und diefe feine Wirkung fcheint nicht auf die Muskelbewegungen allein eingefchränkt zu feyn, fondern auch auf die Abfonderungen wichtigen Einflufs
zu haben, wie Aldini aus feinen Galvanifchen

dem Rückenmarke, an einer andern mit dem Mus-
kelfleifche des präparirten Frofches in Berührung.
Es erfolgten Contractionen, (wo?) — Er berührte
den entblöfsten *Musculus biceps* eines Enthaupteten
mit dem Rückenmarke eines präparirten Frofches,
den er in der Hand hielt, und es follen Contractionen erfolgt feyn, (?) die aber, wenn er fich auf ein
Ifolirbrett ftellte, im Augenblicke aufgehört haben follen. — Aldini köpfte eine Ente, fafste
mit genäfster Hand einen präparirten Frofch, fetzte den Frofchnerven mit den Nackenmuskeln der
Ente in Berührung, und fteckte einen Finger der
andern Hand in den *Anus* der Ente. Sogleich zogen fich die Bruftmuskeln ftark zufammen, und
das Thier bewegte die Flügel.   d. H.

Verfuchen mit Urin fchliefst, da der künftliche Galvanifche Strom im Urin eine Trennung der vornehmften Beftandtheile hervorbringt, die von den
Genfer Profefforen Senebier und Jurine als
etwas fehr Wichtiges angefehn wurde.

Aldini hat ferner durch eine grofse Reihe von
Verfuchen dargethan, dafs der Reiz des Galvanismus ftärker als jeder andere Reiz in der Natur fey.
Im verfloſsnen Januar und Februar hatte er den
Muth, ihn auf die Körper einiger Verbrecher, welche in Bologna hingerichtet wurden, anzuwenden,
und mittelſt der Säule erregte er die noch zurück-
gebliebnen Lebenskräfte auf eine erſtaunenswür-
dige Weife. Diefer Reiz bewirkte die fchrecklich-
ften Verzerrungen und Grimaffen im Gefichte durch
die Zufammenziehung der Gefichtsmuskeln, und
nach ½ Stunden nach dem Tode wurde dadurch
der Arm eines diefer Enthaupteten 8 Zoll hoch von
dem Tifche, worauf er lag, in die Höhe geworfen,
felbſt wenn die Hand mit einem beträchtlichen Gewichte befchwert war. Seitdem find diefe Verfuche
an mehrern Orten in Italien, befonders in Turin
durch die Profefforen Giulio, Vaffalli und Roffi, beftätigt worden.

Aldini's Verfuche haben indefs nicht blofs zur
Befriedigung feiner Wifsbegierde gedient; fie öff-
nen uns auch Ausfichten auf eine höchft wichtige
Anwendung des Galvanismus zum Wohl der Menfch-
heit, nämlich zur Heilung der *Verrückung* und von
Schlagflüffen. Aldini denkt einen Theil feines

hiefigen Aufenthalts darauf zu verwenden, feine
hierher gehörigen Verfuche Aerzten mitzutheilen,
wie er es fchon in Paris gethan hat, wo er, namentlich in der *Salpetrière*, mit Dr. Pinel feine
Entdeckungen in Ausübung zu bringen verfucht hat.
Die Anwendung des Galvanismus bei *Melancholie*
ift durchaus neu und fehr wichtig. In Bologna heil-
te er zwei Kranke gänzlich von diefem Uebel, und
er empfiehlt daher diefes Mittel angelegentlichft gegen eine fo traurige Krankheit, gegen welche die
Medicin in ihrem jetzigen Zuftande fo wenig Hülfe
darbietet. Beim *Schlagfluffe* fcheint der Galvanismus
eben fo viel zu verfprechen.

Aldini glaubt, er müffe auch zur Wiederbele-
bung *Ertrunkner* fehr dienlich feyn, und er will deshalb mit der Rettungsgefellfchaft für Ertrunkne in
London conferiren. Ein von ihm in Paris gemach-
ter Verfuch fcheint für diefe Erwartung fehr zu fprechen. Im Hofpital der *Charité* wurde in Gegenwart
der Zöglinge der Galvanismus an dem Körper eines
Hundes, an dem Rückenmarke und an den Einge-
weiden angebracht. Dadurch geriethen die Lungen
in eine fo aufserordentliche Thätigkeit, dafs die
Luft, die aus der Luftröhre ausgeftofsen wurde,
beim zweiten Mahle ein grofses gegenüberftehendes
Licht ausbliés. Da nun bei Ertrunknen in den meiften Fällen wenig mehr erfordert wird, als die Re-
fpirationsorgane in Thätigkeit zu fetzen, fo läfst
fich von der Anwendung des Galvanismus der gröfste Nutzen hierbei hoffen.

Die vielen Vorfichtsregeln, die man beobachten muſs, wenn man fich diefes kräftigen Mittels in Fällen von Melancholie und Schlagflüffen bedienen will, wird Aldini in einem gröfsern Werke bekannt machen, das er in Bologna nach feiner Rückkehr nach Italien herauszugeben denkt. Inzwifchen mag man fich mit diefer kurzen Notiz begnügen, die mir Aldini von feinen Arbeiten mitgetheilt hat, und die der Lefer nicht ohne Vergnügen gelefen haben wird, da diefe Arbeiten uns eine grofse Erweiterung des Gebiets der Naturwiffenfchaft verfprechen, und uns hoffen laffen, daſs wir durch fie unfre Herrfchaft über die Natur werden erweitert fehn.

———————

VIII.

GALVANISCHE VERSUCHE,

angestellt

an drei Enthaupteten, gleich nach der Enthauptung, am 13ten und 14ten August 1802 zu Turin,

von

Vassalli - Eandi, Giulio und Rossi.

Aus einem Berichte des B. Giulio an die Aka-demie zu Turin. *)

Schon seit mehrern Jahren haben wir uns mit dem Galvanismus beschäftigt, Vassalli als scharfsinni-ger Physiker mit aller Genauigkeit, die ihm eigen ist, und Rossi und ich als Physiologen, welche der Einfluss des Galvanismus auf die verschiednen Organe und auf die thierische Oekonomie vorzüg-lich interessirt. — Volta hatte anfangs die Be-hauptung aufgestellt, die Organe, in welchen kei-ne willkührliche Bewegung statt findet, wie das Herz, der Magen, die Eingeweide, die Blase und die Gefäse, wären durch das Galvanische Agens nicht in Contractionen zu bringen; auch Mezzi-ni, Valli, Klein, Pfaff und Behrends läugneten, dass das Herz durch das Galvanische

---

*) Im Auszuge aus dem *Journal de Physique*, t. 55, p. 286.   d. H.

Fluidum in Bewegung gefetzt werden könne, und
Bicha glückte diefes weder mit dem Herzen von
Menfchen, noch mit Herzen von Hunden. Diefen
wichtigen Irrthum widerlegten wir, vollftändig,
durch Verfuche, die wir im J. 1792 mit warmblütigen
und kaltblätigen Thieren angeftellt, und fowohl
damahls in einem italiänifchen Werkchen, das aber
nicht aufserhalb Italien bekannt geworden ift, als
auch in einer lateinifchen Abhandlung umftändlich befchrieben haben, die wir der Turiner Akademie vorlegten, die aber leider erft im vorigen
Jahre im neueften Bande der Schriften der Turiner
Akademie abgedruckt erfchien. Inzwifchen hatte
auch Grappengiefser den Einflufs des Galvanismus auf die periftaltifche Bewegung, und Humboldt und Fowler die Einwirkung deffelben auf
das Herz von Fröfchen, Eidechfen, Kröten, Fifchen
und warmblütigen Thieren wahrgenommen. *)

Un-

*) Genügende hiftorifche Data über diefe Materien
giebt Reinhold in feiner *Differt. de Galvanifmo,*
p. 46, und in feiner Umarbeitung von Sue's *Gefchichte des Galvanismus.* Einer der Erften, der
über diefe ftreitige Materie mit Volta's Säule
experimentirte, fcheint Herr Dr. Heidmann
in Wien gewefen zu feyn, nach deffen Verfuchen
alle muskulöfen Theile des thierifchen Körpers,
fie mögen dem Einfluffe des Willens unterworfen
feyn oder nicht, von der Galvanifchen Electricität
auf gleiche Art afficirt werden follen, (*Annalen,*
X, 55.) *d. H.*

Ungeachtet aller diefer Verfuche war es doch
zu wünfchen, dafs ein für die Phyfiologie fo wichtiger Umftand noch ferner, befonders an menfchlichen Körpern unterfucht würde, und das zwar um
fo mehr, als auch Aldini in einem vor kurzem
bekannt gemachten italiänifchen Werke, voll neuer
und fchätzbarer Verfuche, die er an Körpern von
Geköpften angeftellt hat, gefteht, dafs er, felbft mit
Volta's Electromotor, im Herzen keine Contractionen hervorzubringen vermocht habe.

Wir werden von unfern Verfuchen in einzelnen
Abhandlungen Rechenfchaft geben. Wir erwähnen daher, was den Magen, die Eingeweide und
die Blafe betrifft, hier nur im Allgemeinen, dafs
wir in jhnen, durch Armirung ihrer verfchiednen
Nervenäfte, ähnliche Contractionen wie in den übrigen Theilen bewirkt haben. In diefem Auffatze
foll blofs von der Wirkung des Galvanismus auf das
Herz und die Arterien die Rede feyn; eine Materie,
welche für Phyfiologie vorzüglich wichtig ift und
in jeder Rückficht die gröfste Aufmerkfamkeit
verdient.

Unfre Beobachtungen, welche wir an verfchiednen Theilen des Kopfs und des Truncus enthaup-
teter Menfchen anftellten, fingen den 10ten Auguft
auf einem Zimmer im Hofpitale St. Jean an, und
wir fetzten fie vor einer grofsen Menge Zufchauer
den 14ten Auguft auf dem anatomifchen Theater
der Univerfität fort.

Den Einfluſs des Galvanismus auf das Herz un-
terſuchten wir auf *drei* Arten:

Erſtens armirten wir das Rückenmark durch
einen Bleicylinder, der in die Höhlung der Hals-
wirbel geſteckt wurde, und berührten mit dem
einen Ende eines Silberdrahts die Oberfläche des
Herzens, mit dem andern jene Armatur, bedienten
uns alſo hierbei, wie man ſieht, weder der Voltaiſchen Säule, noch einer Armatur des Herzens.
Das Herz des erſten Enthaupteten, mit welchem
wir unſre Verſuche anſtellten, zeigte ſehr viel Lebenskraft, und gab ſogleich ſehr bemerkbare und
ziemlich ſtarke Zuſammenziehungen. Es war hierbei beſonders merkwürdig, daſs, wenn man das
Herz zuerſt, und dann die Armatur des Rücken-
marks berührte, die Contractionen des Herzens
mehr augenblicklich und ſtärker erfolgten, als
wenn man erſt die Armatur und dann das Herz
durch den Draht berührte. Etwas Aehnliches hatte
ich bei den zahlreichen Verſuchen mit Fröſchen bemerkt, von denen ich die Akademie in ihrer letzten
Sitzung unterhalten habe. Sehr oft zeigte ſich in
ihnen gar keine oder nur eine ſehr ſchwache Contraction, wenn ich den Cruralnerven zuerſt, und
darauf die Schenkelmuskeln berührte, indeſs, wenn
umgekehrt zuerſt die Schenkelmuskeln, und dann
die Armatur des Cruralnerven mit dem Metallbogen
berührt wurde, ſich die Muskeln dauernder und
heftiger zuſammenzogen, ſo lange nur noch ein
Hauch von Vitalität in dieſen Organen war. Ich

habe in jener Abhandlung verfucht, diefe Erfcheinung zu erklären; auf die ich künftig wieder zu-
rückkommen werde, follte es fich zeigen, dafs fie
im menfchlichen Körper eben fo allgemein ift, als
in Fröfchen und in kaltblütigen Thieren.

Zweitens. Wir armirten den herumfchweifenden
und den grofsen fympathifchen Nerven. Wozu, werden Anatomen fogleich überfehn. Sowohl in diefem Falle, als wenn wir die Nerven des Herzens
felbft armirten, erhielten wir, fo gut wie zuvor, Contractionen des Herzens; und zwar waren fie auch
jetzt weit ftärker, wenn man das Herz zuerft, und
darauf die Nervenarmatur berührte. Im entgegengefetzten Falle blieben felbft die Contractionen zuweilen aus.

Drittens liefsen wir eine *Voltaifche Säule* aus
50 Lagen Zink und Silber, deren Pappfcheiben mit
gefättigtem Kochfalzwaffer genäft waren, auf das
Herz des Enthaupteten einwirken. Ift das Silber
mit $\frac{1}{10}$ Kupfer legirt, fo giebt, wie wir gefunden
haben, eine folche Säule verhältnifsmäfsig die ftärkften Zeichen des Galvanismus.

Wurde das negative Ende der Säule mit dem
Rückenmarke oder nur mit den entblöfsten Rücken-
oder Bruftmuskeln, und das pofitive Ende unmittelbar mit dem Herzen in leitende Verbindung gefetzt, fo erfolgten fchnelle und heftige Zufammen-
ziehungen. Daffelbe gefchah, wenn man das negative Ende mit dem Herzen, das pofitive mit dem
Rückenmarke verband.

Bei diefen Verfuchen zeigte fich, dafs die Spitze des Herzens von allen Theilen diefes Organs am beweglichften und für die Wirkung des Galvanismus am empfindlichften ift, und dafs die Säule das Herz in Contractionen verfetzt, die nicht blofs weit ftärker find, fondern auch nach aufgehobner Verbindung mit der Säule noch lange fortdauern. Merkwürdig ift es, dafs das Herz, welches unter allen Muskeln für mechanifche Reize am längften feine Contractilität behält, für den Reiz des Galvanifchen Fluidums mit am früheften empfindlich wird. Indefs die Muskeln des Arms, des Rückens und der Bruft Stunden lang durch den Galvanismus erregbar blieben, verlor das Herz feine Excitabilität ungefähr binnen 40 Minuten.

Die Verfuche, welche wir am 14ten Auguft im anatomifchen Theater anftellten, haben im Ganzen daffelbe Refultat über das Herz gegeben. Die grofsen *Arterien*, die Aorta, und einige ihrer Zweige, die mit Waffer von der Temperatur des Bluts im lebenden Körper eingefpritzt waren, kamen durch den Galvanismus in Contractionen, welche wahrfcheinlich ftärker gewefen feyn würden, hätten die Körper, die zu diefen Verfuchen dienten, mehr Lebenskraft gehabt, und wäre weniger Zeit zwifchen der Enthauptung und den Verfuchen vergangen, weshalb wir auch für unfre fernern Verfuche einen Saal ausgefucht haben, der dem grofsen Gerichtsplatze viel näher liegt. Die Verfu-

che am 10ten Auguft wurden 5 Minuten, die am
14ten Auguft erft über 20 Minuten nach der Enthauptung angeftellt, daher jene, viel ftärkere und
auffallendere Refultate gaben.

In den Verfuchen mit den *Arterien* armirten wir
die Nervengeflechte, welche die Stämme der *Arteria-*
rum coeliacarum und *mefentericarum* umgeben, und
von denen mehrere Aefte felbft die Aorta umfchlingen. Diefe Armaturen fetzten wir mit dem pofitiven oder dem negativen Ende der Säule, und das
entgegengefetzte Ende der Säule mit der Aorta felbft
in leitende Verbindung. Auf diefe Art erhielten
wir fichtbare Contractionen. Bewirkt der Galvanismus, wie ich nicht zweifle, beftändig in den Arterien, wenn man ihn auf fie einwirken läfst, Contractionen, fo wird hierdurch auf immer der fo
lange und fo heftig geführte Streit über die Reizbarkeit der Arterien, die fich bei Anwendung me-
chanifcher und chemifcher Reize nicht zeigt, entfchieden. Die Gewifsheit in diefer für die Phyfiologie fo wichtigen Sache hätten wir demnach dem
Galvanismus, dem mächtigften aller Reizmittel für
die thierifche Fafer, zu danken.

Woran liegt es aber, dafs Aldini, felbft wenn
er fich der ftärkften Electromotore bediente, keine
Contractionen im Menfchenherzen bewirken konnte, da wir fie doch durch weit fchwächere Apparate erhalten haben? — Diefes erklärt folgender
Umftand. Seine erften Verfuche über das Herz

worden 1½ Stunden nach dem Tode unternommen. *)
Der Körper hatte lange an freier Luft gelegen, welche damahls eine Temperatur von + 2° hatte.
Wahrſcheinlich hatte das Herz durch die Kälte und
bei der langen Zwiſchenzeit zwiſchen dem Tode
und den Verſuchen ſeine Reizbarkeit ſchon verloren. **) Bei einem andern Verſuche, (Esp. 53,)
verlor Aldini viel Zeit mit Verſuchen an willkührlichen Muskeln, deren Empfindlichkeit für dieſen
Reiz er ſchon kannte, ehe er an das Herz kam; er
hätte gerade umgekehrt verfahren müſſen, denn
das Herz verliert ſeine Empfänglichkeit für den
Reiz des Galvaniſchen Fluidums weit eher, als die
willkührlichen Muskeln. Bei den Verſuchen, welche wir 5 Minuten nach dem Tode anfingen, hörte,
bei einer äuſsern Temperatur von + 25°, das Herz
gegen die 40ſte Minute auf, für den Galvaniſchen
Reiz empfindlich zu ſeyn, indeſs die willkührlichen
Muskeln ihre Contractilität mehrere Stunden,
nach Aldini ſelbſt 3 bis 5 Stunden lang nach dem
Tode behielten. — Auch in den Verſuchen mit

---

*) Vergl. *Saggio di ſperienze ſul Galvaniſmo di Gioani*
Aldini, *Bolonia* 1801, p. 14, Esp. 28.

**) Wahrſcheinlich aus derſelben Urſach miſs-
glückten auch Bichat's Verſuche, die er im
Winter des J. 7 an Guillotinirten anſtellte, deren
Rückenmark, (oder auch den herumſchweifen-
den und groſsen ſympathiſchen Nerven,) und
deren Herz er armirt hatte. Die Körper waren
erſt 30 bis 40 Minuten nach dem Tode zu ſeiner
Diſpoſition. *Giulio.*

Ochfenherzen, die Aldini unmittelbar nach dem
Tode des Thiers mit Hülfe der Voltaifchen Säule
vornahm, zeigte fich keine Contraction; die Reizbarkeit des Herzens diefer Thiere mufs daher noch
früher erlofchen feyn.

Wie es zugeht, dafs die Empfindlichkeit des
Herzens für das Galvanifche Fluidum fo bald er-
lifcht, und doch für mechanifche Reize fo lange
dauert, indefs bei den willkührlichen Muskeln gerade das Gegentheil ftatt findet, ift für jetzt noch
durchaus unerklärbar.

Wir fagen hier nichts von dem Erftaunen, in
welches die Zufchauer verfetzt wurden, als fie die
Zuckungen der Muskeln der Stirn, der Augenlie-
der, des Geßchts, der untern Kinnlade, und der
Zunge, und die heftigen Convulßonen fahen, in
welche Arm, Bruft und Rücken geriethen. Die
letztern warfen den ganzen Körper mehrere Zoll
hoch in die Höhe. Die Contractionen der Bruft-
und Rippenmuskeln zogen die untern Rippen heftig gegen die obern und gegen das Schlüffelbein.
Berührte man mit den Enddrähten der Säule den entblöfsten Musculus biceps und deffen Sehne, fo gerieth der Arm in fo plötzliche und heftige Contraction, dafs der ganze vordere Arm in die Höhe flog,
und dafs die Hand Gewichte von mehrern Pfunden,
noch 5o Minuten und länger nach dem Tode, hob.

Wir werden unfre Verfuche, fobald fich die Gelegenheit dazu darbietet, wiederhohlen, um die
Refultate, die wir erhalten haben, noch weiter zu
beftätigen oder zu verificiren.

IX.

NEUE VERSUCHE

über

die Einwirkung des Galvanismus auf die muskulösen Organe, und Klaffification diefer Organe nach der Dauer ihrer Erregbarkeit für Galvanismus,

VON

P. H. NYSTEN,

Arzte in Paris.─*)

Das Werk des Bürgers Nyften enthält 20 fehr umftändlich befchriebne Verfuche. Der erfte diefer Verfuche wurde mit einem Enthaupteten angeftellt; zu den übrigen dienten Hunde, Meerfchweinchen, Tauben, Karpen und Fröfche.

Er hatte hauptfächlich dreierlei Zwecke vor Augen: 1. Die Wirkung des Galvanismus auf das Herz und die übrigen muskulöfen Organe, auf die Gebärmutter gegen das Ende der Schwangerfchaft, und auf die grofsen Stämme der Arterien, in Thieren aus den vier grofsen Klaffen der mit einem Rückgrade verfehenen Thiere genau zu beobachten. 2. Diefen Beobachtungen gemäfs alle contractilen

---

*) So ungefähr lautet der Titel eines bei Levrault in Paris erfchienenen Werkchens, (Preis 2½ *Francs,*) woraus Delamétherie im *Journal de Phyfique* folgenden Auszug giebt. *d. H.*

Organe nach der Dauer der Galvanifchen Erregbarkeit in ihnen zu klaffificiren. 3. Zu unterfuchen,
ob die Temperatur der Luft, oder bei gewaltfamen
Tode durch mechanifche Mittel, die Todesart Einfluſs auf diefe Erregbarkeit habe.

Folgendes find die Refultate feiner Verfuche:

A. Das *Herz* wird durch den Galvanismus, wie
es Humboldt, Fowler, und kürzlich wieder
Vaffalli-Eandi, Giulio und Roffi gefunden
haben, in Contractionen gefetzt. Ja, was noch
mehr ift, die Verfuche von Nyften beweifen, daſs
es feine Galvanifche Excitabilität von allen Organen
am längften behält, felbft dann, wenn es von den
andern Theilen getrennt ift; ein Refultat, welches
den Refultaten der genannten Phyfiker geradezu
widerfpricht. Das Menfchenherz, welches Nyften galvanifirte, hörte erft 4 Stunden 41 Minuten nach dem Tode auf zu zucken, und wie der
Verfaffer glaubt, würden die Contractionen noch
länger fortgedauert haben, wäre nicht fein Galvanifcher Apparat in einem fo gar fchlechten Zuftande
gewefen. Das Herz der Hunde blieb noch weit
längere Zeit über in Contractionen, und in Thieren mit kaltem rothen Blute erlofch die Galvanifche Erregbarkeit deffelben erft 9 Stunden 28 Minuten bis 15 St. 50 Min. nach dem Tode.

B. Die dicken Stämme der *Arterien* im Menfchen und in Hunden, und die *Gebärmutter* weib-
licher Meerfchweinchen gegen Ende der Trächtig-
keit, zeigten *keine* wahrnehmbaren Contractionen,

während das Galvanische Fluidum auf fie einwirkte;
doch behält der Verfaffer es fich vor, diefe Verfuche
noch einmahl zu wiederhohlen.

C. Die muskulöfen Organe find in Rückficht der
Dauer ihrer Galvanifchen Excitabilität, folgendermafsen zu klaffificiren: 1. das *Herz*, als das Or-
gan, deffen Erregbarkeit für Galvanismus am längften dauert; 2. die Muskeln der willkührlichen
Bewegung; 3. die muskulöfen Organe des Ver-
dauungsfyftems und der Blafe. Doch mufs man von
ihnen im Hunde den Oefophagus ausnehmen, der
nächft dem Herzen feine Erregbarkeit am längften
behält. *)

·D. Der Verfuche über den Einflufs der *Temperatur der Luft* auf die Galvanifche Erregbarkeit waren noch zu wenig, als dafs fie zu irgend einem
Schluffe berechtigten. Der Verf. vermuthet indefs,
dafs ein folcher Einflufs bei Säugethieren ganz unbedeutend fey, oder gar nicht ftatt finde, dafs dage-

*) Herr D. Heidmann in Wien ftellt in den *An-
nalen*, X, 55, als Refultat feiner phyfiologifchen
Verfuche mit Galvanifcher Electricität den Satz
auf, dafs die Reizbarkeit der Muskelfafern an
Herz, Magen, Gedärmen u. f. w. *keineswegs* länger als an den äufsern Theilen anhalte, fondern
bei gewaltfamen mechanifchen Todesarten *überall zu gleicher Zeit erlöfche*. Man fieht, dafs es
hier des Widerftreits fo viel giebt, dafs erft
fernere Verfuche von genauen und gefchickten
Experimentatoren diefe Materie ins Reine bringen können.   *d. H.*

gen bei Vögeln die Erregbarkeit in höherer Temperatur etwas länger als in niedrigerer anhalte.

E. Die *Art des gewaltsamen Todes*, wenn er
durch mechanische Mittel, (Köpfen, Verbluten,
Stranguliren u. f. w.,) bewirkt ist, hat auf die Galvanische Erregbarkeit der muskulösen Organe keinen merklichen Einfluss, ausgenommen auf das
Herz. Wenn dieses nämlich bei gewissen Todesarten, wie z. B. beim Stranguliren, von mehr oder
weniger Blut ausgedehnt wird, so zeigt es nur einige kleine Oscillationen, die sehr bald aufhören.
Aendert man aber gleich nach dem Tode diesen
unnatürlichen Zustand dadurch, dass man die grossen Venenstämme öffnet, die in den Sinus der *Ve-*
na cava gehn, so behält das Herz seine Galvanische
Erregbarkeit so lange, als sonst. — Die Galvanische Reizbarkeit des Herzens eines in Schwefel - Wasserstoffgas erstickten Thieres hatte zwar sehr abgenommen, war aber doch nicht ganz erloschen.

X.

WIRKUNG
der Galvanifchen Electricität auf den Faferftoff des Bluts, beobachtet

von

GABR. FRANÇ. CIRCAUD,

der Medic. Befliff. in Paris. *)

— — Mein College Nyften hat vor wenigen Tagen durch Verfuche mit Volta's Säule gefunden, dafs von allen Organen, wenn fie unter Einwirkung der Galvanifchen Electricität erhalten werden, das Herz am längften feine Contractilität behält, und es ift ihm gelungen, alle Organe, welche Muskelfafern enthalten, nach der Dauer ihrer Susceptibilität für den Galvanismus zu klaffificiren. Seine Verfuche, bei denen ich gegenwärtig war, brachten mich auf die Idee, dafs auch wohl der *Faferftoff des Bluts*, (*Fibrine*,) der im thierifchen Organismus eine fo grofse Rolle fpielt und das eigentliche Gewebe der Muskelfafern bildet, auch gleiches electrifches Verhalten mit ihr hat, gleichfalls durch Einwirkung der Galvanifchen Electricität in Contractionen gerathen würde. **)

*) Aus zwei Schreiben an Delamétherie im *Journal de Phyfique*, t. 55, p. 402 u. 468.   d. H.

**) Diefes hatte fchon Prof. Tourdes in Strafsburg durch Verfuche gefunden. Siehe *Annalen*, X, 499, und meine dortigen Bemerkungen.   d. H.

In der That habe ich mich durch wiederhohlte
Verfuche von diefem bewundernswürdigen Phänomene überzeugt. — — — Ich beftimme meine
Verfuche, die ich noch fortfetze, und die Folgerungen, die ich aus ihnen ziehe, für ein eignes Werk,
und befchreibe daher hier nur die Verfuche, bei
deren einem Sie felbft, mein lieber Lehrer, gegenwärtig gewefen find.

Verfuch 1. Temperatur der Luft 7°R. Einem
Ochfen, der um 11 Uhr 35′ Morgens getödtet worden, (*affommé,*) wurde 1′ 20″ darauf eine Ader
geöffnet, (*fut faigné,*) ob eine Arterie oder eine
Vene, war nicht gut zu beftimmen. Das Blut hatte eine Wärme von 27°R., und wurde 1 Minute
lang gefchlagen, worauf fich der Faferftoff bildete.
Diefen fetzte ich fchon 2′ nachdem er fich gebildet
hatte, der Einwirkung einer Voltaifchen mit Salmiakwaffer genäfsten Zink-Kupfer-Säule von 78 Lagen aus. Er gerieth in Contractionen und blieb
darin 7′ lang unverkennbar. Der Blutkuchen,
(*caillot,*) zeigte bei $18,5^\circ$R. Wärme keine Spur von
Bewegung. Der Faferftoff fowohl als der Blutkuchen, die rothbraun find, werden, wenn der leitende Draht fie berührt, fchön rofenroth.

Verfuch 2. Blut, das aus der Ader eines Ochfen $1\frac{1}{2}$ Minuten nachdem er getödtet worden, unter 27°R. Wärme abgelaffen war, wurde 1 bis 2
Minuten lang, bald mit der Hand, bald mit einem
Glasftabe gefchlagen, worauf fich der Faferftoff bildete, deffen Wärme nun 26°R. betrug. Er wurde

1 Stunde 27' lang der Einwirkung der Galvanifchen
Electricität ausgefetzt, zeigte aber keine Spur von
Contraction. — Vielleicht lag das daran, dafs das
Blut nicht blofs mit der Hand, fondern abwechfelnd auch mit einem Glasftabe gefchlagen worden
war. Darüber follte uns der folgende Verfuch belehren.

Verfuch 3. Ochfenblut, 1' nach dem Tode des
Thiers abgelaffen, von 26 bis 27° R. Wärme, wurde mit drei Glasröhren, jede 1½ Fufs lang, gefchlagen, und nach 1 Minute zeigte fich der Faferftoff,
der eine Wärme von 25 bis 26° R. hatte. Schon
nach 1 Minute befand er fich in der Kette der Säule,
und kam in fehr fichtliche Zuckungen. Die Contractionen dauerten 40 Minuten lang, d. h., fo lange, bis der Faferftoff bis zur Temperatur der Atmofphäre herabgekommen war; und wurde er indefs
von Zeit zu Zeit mit Blut von höherer Temperatur
begoffen, fo zeigte er dann merklichere Zuckungen. Salmiakwaffer vermochte nicht, ihn wieder
zu Contractionen zu bringen. — Diefer Verfuch
beweift, dafs es nicht auf die Art ankömmt, wie
das Blut gefchlagen wird, um Faferftoff zu bilden;
immer wird diefer contractil. Das Mifslingen des
vorigen Verfuchs mufs alfo an andern Umftänden gelegen haben, die wir nicht vorausfehn konnten.

Verfuch 4. Luftwärme 8° R. Blut, 1 Minute
nach der Tödtung eines Ochfen aus einer Ader gelaffen, und von 26° R. Wärme, gab, 1 Minute lang
mit der Hand gefchlagen, Faferftoff von 25° R.

Wärme. Diefer 1½ Minuten darauf der Einwirkung der Säule ausgefetzt, gerieth in Contraction, und die Contraction wurde merklicher, wenn man ihn in das Blut tauchte, das noch 21° R. Wärme hatte. So wie die Wärme deffelben abnahm, wurden die Zuckungen fchwächer, doch waren fie noch nach 16. Minuten fehr merklich. Kaltes Salmiakwaffer, das angewendet wurde, um die Contractionen wieder zu erneuern, blieb eben fo unwirkfam als im vorigen Verfuche.

Verfuch 5. Ich habe auch Verfuche mit Faferftoff, den ich durch Abfpülen in Waffer von 28° R. Wärme feines färbenden Stoffs beraubt hatte, angeftellt; allein an ihm liefs fich in der Voltaifchen Säule mit einer fehr guten Loupe keine Contraction wahrnehmen.

Diefe Verfuche beweifen, dafs die Muskeln nicht vermöge ihrer Nerven, fondern vermöge einer andern uns noch unbekannten Urfach contractil find. (Vergl. *Annalen*, X, 499 *a.*)

XI.

EINFACHE METHODE,

die Helligkeit eines Lichts zu vergrö-
ssern, und des Lichtputzens ent-
übrigt zu seyn,

von

E z e c h i e l W a l k e r,

in Lynn. *)

Lichter, die nicht regelmäfsig geputzt werden
können, erzeugen viel Rauch, und brennen so dunkel, dafs sie kaum zu den gewöhnlichften Zwecken
ausreichen. Schon vor vielen Jahren bemühte ich
mich, ein Mittel aufzufinden, diese dunkle Er-
leuchtung zu verbeffern; doch umfonft. Erft in
diesem Winter wurde ich durch ein Verfehn auf
das so einfache Mittel geführt. Es bedarf weiter
nichts, als einer unbedeutenden Aenderung in der
Art, wie man unfre gewöhnlichen Talglichter
brennt, um in ihnen ein treffliches Subftitut für
Wachslichter zu haben.

Ein gewöhnliches Licht, wovon 10 auf das
Pfund gehn, und deffen Docht aus 14 einfachen Fäden feiner Baumwolle befteht, bedarf keines Put-
zens,

*) Aus Nicholfon's *Journal,* 8., Vol. 3, p. 272.
d. H.

zens, wenn es in einer geneigten Lage, so,dafs es
mit dem Perpendikel einen Winkel von etwa 30°
macht, gestellt, und dann angesteckt wird, und
giebt, was noch mehr werth ist, eine völlig gleichförmige Helligkeit; ohne den mindesten Rauch.
Die Flamme steigt, der geneigten Lage des Lichts
ungeachtet, von dem Dochte ab senkrecht an, und
gleicht, von der Seite gesehn, einem stumpfwink-
ligen Dreiecke, an dessen stumpfem Winkel das Ende des Dochts über die Flamme hinausreicht; und
da das Ende des Dochts hier mit der Luft in steter
Berührung ist, so verbrennt es vollständig zu Asche.
Daher kann kein Theil des Brennmaterials unzer-
setzt in Gestalt von Rauch durch den Docht entweichen, und indem der Docht sich von selbst putzt,
bleibt er immer von gleicher Länge und die Flamme
sehr nahe von derselben Gröfse und Stärke. Ihr
Licht ist daher auch vollkommen, stetig und immer
gleich hell, statt dafs, wenn der Docht mit einem
Instrumente geputzt wird, die Flamme leicht fla-
ckert, welches wegen der beständigen Veränderung,
die diese abwechselnde Helligkeit im Auge bewirkt,
für das Auge so schädlich ist, und wogegen kein
Lichtschirm hilft.

Ich habe mit verschiednen Arten von Lichtern
Versuche angestellt; die alle unter einem Winkel
von 30° gegen die Vertikallinie geneigt und so verbrannt wurden. Ihre Helligkeit verglich ich mit

telſt der Schatten, nach der Methode, die man in
Prieſtley's Optik findet, nämlich:

Lichter	auf das Pf. Av. d. p.	lang	mit einem Dochte aus
1	14	8,5''	10 fein. baumw. Fäden
2	12	9	12
3	10	9,75	14
4	8	10	20
5	6	10,25	24
gegoſſen	6	13	

Sie brauchten alleſammt nicht geputzt zu werden, und gaben keinen Rauch. Die Helligkeit war
bei 1, 2, 3 faſt ganz gleich, und das Verbrennen
ſo gleichförmig, daſs kein Theilchen des geſchmolz-
nen Talgs unverbrannt fortging, von Zufällen ab-
geſehn. 4 gab ein ſehr wenig ſtärkeres, doch nicht
ganz ſo weiſses und minder beſtändiges Licht.
Noch minder weiſs und mehr veränderlich iſt das
Licht von 5, auch die Helligkeit deſſelben nicht
viel gröſser als die von 1, und der geſchmolzne
Talg tröpfelt, wenn die Luft im Zimmer bewegt
iſt, manchmahl ab. Doch brennt auch dieſes Licht
in einer geneigten Lage weit heller, als gerade ſte-
hend. Das gegoſsne, (*mould*,) Licht gab eine
ſehr reine gleichförmige Flamme, faſt ſo hell als
die von 1.

Meiner Verſuche ſind noch zu wenig, um zu beſtimmen, welches dieſer Lichter, bei gleichem Auf-
wande an Brennmaterial, die meiſte Helligkeit

giebt, ~~doch scheinen fie darauf zu deuten~~, dafs die
Helligkeit dem verzehrten Brennmaterial proportional ift. *)

*) Hierbei bemerkt Nicholfon, dafs es uns noch
ganz an genauen Verfuchen über die verfchiednen Arten von Lichtern aus Wachs, Spermaceti,
Talg und deren Mifchungen fehle. Sie müfsten
angeben: 1. des Dochts Gewicht, und 2. die
Zahl feiner Fäden; 3. des ganzen Lichts Gewicht,
4. Durchmeffer, 5. Länge; 6. die Zeit, worin es
Zoll für Zoll, und 7. Unze für Unze verbrennt;
8. die Intenfität des Lichts gleich nach dem Putzen, und 9. nachdem es $\frac{1}{2}$ Minute, oder fo lange gebrannt hat, bis man es wieder zu putzen
pflegt; 10. die mittlere Helligkeit; 11. den Aufwand von Brennmaterial in einer Stunde bei einer gegebnen Helligkeit, und 12. was diefes koftet; 13. den Barometer-, 14. den Thermome-
ter-, 15. den Eudiometerftand. Als Maafs für
die Helligkeit möchte eine Lampe dienen können,
mit einem Dochte, deffen Textur, Gewicht und
Länge beftimmt wären, worin reines Olivenöhl
bei gleichem Barometer- und Thermometerftande
brennte, während der zwei oder drei erften
Stunden.   d. H.

XII.

AUSZÜGE

aus Briefen an den Herausgeber.

1. *Von Herrn Profeſſor Parrot.*

Dörpat im Januar 1805.

Kaum bin ich zurück von Petersburg, ſo erhalte ich 2 Hefte Ihrer Annalen; in das eine haben Sie meine Theorie des Galvanismus, in das andere eine Abhandlung des Herrn Wrede gegen meine meteorologiſche Theorie aufgenommen.

Ich bin noch zu ſehr von gelehrten Arbeiten ab-gekommen, als daſs ich jetzt das Mindeſte zum Vor-theile meiner Galvaniſchen Theorie ſagen könnte. Sobald ich mich von den Geſchäften losreiſſen kann, nehme ich dieſe Arbeit vor, revidire alle mir be-kannt gewordnen Thatſachen, und ſchicke Ihnen das gewiſſenhafteſte Reſultat. Für den Augenblick müſſen Sie mich davon dispenſiren. Sie können ſich meine Lage denken. Ich habe gegen 3 Monate in Petersburg zugebracht, um unſrer Univerſität feſte Grundlage und Würde zu verſchaffen. — Die öffent-lichen Blätter haben erzählt, ich hätte völlig reuſſirt. Dieſer Ton iſt der Sache völlig unwürdig. Ich war blofs das glückliche Werkzeug, deſſen ſich der edelſte Menſch, der je an der Spitze einer Nation ſtand,

bediente, um die Fülle feiner ganzen Liebe für Kul-
tur und Menfchenwohl auszufchütten. Und wenn
ja hie und da die Umftände einigen Muth von meiner Seite erforderten, fo hat mich das perfönliche
Wohlwollen des grofsen Mannes, den ich nie ohne
Rührung nennen werde, fchon unverhältnifsmäfsig
belohnt, fo dafs der Dank meiner Collegen, die In-
nigkeit meiner Freunde bei meiner Rückreife mich
drückte. Es dünkte mir ein Diebftahl, den ich
beging, fo oft ich diefe fo warmen Ergiefsungen
ihrer Dankbarkeit annehmen mufste. — — Unfre
Anftalt wird fich jetzt heben und, hoffe ich, in einigen Jahren ihrer ältern Schweftern nicht ganz unwürdig feyn.

Noch kann ich nicht an eigentlich gelehrte Arbeiten gehn. Wir arbeiten unfre innere Verfaffung
aus; und da ich darüber fo manche Rückfprache
mit unferm Minifter und der Commiffion genommen
habe, fo mufs ich doch hier mitwinken, fo wenig
ich mich übrigens zu folchen Arbeiten qualificire.
Alfo nur wenig Worte über Herrn Prof. Wrede's
Einwendungen.

Zuerft mufs ich bemerken, dafs Herr Profeffor
Wrede nicht ganz getreu in der Darftellung meiner Ideen war. Sowohl bei der Beftimmung der
Entftehungsart der zweierlei Ausdünftungen, als
auch beim Einfluffe des Sonnenlichts hat er fich ge-
irrt, wenigftens nicht das gefagt, was ich fagte.

Dann macht er Anforderungen, die er *jetzt zu ma*chen noch nicht berechtigt ist. Ich habe meine Arbeit einen *Versuch* genannt, eben weil es bis jetzt unmöglich ist, die Sätze derselben alle durch directe Erfahrungen aus der Atmosphäre selbst zu erweisen. Sie leistet übrigens alles, was ein Versuch leisten kann, nämlich, nach dem Geständnisse Herrn Wrede's selbst, die Uebereinstimmung mit den bekannten Phänomenen.

Herr Wrede dehnt sich ferner in Vorwürfen über den Namen: *physische* Ausdünstung, aus. Für's erste sieht man ein, dass solche Vorwürfe nicht die Theorie selbst treffen können, sondern höchstens meine speciellen Begriffe über physische und chemische Wirkungsarten. Da übrigens es bekannt ist, dass fast jeder Naturforscher sich hierüber seine eignen Grenzen setzt, so sehe ich nicht, mit welchem Rechte Herr Wrede die seinigen zur Norm aufstellen will. Die Ansichten dieses Gegenstandes sind so mannigfaltig, dass es mir gar nicht schwer fallen sollte, außer den Wredischen noch zwei bis drei mit eben so triftigen Gründen aufzustellen, als die sind, auf welche seine Ansicht sich gründet.

Ferner habe ich in meinem Aufsatze *nicht ge-laugnet*, dass die individuellen Eigenschaften der einzelnen Gasarten Einfluß auf die Menge der physischen Ausdünstung haben; vielmehr habe ich es wahrscheinlich gefunden, dass das Sauerstoffgas

mehr phyſiſchen Dunſt aufnehme, als die irreſpira-
beln Gasarten.

Noch muſs ich bemerken, daſs ich den Ausdruck: *phyſiſche Auflöſung*, wider welchen Herr
Wrede ſich ſo weitläuftig erklärt, *nirgends
gebraucht habe*. Doch es iſt über Worte genug.
Laſſen Sie uns zu reellen Gegenſtänden übergehn,
ſo lange als mir die Zeit es erlaubt.

Ueber Verbindungen des Wärmeſtoffs kann ich
mich gegenwärtig nicht erklären; dazu gehört mehr
Muſse. Ich hoffe ſie aber zu bekommen, und dabei unſre bisherigen Begriffe näher zu beſtimmen,
beſonders durch neue Erfahrungen, und ich hoffe, daſs Herr Wrede dann meine Theorie *der
Ausdünſtung*, (nicht *der Auflöſung* des Waſſers,)
auf Inconſequenzen und leeren *Hypotheſen nicht ertappen* wird. Um überhaupt das Ertappen überflüſſig zu machen, möchte ich wünſchen, daſs Herr
Wrede ſeine Ideen in aphoriſtiſchen Sätzen, wie
ich es gethan habe, vorgetragen hätte. Bei dieſer
Form des Vortrags gewinnt die Wiſſenſchaft wenigſtens die Zeit und das Papier, die zur Löſung der
Miſsverſtändniſſe nöthig ſind.

Ich kann *mich gleichfalls nicht erinnern*, daſs ich in meiner Theorie der Ausdünſtung
geſagt habe, daſs die *electriſche Materie den gelöſe-
ten Wärmeſtoff binde*. Ich würde eher geſagt haben, daſs ſie den im Sauerſtoffgas befindlichen la-

tenten Wärmeſtoff entziehe oder binde, um die
Gasgeſtalt zu zerſtören. Sobald ich von Verbindungen der electriſchen Stoffe ſprechen werde, werde ich mich wahrlich auf etwas anderes als auf den
Seiferheldſchen Verſuch gründen, ſo intereſſant
übrigens für die Lehre der Imponderabilien dieſer
Verſuch auch iſt.

Ueber das Wort: *Gewitter*, disputirt Herr W r e -
d e auch. Er nimmt mir es übel, daſs ich das Gewitter durch eine electriſche Exploſion entſtehen
laſſe, und meint wohl, daſs das ſo viel heiſst, als:
ein Gewitter durch ein Gewitter entſtehn zu laſſen.
Iſt das wirklich eine Einwendung wider meine
Theorie? Es giebt ſo viele Urſachen, welche *eine*
electriſche Entladung in der Atmoſphäre bewirken
können. Dieſe Entladung bewirkt, nach mir,
Luftzerſetzung, dieſe Waſſerniederſchlag, dieſer
wieder Entladungen, dieſe Zerſetzungen, u. ſ. w. —
Dieſe Menge von Veränderungen in der Luft, wenn
ſie ſchnell und heftig erfolgen, heiſst doch wohl ein
Gewitter, in aller Menſchen Sprache. Warum ſoll
das erſte Phänomen, auf welches die übrigen folgen, nicht das erſte ſeyn? Und wie kann nach
meiner Theorie Herr W r e d e nur den Einfall bekommen, mich belehren zu wollen, daſs die Electricität nicht Urſach, ſondern nur Wirkung des
Waſſerniederſchlags ſey, da ich annehme, daſs ſie
beides ſucceſſiv ſey?

Ich habe *gleichfalls nie behauptet*, daſs
der electriſche Funke Kälte erzeuge, ſondern ich
leitete die zur Bildung des Hagels nöthige Kälte von
der Dilatation der Atmoſphäre her; und dieſes Factum, daſs ſchnelle Dilatation den freien Wärmeſtoff latent mache, wird wohl Herr W r e d e nicht
läugnen wollen.

Es iſt *förmlich der Wahrheit zuwider*,
daſs ich behauptet hätte, die Gewitter entſtehen
durch ein Pünktchen Electricität *ganz unten* am Horizonte. Meine ganze Theorie ſetzt den Schauplatz
der Meteore in die obern Regionen, und in der hier
gemeinten Stelle habe ich geſagt: *weit* am Horizonte;
S. 5l in V o i g t's *Magazin*, B. III, St. l. Was
wird nun aus den darauf gebauten Declamationen
wider meine Idee, (die freilich nur flüchtig war
und als nichts anderes gegeben wurde,) das Gewitter der Luft zu inoculiren?

Ich behaupte nicht, daſs Herr W r e d e den
Sinn meines Auffatzes abſichtlich miſsverſtanden habe; aber ich glaube behaupten zu können, daſs er,
als er ſeine Rede in der philomatiſchen Geſellſchaft
hielt, meine Theorie nicht mehr ſo gegenwärtig im
Gedächtniſſe hatte; etwas, wofür er doch hätte ſor-
gen müſſen, wenn ſeine Vorleſung etwas mehr als
eine Geſellſchaftsrede ſeyn ſollte.

Da ich wahrſcheinlich nicht ſo bald an eine
förmliche Widerlegung der Wredeſchen Bemerkun-

gen gehen werde, fo bitte ich um Aufnahme diefer
Gegenbemerkungen, damit das Publicum nicht
fchliefse, dafs ich nicht antworten könne, und
befonders, weil Herr Wrede fo manche unrich-
tige Anficht meiner Theorie giebt. Die Ein-
wendüngen des Herrn Böckmann haben mich
erfreut, die Wredefchen nicht; und doch find gewifs diefe weit leichter zu widerlegen, als jene.

---

2. *Von Herrn Karl von Hardenberg.*

Weifsenfels den 30ften Januar 1803.

In Ihren Annalen, Jahrgang 1802, Stück 11,
finde ich eine fchätzbare hygrologifche Abhandlung
des Prof. Wrede, welche fich durch mehrere fehr
treffende Bemerkungen über fo manche durch ihre
Verjährung ehrwürdig fcheinende, und bei den
meiften Naturforfchern bisher als inviolabel ange-
fehne Meinung über die meteorologifchen Erfcheinungen in unfrer Atmofphäre, und befonders durch
die durchaus chemifche Anficht der atmofphärifchen
Phänomene auszeichnet. Doch find darunter auch
mehrere Behauptungen, die mir eine Berichtigung
zu erfordern fcheinen. Ich werde Ihnen diefe hier
ganz in der Kürze anführen, die fich für die Correfpondenz in Ihren Annalen gehört.

Seite 332 fagt Prof. Wrede: „man könne die
Behauptung Parrot's, dafs der Sauerftoffgehalt

der Luft an verfchiednen Orten und zu verfchiednen Zeiten fehr ungleich fey, immer zugeben, da
die Erfahrung fie beftätige, indem z. B. während
eines Gewitters viele Oxydationsprozeffe, als: das
Gerinnen der Milch, die Effiggährung vegetabili-
fcher Flüffigkeiten, und die Fäulnifs todter organi-
fcher Körper weit fchneller von ftatten gehe, welches alles Erfolg von einer gröfsern Anhäufung des
Sauerftoffs unten an der Erdfläche fey." — So un-
zulänglich indefs auch bis jetzt unfre eudiometrifchen Verfuche feyn mögen, da man von den Verhältniffen der Beftandtheile unfrer atmofphärifchen
Luft noch fehr wenig weifs; fo find doch die Verfuche von Spallanzani in Ober- und Mittelita-
lien, und die vom Prof. W r e d e felbft angeführten
von B e r t h o l l e t in Aegypten, fchon triftige Einwürfe gegen diefe Meinung. Wenn man indefs
auch diefe Meinung zugeben wollte, für die Herr
Prof. W r e d e mir eben fo gut die Autoritäten eines L a n d r i a n i, F o n t a n a, Ingenhoufs u. a. m.
anführen könnte, *) fo fcheint es mir doch leicht,

*) Ueberhaupt ift bei der Unvollkommenheit auch
der beften eudiometrifchen Inftrumente nicht viel
auf diefe Verfuche zu rechnen; doch wenn bei
diefen Verfuchen eine conftante gleiche Relation
fich zeigt, fo find fie wenigftens relativ zu gebrauchen, und die Genauigkeit der beiden erftern
im Experimentiren giebt ihren Beobachtungen einen grofsen Werth. v. Hard:

zu zeigen, dafs die schnellere Oxydation während
eines Gewitters unter höhern Gesetzen, als einer
simpeln Anhäufung des Sauerstoffs, steht. Die lo-
cale Polarität, in der sich eine oder mehrere Gewit-
terwolken mit einem Theile der Erde befinden, wird
hinreichend seyn, diese Oxydationsprozesse zu erklären; das Gewitter wirkt, wie jeder electrische
Prozefs, besonders nach den neuern Entdeckungen,
desoxydirend. (organisch?) Deswegen wird auf
der Erdfläche eine gröfsre Tendenz zum Oxydiren,
(zum chemischen Prozesse,) entstehn. Dieses mufs
natürlich bei den für Oxydation empfänglichsten
oder reizbarsten Subſtanzen zuerſt sichtbar werden;
und diese letztern sind die vom individuellen Organismus getrennten organischen Theile, als: Milch,
Blut, vegetabilische Säfte und Flüſſigkeiten, Mus-
kelfleisch u. s. w. In dem Augenblicke ihrer Scheidung von dem organischen Leben standen sie auf
dem Nullpunkte, und nach der Trennung tritt der
chemische Prozefs in seine Rechte, und sie schrei-
ten nun nach den Minus-Graden des Lebens fort.
In ihnen kann und wird sich nun der Oxydations-
prozefs zuerſt thätig äufsern, besonders da sie durch
die bei Gewittern gewöhnliche Hitze schon empfäng-
licher für Zersetzung geworden sind; und dies ist
nun das *Gerinnen*, die *Essiggährung*, *Fäulnifs* u. s. w.

Die Definitionen der Begriffe von mechanischer,
physischer und chemischer Wirkung, welche Herr
Prof. W r e d e giebt, möchten wohl auch noch

manchen Modifikationen unterworfen feyn; ja, die
der phyfifchen fcheint mir ganz verfehlt, und dann
ift auf organifche Wirkung keine Rückficht genommen. — Die Meinungen des Herrn Parrot über
Inoculation des Gewitters, und Verhinderung der
Bildung des Hagels, die auch wohl nur flüchtig hin-
geworfne Ideen waren, find triftig widerlegt.

S. 348 fagt Herr Prof. Wrede, dafs uns die
Natur der fogenannten electrifchen Materie, (warum nicht electrifche Actionen?) und befonders ihr
Verhalten in einer Gewitterwolke noch unbekannt
fey; und doch verwirft er S. 347 Parrot's Meinung, dafs der Blitz in feinen Umgebungen eine
niedere Temperatur hervorbringe, als ganz un-
haltbar. So feft ich mit Hrn. Prof. Wrede überzeugt bin, dafs der Blitz nicht in den Körpern, die
er unmittelbar berührt, Kälte verurfacht; fo find
doch für das Hervorbringen einer niedern Temperatur in den Umgebungen mehrere Gründe vorhanden. Volta's Theorie der Abkühlung nach Ge-
witterexplofionen, durch die Verdampfung des
herabgefallnen Regens, ift mir zum Theil fehr überzeugend; doch ift es auch mehr als wahrfcheinlich,
dafs die Zerfetzung der Luft durch die Blitzftrah-
len, oder vielmehr das veränderte Verhältnifs ihrer
Beftandtheile gegen einander, eine Erniedrigung
der Temperatur zuwege bringt. Ohne mich auf
eine Erklärung über die dadurch hervorgebrachten

Veränderungen des sogenannten Wärmestoffs ein-
zulaſſen, — denn die Sprache von freiem, gebundnem
und latentem Wärmeſtoffe u. ſ. w. kann man doch
nur als eine ſehr undeutliche Bezeichnung der Tem-
peraturphänomene in Ermangelung einer beſſern
gelten laſſen, — ſo ſind doch Erfahrungen genug
vorhanden, die für das Abkühlen der Luft durch das
Blitzen ſprechen. Schon die plötzliche Kälte, die
manchmahl nach einem kurz dauernden Gewitter
eintritt, iſt wohl nicht allein auf die Verdampfung
zu ſchreiben, da die Temperatur oft ſo ſchnell
ſinkt, daſs die Verdampfung nothwendig dadurch
ſehr geſtört und die Temperaturveränderung mithin aufgehalten werden muſs; auch bleibt bei einem
mit heftigem Regen begleiteten Gewitter die Temperatur oft noch ſehr hoch, da im Gegentheile bei
einem Gewitter mit vielen Blitzen und einer geringern Quantität herabfallenden Regens, Kälte und
anhaltende Kälte eintritt. Gewiſs wird endlich Hrn.
Prof. Wreda die gewöhnliche Erfahrung bekannt
ſeyn, daſs auch nur nach dem ſogenannten Wet-
terleuchten die Temperatur oft ſinkt, und hierbei muſs denn doch wahrſcheinlich das Blitzen an
und für ſich ſelbſt thätig geweſen ſeyn. Doch für
dies Mahl genug hiervon; meine Bemerkungen
möchten ſonſt leicht zu einer eignen Abhandlung
anwachſen.

In Ihren Annalen, 1802, Stück 10, fand ich
in den meteorologiſchen Beobachtungen von La-

brador und Grönland, daſs am 12ten November
1799 früh bei Tages Anbruch eine Menge Feuerkugeln in Naio und Hoffenthal auf Labrador, und in
Neu - Herrnhut und Lichtenau in Grönland gesehn
worden sind. Diese Erscheinung wurde zu der
nämlichen Zeit auch in Deutschland bemerkt. Ich
habe selbst diese Beobachtung, doch, wie natürlich,
nur flüchtig gemacht; auch Humboldt hatte,
nach seinen von Zeit zu Zeit gedruckten Briefen,
zu gleicher Zeit auf Terra firma, mich däucht in
Cumana, etwas ähnliches wahrgenommen. Es wäre gewiſs sehr wichtig, die Beobachtungen dieser,
besonders in Hinsicht der gleichzeitigen Wahrnehmungen in den verschiedensten Himmelsgegenden,
sehr merkwürdigen Erscheinung zu sammeln, und
Ihre Annalen wären ein bequemer Platz, diese Beobachtungen niederzulegen. Da ich mich nicht erinnere, ob schon Bemerkungen über dieses seltne
Phänomen gesammelt und bekannt gemacht worden sind, so werden Sie, mein Herr, doch gewiſs
Nachrichten davon besitzen, und ich erwarte solche
daher von Ihnen. *) — — Schreibt dieses gleich

*) Nach dem meteorologischen Journal, welches in
den Zimmern der Londner Societät gehalten, und
in den *Philosoph. Transact.* jährlich abgedruckt
wird, war der Himmel am 11ten Nov. 2 Uhr
Nachmittags und am 12ten Nov. 7 Uhr Morgens
wolkig, und es regnete etwas bei *SW* Wind.
Nach den meteorologischen Beobachtungen, die

ein Ihnen Unbekannter, so hat doch der Naturforfcher nur Ein Intereffe, und Keiner ift ihm fremd,
der von feiner Königin fpricht.

Bouvard auf der Nationalfternwarte in Paris
anftellt, und monatlich im *Journal de Phyfique*
bekannt macht, regnete es in Paris am 20ften
Brumaire, J. 8, (den 11ten Novemb. 1799,) faft
beftändig und noch am Morgen des 21ften bei
SO Wind. In beiden Journalen findet fich kein
Wort von Feuerkugeln. Können vielleicht Lefer
über diefes Phänomen einige Auskunft geben, fo
bitte ich fie, diefe in den Annalen mitzutheilen.
Ueberhaupt würde ich *zuverläffigen* Nachrichten
von merkwürdigen meteorologifchen und andern
Naturerfcheinungen fehr gern einen Platz in den
Annalen einräumen.   *d. H.*

ANNALEN DER PHYSIK.

JAHRGANG 1803, DRITTES STÜCK.

I.

VERSUCHE

über

die Ladung electrischer Batterien durch
den electro-motorischen Apparat,

VON

ALEXANDER VOLTA.

Aus einem Briefe an den Herausgeber.

Como den 10ten Jan. 1803.

Ihre *Annalen der Physik* lese ich mit vielem Inte-
resse, besonders seitdem Sie in ihnen alles Merkwürdige über die Metallelectricität sammeln, d. h.,
über die Electricität, welche durch meine Säulen-
oder meine Becher-Apparate, denen ich den Namen
der electro-motorischen gegeben habe, *) erregt
wird. Ich wünschte längst, sie prompter zu erhalten, und schlage Ihnen jetzt einen Weg dazu vor. —

---

*) Appareils à colomne ou à couronne de tasses, auxquels
je donne le nom d'électro-moteurs.

Im October des vorigen Jahres hatte ich das Vergnügen, die perſönliche Bekanntſchaft des Herrn Prof.
Pfaff in Paris zu machen. Wir ſahen uns oft,
und ich habe ihm meine electriſche Theorie über
meine Apparate im gröſsten Detail erklärt. Er
nahm ſie durchaus an, und ging in alle meine Ideen
ſo ein, daſs er im Stande ſeyn dürfte, dieſe Theorie beſſer als ich ſelbſt darzuſtellen. — Warum
macht er nicht etwas Umſtändlicheres über ſie bekannt? Der Auffatz, den er vor mehrern Monaten in Ihre Annalen eingerückt hat, iſt vortrefflich,
aber nur zu concis, und mehrere Ihrer deutſchen
phyſikaliſchen Schriftſteller ſcheinen durch ihn
nicht bekehrt worden zu ſeyn, obſchon auch dieſer
Auffatz ſie billig alle zur wahren Theorie hätte zurückführen müſſen. — — Hier will ich Ihnen
beiden die Reſultate einiger Verſuche mittheilen,
die ich im Verfolge meiner Unterſuchungen angeſtellt habe.

Ich hatte wiederholt behauptet, daſs ſowohl
die Erſchütterungsſchläge als auch die Action und
die Wirkungen meines electro - motoriſchen Apparats denen einer ſehr groſsen electriſchen Batterie,
die ſehr ſchwach geladen iſt, in allem gleichen, und
daſs der einzige Unterſchied beider darin beſteht,
daſs die electriſche Batterie ihre Ladung durch die
Wirkung einer andern Maſchine erhalten, und
nach jeder Entladung aufs neue geladen werden
muſs, um die Erſcheinungen zu geben, während
der electro - motoriſche Apparat ſich unaufhörlich

von felbft, durch feine eigne Kraft ladet, und deshalb das Vermögen hat, gleich einer Batterie zu
wirken, deren Ladung fich ftetig, oder in unmerkbar kleinen Zeiten wieder erneuert. Aus diefer
Action und fteten Entladung des électro-motori-
fchen Apparats zog ich den Schlufs, dafs er folglich eine Leidener Flafche, und felbft mehrere Flafchen oder eine Batterie, fo grofs fie auch feyn
möge, in einer mehr oder minder kürzen Zeit, bis
zu dem Grade feiner eignen Spannung müffe laden
könden, und dafs, gefetzt auch, eine einzige mä-
fsig grofse Leidener Flafche, die mit einem Apparate aus 100 Paar Kupfer- und Zinkplatten, (der
mein Electrometer mit feinen Strohhalmen nur um
$1\frac{1}{2}^{\circ}$ oder $\frac{1}{4}$ Linien, und ein Bennetfches Goldblatt-
électrometer um etwa 3 Linien divergiren macht,)
geladen worden wäre, gäbe noch keinen merkbaren Entladungsfchlag, diefes doch eine fehr grofse
Leidener Flafche, und noch mehr eine Batterie
thun müffe, die durch eine folche Säule geladen
worden fey.

Ich fäumte nicht, diefe Folgerungen aus meinen Grundfätzen durch Verfuche zu verificiren, die
ich vor zwei Jahren mit kleinen Batterien anftellte;
ich konnte mir nämlich damahls keine gröfsere als
von 10 Quadratfufs Belegung verfchaffen. Sie finden
diefe Verfuche, welche die Identität des électrifchen
und Galvanifchen Fluidums peremtorifch entfchieden, in den Abhandlungen erwähnt, die ich in Paris bekannt gemacht habe. (*Ann.*, XII, 499 f.) Ich

beſtimmte deshalb die Hrn. Pfaff und van Marum, dieſe Verſuche in Haarlem mit viel gröſsern
Batterien zu wiederhohlen. Sie luden mit einer
Säule von 200 Plattenpaaren aus Kupfer und Zink
eine Batterie von ungefähr 140 Quadratfuſs Belegung, welche dabei eine gleich ſtarke Ladung als
die Säule annahm, mittelſt der das Bennetſche
Goldblattelectrometer etwas über einen halben
Zoll divergirte. Der Entladungsſchlag der Batterie war bis an die Schultern fühlbar, ſchien jedoch
nur halb ſo ſtark zu ſeyn, als der Schlag, den die
Säule ſelbſt gab. Er würde dieſem, wie ich glaube, ganz gleich gekommen ſeyn, wäre das Glas
der Flaſchen dünner geweſen, und hätten alle innern Belegungen in einer vollkommnern Verbindung mit einander geſtanden, welches eine ſehr
weſentliche Bedingung iſt. Darf ich nach meiner
Batterie urtheilen, die ich bis auf 20 Quadratfuſs
Belegung vergröſsert habe, und die durch eine
Säule von 150 Plattenpaaren geladen, mir einen
empfindlichen Schlag, der bis an die Ellenbogen
oder Schultern geht, ertheilt; ſo glaube ich, daſs
eine gut gebaute Batterie von 300 bis 400 Quadratfuſs Belegung hinreichen werde, um, von irgend
einer Säule geladen, einen Entladungsſchlag zu
bewirken, der dem der Säule an Stärke gleich
kömmt, oder ihn noch übertrifft, wenn gleich die
Schläge nicht in dem Verhältniſſe an Stärke zunehmen, als die Batterie an Gröſse, ſondern nach einem
kleinern nicht leicht zu beſtimmenden Verhältniſſe.

Bis hierher ift nichts, was überrafchte. Die
Schnelligkeit aber, womit die Batterie von der Säule geladen wird, ift wahrhaft bewundernswürdig.
Ich habe mich vergewiffert, dafs $\frac{1}{70}$ Sekunde und
felbft noch weniger Zeit hinreicht, meine Batterie
von 20 Quadratfufs Belegung zu laden. Folglich
würde fich in $\frac{1}{4}$ Sekunde eine Batterie von 250 Quadratfufs Belegung und mehr, durch die Säule laden
laffen. Die Dauer der Entladung mufs zuverläffig
eher noch kürzer, als länger feyn, weil der electrifche Strom hier nicht das Hindernifs findet, das
ihm in der Säule die naffen Scheiben entgegenftel-
len, die, als mehr oder minder unvollkommne Leiter, diefen Strom immer etwas retardiren. Aus
diefem Grunde mufs es in der Gröfse der Batterien
irgend eine Grenze geben, über welche hinaus,
wenn irgend eine Säule fie bis zu gleicher Spannung
mit fich geladen hat, fie einen Entladungsfchlag
geben, der beftimmt ftärker als der der Säule ift.

Uebrigens können Säulen, die aus fehr viel
Plattenpaaren beftehn, doch fehr fchwache oder
felbft gar keine Schläge geben, wenn die Pappfcheiben in ihnen mit reinem Waffer genäfst, oder
nur wenig befeuchtet find. In diefem Falle bedarf
die Säule einer um fo längern Zeit, um die Batterie
zu laden, wiewohl auch dann noch keine volle
Sekunde, es fey denn, dafs die Pappfcheiben beinahe trocken find; auch ladet fie fo die Batterie
ungefähr bis zu der nämlichen Spannung, als wenn
die Pappfcheiben recht nafs, oder gar in Salzwaf-

fer getränkt find, und die fo geladne Batterie wird
nun den Schlag geben, den man aus der Säule unmittelbar nicht erhielt. So giebt mir eine Batterie
von 12 Quadratfufs Belegung, deren ich mich
mehrentheils bediene, fehr empfindliche Schläge,
fo oft ich fie auf gehörige Art mit einer Säule von
80 bis 100 Lagen, deren Pappfcheiben blofs mit
reinem Waller, (und das fchon mehrere Tage zuvor,) genäfst find, in Verbindung fetze, während
die Säule felbft einen fehr fchwachen oder gar keinen Schlag giebt. Bleibt eine Säule, die faft trocken geworden ift, mit einer Batterie in ununter-
brochener Verbindung, (das untere Ende mit der
äufsern und das obere mit der innern Belegung,)
fo laffen fich aus ihr fo viel Schläge, als man will,
erhalten, indem man nur die Batterie wiederhohlt
entladet, da fie fich in den Zwifchenzeiten, betrü-
gen diefe auch nur $\frac{1}{3}$ Sekunde, immer wieder
ladet.

Ich hatte Herrn v a n M a r u m den Vorfchlag
gethan, zu verfuchen, ob fich nicht mittelft feiner
grofsen Batterie, wenn fie von einer Säule von 100
oder 200 Plattenpaaren geladen worden fey, das
fchöne Phänomen des Verbrennens von Eifendräh-
ten u. f. w. darftellen laffe. Seitdem ift diefes
mir mit meiner kleinen Batterie von 12 Quadratfufs Belegung ohne Schwierigkeit gelungen. Ich
brauche fie fogar nur mit einer Säule von 60 bis 80
Plattenpaaren zu laden, um beim Entladen derfelben durch einen Eifendraht an der Spitze diefes

Drahts einige Fünkchen umherfprühen zu fehn.
Diefe Erfcheinung ift indefs nur fchwach und vorübergehend, wie die Ladung felbft. Will man fie
auf eine mehr in die Augen fallende Art, und
fchnell wiederhohlt erhalten, fo mufs die Säule mit
der Batterie ununterbrochen in Verbindung bleiben. Es ift intereffant, dafs fich die Schmelzun-
gen und Verbrennungen von Metallen auf diefe Art
mit einer Säule aus fehr kleinen Platten, und die
mit blofsem Waffer genäfst und felbft kaum noch
feucht ift, bewirken laffen, ftatt dafs man dazu,
ohne Beihülfe der Batterie, fehr grofser Platten
und guter Salzauflöfungen für die Pappfcheiben bedarf. Diefes ift allerdings fchön und bequem,
kann aber keinesweges in Verwunderung fetzen,
da es fich aus meinen Grundfätzen fehr gut erklärt;
nämlich durch die immer gleiche Ladung der Batterie, die nur in mehr oder weniger Zeit, (welche
im Ganzen aber doch nur fehr kurz ift,) erfolgt.

Die befte Art, fehr fchwache Schläge Leidener
Flafchen merkbar zu machen, ift, dafs man die
äufsere Belegung derfelben durch einen Metallftrei-
fen mit Waffer, das fich in einer Schale befindet, in
Verbindung fetzt, und in diefes Waffer einen Finger der einen Hand taucht, während man mit der
andern recht feuchten Hand eine dicke Metallröh-
re fafst und mit ihr den Draht der innern Belegung
berührt. Solche Verbindungen machen die Schläge, felbft der fchwächften Säulen, merkbar, und
2, 3 oder 4 Plattenpaare reichen hin, um auf diefe

Art eine kleine Erſchütterung zu geben, die durch
ein oder zwei Gelenke des Fingers gefühlt wird.
Eine Leidener Flaſche von 1 Quadratfuſs Belegung,
deren Glas recht dünn iſt, braucht, um einen ſolchen Entladungsſchlag zu geben, nur bis zu einer
Spannung geladen zu ſeyn, welche das Bennetſche Goldblattelectrometer um ungefähr 1 Linie divergiren macht; eine Ladung, wozu eine Säule von
33 bis 40 Plattenpaaren ausreicht. Eine viermahl
ſchwächere Ladung, die daher auf kein Electrometer mehr wirkt, reicht für eine Batterie von 10
bis 12 Quadratfuſs Belegung hin, durch ſie einen
gleichen Entladungsſchlag zu bewirken; und eine
ſolche Ladung kann ihr eine Säule von 8 bis 10
Plattenpaaren ertheilen. Es iſt überflüſſig, hier
darauf aufmerkſam zu machen, daſs die Stärke der
Schläge genau im Verhältniſſe der Ladung, und
zugleich in einer gewiſſen Abhängigkeit von der
Capacität der Batterie ſteht. Dagegen will ich
hier noch bemerken, daſs ſelbſt eine 100mahl
ſchwächere Ladung in einem präparirten Froſche
Contractionen zu erregen vermag; ſo bewundernswürdig groſs iſt die Empfindlichkeit eines ſolchen
thieriſchen Electrometers.

 Ich bin mit vollkommner Hochachtung Ihr
ergebenſter Freund

A. Volta.

II.

VERSUCHE

mit einer Voltaifchen Zink - Kupfer-
Batterie von 600 Lagen,

angeftellt

von

J. W. RITTER.

(Fortfetzung zu S. 72.)

36. Es ift bekannt, dafs nach *Aufhebung der to-*
talen Schliefsung einer Galvanifchen Batterie ihré
electrifche Spannung erft nach und nach wieder er-
fcheint und zu ihrer anfänglichen Gröfse zurück-
kömmt, (f. *Annalen*, VIII, 458.) Eben fo, dafs
diefe Wiedererneuerung *um fo langfamer* gefchieht,
je länger die vorhergegangene totale *Schliefsung* gedauert hat, (a. a. O., S. 460.) Ich habe beides bei
der Batterie von 600 aufs befte beftätigt gefunden. — Auch, *je älter die Batterie* ift, *defto*
langfamer erfcheint die Spannung wieder, und *defto*
gröfser ift der *Einflufs der Länge* der vorhergegan-
genen totalen Schliefsung. Dabei wird man, unter welchen Umftänden es auch fey, beftändig fehen, dafs die *niedern Grade von Spannung bei*
weitem fchneller wiedererzeugt werden, als die *nach-*
folgenden, welche mit jenen zufammen erft die
Summe derfelben vor allem Verfuche, herftellen.
Es wäre zu weitläufig, die Reihen von Verfuchen,

welche ich in allen diefen Hinfichten angeftellt habe, felbft aufzuführen. Es ift hinlänglich, zu fagen, dafs das Obige ein Refultat aus oft wiederhohlten und fehr beftätigten Thatfachen ift. — Mit folchen wiederkehrenden Spannungen nun habe ich
auf faft jeder Stufe derfelben die Ladung der electrifchen Batterie wie in 7 wiederhohlt, und auf jeder
gefeben, wie diefe Batterie allemahl den Grad von
Spannung ebenfalls annahm, welchen die Galvanifche felbft zur Zeit des Verfuchs zeigte, ob ich
mich gleich nie einer andern, als der gewohnten
momentanen Verbindung beider Batterien dazu zu
bedienen nöthig hatte. *) Auch hierüber mufs ich

*) Allerdings gefchieht auch hier alles, was, für
den gegenwärtigen Grad von Spannung, gefehe-
hen kann, während einer folchen momentanen
Verbindung. Deffen ungeachtet ift es keine Ausnahme von der Regel, (f. §. 11,) wenn man in
Verfuchen unter Bedingungen, wie fie der §.
giebt, es ganz und gar nicht mehr gleichgültig
findet, ob man die electrifche Batterie mit der
Galvanifchen blofs momentan, oder 1, 2, 4,
8 und mehr Sekunden hindurch verbindet. Ein
Beifpiel giebt die befte Erläuterung. Die Galvanifche Batterie werde durch eine Reihe Verfuche
zu jedem vorher eine gewiffe, aber *gleiche* Zeit
lang gefchloffen erhalten, und vor jedem neuen
Verfuche werde die völlige Herftellung der Span-
nung abgewartet. Wenn $\frac{1}{16}$ bis $\frac{2}{8}$ *Sek.* nach Aufhebung der (totalen) Schliefsung die electrifche
Batterie momentan geladen wird, fo giebt fie bei
der Entladung einen Funken von $\frac{1}{2} - \frac{1}{4}'''$. Durch-

aus gleichem, Grunde die Reihen der Verfuche

meffer; und wird fie ¼ *Sek.* nach Aufhebung totaler Schliefsung momentan gefchloffen, einen Funken von 1¼ — 1½'''. Nach ½ *Sek.* hat er 3 — 4''' und
darüber im Durchmeffer. Nach 1 *Sek.*, 5 — 6'''.
Nach 2 *Sek.*, 7 — 8'''. Nach 4 *Sek.*, 9 — 10'''. Nach
8 *Sek.*, 11 — 12'''. Nach 16 *Sek.*, 12 — 13''' und
darüber. Nach 32 *Sek.*, 14''', oder felten weniger
als in §. 7. Nach 64 *Sek.*, gewifs fo viel und fonft
ganz fo, wie in §. 7. — Dies ein Mittel aus vielen Verfuchen. — Die Verbindung gefchehe nun
nicht momentan, fondern eine beftimmte Zeit lang.
Dann gleicht nach aufgehobener Verbindung der
Entladungsfunke demjenigen, der erfchienen wäre, wenn ich in einem zweiten Verfuche in dem
Augenblicke, wo ich die *nicht momentane* Verbindung beider Batterien *aufhob,* eine *momentane auf-*
gehoben, alfo überhaupt nur *momentan verbunden*
hätte, ift aber weit gröfser, als den, der erfchienen wäre, wenn ich in dem Augenblicke, wo ich
die *nicht momentane* Verbindung *anfing,* eine momentane angefangen, oder überhaupt nur *momen-*
tan verbunden hätte. Erft nach 32, nach 64 *Sek.*,
war es ganz gleichgültig, ob momentan, oder
nicht, verbunden wurde. Mit den wenigften
Umftänden *wiederhohlt* man zu dem allen die Verfuche fo, dafs man *erft* die electrifche Batterie
mit den Polen der Galvanifchen verbindet, *dar-*
auf die letztere total fchliefst, und dadurch zugleich die durch das vorher Gefchehene eben geladene Batterie entladet, (vergl. §. 14;) fie die beftimmte Zeit gefchloffen hält, *dann* öffnet, und
nun die Verbindungsdrähte beider Batterien die aber-

felbſt zurückbehalten. Sie würden alles Obige,

mahls *beſtimmte* Zeit daran läſst, ſie nach ihr
abnimmt, und *entladet*. Der Funke, (der
Schlag ....,) verhält ſich hierbei durchaus wie
die Zeit zwiſchen der Oeffnung der Galvaniſchen
Batterie und der Aufhebung ihrer Verbindung
mit der electriſchen, und iſt in unzähligen Verſuchen dem ganz gleich geweſen, den man erhält, wenn man, wie oben, *erſt* total ſchlieſst,
dann öffnet, *dann* nach einer der eben erwähnten völlig gleichen Zeit *momentan verbindet*, und
nun entladet. — Die Reſultate hieraus ſind ohne
Commentar verſtändlich. — Und, ſo auch das,
daſs, wenn man in obigem Verſuche die Verbindung mit den Händen verrichtet, und einen
Schlag bei ihr bekommen hat, indem man z. B.
¼ bis ⅓ *Sek.* nach der Oeffnung der totalen Schlieſsung momentan verband, man *noch einmahl einen*
Schlag bekommt, wenn man, ohne vorher die
electriſche Batterie entladen zu haben, 8 bis 16
Sek. nachher noch einmahl (momentan) verbindet;
eine Methode, nach welcher man wohl vier und
mehrere Ladungsſchläge erhalten kann, ohne
vorher Einmahl entladen zu haben. Jeder fernere
Ladungsſchlag verhält ſich nämlich hier wie der
Ueberſchuſs der Spannung zu ſeiner Zeit, über
die zur Zeit der vorhergehenden. Iſt daher die
Spannung wieder ſo ganz, wie vor allem Verſuche da, kann ſie alſo in keiner Zeit mehr zunehmen oder ſich übertreffen, ſo fehlen damit
auch alle fernern Ladungsſchläge, wie überhaupt
alle Nach- oder Höherladungen electriſcher Bat-
tarieu, die früher etwa nicht möglich geweſen
wären. _   R.

(aufser dem schon Angeführten,) blofs noch einmahl beftätigen. *)

37. Die electrifche Batterie werde von der Galvanifchen wie in §. 7 geladen. Darauf nehme man die Communicationsdrähte ab, verbinde die + - oder — - Belegung der geladnen electrifchen Batterie mit dem — oder + - Ende der Säule, und fchliefse zuletzt die — - oder + - Belegung jener mit dem + - oder — - Ende diefer; gefchieht dies auch fo momentan, als irgend möglich, fo ift doch in diefer ungemein kurzen Zeit die vorige Ladung nicht blofs *aufgehoben*, fondern *umgekehrt*, und genau *zu der nämlichen Spannung gebracht* worden, welche die Galvanifche Batterie befitzt.

38. Der Erfolg ift *genau derfelbe*, wenn die electrifche Batterie das erfte Mahl nicht wie in §. 7, fondern z. B. von einer *Electrifirmafchine* aus zu gleicher Spannung mit 600 Lagen geladen wird, und man darauf ferner wie in §. 37 damit verfährt.

39. Es find nach dem eben ftatt habenden Zuftande der Electrifirmafchine gerade 40 *Umdrehungen* derfelben nöthig, um die electrifche Batterie zu derfelben Spannung zu laden, welche fie von der Galvanifchen Batterie von 600 Lagen annimmt. Es werde daher jetzt mit 80 *Umdrehungen* geladen,

----

*) Welchen Einflufs vorhergegangene totale Schliefsungen auf die *chemifchen Wirkungen der Batterie* haben, davon ein Mehreres im *Zufatze* zu diefem Theile meiner Verfuche.　　　　　　　*R.*

und darauf (z. B.) die + Belegung der electrischen Batterie mit dem — Ende der Galvanischen, u. f. w., verbunden. Die letzte Verbindung geschehe eben so *momentan*, wie in 37, dennoch wird in dieser so höchst kurzen Zeit eine Ladung *zweimahl* so stark, als die Galvanische Batterie sie mittheilen kann, aufgehoben, und aufserdem noch eine einfache entgegengesetzte Ladung hervorgebracht werden.

40. Die electrische Batterie wird mit 160 *Umdrehungen* geladen, und darauf verfahren, wie in 37 oder 39. Auch jetzt wird, bei möglichst momentaner Schliefsung, eine Ladung *viermahl* so stark, als die Galvanische Batterie sie mittheilen könnte, aufgehoben, und aufserdem noch eine einfache Ladung hervorgebracht werden.

41. Ich lud zuletzt die electrische Batterie mit 320 *Umdrehungen*, und verband jede ihrer Belegungen mit dem ihr entgegengesetzten Ende der Galvanischen Batterie. Und auch jetzt reichte die *momentane* Schliefsung hin, eine *achtfache* Ladung aufzuheben, und über das noch die *einfache* entgegengesetzte hervorzubringen.

42. Die Versuche 37 bis 41 können vor andern dienen, die *aufserordentliche Schnelligkeit, mit welcher eine Galvanische Batterie Electricität liefern kann*, darzuthun. In allen blieb nach letzter momentaner Verbindung die electrische Batterie mit derselben Spannung und derselben Vertheilung ihrer Ladung, wie an der Galvanischen Bat-

terie, zurück. Und doch muste letztere die Ladung einer electrifchen Batterie von 34 Quadratfuſs
Belegung und gleicher Spannung mit ihr, in §. 37
und 38 *zweimahl,* in §. 39 *dreimahl,* in §. 40 *fünfmahl,* und in §. 41 gar *neunmahl,* hervorbringen,
ehe gedachte electrifche Batterie mit der einfachen,
ihrer vorhergehenden entgegengefetzten, Ladung
zurückbleiben konnte. In §. 41 war alfo, *während
derfelben momentanen Verbindung,* deren Erfolg
man fchon in §. 5, 7 u. f. fo bewundernswürdig
fand, *neunmahl fo viel gefchehen,* als dort, und
wahrfcheinlich würde bei fortgefetzten Verfuchen
in dem nämlichen Augenblicke 17, 33, 65 mahl fo
viel, als dort, und noch mehr, gefchehn feyn.

43. Daſs aber wirklich eine *Galvanifche Batterie die vorhandene Ladung einer electrifchen,* mit
der fie fo zufammenkömmt, wie in 37 u. f., *erft
aufheben müſſe, ehe fie eine freie entgegengefetzte
von gleicher Spannung mit fich felbft hervorbringen
und zurücklaffen kann,* beweifen folgende Verfuche. Man *lade die electrifche Batterie* an der Galvanifchen, wie in 7. Man *entlade darauf die Leidener Flafche,* die durch eine Electrifirmafchine fo
ftark geladen ift, daſs fie, in die leere electrifche
Batterie entladen, diefer gerade die Spannung gäbe, die diefe von der Galvanifchen aus erhält, —
man entlade, fage ich, eine folche Flafche in die
auf Art des §. 7 geladene electrifche Batterie fo,
daſs fie ihr *+ an die —,* und ihr *— an die + - Belegung der electrifchen Batterie* giebt. Man verfu-

ehe darauf, die fo behandelte Batterie mit einem El-
fendrahte, mit der Hand u. f. w. zu entladen.
Aber *nicht das Mindefte* von Funken, Schlag u. f.
w. ift da. Auch war durch die Ausladung der
Flafche in fie ohnehin fchon alle Spannung aufgehoben.

44. Man lade die *Leidner Flafche* des vorigen
Verfuchs *noch einmahl fo ftark*, verfahre aber fonft
ganz wie vorhin. Nach der Ausladung diefer Flafche in die *electrifche Batterie* auf felbige Weife wie
dort, zeigt letztere *denfelben Grad der Spannung,
wie vor diefer Ausladung der Flafche in fie*, auch
giebt fie Funken, Schlag u. f. w., wie eine in §. 7
geladene Batterie, und blofs der Unterfchied ift
dabei, dafs jetzt $+$ ift, wo vorhin $-$; und jetzt
$-$, wo vorhin $+$ war.

45. Man *lade die electrifche Batterie,* ftatt
durch die Galvanifche wie in §. 7, *von der Electrifirmafchine* .... aus, zu der Spannung, mit der
fie in den Verfuch kommen foll, und wiederhohle
ihn nun ganz, wie er in 44 ift. Der Erfolg ift genau derfelbe.

46. Man *lade in §. 43 die Flafche in die* von
der Galvanifchen Batterie oder von einer Electrifirmafchine eben fo weit geladene *electrifche Batterie, fo aus, dafs $+$ zu $+$, und $-$ zu $-$ kommt.*
Die *Spannung* letzterer fteht jetzt auf dem *Doppelten*, und bei der Entladung ift *Schlag*, *Funke*
u. f. w. ebenfalls der *doppelte*.

47.

47. Man entlade in 44 und 45 die *doppelt so
stark als in* §. 43 *geladene Flaſche* in die electriſche
Batterie eben ſo wie in §. 46. Die *Spannung* ſteht
jetzt auf dem *Dreifachen*, und bei der Entladung
der Batterie iſt *Funke, Schlag* u. ſ. w. ebenfalls
der dreifache.

48. Noch enthalten die *Verſuche* §. 43 bis 47,
(übrigens bei weitem fortgeſetzter, als ſie hier beſchrieben ſind,) den letzten und ſchärfſten *Beweis*
für diejenigen, die noch einen fordern ſollten, davon, daſs, was *Galvaniſche Batterien* electriſchen
mittheilen; durchaus die *gewöhnliche Electricität
ſelbſt*, und nichts anderes, iſt. (Vergl. Voigt's
Magazin, B. IV, St. 5, S. 628 — 629.)

49. Man *lade die electriſche Batterie mit* 40
Umdrehungen der Electriſirmaſchine, alſo zu derſelben Spannung, wie ſie von der Galvaniſchen aus
geladen wird. Man verbinde darauf die $+$-*Belegung* jener mit dem $+$-*Ende* dieſer, und eben ſo
die $-$-*Belegung* jener mit dem $-$-*Ende* dieſer.
Die Batterie iſt nach dieſem, der Art und dem
Grade nach, *noch genau ſo ſtark, wie vorher*, geladen.

50. Man habe die *electriſche Batterie mit* 80,
mit 160, *mit* 320 *Umdrehungen geladen*, und verfahre darauf genau wie in §. 49. Die Batterie
bleibt nach der letzten Verbindung mit der Galvaniſchen *in keinem von allen Fällen ſchwächer oder
ſtärker geladen zurück*, als in §. 49, d. i., als wäre
ſie bloſs mit 40 Umdrehungen geladen. Und der

Erfolg ift durchaus der nämliche, die gedachte letz-
te Verbindung fey fo *momentan* als möglich gewefen, oder fie habe auch *noch fo lange* gedauert.

ZUSATZ.

Noch füge ich auf Veranlaffung des §. 36 zu
diefem Theile meiner Verfuche einige umftändli-
chere Erörterungen hinzu, über den *Einfluſs, den*
vorhergegangene totale Schlieſsung der Batterie auf
ihre chemiſche Wirkſamkeit äuſsert; um fo mehr,
da ich diefen Gegenftand in *Annalen,* VIII, 458,
übergangen habe. Folgendes find Beobachtungen
an einer Batterie von 300 Lagen zur Zeit ihrer beften chemifchen Wirkfamkeit.

A. Ich fülle eine Röhre mit Lackmustinctur,
und ftelle die Enden der (Gold-) Drähte innerhalb
derfelben i Zoll auseinander. *a.* Ich fchliefse mit
diefer Röhre die Batterie, und beobachte das *Oxy-*
gengas am ╬ Drahte. (Man wird nämlich beftändig gefehen häben, wie bei Batterien jeder Art der
Strom . . . . *diefes* Gas beftändig *fpäter* auffteigt,
als der des Hydrogengas. Die gröfsere Zeit zwifchen der Schliefsung der Kette und der Erfcheinung deffelben giebt alfo in gegenwärtigen Verfuchen ein gröfseres veränderliches Moment ab, und
damit deffen Veränderungen felbft gröfser, als die
kleinere Zeit beim Hydrogengafftrome.) *Genau* ¼
Sek. nach der Schlieſsung fteigt fein erfter Strom in
die Höhe. Ich merke genau die Ex- und Intenfität
deffelben. *b.* Ich *fchlieſse,* (nach abgenommener

Röhre,) die Batterie mit Eisendraht *total.* Während
deſſen lege ich die Gasröhre an; (ſie giebt nichts.)
Ich nehme den total ſchlieſsenden Eiſendraht weg,
und jetzt erſcheint genau erſt *1½ Sek. nach der Oeffnung* der Gasſtrom. Er iſt dünner, wie vorhin,
und bei weitem nicht ſo ausgebreitet. Er wird erſt
unter der Hand ſtärker. *c.* Ich ſchlieſse wieder
eben ſo lange total, ohne während deſſen die Röhre anzulegen; öffne, und bringe die Röhre erſt ½
Sek. nach der Oeffnung an. Es dauert nun etwas
weniges *über* 1 *Sek.,* ehe der Gasſtrom kommt.
Auch iſt er etwas ſtärker, als der in *b.* *d.* Ich
ſchlieſse ...., öffne, und lege die Röhre 1 *Sek.*
nach der Oeffnung an. Nach *kaum* 1 *Sek.* erſcheint
der Gasſtrom. *e.* 1½ *Sek.* nach der Oeffnung angelegt, erſcheint er nach *reichlichen* ¼ *Sek.;* *f.* 2 *Sek.*
nach ihr, genau *nach* ¾ *Sek.;* *g.* 4 *Sek.* nach ihr,
nach *kurzen* ¾ *Sek.;* *h.* 6 *Sek.* nach ihr, genau
nach ½ *Sek.;* *i.* 8 *Sek.* nach ihr, nach *weniger als*
½ *Sek.* Uebrigens iſt von *b* an der Gasſtrom ſowohl
an Ex- als Intenſität in jedem folgenden Verſuche
immer etwas ſtärker, und in *i* ſogar noch ſtärker,
als in *a,* geweſen.

B. Ich bringe die Enden der Drähte in der
Röhre in die Nähe von 1 Linie. *a.* Ich lege die
Röhre an, ohne daſs eine totale Schlieſsung der
Batterie vorhergegangen wäre. Der *Oxygengas-
ſtrom* kommt *kaum* ¼ *Sek.* nach der Verbindung;
der *Hydrogengasſtrom* hingegen *faſt unmittelbar*
nach ihr. *b.* Ich ſchlieſse total, ſo lange wie in A,

S 2

während deffen lege ich die Gasröhre an, darauf
öffne ich. Der *Oxygengasstrom* erfcheint erft *nach
guter* 1 *Sek.;* der *Hydrogengasstrom* aber *nach* ⅕
Sek. c. Der Erfolg·in *b* gleicht genau dem, welcher ftatt hat, wenn die Drähte in der Röhre 2½
Zoll von einander ftehen, und keine totale Schliefsung vorhergegangen ift.

C. Ich fülle die Röhre mit deftillirtem Waffer,
und ftelle die Drähte wieder 1 Zoll aus einander.
a. Ich lege die Röhre an die Batterie, ohne eine
vorhergegangene totale Schliefsung diefer. Der
(nicht ganz continuirliche) *Oxygengasstrom* er-
fcheint·*nach* 1¾ — 2 *Sek.;* der (continuirlichere)
Hydrogengasstrom fchon *nach* ⅕ *Sek. b.* Ich fchliefse total, fo lange, wie in A und B, lege während
deffen die Röhre an, und öffne. Jetzt erfcheint
das *Oxygengas* erft *nach* 3 — 3½ *Sek.*, und zwar ift
es kein Strom, fondern es find nur einzelne Bläschen, und gedachte Zeit ift die, nach deren Ver-
flufs das erfte aufsteigt; der *Hydrogengasstrom*,
auch weit zertheilter, als in *a*, kommt *nach*
1 *Sek.*

D. Ich wiederhohle den Verfuch A *b*, nur mit
dem Unterfchiede, dafs ich das eine Mahl eine *totale Schliefsung* von nur 1 *Sek.*, das andre Mahl
aber eine von 60 *Sek.*, vorausgehen laffe. Der
Erfolg aber ift *ganz genau derfelbe*, im einen wie
im andern Falle. Ich wiederhohle den Verfuch A *c*
ebenfalls auf beide Weifen. Aber auch für *feinen*
Erfolg ift es *einerlei*, ob eine totale Schliefsung

von 1 *Sek.*, oder von 60 *Sek.*, vorhergegangen
fey.

Die Refultate zeigen zunächft, dafs *vorherge-*
gangene totale Schliefsungen auf nachfolgende che-
mifche Wirkungen allerdings eben fo *fchwächend*
wirken, als in anderer Hinficht; — und die Verfuche A — C würden noch gröfsere Unterfchiede
gegeben haben, wenn fich nicht faft allen etwas
beigemifcht hätte, was die Refultate beftändig noch
etwas befchränkt hätte, nämlich:

E. dafs in einer Gasröhre mit Golddrähten,
mit der man eine Batterie fchliefst, ohne dafs eine
totale Schliefsung vorhergegangen wäre, das Gas
bei und nach der *erften* Anbringung nach einer
Zeit erfcheint, die weit *länger* ift, als die, nach
der es bei einer *zweiten*, und die bei diefer wieder
länger, als die, nach der es bei einer *dritten* Anbringung, u. f. w., erfcheint, vorausgefetzt, dafs
immer die *nämlichen Drähte* wieder mit den *nämli-*
chen Polen der Batterie zufammenkommen; welches fo weit geht, dafs, wenn beim erften Anbringen einer Röhre mit Waffer und gewiffem Abftande
der Drahtenden in ihr, 8 *Sek.* bis zur Erfcheinung
des Hydrogengasftroms z. B., vergingen, und die
Röhre nur einige Zeit angelegen hat, fie bei einer
neuen Anbringung ihn fchon *nach 6, nach 4, nach*
2 *Sek.*, ja, (ich habe Fälle gehabt,) fogar *fchon*
nach 1 *Sek.*, giebt; je nachdem nun die Röhre das
erfte Mahl mehr oder minder lange Zeit, oder,
bei kürzerer, je öfter fie bereits, in der Kette

gewefen ift, obfchon dies feine Grenzen hat, ——
auch der *Einfluſs,* den dies Gewefenfeyn in der
Kette, auf die Leichtigkeit, mit der die Drähte bei
einem neuen Hineinkommen Gas geben follen, hat,
wenn man mit letzterm lange genug *verzieht,* fich
mehr oder minder, und endlich auch wohl ganz
und gar, wieder *verliert.* Die in A —— C befchriebenen Verfuche waren, ihrer Anftellung nach,
aber allerdings von der Art, daſs fich etwas von
dem zuletzt Erwähnten ihnen beftändig beimifchen,
und fomit das Refultat kleiner machen muſste, als
es ohne dies gewefen wäre. Ja man darf dies nicht
blofs fchlieſsen: in A *i,* verglichen mit A *a,* fieht
man es wirklich; denn hier tritt jener Ueberſuſs
über das, was er früher befchränkte, und unter-
defs kleiner geworden ift, während er es nicht
wurde, felbft, frei hervor.

Uebrigens find in jenen Verfuchen, (A bis D,)
die Drähte der Röhren beftändig wieder an *diefel-*
ben (Batterie-) Pole zu liegen gekommen, (wie
das fo eben Angegebene fchon zeigt,) und fie
muſsten es, da fonft die Verfuche in ihrem Erfolge
aufserordentlich verwickelt geworden wären, indem

F. der *Einfluſs,* den in E das Gewefenfeyn
der Drähte der Gasröhre in der Kette der Batterie
auf die Gasentwickelung bei einem neuen Hineinkommen in diefelbe hat, fich geradezu *umkehrt,*
zum entgegengefetzten wird, fo wie man beim zweiten Bringen der Röhre in die Kette, die *Röhre,*

und damit die *Drähte*, *umkehrt*, fo dafs nun der
Draht, der *vorhin Hydrogen* gab, *jetzt Oxygen* geben mufs, u. f. w.; welches abermahls fo weit geht,
dafs, wenn die Röhre beim *erften* Seyn in der
Kette, alfo in der *einen Richtung*, den Hydrogen-
ftrom *nach 8 Sek.* gab, beim *zweiten* Hineinkommen, aber in der *entgegengefetzten Richtung* der
Drähte, wobl *an* 12, 14, ja an 16 *Sek.* vergehen,
ehe an das Erfcheinen deffelben Gasftroms, der
überdies diefes Mahl weit *fchwächer* als vorhin
ift, zu denken ift.

Auffallend nun nach dem, was A — C, (und
dem in E Angeführten zu Folge nur um fo mehr,)
lehrten, und *höchft auffallend,* ift das *Refultat in D,*
wonach Galvanifche Batterien in Hinficht der *chemifchen* Wirkungen *ganz von dem,* was in *electrifcher* gefchieht, (f. §. 36,) *abzuweichen* fcheinen.

Ich kann indefs ein Phänomen anführen, das
die Scheidung, in die hier electrifche und chemifche Phänomene zu treten fcheinen, *weiter,* und
noch *von einer neuen Seite, unterftützt.*

G. An demfelben Tage, an dem ich die Verfuche A — D anftellte, und mit derfelben Batterie, und zwar, nachdem fie mehrere Stunden ganz
ruhig geftanden, fich folglich von allem, was fie
diefen Tag etwa fchon erlitten haben konnte, völlig und gleichförmig erhohlt hatte, ftellte ich folgende Verfuche an. — In einer Röhre mit Lack-
muftinctur ftehen die (Gold-) Drähte 1 Linie aus
einander. a. Mit diefen werden die beiden Pole.

a und *b* in Fig. 1 verbunden. Es ſtrömt eine au-
ſserordentliche Menge Gas hervor. Die Röhre
wird abgenommen. Und *nicht nach und nach* hört
die Gasentbindung auf, ſondern wie *abgeſchnitten*.
b. Die Batterie wird angeordnet, wie in Fig. 13,
und mit der Röhre, *A* und *E* verbunden. Nicht
die mindeſte Spur von Gas erſcheint. c. *C* und *E*
daſelbſt werden durch einen Eiſendraht total geſchloſſen, und *A* und *E* darauf mit der Röhre verbunden. Es erſcheint ſehr viel Gas, genau ſo viel,
als würden 300 Lagen direct, d. i., *A* und *C*, mit
ihr verbunden, vergl. §. 28, Anm. Die Röhre
wird abgenommen. Und *nicht nach und nach* hört
die Gasentbindung auf, ſondern *wie abgeſchnitten;*
genau wie in *a.* d. Die Röhre wird wieder angelegt, und nachdem das Gas ſo lange geſtrömt hat,
wie in *c;* wird der Draht, welcher *CE* total
ſchlieſst, abgenommen. „Und *ſo wie dies geſchieht,*
ſteht auch im Augenblicke die Gasentbindung ſtill.
Es iſt *kein allmähliger Uebergang.* Nein, *im Au-*
genblicke ſtehts. Es iſt ſo abgeſchnitten, wie in
c, oder in *a,* und ſo ruhig, wie in *b.*"

Man ſieht, woran ich dachte. Würde nämlich eine Batterie von 300 Lagen nach der totalen
Schlieſsung erſt *nach und nach* wieder chemiſch,
bekäme ſie ihre „chemiſche Spannung" eben ſo
allmählig wieder, als ihre electriſche, ſo müſte im
unmittelbaren Augenblicke nach der Oeffnung ſelbſt,
ſie von einer ihr entgegenſtehenden nicht geſchloſſen geweſenen Batterie von 300 Lagen faſt ganz

und gar nichts aufheben. Im nächsten Augenblicke
müßte fie *etwas*, in jedem folgenden *etwas mehr*
von ihr, und erft nach einer beftimmten und nicht
fo ganz unbeträchtlichen Zeit, fie *ganz und gar*
aufgehoben haben. Die 300 Lagen *A C* in Fig. 13
müßten demnach bei Oeffnung der andern 300 Lagen *C E*, von diefen *nach und nach* neutralifirt werden, ihre Action müßte in *Uebergängen*, die
leicht einen Zeitraum von 4, von 8 und mehrern Sekunden füllten, von 300 herabkommen
auf o. Und *eben fo nach und nach* müßte das Aufhören der Gasentbindung nach der Oeffnung von
C E ftatt haben. Aber von dem allen fieht man
keine Spur. Man erwäge nun zwar die Refultate
der Verfuche in der Anm. zu §. 28; aber auch fie,
ob fie gleich, was nach dem Vorherigen ftatt haben follte, fehr einfchränken müffen, find doch
noch nicht von der Gröfse, dafs fie *alle Uebergänge* vernichten, und einen *plötzlichen Abfchnitt* an
ihre Stelle bringen könnten. Sie an fich felbft
vielmehr enthalten den Grund zu einer neuen Reihe Uebergänge in fich, zu denen fich die fchon vor-
handenen blofs addiren, und ungeachtet der ge-
genfeitigen Befchleunigung beider hierdurch, doch
immer noch blofs Uebergänge, (nur fchnellere,)
ganz und gar aber *nicht einen fo fcharfen Abfchnitt*,
als man fah, geben follten.

Aber an den *angeführten* Abweichungen der
chemifchen Wirkfamkeit Galvanifcher Batterien von
ihrer electrifchen, ift es keineswoges genug. *Un-*

endlich viele wären es, wenn man fie alle aufzäh-
len follte. Alfo nur einige der hauptfächlichften,
d. i., der alltäglichften, noch.

Bei *keiner* von allen Batterien, die ich in Gotha baute, ift die Zeit der *höchften electrifchen
Wirkfamkeit* je die der *höchften chemifchen* gewefen.
Erftere zeigt fich fogleich nach dem Erbauen, und
nimmt ab, wie die Batterie älter wird. Letztere
hingegen ift die erften Stunden nach der Erbauung
nach Verhältnifs höchft geringe, und ftellt fich erft
nach und nach immer vollkommner ein, indem
die electrifche längft in der Abnahme begriffen
ift; fo dafs die Batterie für chemifche Wirkungen
gewöhnlich erft den andern Tag recht gut wurde.
Aehnliche Erfcheinungen werden jedem, der nur
etwas darauf geachtet hat, in Menge vorgekommen feyn; und auch ich kannte fie fogleich von
den erften Verfuchen mit der Batterie an. Sie
find Regel.

Ferner bemerkt man bei chemifchen Verfuchen, wie die Wirkfamkeit, *während die Kette gefchloffen* bleibt, nach und nach immer mehr zunimmt, fo dafs oft kein Vergleich zwifchen der
Gasentbindung ift, die $\frac{1}{4}$ Stunde nach der Schliefsung, und der, die $\frac{1}{2}$ oder 1 ganzen Tag nach derfelben, vorhanden ift.

Ferner ift in electrifcher Hinficht aus *Ann.*,
VIII, 459, auch der Einflufs vorhergegangener
partieller Schliefsungen auf nachfolgende gleiche
bekannt. Man vergleiche aber damit, was fchon

in diefem Zufatze unter E erzählt wurde. Man
denke daran, dafs, wenn Batterien durch Röhren .... mit gut leitenden Flüfßgkeiten zweiter
Klaffe ganze Tage gefchloffen waren, man nun
öffnet, und darauf wieder fchliefst, die Gasentbindung *fogleich* wieder mit *aller der Heftigkeit*
eintritt, mit der fie *vor der Oeffnung* zugegen war.
Das nämliche lange Gefchloffenfeyn hatte die *electrifche Spannung* diefer Batterie fo ruinirt, dafs
fie mehrere Stunden brauchte, um fich wieder her-
zuftellen, und nach möglichfter Erhohlung doch
fchwächer zu feyn und zu bleiben, als vor jener
Schliefsung. — U. f. w.

Aber ich breche ab, nicht, um nie wieder
darauf zurückzukommen, im Gegentheile recht
bald, um nicht beiläufig, fondern als zu einer
Hauptfache. Ich wollte durch das Erwähnte, bis
dahin, nur eine Klaffe von Erfchefnungen wieder
ins Gedächtnifs zurückrufen, die ganz aus der
Achtung gekommen zu feyn fcheint, und deren nähere Betrachtung es doch allein ift, die fowohl,
was Anomalie an ihr felber fcheint, als überhaupt
die Abfgabe, wie chemifche Wirkungen auf Galva-
nifchem Wege zu Stande kommen, löfen kann.

III.

Eine Verbefserung des Woulfefchen Apparats,

von

JOHN MURRAY,

in Edinburgh. *)

Folgende Verbefserung des Woulfefchen Apparats
kann ich den Chemikern mit Zuverficht empfehlen.
Bei einem Apparate, nach der gewöhnlichen Einrichtung, ift es äufserft fchwer, faft möchte ich
fagen, unmöglich, eine Reihe von Flafchen durch
Röhren, die luftdicht eingefchmirgelt find, mit einander zu verbinden. Man mufs daher zum Lutiren
feine Zuflucht nehmen, und diefes ift äufserst be-
fchwerlich, wenn es mit Sorgfalt gefchehen foll.
Hat man den einen Schenkel der gekrümmten
Röhre in die eine Flafche eingerieben, fo bleibt es
kaum möglich, den andern Schenkel in die zweite
Flafche fo einzufchmirgeln, dafs er zugleich mit
dem erften luftdicht fchlöfse. Lavoifier felbft
mufste es daher aufgeben, fich einen folchen Apparat mit eingeriebnen Röhren zu verfchaffen.

Man hat verfchiedentlich verfucht, diefer Un-
bequemlichkeit abzuhelfen, doch bis jetzt mit fo

*) Nicholfon's Journal, 8., Vol. 3, p. 226.

wenig Erfolg, dafs noch immer der anfängliche
Apparat mit lutirten Röhren der einzig übliche ift.
Bei weitem die vorzüglichfte Verbefferung unter
den in Vorfchlag gebrachten, ift die vom Dr. Hamilton, welche man in der englifchen Ueberfe-
zung von Berthollet's Kunft zu färben befchrieben findet. Sie läfst fich noch dadurch vereinfa-
chen, dafs man die gebogene Röhre an die Recipienten anfchmelzt, ftatt fie erft in fie einzufchleifen,
und zu mehrern Zwecken ift diefer verbefferte Apparat fehr brauchbar. Nur hat er die Unvollkommenheit, dafs fich in ihm kein grofser Druck erhalten läfst, da diefer der Wafferhöhe in den Recipienten proportional ift.

Später haben die Bürger Girard eine andre
Art bekannt gemacht, den Woulfefchen Apparat
ohne Verkittung luftdicht fchliefsen zu machen. *)

*) Ihre Methode, die man in den *Annales de Chimie*,
   t. 32, *p.* 283, befchrieben findet, befteht darin,
   die eine Tubulirung jeder Mittelflafche auf der
   Glashütte mit einer langen und weiten, etwas gekrümmten Röhre verfehen zu laffen, die his unter das Waffer in der Flafche herabgeht, (fiehe
   Fig. 1, *aabb*,) und die zweite Tubulirung *c* in eine gebogene Röhre ausziehen zu laffen, deren
   herabgehender Schenkel *de* in die Röhre *aabb*
   fich hineinfchieben läfst, und noch etwas über
   fie hinausragt, daher er über diefelbe cylindri-
   fche Form als fie zu krümmen ift. Das Waffer
   in der Mittelflafche tritt zwifchen beide Röhren,
   daher das Gas, das hineinfteigt, völlig gefperrt

Ich beſtellte einen Apparat nach ihrer Einrichtung
auf einer Glashütte, es zeigte ſich aber, daſs er
nicht ohne ſehr groſse Koſten auszuführen ſey. Dieſes iſt ſowohl der Mühe zuzuſchreiben, welche es
macht, die lange Röhre, in welche ein Tubulus jeder Flaſche ausgezogen iſt, zu beugen, als noch weit
mehr der Schwierigkeit, dem herabgehenden Schenkel derſelben die nämliche Krümmung, als der in
die Flaſche herabgehenden Röhre, in welche dieſer
Schenkel hineingeſchoben wird, zu geben. Das
iſt ſo leicht nicht, als es die Bürger Girard ihrer
Beſchreibung nach geglaubt zu haben ſcheinen,
und es würde wahrſcheinlich eine Menge von
Flaſchen gemacht werden müſſen, ehe man unter
ihnen nur 3 oder 4, die ſich in einer Reihe zuſam-
menfügen lieſsen, fände.

Einige Zeit darauf fiel mir eine einfachere Methode ein, bei der dieſe Schwierigkeiten fortfallen

iſt; und ſteht der Schnabel e nur weit genug hervor, ſo können auch die aufſteigenden Gasblaſen
nicht durch den Zwiſchenraum beider Röhren
entweichen. Fig. 2 zeigt denſelben Apparat
noch etwas abgeändert, und Fig. 3 giebt einen
Begriff, wie man ſich nach der Idee der Gebrü-
der Girard helfen kann, wenn man keine Glashütte in der Nähe hat, um einen ſolchen Apparat ausführen zu laſſen. CE iſt eine weite Glasröhre, in die man unter E eine Bauchung geblaſen,
und dieſe in den Hals der Flaſche eingerieben
hat. Der Schnabel D wird erſt ſpäter gekrümmt,
wenn die Röhre BD ſchon durch EC geſteckt iſt.

d. H.

mußten; und es hat sich seitdem gezeigt, daß sie
wirklich außerordentlich leicht auszuführen ist.
Fig. 4 stellt den nach dieser Methode construirten
Woulfeschen Apparat vor.

A ist ein in die erste Flasche B eingeriebener
Vorstoß, mit welchem eine Retorte luftdicht verbunden wird. Die gerade Röhre C ist an beiden
Enden in Tubulirungen eingerieben, die sich an
den Seiten der Flasche B und D befinden. Die gebogne Röhre E ist in den Hals der Flasche D
gleichfalls luftdicht eingerieben; und in der Art,
wie sie mit der folgenden Flasche verbunden ist,
besteht hauptsächlich meine Verbesserung des Apparats. Die Flasche F ist eine gewöhnliche Mittel-
flasche mit zwei Hälsen, nur daß, gleich bei Verfertigung derselben, in den einen eine Röhre G ein-
gesetzt ist, (soldered), welche, wenn die Flasche 6
Zoll hoch ist, bis auf $1\frac{1}{2}$ Zoll vom Boden hinabgeht. Der längere Schenkel der gebognen Röhre
E geht in diese weitere Röhre hinab, und reicht
mit seinem Ende, das etwas gebogen ist, über sie
hinaus. Wird so viel Wasser in die Flasche gegos-
sen, daß das Ende von G hineinreicht, so kann
nun offenbar weder Gas noch Dampf, die von D
durch E in F übergehn, durch die Röhre G entweichen, wenn nur die Krümmung etwas zur Seite von G hinausreicht. Gerade auf dieselbe Art
sind die Flaschen F und H, H und I mit einander
verbunden, und I läßt sich mit einem kleinen
pneumatischen Apparate in Verbindung setzen.

Die Vorzüge dieses Apparats fallen in die Augen. Alle Fugen schliefsen hier luftdicht ohne Kitt; und doch find die Röhren in so weit frei, dafs man nicht Gefahr läuft, fie durch einen kleinen Stofs oder durch ein kleines Verrücken einer Flasche zu zerbrechen. Wenn man ihn macht, so ist es am bequemsten, die Röhren erst einzuschleifen, und fie dann vollkommen trocken vor dem Löthrohre zu biegen.

Da die erste Flasche *A* des Apparats dazu bestimmt ist, dafs in ihr Flüssigkeiten, die mit überdestillirt find, sich condensiren sollen, so bedarf fie keiner Sicherungsröhre; auch liefse sich darin nicht wohl eine anbringen, da zu Anfang des Prozeffes diese Flasche ohne Flüssigkeit ist. Aus diesem Grunde mufs aber die erste Flasche mit der zweiten *B* durch eine gerade Röhre verbunden feyn, nicht, wie die übrigen, durch eine heberförmige Röhre, weil sonst, wenn in der Retorte oder in der ersten Flasche beim Erkalten der Druck sich vermindert, die Flüssigkeit aus der zweiten Flasche in die erste hinübersteigen würde. In der zweiten Flasche ist aber eine Sicherungsröhre eingerieben, welche in diesem Falle atmosphärische Luft eintreten läfst. In den folgenden Flaschen vertreten die offnen Röhren zugleich die Stelle der Sicherungsröhren.

Das einzige Unangenehme bei diesem Apparate ist, dafs der Druck der übersteigenden Gasarten, der von den Wasserhöhen in den folgenden

Flafchen über der untern Mündung der offnen Röhren abhängt, die Flüffigkeiten aus den Flafchen in die offnen Röhren antreibt, z. B. aus der Flafche *F* in die Röhre *G*, fo dafs ein Theil der Flüffigkeit wohl ganz herausfliefst. Diefem läfst fich zwar dadurch abhelfen, dafs man in die Flafchen nicht mehr Flüffigkeit giefst, als eben die Oeffnung der Röhren verfchliefst; allein dann ift der Druck, der die Abforption mancher Gasarten befördert, fehr unbeträchtlich. Deöfelben Fehler hat der Girardfche Apparat, und in ihm läfst fich demfelben nur auf diefe Art abhelfen.

Der hier befchriebene Apparat läfst fich indefs auf eine fehr einfache Weife fo anordnen, dafs auch diefer Mangel aufgehoben wird. Man braucht nur die gerade und hohle Röhre, die in dem Halfe eingefetzt ift, über den Hals noch etwa 5 bis 6 Zoll hinausgehen zu laffen, wie das in der Zeichnung bei *K L* abgebildet ift. Zwar ift es fchwerer, eine Röhre auf diefe Art in den Hals der Flafche einzufchmelzen, der Vortheil aber, den eine folche gröfsere Länge der Röhre gewährt, ift fo grofs, dafs man den Apparat billig immer auf diefe Art einrichten follte.

Statt die geraden Röhren, wenn die Flafchen gemacht werden, in den Hals derfelben einzufchmelzen, laffen fie fich erft nachher einreiben; und auf diefe Art ift es fehr leicht, einen gewöhnlichen Woulfefchen Apparat in diefen verbefferten zu verwandeln. Die erfte Art ift aber vorzuziehn,

weil wir bei ihr ficherer feyn können, dafs der
Apparat vollkommen luftdicht fchliefst, und weil
fie fo leicht auszuführen ift, dafs fie die Koften eines Woulfefchen Apparats nur wenig vermehrt.

Edinburgh den 18. Sept. 1802.

IV.

VERSUCHE und BEMERKUNGEN

über Stein - und Metallmaffen, die zu verfchiedenen Zeiten auf die Erde gefallen feyn follen, und über die gediegnen Eifenmaffen,

von

EDWARD HOWARD, Efq., F. R. S. *)

Eine Menge übereinftimmender Thatfachen fcheint es aufser allem Zweifel zu fetzen, dafs zu verfchiedenen Zeiten gewiffe Erd - und Metallmaf. fen auf die Erde gefallen find; der Urfprung die-fer feltfamen Körper aber und der Ort, von dem fie herkommen, liegen bis jetzt noch in vollkommnem Dunkel.

Die frühern Nachrichten, felbft die in den äl-tern Schriften der königl. Gefellfchaft, enthalten leider fo manchen Umftand, den wir jetzt für fabel-haft halten, und in den älteften Erzählungen von Steinen, die vom Himmel, vom Jupiter, (? wohl *a jove?*) oder aus den Wolken herabgefallen feyn fol-len, werden damit fo offenbar die glatten, meift keilähnlichen, in den älteften Zeiten wahrfchein-

*) Aus den *Philofophical Transactions of the Roy. Soc. of London for* 1802.   d. H.

T 2

lich zu Werkzeugen u. f. w. bereiteten Gefteine
verwechfelt, welche man ehemahls *Ceraunia, Boe-*
tilia, (f. M e r c a t i *Metallotheca Vaticana,* p.
241,) *Ombria, Brontia* u. f. w., und fpäterhin *Don-*
nerkeile oder *Strahlfteine* nannte, (insgefammt
fehr unfchickliche Namen für Stein - oder Metallmaffen, die auf unfre Erde herabgefallen find,)
dafs wir wenig Aufklärung aus ihnen erwarten
dürfen. In den erften Zeiten glaubte man wirklich an Steine, welche von den Göttern auf die Erde gefchleudert würden, und viele Steine von be-
fondrer Bildung wurden für folche gehalten und
verehrt. Nach jedem Blitzfchlage fah man fich nach
einem fogenannten Donnerkeile um, und fo wurde eine Menge von Steinen unter die fogenannten Donnerkeile oder Strahlfteine verfetzt. Zwar
find diefe Donnerfteine, nachdem die Gewitterlehre beffer aufgeklärt worden, mit Recht unter die
Chimären verfetzt worden; an der Wahrheit auf
die Erde gefallener Steinmaffen läfst fich aber,
bei fo vielen übereinftimmenden Nachrichten, die
dafür fprechen, darum doch gar nicht zweifeln.

Viele folcher Nachrichten aus den ältern wie
aus neuern Zeiten finden fich forgfältig gefammelt in
K i n g's Bemerkungen über vom Himmel gefallene
Steine, (*Aerolithen;*) *) ferner in des trefflichen Anti-

---

*) *Remarks concerning Stones faid to have fallen from*
the Clouds, in thefe Days and in ancient Times by
King. *Howard.*

quars Falconet Auffätzen über die *Boetilia* in der *Histoire de l'Acad. des Inscriptions*, T. VI, p. 519, und T. XXIII, p. 228; in Zahn's *Specula physico-mathematica historiaca*, 1696, *fol., Vol.* 1, p. 385; in Giac. Gemma's *Fisica Sotteranea*; und befonders in des D. Chladni Schrift *über den Urfprung der von Pallas gefundenen und andern ihr ähnlichen Eifenmaffen, nebft einigen damit in Verbindung ftehenden Naturerfcheinungen*, Leipz. 1794, 4., wo alle neuern Beifpiele diefer Art gefammelt find. Endlich hat uns Southey einen umftändlichen und juriftifch-authentifchen Bericht über den 10 Pfund fchweren Stein, welcher den 19ten Febr. 1796 in *Portugal* auf die Erde gefallen ift, und noch warm aufgenommen wurde, in den: *Lettres written during a fhort refidence in Spain and Portugal*, p. 289, geliefert.

Die erfte folcher Maffen, welche man chemifch unterfucht hat, ift die, welche vom Abbé Bachelay der parifer Akademie zugefandt wurde, und die am 13ten Sept. 1768 von einigen, die fie hatten fallen fehn, noch heifs war aufgenommen worden. Diefe Steinmaffe war von einer matten afchgrauen Farbe, und unter der Loupe zeigte fie fich mit einer Menge kleiner, mattgelber, metallifch glänzender Punkte durchmengt. Der Theil der Oberfläche, der nicht in der Erde gefteckt hatte, war mit einer fchwarzen blafichten Materie ganz dünn überzogen, die das Anfehn hatte, als

wäre fie gefchmolzen gewefen. Am Stahle gab diefe äufsere Seite einige Funken, das Innere des
Steins aber nicht. Das fpecififche Gewicht deffelben war 3,535, und zufolge der Zerlegung der Akademiften enthielt er in 100 Theilen an

Schwefel   8,5
Eifen   36
Verglasbare Erde 55,5

Zwar war es Lavoifier, der diefe Analyfe zum
Theil leitete; allein fie fällt vor der Epoche feiner
grofsen Entdeckungen; auch wurden die einzelnen
Theile, woraus die Maffe beftand, nicht einzeln
zerlegt, fondern alle zufammen, wie fie gemengt
waren. Nach ihr liefs fich die Maffe für einen
Schwefelkies nehmen, und in der That erklärte fie
die Akademie für einen gewöhnlichen Schwefelkies, der weiter nichts merkwürdiges habe, als
dafs er, mit Salzfäure begoffen, einen Geruch nach
Schwefelleber verbreite. Er habe wahrfcheinlich
unmittelbar unter dem Rafen gelegen, und fey zu-
fällig von einem in die Erde fohlagenden Blitze getroffen und dadurch an der Oberfläche, nicht aber
im Innern, gefchmolzen worden.

Die Akademiften führen am Schluffe ihres
Berichts noch das, als etwas Sonderbares an, dafs
der Akademie auch von Morand dem Sohne ein
Stück eines Steins vorgelegt worden fey, welcher
nahe bey *Coutances* vom Himmel gefallen feyn
follte, und der fich von dem des Abbé Bachelay

lediglich dadurch unterfchied, dafs er, mit Salzfäure befeuchtet, nicht hepatifch roch. *)

Der zweite, der eine der Sage nach vom
Himmel gefallene Mafse unterfuchte, war Barthold, Profeffor an der Centralfchule des Ober-
rheins. Diefe, der obigen fehr ähnliche Mafse, ift
unter dem Namen des *Enfisheimer Donnerſteins*
bekannt, wiegt etwa 2 Zentner, ift äufserlich ab-
gerundet, faft oval, rauh und von einem matten
erdigen Anfehn, bläulich - grau und mit goldgel-
ben Schwefelkieskryftallen und einem fchuppigen
grauen Eifenerze durchmengt, welches der Magnet zieht. Der Stein ift im Bruche unregelmäfsig, körnig, und voll Ritzchen, fchlägt kein
Feuer, läfst fich mit dem Meffer ritzen, und ift
leicht zu pulvern; das fpecififche Gewicht deffelben
beträgt 3,233. Nach der Analyfe des Profeffors
Barthold, die indefs derfelbe Tadel, als die vorige trifft, foll diefe Mafse enthalten in 100 Theilen, an

Schwefel	2 Theile
Eifen	20
Magnefia	14
Thonerde	17
Kalkerde	2
Kiefelerde	42

97

Profeffor Barthold erklärt hiernach den Enfisheimer Donnerftein für eifenfchüfsigen Thon, [oder

*) *Journal de Phyfique*, t. 2, p. 251, 1773.

vielmehr für eine Eifenftufe mit einer Gangart aus
Hornftein,] und feinen angeblich wunderbaren
Urfprung für ein Mährchen, das auf Unwiffenheit
und Aberglauben beruhe. *)

Das nächfte hierher gehörige Naturproduct
find die berühmten *Slenefer Steine*, von denen ein
in den *Philofophical Transactions for* 1795, *p.* 101,
(und in den *Annalen* VI, 43 f.,) abgedruckter
Brief des Grafen von Briftol an Sir Will. Hamilton, datirt Siena den 12ten Jul. 1794, folgende Nachricht giebt: „Ungefähr zwölf Steine von
verfchiedner Gröfse und von einer im ganzen Gebiete von Siena nicht vorkommenden Art fielen
während eines fehr heftigen Gewitters auf die Erde, vor den Augen mehrerer Perfonen. Da diefes fich ungefähr 18 Stunden nach dem fürchterli-
chen Ausbruche des Vefuvs ereignete, fo möchte
man fie vielleicht für Auswürfe diefes Vulkans halten; nur macht die ungeheure Entfernung deffelben von Siena, von 250 englifchen Meilen, diefe
Erklärung eben fo fchwierig, als die, dafs fie bei
dem ungewöhnlich heftigen Gewitter in der Wol-
kenmaffe felbft entftanden feyen.“ Hamilton erhielt einen der gröfsten diefer Steine, der über 5
Pfund wog; die Oberfläche diefes fowohl, als der
übrigen Steine war fchwärzlich, und offenbar frifch

---

*) *Analyfe de la pierre de tonnere par* Charles Barthold; im *Journal de Phyfique par* Delamétherie, t. 7, p. 169, An VIII, Ventofe. *d. H.*

verglaſt; das Innere war hellgrau, mit ſchwarzen Flecken und voll kleiner Schwefelkieſe. *)

Den 13ten Dec. 1795, Nachmittags um 3 Uhr, fiel, nach den Verſicherungen vieler Perſonen, in *Yorkſhire* bei Wold - Cottage eine Steinmaſfe von 56 Pfund nieder, die man nachher in London ſehen lieſs; ſie war an 18″ tief in die Erde und in feſten Kalkſtein gedrungen, und hatte dabei eine ungeheure Menge Erde bis auf groſse Entfernungen fortgeworfen. Indem ſie fiel, hörte man eine Menge Exploſionen, ſo laut als Piſtolenſchüſfe. In den benachbarten Dörfern hielt man das Getöſe für Kanonenſchüſſe auf der See, in den beiden nächſten vernahm man aber deutlich ein Ziſchen,

---

*) Dem Verfaſſer ſcheint die wichtige kleine Schrift des Abbé Domenico Tata *über den Steinregen zu Siena am* 16ten *Juni* 1794, wovon Herr von Buch in den *Annalen*, VI, 156 — 169, einen ſehr zweckmäſsigen Auszug geliefert hat, unbekannt geblieben zu ſeyn. Tata gieht in ihr Thompſon's Unterſuchung der einzelnen Körper, aus deren Gemenge dieſe Sieneſer Steine beſtehn, und überdies Nachrichten von einem ſchwarzen glänzenden, runden, über 9 Pfund ſchweren, noch heiſsen Steine, der im Juli 1755 in Calabrien mit einem furchtbaren Getöſe etwa 200 Schritt von 5 Schäfern herabfiel, und wovon nach 9 Jahren ein Theil verwittert und aus einander gefallen war; auch von einigen ſpäterhin bei Turin und in der Lombardei herabgefallenen Steinmaſſen.   d. H.

wie das eines durch die Luft fchnell fich bewégen-
den Körpers. Fünf oder fechs Leute, die dadurch
herbeigezogen waren, hohlten den Stein noch warm
und rauchend und ftark nach Schwefel riechend
aus der Erde. So viel fich aus einigen Nachrichten fchliefsen liefs, war er aus Südweft herabgekommen. Das Wetter war mild und wolkig; wie
es in den dortigen Hügeln bei ftiller Luft gewöhnlich ift; den ganzen Tag über hatte man aber nichts
von Donner oder Blitz wahrgenommen. In der
ganzen Gegend umher giebt es keine folche Steinart. Die nächften Felfen liegen 12 engl. Meilen
ab, und der nächfte Vulkan ift der Hekla.*) Sir
Will. Banks bemerkte fogleich die Aehnlichkeit
diefer Steinmaffe mit den Steinen von Siena, und
verfchaffte fich ein Stück deffelben. Die umftänd-
lichere Befchreibung ähnlicher Ereigniffe hebt alle Zweifel gegen die Authenticität diefer Nachrichten. Eine der wichtigften ift folgende:

„*Befchreibung der Explofion eines feurigen Meteors unweit Benares in Oftindien und eines gleichzeitigen Steinregens* 14 *englifche Meilen von diefer
Stadt,* von John Lloyd Williams, *Efq.*, *F.
R. S.* — Ich habe meine Erkundigungen über
diefes fonderbare Phänomen hauptfächlich nur von
Europäern eingezogen, aus Furcht vor dem Aberglauben der Hindus. Am 19ten Dec. 1798 zeigte

---

*) Man vergl. die *Bibliotheque Britannique*, t. 6, p.
51 f. *d. H.*

fich zu Benares und in der benachbarten Gegend
ungefähr um 8 Uhr Abends am Himmel ein hell
leuchtendes Meteor, von der Geftalt einer grofsen
Feuerkugel, unter einem donnerähnlichen Getöfe,
und aus demfelben fielen nahe bei *Karkhut*, einem
Dorfe an der Nordfeite des *Gcomty*, ungefähr 14
englifche Meilen von Benares, einige Steine herab.
Das Meteor erfchien an der Weftfeite des Himmels,
und war nur kurze Zeit über fichtbar; wurde aber
von Europäern und Hindus in mehrern Diftrikten,
befonders genau zu Juanpoor, 12 englifche Meilen
von Karkhut, wahrgenommen. Alle befchrieben
es als eine grofse Feuerkugel, die von einem ftarken Getöfe, einem unregelmäfsigen Pelottonfeuer
ähnlich, begleitet war. In Benares fchien es ein
fo helles Licht als der Vollmond zu verbreiten. —
Herr Davis, Richter des Diftrikts, worin die
Steine herabgefallen feyn follten, fchickte, fobald
die Nachricht in Benares bekannt wurde, einen
verftändigen Mann an Ort und Stelle, um Nach-
forfchungen über die Sache anzuftellen. Die Ein-
wohner des Dorfs fagten ihm, dafs fie alle herabgefallnen Steine, die fie herausgehakt, wegge-
fchenkt oder zerfchlagen hätten, dafs es aber nicht
fchwer fallen würde, auf den benachbarten Feldern
andre zu finden, da fie nur 2 oder 3 Zoll tief lägen,
und man nur an den Stellen zu fuchen brauche,
wo die Erde frifch umgewühlt fcheine. Nach diefer Anweifung fand er ihrer 4, die er Herrn Davis mit zurückbrachte. Sie lagen alle nur 6 Zoll

tief in einem Felde, das dem Anfcheine nach frifch
gewäffert war, und einer etwa 300 Fufs vom andern. Zugleich erzählten ihm die Dorfbewohner,
fie hätten ungefähr um 8 Uhr Abends in ihren Häufern eine plötzliche Helligkeit, einen lauten Donnerfchlag, und unmittelbar darauf ein Geräufch bemerkt, als wenn fchwere Körper in ihrer Nachbar-
fchaft herabfielen. Sie getrauten fich indefs nicht
vor dem nächften Morgen heraus, aus Furcht, einer
ihrer Götter möge dabei mit im Spiele feyn. Sie
fanden ihre Felder an mehrern Stellen umgewühlt,
und als fie an diefen Stellen nachfuchten, fanden
fich die Steine. — Herr Erskine, Einnehmer
diefes Diftrikts, ein junger kenntnifsreicher Mann,
zog ganz ähnliche Erkundigungen ein, und erhielt
ähnliche Steine. — Herr Maclane, der nahe
bei dem Dorfe wohnt, gab mir ein Stück eines
folchen Steins, das ihm am Morgen von dem Wäch-
ter bei feinem Haufe gebracht worden war. Nach
der Ausfage deffelben war der Stein durch das
Dach feiner Hütte gefchlagen und etliche Zoll tief
in den feft gefchlagnen Boden gedrungen, und
mufste über 2 Pfund gewogen haben. — Der
Himmel war vollkommen klar, als das Meteor erfchien; feit dem 11ten war nie ein Wölkchen zu
fehn gewefen, und noch mehrere Tage nachher
zeigte fich keins "

„Von diefen Steinen habe ich 8 gefehn, die
beinahe noch ganz waren, und viele Stücke von
andern, die zerfchlagen worden waren. Die Ge-

ftalt der allervollkommenften fcheint ein unregel-
mäfsiger Würfel zu feyn, der an den Kanten abge-
rundet ift; die Ecken find aber an den meiften
noch fichtbar. Sie find von 3 bis über 4 Zoll Seite. Einer von 4¼ Zoll Seite wiegt 2 Pfund 1 2 Unzen. Das Anfehn aller war gleich. Aeufserlich
waren fie mit einer fchwarzen Hülle oder Incrufta-
tion umgeben, die an einigen Stellen wie Firnifs
oder Bitumen ausfah, und die meiften hatten Brü-
che, die, (da fie mit einer jener Hülle ähnlichen
Maffe bedeckt waren,) im Fallen, durch das Zufam-
menftofsen der Steine, veranlafst feyn mochten;
auch fchienen fie einer ftarken Hitze ausgefetzt gewefen zu feyn, bevor fie auf die Erde kamen. Innerlich beftehn fie aus vielen kleinen Kugeln von
Schieferfarbe, die in einer weifsgräulichen Maffe,
worin hell glänzende Metall- oder Kiestheilchen
eingefprengt find, liegen. Die Kugeln find weit
härter als diefe Maffe, die fich fchaben läfst, und
wovon fich ein Theil an den Magnet anhängt, befonders die äufsere Hülle, die durchgängig vom
Magnete gezogen zu werden fcheint. Die folgenden Befchreibungen und Analyfen find von 2 der
vollkommenften diefer Steine hergenommen. —
In Hindoftan giebt es keinen Vulkan; auch ift in
diefem Lande nirgends eine ähnliche Steinart bekannt."

Noch mufs ich hier eines merkwürdigen Minerals aus dem *Lithophylacium Bornianum, P.* 1, *p.*
125, erwähnen, das dort folgendermafsen befchrie-

ben wird: „Eifen, das vom Magnete gezogen wird,
und aus glänzenden Körnchen, die einer grünlichen
Mutter (*Ferrum virens L.*) eingemengt find, befteht. Es wird in Stücken von 1 bis 20 Pfund,
mit einer fchwarzen fchlackenähnlichen Hülle umgeben, hier und da bei Plan im Bechiner Kreife in
Böhmen gefunden, und follen am 3ten Juni 1753
unter Donnerfchlägen vom Himmel herabgeregnet
feyn, wie einige Leichtgläubige ausfagen." *)

Die Bornfche Mineralienfammlung macht
jetzt bekanntlich einen Theil des Kabinets von
Charles Greville aus. Diefer hatte die Güte,
jene Eifenftufe aufzufuchen, und fie mir zur Unterfuchung zuzuftellen. Daffelbe thaten Banks mit
den Steinen aus Yorkfhire und von Siena, und
Herr Williams mit dem Steine aus Benares.
Und fo war ich im Befitze von vier Steinarten, die
insgefammt vom Himmel herabgefallen feyn follten.

Es kam nun zuerft auf eine *mineralogifche Befchreibung* derfelben an. Diefe übernahm der Graf
von Bournon, Mitglied der königlichen Gefellfchaft, und ich liefere fie hier mit feinen Worten:

*) Weitere Nachrichten von diefen Steinen und von
einem Steine, der in Croatien vom Himmel gefallen feyn foll, (und deffen Befchreibung mit der
der Sienefer Steine nahe zufammenftimmt,) giebt
der Abbé Stütz, Director des kaiferlichen Mine-
ralienkabinets in Wien, in dem zweiten Bande der
Bergbaukunde. Vergl. *Annal.*, VI, 161. *d. H.*

„Keiner diefer Steine hat eine regelmäfsige Geftalt, und insgefammt find fie, fo weit fie unzerbrochen erhalten worden, gänzlich mit einer fchwarzen Krufte von fehr unbeträchtlicher Dicke überzogen. Keiner hat, angehaucht, einen thonartigen Geruch. Die Steine von Benares haben die ausgezeichnetften mineralogifchen Charaktere, weshalb ich fie zuerft befchreiben, und die andern mit ihnen vergleichen will."

„Steine von Benares. Specififches Gewicht 3,352. Sie find mit einer dünnen, dunkelfchwarzen Krufte umgeben, haben nicht den mindeften Glanz, und fühlen fich wegen ihrer rauhen Oberfläche wie Chagrin an. Im Bruche find fie afchgrau und körnig, wie ein fchlechter Schleifftein, und find offenbar Gemenge von 4 verfchiedenen Materien, die fich mittelft einer Loupe leicht unterfcheiden laffen."

„1. Die Subftanz, welche in gröfster Menge vorhanden ift, hat die Geftalt kleiner Kugeln und ovaler Körper von der Gröfse eines kleinen Nadelknopfs bis zu der einer Erbfe, fehr wenige find noch gröfser. Ihre Farbe ift grau, manchmahl ins Braune fpielend, fie find völlig undurchfichtig, zerfpringen nach allen Richtungen, und haben einen mufchlichten, feinen, dichten Bruch von wenig Glanz, ungefähr wie Email. Sie find fo hart, dafs fie, auf Glas gerieben, es matt machen, obfchon fie es nicht fohneiden, und dafs fie am Stahle ein wenig Feuer fchlagen."

„2. Die zweite dieser Substanzen ist *Schwefel-kies* von unbestimmter Gestalt und röthlieh-gelber Farbe, die sich der Farbe des Nickels oder der künstlichen Schwefelkiese nähert. Sie ist von körnigem Gewebe, nicht sehr fest und giebt zerstoßen ein schwarzes Pulver. Der Magnet zieht diesen Schwefelkies nicht. Er ist durch die Masse unregelmäßig zerstreut."

„3. Die dritte Substanz besteht aus kleinen *Eisentheilchen* in vollkommen regulinischem Zustande, so daß sie sich unter dem Hammer strecken lassen. Sie machen, daß der Magnet die ganze Masse anzieht, obschon sie in ihr in geringerer Menge als der Schwefelkies vorhanden sind. Wird die ganze Masse gepulvert und dieses Eisen so genau als möglich durch den Magnet davon getrennt, so zeigt sich, daß es etwa 0.02 der ganzen Masse beträgt."

„4. Diese drei Massen sind durch eine vierte mit einander vereinigt, welche fast von der Consistenz der *Erden* ist, daher sich jene sehr leicht mit der Spitze eines Federmessers absondern, und die ganzen Steine mit den Händen zerbrechen lassen. Die Farbe dieser als Cement dienenden Substanz ist weißlich - grau."

„Die schwarze *Kruste*, welche die ganze Masse umgiebt, schlägt, so dünn sie auch ist, am Stahle lebhaft Funken, zerspringt unter dem Hammer, und scheint dieselben Eigenschaften, als das vom Magnete anziehbare schwarze Eisenoxyd zu besitzen.

Auch

Auch fie ift indefs mit kleinen regulinifchen Eifentheilchen gemengt. Das ift bei den gleich zu
befchreibenden Steinen noch mehr der Fall, die
überhaupt reicher an Eifen find."

„Stein von Yorkfhire. Specififches Gewicht
3,508. Er befteht genau aus denfelben Subftanzen
als die Steine von Benares, und unterfcheidet fich
von ihnen blofs in Folgendem: 1. Er hat ein feineres Korn. — 2. Die erfte Subftanz ift im Ganzen kleiner, kömmt auch nicht immer in kug-
lichter oder ovaler, fondern mitunter in einer un-
regelmäfeigen Geftalt vor. — 3. Er enthält verhältnifsmäfsig weniger Schwefelkies, (der aber diefelbe Befchaffenheit hat,) und weit mehr regulinifches Eifen, etwa 0,08 bis 0,09, wovon einige
Stücke ziemlich grofs find, eins, unter andern,
mehrere Gran wog. — 4. Das erdige Cement ift
etwas fefter und gleicht verwittertem Feldfpath
oder Kaolin."

„Stein von Siena. Specififches Gewicht 3,418.
Er war nur klein, aber ganz, und daher rundum
mit der fchwarzen Krufte umgeben. Er war fo grob-
körnig wie der von Benares, ftand im Gehalte an
regulinifchem Eifen zwifchen diefem und dem von
Yorkfhire, enthielt diefelben Subftanzen als diefer, und aufser ihnen nichts anderes als ein paar
Kügelchen fchwarzen Eifenoxyds, das der Magnet
zog, und ein einziges vollkommen durchfichtiges
grünlich - gelbes Kügelchen von vollkommnem Glas-
glanze, aber mindrer Härte als der Kalkfpath, das

fich feiner Kleinheit wegen nicht weiter unterfuchen liefs. Die fchwarze Krufte war dünner und
voll Riffe." *)

„*Stein aus Böhmen.* Specififches Gewicht
4,281. Er gleicht im Innern in allem dem Steine
aus Yorkfhire; nur dafs 1. die Schwefelkiestheilchen in ihm nicht ohne Loupe zu entdecken
find; dafs er 2. fehr viel mehr regulinifches Eifen, nämlich 0,25 der ganzen Maffe, enthält; —
dafs 3. mehrere der regulinifchen Eifentheilchen
an ihrer Oberfläche oxydirt find, wodurch eine
Menge gelblich-brauner Flecke im Innern entftanden ift, und das Cement mehr Feftigkeit erhalten zu haben fcheint; ein Umftand, der wahrfcheinlich dem längern Aufenthalte diefes Steins in
der Erde zuzufchreiben ift; — und dafs er 4. bei
feiner Menge von Eifen und feiner gröfsern Feftigkeit einer Art von Politur fähig ift, durch die das
Eifen noch fichtbarer wird."

„Aus diefen Befchreibungen fieht man, dafs,
obfchon kein andres bekanntes Mineral, felbft unter denen vulkanifchen Urfprungs, diefen Steinen
im mindeften ähnlich ift, fich doch unter ihnen
felbft die auffallendfte Aehnlichkeit findet. Sie
werden dadurch der Aufmerkfamkeit des Natur-
forfchers im höchften Grade würdig, und fie machen uns nach ihrem Urfprunge nur defto neu-
gieriger."

*) Vergl. hiermit *Annal.*, VI, 164.   *d. H.*

Ich gehe nun zur *chemiſchen Analyſe dieſer Steine* fort.

A. *Der Stein von Benares* iſt der einzige der vier, der vollkommen genug iſt, um etwas einer regelmäſigen Analyſe Aehnliches zuzulaſſen.

1. *Die Kruſte.* Sie wurde mit einem Federmeſſer oder einer Feile abgetrennt, das reguliniſche Eiſen davon durch den Magnet geſondert, und der Ueberreſt mit Salpeterſäure digerirt, in der ſogleich eine Zerſetzung bewirkt wurde. Die geſättigte Auflöſung, wurde nach dem Filtriren durch Ammoniak, das ich in Uebermaaſs zuſetzte, gefällt. Es erfolgte ein anſehnlicher Niederſchlag von Eiſenoxyd. Die zurückbleibende Flüſſigkeit hatte eine grünliche Farbe, und gab bis zur Trockniſs abgeraucht ein, noch von keinem Chemiker als von Hermbſtädt, (*Annales de Chimie*, t. 22, p. 108,) beſchriebenes, dreifaches Salz: ſalpeterſauren ammoniakhaltigen Nickel.[*] Hieraus erhellt, daſs die Kruſte aus *Eiſen* und *Nickel* beſteht, die, wie ihre Wirkung auf Salpeterſäure beweiſt, wo auch nicht reguliniſch, doch dem reguliniſchen

---

[*] Ammoniak und Nickeloxyd bilden mit allen drei mineraliſchen Säuren ſolche dreifache Salze. Das ſalzſaure Ammoniak verbindet ſich mit dem meiſten Nickeloxyd. Die Farbe iſt ſehr verſchieden. Blauſäure und Schwefelwaſſerſtoff-Ammoniak ſind die einzigen Reagentien, welche den Nickel aus dieſen dreifachen Salzen niederſchlagen.   *d. H.*

U 2

Zuſtande ſehr nahe ſeyn müſſen. Von Kupfer war
keine Spur in der Auflöſung zu entdecken. Das
Verhältniſs beider Metalle zu beſtimmen, unternahm ich nicht, da es unmöglich war, die Kruſte
allein und rein von erdigen Theilen zu erhalten,
auch der Zuſtand ihrer Oxydirung unbekannt war.

2. *Der Schwefelkies.* Die ſehr lockere Textur deſſelben machte es ausnehmend ſchwer, auch
nur 16 Gran davon zu erhalten, welche ich indeſs
doch zuletzt durch die Geſchicklichkeit des Grafen
von Bournon zuſammen bekam. Dieſe digerir-
te ich bei mäſsiger Wärme mit Salzſäure, die allmählig darauf wirkte, und ſehr wenig, aber doch
merkbar, Schwefel - Waſſerſtoffgas daraus entband.
Nach einigen Stunden hörte die Säure auf zu wirken. Alles Metall ſchien aufgelöſt, und nur
Schwefel und Erdtheile im Rückſtande zu ſeyn;
der Schwefel ſchwamm in der Auflöſung, die Erde lag am Boden, ſo daſs ſich die Auflöſung ſammt
dem Schwefel decantiren lieſs. Das war ſehr
glücklich, denn ſo fand ſich aus dieſem erdigen
Rückſtande, nach wiederhohltem Waſchen deſſelben, daſs wirklich nur 14 Gran Schwefelkies in
den Verſuch gekommen waren. Der Schwefel
wurde durch Filtriren geſchieden, und wog nach
vorſichtigem Trocknen 2 Gran. Salpeterſaurer Baryt trübte die Auflöſung nicht; ſie enthielt alſo
keine Schwefelſäure. Nachdem dieſer Zuſatz durch
ſchwefelſaures Ammoniak fortgeſchafft war, fällte
ich das Eiſenoxyd durch Ammoniak; es wog nach

dem Ausglühen 15 Gran, welches etwa 10½ Gran
Eisen vorausfetzt. Zu der übrigen Auflöfung wurde
Schwefelwafferftoff - Ammoniak getröpfelt; diefes
fchlug Schwefel - Nickel nieder, der nach dem Glühen 1 Gran Nickel zurückliefs. Folglich enthielt
der Schwefelkies folgende Beftandtheile in 14
Gran:

> Schwefel   2 Gran
> Eifen   10½
> Nickel nahe   1
> Verluft   ½
>   ‾‾‾‾
>   14

Allein wahrfcheinlich war der Verluft gröfser, da
der Schwefel fich nicht in den Zuftand von Trocknifs, die er im Kiefe hat, bringen liefs, ohne zu
verfliegen. Die Schätzung des Nickels ift fehr ungefähr. Auf jeden Fall erhellt hieraus, dafs diefer
Schwefelkies von einer fehr verfchiednen Natur
von allen übrigen ift, von dem der Schwefel fich
gar fo leicht nicht durch Salzfäure fcheiden läfst. *)

*) Nach Vauquelin's Vermuthungen ift das Ei-
   fen in den Schwefelkiefen als Oxyd vorhanden.
   (Annales de Chimie, t. 37, p. 57.) Das ift in diefen Kiefen nicht möglich, ift anders Howard's
   Analyfe richtig. Sollte es aber nicht überhaupt
   zwei wefentlich verfchiedne Klaffen von Verbindungen von Schwefel und Eifen in der Natur geben, nämlich Schwefel - Eifen und Schwefel - Eifenoxyd, und wären zu letzterm nicht vielleicht
   die fogenannten Leberkiefe zu rechnen?   d. H.

3. *Das hämmerbare regulinische Eisen.* Zuvor nahm ich reines Eisen und behandelte es mit Salpeterſäure und Ammoniak. 100 Gran gaben 144 bis 146 ausgeglühten Eiſenoxyds. — Nun erwärmte ich Salpeterſäure in Ueberfluſs über 25 Gran des offenbar regulinischen Eiſens, das durch den Magnet von dem Steine von Benares getrennt war. Als ſich alles aufgelöſt hatte, blieben 2 Gran Erde zurück, von der die Metallblättchen nicht zu reinigen geweſen waren, ſo daſs ſich in der Auflöſung nur 23 Gran Metall befanden. Ein Ueberſchuſs von Ammoniak ſchlug das Eiſenoxyd nieder, das nach dem Ausglühen nur 24 Gran wog, und daher nur $\frac{100}{147} \cdot 24 = 16\frac{1}{2}$ Gran *Eiſen* enthielt. Da ſich in der Auflöſung auſserdem weiter nichts finden lieſs, als ſalpeterſaurer ammoniakhaltiger Nickel; ſo muſste der Reſt, d. i., $23 - 16\frac{1}{2} = 6\frac{1}{2}$ Gran, *Nickel* ſeyn, [wofür man, wegen des unvermeidlichen Verluſts, wenigſtens 17 Gran *Eiſen* und 6 Gran *Nickel* rechnen muſs.]

4. *Die kleinen runden Körper,* die durch die Maſſe zerſtreut ſind. Es wurden mehrere davon gepulvert. Der Magnet wirkte auf das Pulver nicht, und Salzſäure entband daraus keine Spur von Schwefel-Waſſerſtoffgas, woraus ich ſchloſs, daſs ſie weder Eiſen noch Schwefelkies ſind. Ich ſchmolz daher 100 Gran mit Kali in einem ſilbernen Tiegel zuſammen, und führte die Analyſe auf die bekannte Art durch. Sie gab mir, im Mittel aus zweien, folgende Beſtandtheile aus 100 Gran:

Kiefelerde	50 Gran
Magnefia	15
Eifenoxyd	34
Nickeloxyd	2,5
	101,5

Dafs fich hier ein Ueberfchufs im Gewichte findet, liegt an der Verfchiedenheit der Oxydirung des Eifens in der Maffe und nach dem Verfuche.

5. *Das erdartige Cement* oder die *Matrix* gab, auf diefelbe Art unterfucht, aus 100 Gran folgende Beftandtheile:

Kiefelerde	48 Gran
Magnefia	18
Eifenoxyd	34
Nickeloxyd	2,5
	102,5

B. *Die drei übrigen Steine.* Die Krufte derfelben unterfuchte ich nicht weiter, da fie der des Steins von Benares in allem glich. Auch nicht den Schwefelkies und die kuglichten Stücke, da ich von ihnen nur zu wenig hatte. Dafür die hämmerbaren metallinifchen Theile, und den erdigen Theil, der als Matrix oder Cement dient, mit dem eingemengten Schwefelkiefe, nachdem die kuglichten und die hämmerbaren Theile davon möglichft getrennt waren. Nach diefen Analyfen enthielt

	des Steins von Siena	des St. aus Yorkſhire	des St. aus Böhmen
Das hämmerbare Metall in	8—Gr.	3o Gr.	14 Gr.
an Eiſen	6+	26	12,5
an Nickel	1 bis 2	4	1,5
Die erdige Matrix in	150 Gr.	150 Gr.	55 Gr.
an Kieſelerde	70	75	25
an Magneſia	34	37	9,5
an Eiſenoxyd	52	48	23,5
an Nickeloxyd	3	2	1,5
	159	162	59,5

Die aufserordentliche Zunahme an Gewicht in diefen Analyſen, in denen doch aller Schwefel aus
den Schwefelkieſen nicht mit angegeben ift, weil
er fich nicht wohl genau beſtimmen lieſs, rührt
davon her, dafs das mit dem Schwefel in dem Kiefe
verbundene Eiſen fich nicht im Zuſtande eines
Oxyds, fondern im regulinifchen Zuſtande befand.

Die Analyfe des Profeſſors B a r t h o l d ſtimmt
mit diefen in Abficht des Gehalts des Enfisheimer
Donnerſteins an Magneſia und auch an Kiefelerde,
(wenn man das, was er ohne gehörige Unterfuchung für Thonerde ausgiebt, für Kiefelerde annimmt,) ganz gut überein; in letzterer auch die
Analyfe der parifer Akademiften vom Steine des
Abbé B a c h e l a y. Da überdies die mineralogifchen Charaktere ihrer Steine mit denen, die der
Graf v o n B o u r n o n angiebt, auf eine auffallende
Art zufammenſtimmen; auch für die Abweichungen jener frühern Analyfen von den meinigen

fich in der Zerlegungsart jener Chemiker Gründe.
genug finden: fo zweifle ich keinen Augenblick,
dafs auch jene Steine auf die Erde wirklich herabgefallen find, und dafs fie in ihrer Zufammenfet-
zung mit den vier von mir unterfuchten ganz über-
einkommen.

An Verfuchen, diefe Phänomene mit den bekannten Grundfätzen der Phyfik in Uebereinftim-
mung zu bringen, fehlt es uns zwar nicht, fie verwickeln uns indefs alle fo ziemlich in gleich unauf-
lösliche Schwierigkeiten. Dr. Chladni, der diefe Speculationen vielleicht noch mit dem meiften
Glücke verfolgt hat, fetzt das Herabfallen von Steinen mit den feurigen Meteoren in Zufammenhang,
und in der That erfolgte, nach Williams Erzählung, das Herabfallen der Steine bei Benares unter Erfcheinung einer Feuerkugel. Dafs der Stein
aus Yorkfhire ohne eine leuchtende Erfcheinung
herabgefallen ift, fcheint zwar die Idee zu widerlegen, dafs diefe Steine die Materie find, welche
das Licht eines feurigen Meteors erzeugen oder
mit fich führen, oder dafs fie nur in Gemeinfchaft
mit einem feurigen Meteore erfcheinen; *) auch
kömmt im Berichte von den in Portugal herabgefallenen Steinen kein Wort von Meteoren oder

*) Da diefer Stein um 3 Uhr Nachmittags herabfiel,
fo war, auch wenn er hell leuchtete, das fchwerlich zu bemerken. d. H.

Blitzen vor. Dagegen fielen die Sienefer Steine
mitten während einer Erfcheinung, die man für
ftarke Blitze anfah, die aber in der That wohl ein
Meteor feyn konnten. Eben fo fanden fich Steine
nach einem Meteore, das man am 24ften Juli 1790
in Gafcogne gefehn hatte,*) und nach der Erzählung Falçonet's in feinen oben erwähnten Auffätzen über die *Boetilia* war der Stein, den man
im Alterthume als die Mutter der Götter verehrte,
in einem Feuerball gehüllt, vor die Füfse des Poe-
ten Pindar niedergefallen. Alle *Boetilia* hatten,
wie er behauptet, denfelben Urfprung.

Es verdient hier angeführt zu werden, dafs
bei einem Verfuche, den ich machte, ein Stück eines der Steine von Benares an feiner innern Fläche durch Hülfe der *Electricität* mit einer künftlichen fchwarzen Krufte, der äufsern ähnlich, zu
überziehn, — der Stein, nachdem der Entladungsfchlag einer Batterie von 37 Quadratfufs Belegung
über diefe Fläche fortgeleitet worden war, im
Dunkeln leuchtete, und nahe ¼ Stunde leuchtend

*) Eine interefsante Befchreibung diefes Meteors
vom Profeffor Baudin in *Pau*, findet fich in der
Decade philofophique vom 26ften Febr. 1797, N.
67, und daraus, mit Bemerkungen von Chladni, in Voigt's *Magazin*, B. XI, *St.* 2, S. 112.
Da fie vielleicht die bedeutendfte unter den bis
jetzt bekannten Wahrnehmungen diefer Art feyn
dürfte, fo füge ich weiterhin einen Auszug aus
diefer Befchreibung bei.   *d. H.*

blieb, und dafs der Weg des electrifchen Stroms
in der That fchwärz war. Da indefs manche andre
Körper durch electrifche Entladungsfchläge ebén-
falls leuchtend werden, fo läfst fich auf diefen Verfuch kein befonderes Gewicht legen.

Sollte man es in der Folge wirklich als Thatfache bewährt finden, dafs herabgefallene Steine
die Körper vón feurigen Meteoren find, fo würde
das wenigftens keine Schwierigkeit machen; dafs
diefe Steine nicht viel tiefer in den Erdboden hin-
eindringen. Denn die feurigen Meteore pflegen
fich in einer mehr horizontalen als fenkrechten
Richtung zu bewegen, und die Kraft, welche fie
forttreibt, ift uns völlig fo unbekannt, als der Urfprung der herabgefallenen Steine.

Ich darf diefe Materie nicht verlaffen, ohne
ein paar Worte von dem Meteore gefagt zu haben,
welches vor wenigen Monaten die Graffchaft Suf-
fólk durchzóg. Es hiefs, ein Theil deffelben fey
nahe bei *St. Edmundsbury* herabgefallen, und habe
fogar eine Hütte in Brand gefetzt. Aus Unterfuchungen an Ort und Stelle ergab fich, dafs man
mit einigem Grunde vermuthete, es fey etwas, wie
es fcheint vom Meteore, auf eine benachbarte
Wiefe herabgefallen; die Zeit, da das Feuer im
Haufe auskam, ftimmt aber nicht mit dem Moment,
in welchem das Meteor darüber wegzog, zufammen.

Ein Phänomen, welches weit mehr Aufmerkfamkeit verdient, ift feitdem im *Philofophical Ma-*
gazine befchrieben worden. In der Nacht am 5ten

April 1800 fah man in *Amerika* einen durchweg
leuchtenden Körper, der fich mit unglaublicher
Gefchwindigkeit bewegte. Er fchien fo grofs wie
ein Haus von etwa 70 Fufs Länge zu feyn, und die
Höhe deffelben über der Erdfläche nicht mehr als
200 Yards, (600 Fufs,) zu betragen. Das Licht
deffelben war wenig fchwächer als das volle Sonnenlicht, und alle, die ihn vorüberziehn fahn, fühl-
ten eine ftarke Hitze, doch keine electrifche Wirkung. Unmittelbar, nachdem er in Nordweft
verfchwunden war, hörte man ein heftiges fort-
während es Getöfe, als wenn das Meteor den vor-
liegenden Wald niederftürzte, und wenige Sekunden fpäter ein furchtbares Krachen, das mit einem
fühlbaren Erdbeben verbunden war. Man fuchte
nachher den Platz auf, wo die brennende Maffe herabgefallen war; jede Pflanze war dort verbrannt
oder doch gröfstentheils verkohlt, (*fcorched?*)
und ein grofser Theil der Erdfläche aufgebrochen.
Wir müffen es recht fehr beklagen, dafs der Verfaffer diefer Nachricht nicht tiefer, als an der
Oberfläche des Bodens nachfuchte. Eine fo ungeheure Maffe, kam fie gleich faft horizontal herab,
mufste doch bis zu einer beträchtlichen Tiefe eindringen. War fie, wie es fcheint, ein Körper ganz
eigner Natur, fo wird fie vielleicht in den folgenden Jahrhunderten wieder aufgefunden werden,
und dann durch ihre Gröfse und ifolirte Lage die
Naturforfcher in Erftaunen fetzen.

Diefes führt mich zu den ifolirten Maffen von
fogenanntem *gediegnen Eifen,* welche man in Südamerika entdeckt, und die Don Rubin-de Celis befchrieben hat. Sie mochte ungefähr 15
Tonnen, (30000 Pfund,) wiegen. Er fand noch
eine zweite ifolirte Maffe, ganz von derfelben Natur. Seine Erzählung ift höchft intereffant; da
man fie aber in den *Philof. Transact. for* 1788 findet,*) fo wiederhohle ich fie hier nicht. Prouft

*) Auch in Gren's *Journ. d. Phyfik,* Th. 1, S. 68 f.,
und in den *Annales de Chimie,* t. 5. Eingeborne
der Provinz *Tucuman,* die unter der Jurisdiction
von *Sanjago de Eftero* wohnten, hatten in den un-
bewohnten Wäldern, die fich bis an den Rio de
la Plata ziehn, diefe Eifenmaffen entdeckt; und
da man glaubte, fie wären zu Tage ausgehende
Theile einer viele Meilen weit verbreiteten Eifen-
niederlage, wurde Don Rubin de Celis im
Februar 1783 vom Vicekönige von Rio de la Plata ausgefendet, fie zu unterfuchen, und falls es
fich lohnte, eine Kolonie dabei anzulegen. Sie
liegt mitten auf einer unermefslichen Ebne, wo
es in einem Umkreife von hundert Meilen umher
weder Berge noch Felfen giebt, in blofser Erde.
Im Aeufsern glich fie völlig dichtem Eifen, im
Innern war fie aber voll Höhlungen, und auf der
Oberfläche derfelben bemerkte man Eindrücke
von Menfchenfüfsen und Händen und von Vögel-
klauen, welche, wie der Verfaffer meint, aber
wohl Naturfpiele feyn konnten. Er meifselte
ein 25 bis 30 Pfund fchweres Stück ab, wobei
aber 70 Meifsel darauf gingen. Das Gewicht der

hat gezeigt, daſs dieſe Maſſe kein reines Eiſen,
ſondern eine Miſchung von *Nickel* und *Eiſen* ſey.*)
Das brittiſche Muſeum iſt im Beſitze einiger Stücke
dieſer Maſſe, die D o n R u b i n d e C e l i s der
königlichen Societät überſchickt hatte; die Vor-
ſteher des Muſeums haben mir erlaubt, ſie zu unterſuchen, und ich bin nicht wenig erfreut, daſs dieſe Unterſuchung völlig mit der einer ſo berühmten Chemikers, als P r o u ſt, übereinſtimmt. Er
erhielt aus 100 Gran der Eiſenmaſſe 50 Gran
Schwefel - Nickel. Mir gaben 62 Gran der Me-

ganzen Maſſe, die er mittelſt Hebel fortwälzen
liefs, ſchätzt er auf 300 Zentner. Beim Aufgra-
ben der Erde fand ſich die untere Seite mit einer
4 bis 5 Zoll dicken Schlackenrinde bedeckt, indefs die obere Seite ganz rein war, und wo und
wie tief man auch eingrub, fand man nichts als
eine leichte graue Erde von derſelben Art, als
die zu Tage lag, ſo dafs die merkwürdige Maſſe
ein vollkommen iſolirtes Stück Eiſen iſt. In den
unermeſslichen Waldungen dieſer Gegend liegt,
nach Ausſage der Indianer, noch eine zweite
Maſſe reinen Eiſens, welche die Geſtalt eines
Baums mit Zweigen haben ſoll.   *d. H.*

*) *Journal de Phyſique*, t. 6, p. 148, *An* 7, *Thermidor.*
P r o u ſt giebt folgende auffallende Charaktere
deſſelben an: Es roſtet ſchwer; iſt ſehr ductil;
läſst ſich trefflich ſchmieden, auch feilen, aber
nicht härten; und iſt nach ſeiner Analyſe Eiſen
mit einem beträchtlichen Antheile Nickel vermiſcht.   *d H.*

talhmaffe,. auf die befchriebene Art mit Salpeter-
faure behandelt, 80 Gran ausgeglühten Eifenoxyds, welches auf einen Gehalt von $7\frac{1}{2}$ Gran,
oder von 10 Procent, Nickel deutet.

Es ift natürlich, hier auch an die von Pallas
bekannt gemachte *fibirifche Eifenmaffe* zu denken,
welche die Tataren für ein vom Himmel herabge-
fallenes Heiligthum halten.*) Der Nickelgehalt der
amerikanifchen, und diefe Tradition von der fibirifchen Eifenmaffe, (der Analogie zwifchen den
kuglichten Körpern des Steins von Benares und den
kuglichten Höhlungen der fibirifchen Maffe, fammt
des erdigen Theils diefer letztern nicht zu geden-
ken,) fcheinen die herabgefallenen Steine mit allen
Arten gediegnen Eifens in nahen Zufammenhang
zu bringen. Zu beurtheilen, wie weit diefe Ue-
bereinftimmung wirklich reicht, bin ich durch fehr
zuvorkommende Freunde einigermafsen in Stand

---

*) S. Pallas *Reifen durch Sibirien*, B. 3, S. 311.
Sie liegt ganz oben auf dem Rücken eines hohen
Schiefergebirges, zwifchen Krasnojarfk und
Abekanfk, zu Tage, hat eine unregelmäfsige, etwas eingedrückte Geftalt, wie ein rauher Pfla-
fterftein, und mochte ungefähr 1600 Pfund wiegen. Von aufsen war fie mit einer eifenfteinar-
tigen Rinde umgeben; innerlich ift fie gediegnes
und fehr poröfes, einem groben Badefchwamme
ähnliches Eifen, deffen Zwifchenräume nach
Pallas mit einem fpröden, harten, bernfteingel-
ben Glafe ausgefüllt find. · *d. H.*

gefetzt worden, indem die Herren Greville und
Hatchett mich mit Stücken *von allen bis jetzt*
bekannt gewordenen Arten gediegnen Eifens verfehn
haben, und der Graf von Bournon die Güte
gehabt hat, fie für mich genau *mineralogifch* zu befchreiben.

Hier feine Befchreibung der *fibirifchen Eifen-*
maffe, welche einige fehr intereffante Eigen-
thümlichkeiten zeigt und bis jetzt noch nicht gehörig befchrieben worden ift. „Die treffliche
Grevillefche Sammlung enthält zwei vollkommen
gut erhaltene Stücke diefes Eifens; das eine wiegt
mehrere Pfunde, und ift dem Befitzer von Herrn
Pallas felbft zugefchickt worden. Das kleinere
diefer Stücke ift von einem zelligen und äftigen
Gewebe, dem einiger fehr poröfen und leichten vulkanifchen Schlacken fehr ähnlich, und das ift die
gewöhnliche Textur folcher Eifenftücke, die man
in den mineralogifchen Sammlungen findet. Betrachtet man es aufmerkfam, fo finden fich nicht
blofs leere Zellen, fondern auch Eindrücke oder
Höhlungen von gröfserer und geringerer Tiefe,
die zuweilen vollkommen kugelrund, und offenbar
durch harte Körper bewirkt find, welche in diefen
Höhlungen gelegen haben, und nach deren Verfchwinden die Wände diefer Höhlungen ganz glatt
und mit dem Glanze des polirten Metalls zurückgeblieben find. Hin und wieder befindet fich in
diefen Höhlungen ein durchfichtiger gelblich - grü-
ner Körper, den ich nachher umftändlicher be-
fchrei-

fchreiben will. Es ift fehr wahrfcheinlich, daſs die Höhlungen von diefem durchfichtigen Körper, und ihre fpiegelnden Flächen von den Eindr̄ en deſſelben herrührten."

„Diefes Eifen ift fehr gut zu hämmern, und unter dem Hammer zu dehnen; auch läſst es fich mit einem Meſſer fchneiden. Das fpecififche Gewicht deſſelben ift 6,487; alfo weit unter dem des Gufseifens. Noch geringer ift das fpecififche Gewicht des faft eben fo dehnbaren und eben fo leicht zu fchneidenden gediegnen Eifens aus Böhmen, nämlich nur 6,146. Ich erkläre mir diefes geringe fpecififche Gewicht aus der leichten Oxydirung, welche die Oberfläche erlitten hat, und aus einer Menge kleiner Höhlungen im Innern der Maſſe, die oft in frifchen Brüchen zum Vorſcheine kommen, und deren Oberfläche ebenfalls leicht oxydirt ift. —— Auf dem Bruche zeigt es diefelbe weiſse und glänzende Silberfarbe, als das fogenannte weiſse Gufseifen, doch hat es ein weit ebneres und feineres Korn, ift auch im Kalten weit hämmerbarer, und ftatt daſs jenes Gufseifen nach Bergmann rothbrüchig ift, fo läſst es fich auch rothglühend, wie ich häufig verfucht habe, recht gut hämmern. Daſſelbe gilt vom gediegnen Eifen aus Südamerika und vom Senegal."

„Das groſse, einige Pfund fchwere Stück unterfcheidet fich im Anfehn in mehrerm von dem eben befchriebnen. Der gröſste Theil befteht aus einer feften compacten Maſſe, in der fich auch

nicht die kleinsten Poren oder Höhlungen wahrnehmen laſſen; auf der Oberfläche deſſelben befindet ſich aber ein ramificirter oder celluöſer Theil,
der in jeder Rückſicht dem vorhin beſchriebnen
Stücke gleich iſt, und mit der Subſtanz der compacten Maſſe durchgehends aufs vollkommenſte
verbunden iſt."

„Dieſe compacte Maſſe beſteht nicht durchgängig aus reguliniſchem Metalle, ſondern nahe zur
Hälfte aus der durchſichtigen gelblich - grünen,
(manchmahl grünlich - gelben,) Subſtanz, die ich
ſchon bei dem vorigen Stücke erwähnt habe, und
die ihr ſo eingemengt iſt, daſs, lieſse ſie ſich ganz
fortſchaffen, der Ueberreſt, der bloſs aus dem gediegnen Eiſen beſteht, dieſelbe cellulöſe Structur
als das erſte Stück und der cellulöſe Theil dieſes
zweiten zeigen würde. Getrennt von dem Eiſen
hat dieſer ſteinige Theil die Geſtalt kleiner unre-
gelmäſsiger Knötchen, deren einige beinahe ku-
gelförmig ſind. Sie haben eine völlig glatte und
glänzende Oberfläche, ſo daſs man ſie oft für kleine Glaskugeln halten könnte, — ein Umſtand, der
mehrere verführt hat, ſie für wahre Verglaſungen
auszugeben; — und an manchen ſind da, wo ſie mit
dem Eiſen, das ſie umſchloſs, in Berührung waren,
unregelmäſsige Facetten ſichtbar; an keiner lieſs
ſich aber die mindeſte Spur von Kryſtalliſation
wahrnehmen. Dieſer ſteinige Theil iſt immer
mehr oder minder durchſichtig; ſo hart, daſs er
Glas ſchneidet, obſchon er auf Quarz keinen Ein-

druck macht; fehr fpröde; von einem mufchlichten Bruche; fpringt unregelmäfsig nach keiner beftimmten Richtung; und wird durch das Reiben
electrifch. Das fpecififche Gewicht deffelben beträgt 3,263 bis 3,3. Ich habe ihn in einem eifernen Tiegel in einer Glühehitze, bei der der Tiegel
fich bis zu einer anfehnlichen Tiefe oxydirte, eine
beträchtliche Zeit lang erhalten, ohne dafs er fich
im mindeften veränderte, nur dafs er intenfiver
von Farbe wurde. Befonders war er noch gleich
durchfichtig als zuvor. Ich glaube daher, dafs man
nicht die mindefte Urfach hat, ihn für eine Art
von Glas zu halten."

„Unter allen bis jetzt bekannten Subftanzen
hat mit ihm die gröfste Aehnlichkeit der *Peridot*,
(W.erner's *Chryfolit*,) wofür ihn einige Mineralogen wirklich ausgegeben haben. Auch ftimmen
die Beftandtheile deffelben nach Howard's Analyfe nahe mit denen des Peridots nach Klaproth's Analyfe überein. Er ift eben fo hart und
unfchmelzbar als der Peridot, nur etwas fpecififch
leichter, da das fpecififche Gewicht zweier fehr
vollkommnen Peridotkryftalle 3,34 und 5,375 betrug. Ob er wirklich Peridot ift, würde die Kry-
ftallgeftalt ausweifen, wenn man diefen fteinigen
Theil je kryftallifirt finden follte."

„Bei der feften Verbindung, worin der durchfichtige fteinige Theil mit dem Eifen der Maffe
fteht, und dem grofsen Widerftande, den man findet, wenn man beide von einander trennen will,

X 2

ift es in der That zu verwundern, dafs faft alle
Exemplare diefes gediegnen Eifens, die man in
Europa in Mineralienfammlungen findet, in dem
vorhin befchriebnen cellulöfen Zuftande find, der
offenbar einer gänzlichen oder faft gänzlichen Zer-
ftörung des durchfichtigen Theils zuzufchreiben
ift. Darüber giebt, (abgefehn von der Zerbrech-
lichkeit diefer Maffe,) das grofse Stück des Grevillefchen Kabinets einen wichtigen Auffchlufs, da
man in demfelben mehrere Knötchen diefer durchfichtigen Maffe findet, die fich in einem Zuftande
von wahrer Zerfetzung befinden. In diefem Zuftande find fie weifs und undurchfichtig, und zer-
krümeln fich hei einem leichten Drucke zwifchen
den Fingern in ein trocknes fandiges Pulver. Diefe Zerfetzung zeigt fich in verfchiednen Graden.
In einigen Knötchen ift die Maffe blofs zerreiblich,
ohne ihr Anfehn fehr verändert zu haben, in andern von röthlich-gelber Ocherfarbe; doch kann
man fich leicht überzeugen, dafs diefe Farbe der
Oxydirung daran liegender Eifentheilchen zuzufchreiben ift. Es läfst fich denken, dafs die ganze durchfichtige Maffe auf diefe Art zerftört werden
könne, und was dann das Eifen für eine Geftalt
haben müfste." [Vergl. S. 335.]

„Zwifchen diefen durchfichtigen Knötchen
und den kleinen kuglichten Maffen in den Steinen,
die auf die Erde herabgefallen feyn follen, fcheint
mir viel Aehnlichkeit zu feyn, und faft möchte ich
fchliefsen, dafs beide von derfelben Natur, die

Kügelchen nur minder rein und von einem gröfsern Eifengehalte find."

„Das gediegne Eifen, welches man in Böhmen
gefunden, und wovon Herr von Born ein Stück
der Freiberger Akademie überfchickt hat, ift, nach
dem Exemplare in der Grevillefchen Sammlung,
dem compacten Theile der gröfsern fibirifchen
Maffe ähnlich. Es enthält, wie diefes, eine Menge
runder Körper oder Knoten, doch verhältnifsmäfsig nicht fo viel; auch find fie vollkommen undurchfichtig, und gleichen fehr den dichteften Kügelchen in den herabgefallenen Steinen."

Chemifche Analyfe der fibirifchen Eifenmaffe.
1. Des gediegnen Eifens. 100 Gran gaben in Salpeterfäure oxydirt 127 Gran ausgeglühten Eifenoxyds. Folglich enthält es etwa 17 Procent Nickel. — 2. Die gelbliche durchfichtige Maffe
wurde auf diefelbe Art als der kuglichte und der
erdige Theil des Steins von Benares behandelt,
und es gaben 50 Gran, an

Kiefelerde   27 Gran
Magnefia   13,5
Eifenoxyd   8,5
Nickeloxyd   0,5
                ————
                49,5

Chemifche Analyfe des gediegnen Eifens aus
Böhmen. 25 Gran diefes Metalls gaben 30 Gran
Eifenoxyd; daher fie ungefähr 5 Gran, d. h. 20
Procent, Nickel enthalten mufsten.

Das gediegne Eisen vom Senegal hatte der General O'Hara mitgebracht, und ich erhielt es von Hatchett; es war aber gänzlich verunstaltet, und daher keiner mineralogifchen Befchreibung fähig. 145 Gran gediegnen Metalles gaben 199 Gran Eifenoxyd, daher fie etwa 8 Gran oder 4 bis 5 Procent Nickel enthielten.

Refultate.

Aus dem bis hierher Verhandelten erhellet, dafs eine Anzahl *Steine*, von denen man behauptet, dafs fie in ganz verfchiednen Ländern unter äholichen Umständen *vom Himmel herabgefallen* feyen, genau diefelben Charaktere haben. Die Steine von Benares, der Stein aus Yorkfhire, die Steine von Siena, und ein Stück eines folchen Steins aus Böhmen, find unläugbar ganz von einerlei Art. Sie enthalten allefammt 1. Schwefelkies von einer eignen Natur; 2. ein Metallgemifch aus Eifen und Nickel, und find 3. allefammt mit einer Krufte von fchwarzem Eifenoxyd umgeben; 4. ftimmt die Erde, welche dem Ganzen als eine Art von Cement dient, ihrer Natur und ihren Eigenfchaften nach in allen überein. Im Steine von Benares find die Schwefelkiestheilchen und die kuglichten Körperchen fehr deutlich; in den übrigen find fie nicht ganz fo beftimmt wahrzunehmen, und in einem Steine von Siena war ein Kügelchen durchfichtig. Die Steine von Benares fielen unter Erfcheinung eines feurigen Meteors,

die Sienéfer Steiñē unter Blitzen herab. Diefe Ue-
bereinftimmung in den Umftänden, und die Autoritäten, welche ich angeführt habe, laffen, wie
mich dünkt, es nicht länger bezweifeln, dafs diefe Steine wirklich herabgefallen find, fo unbegreif-
lich uns auch die Sache feyn mag.

Alles fogenannte *gediegne Eifen* enthält Nickel. Die ungeheure Eifenmaffe in Südamerika
ift voll Höhlungen, und fcheint weich-gewefen
zu feyn, da fich in ihr verfchiedne Eindrücke zeigen. Die fibirifche Eifenmaffe hat kugelförmige
Höblungen, die zum Theil mit einer durchfichtigen Maffe ausgefüllt find, welche aus denfelben
Beftandtheilen, nahe in demfelben Verhältniffe,
(die Menge des Eifenoxyds ausgenommen,) als der
kuglichte Theil im Steine von Benares befteht.
Das gediegne Eifen aus Böhmen adhärirt an einer
erdigen Maffe, worin fich kuglichte Körper befinden.

Statt aus diefen Thatfachen Folgerungen zu
ziehn, will ich nur zwei Fragen vorlegen:
1. Sollten nicht alle herabgefallnen Steine, und
das, was wir gediegnes Eifen nennen, einerlei Urfprung haben? 2. Sind diefe Körper nicht vielleicht insgefammt, oder doch einige derfelben,
Producte feuriger Meteore? und follte nicht der
Stein aus Yorkfhire ein Meteor, nur in allzuho-
hen Regionen, gebildet haben, als dafs man es
hätte wahrnehmen können?

V.

BEMERKUNGEN
gegen

den vorhergehenden Auffatz Howard's,

von

EUG. MELCH. LOU. PATRIN,
in Lyon.*)

„Zwar kann man weit ficherer auf den Beifall der
grofsen Mehrheit der Lefer rechnen, wenn man
dem Publicum wunderbare Ereigniffe vorerzählt,
als wenn man diefen Ereigniffen den Schein des
Wunderbaren zu benehmen, und fie in den Kreis
bekannter Erfcheinungen zu verfetzen fucht; ein
eifriger Naturforfcher darf indefs nicht anftehn,
der Wahrheit alles aufzuopfern. Ich trage daher,"
fagt Patrin, „kein Bedenken, die jetzt von neuem
wieder in Anregung gebrachte, und von vielen be-

*) Diefe Bemerkungen find aus dem Artikel *Glo-*
bes de feu des neuen *Dictionnaire d'hiftoire naturelle,*
welches von Déterville herausgegeben wird,
im *Journal de Phyfique,* t. 55, p. 376 — 397, abgedruckt. Der Lefer erhält fie hier in einem
zwar kurzen, doch vollftändigen Auszuge, damit er felbft beurtheilen möge, ob fie bedeu-
tender find, als fie fcheinen
dem Herausgeber.

reits für eine ausgemachte Thatsache angenomme-
ne Sage der Alten, von Steinen, die vom Himmel
gefallen sind, einer nähern Prüfung zu unterwerfen; denn billig sollte doch, ehe man neue Hypothesen erdenkt, um sie zu erklären, die Richtigkeit der Thatsache erhärtet und außer allem
Zweifel gesetzt seyn, damit hier nicht die Geschich-
te des *goldnen Zahns* wieder erneuert werde."

Patrin bemerkt zuerst im Allgemeinen, daß
einmahl in allen von Howard mitgetheilten
Nachrichten *kein Augenzeuge* genannt werde, sondern alles nur auf Aussage unbekannter Leute beruhe, die weiter sagten, was sie nur durch Hören-
sagen hatten; und daß zweitens sämmtliche Erzählungen darauf führen würden, daß man *Donner*-
oder *Strahlsteine* annehmen müsse; eine Annahme, die doch Howard selbst, bei unsern bessern
Einsichten in der Gewitterlehre, für *lächerlich*
erkläre.

Ueber die einzelnen Erzählungen bemerkt
Patrin im Wesentlichen Folgendes: *Gerichtliche
Certificate*, dergleichen Southey von dem 1796
in Portugal herabgefallnen Steine mittheile, seyen,
wenn sie wunderbare Begebenheiten betreffen, besonders in gewissen Ländern, eben nicht sehr
glaubwürdig. Was den Stein des Abbé Bachelay betreffe, so halte er sich an die Untersuchung
der Akademisten und an ihren von Lavoisier re-
digirten Bericht, nach welchem der Stein nichts
anderes als eine Schwefelkies haltende Masse sey,

die vielleicht der Blitz getroffen und an der Oberfläche geschmolzen habe. Dafür spreche der Umstand, dafs nur der Theil der Maffe, der sich aufserhalb der Erde befand, eine blafichte verglafte
Rinde hatte, dergleichen Sauffure auch an Fels-
stücken auf dem Gipfel des Montblancs bemerkt,
und für Wirkungen des Blitzes erklärt hat. —
Den Donnerstein von Enfisheim erklärt Patrin
mit dem Profeffor Barthold gleichfalls für eine
gewöhnliche Kieskugel, dergleichen häufig in py-
ritischen Thonlagern vorkommen. Eine fo lockere
und leichtbrüchige Maffe, wie diefe nach Barthold's Befchreibung ist, hätte bei dem unbe-
deutendsten Falle in Stücken zerfpringen müffen,
und könne daher unmöglich aus einer grofsen Höhe niedergefallen feyn. — Eben folche Kiesku-
geln find nach ihm die Steine von *Siena*, die,
gleich dem des Abbé Bachelay, während des
heftigen Gewitters vom Blitze getroffen und an
der Oberfläche geschmolzen worden feyen; diefes
fey um fo wahrscheinlicher, da, nach Ferber's
Briefen, (Brief 17,) im Sienefifchen Gebiete fich
viele Thonlager finden, die pyritifche Materien
enthalten. Uebrigens fey das Zeugnifs einer Menge von Leuten aus dem grofsen Haufen noch nicht
für gültig und untrüglich zu halten.

Die Steine von *Yorkfhire* und *Benares* haben,
nach Patrin, denfelben Urfprung. Kreidenlager,
in welchen der Stein von Yorkfhire gefunden wurde, feyen bekanntlich, fo gut als Thon, Lagerstätte

der Sohwefelkiefe, und das donnernde Getöfe,
welches man zugleich hörte, beweife die Gegenwart des Blitzes. Eben fo bezeuge die mehr per-
pendikuläre als horizontale Bewegung der hell
leuchtenden Feuerkugel und darauf erfolgte
Donnerfchlag, dafs das Meteor von Benares nichts
mehr und nichts weniger als ein blofser Blitzftrahl
gewefen fey. Die Erdfläche fey wahrfcheinlich
durch das Zerfpringen der getroffenen Kiesmaffen
umgewühlt worden. Die Ausfagen der beiden
Hindus, des abgefchickten Mannes und des Nacht-
wächters, qualificirten fich übrigens vortrefflich zu
einem *jurifiſchen Certificate*, wiewohl es nicht
recht begreiflich fey, wie eine mit den Fingern zu
zerbrechende Erdmaffe durch das Dach einer Hütte durch, in einen feft getretenen Boden mehrere
Zoll tief einfchlagen konnte, ohne zu zerfallen.
Der Nachtwächter möge wohl den Stein von den
andern Leuten erhalten, und die Gefchichte deffelben etwas verfchönert haben, um fo mehr, da
er nur ein kleines Fragment vorwies. Williams Befchreibung diefer Steine und Howard's eigner Verfuch mit der electrifchen Batterie an einer diefer Maffen unterftützten noch
mehr die Behauptung, dafs auch diefe Steine von
Benares nichts anderes als durch einen Blitz getrof-
fene Pyritmaffen find. — Endlich werde ein Mi-
neraloge wie Herr von Born den böhmifchen
Stein nicht fo geradezu zum Linnéifchen *Ferrum
virens* gerechnet haben, hätte er irgend etwas

Ausgezeichnetes daran bemerken können. Das
amerikanische Meteor sey ganz unbedeutend. Hätte es wirklich einen festen Kern enthalten, der auf
die Erde herabgefallen wäre, so würden die Ein-
wohner nicht eine solche Gleichgültigkeit dabei be-
wiesen haben.

Vergleicht man die mineralogische Beschreibung, welche der Graf von Bournon von den
verschiednen herabgefallenen Steinen giebt, und
ihre Bestandtheile genauer; so zeigt sich, behauptet Patrin, dass diese Massen gar nicht so iden-
tisch sind, als sie von andern gehalten werden, indem sich in dem Gefüge derselben, in dem Verhältnisse ihrer Bestandtheile, im specifischen Gewichte, und besonders in ihrem Eisengehalte, we-
sentliche Verschiedenheiten finden. Nur Eine Eigenschaft, die kuglichten Körperchen, käme allen
zu, und wie diese entstanden seyen, zu erklären,
dazu, meint er, diene die schon angeführte Beobachtung Saussure's über ähnliche glasche Bla-
sen an einem Felsstücke auf der Spitze des Montblancs, und der Versuch, der Saussure glückte,
in einem Hornsteine derselben Art durch electrische Schläge kleine glasichte Bläschen, die er durch
eine gute Loupe erkennen konnte, und die theils
ganz und durchsichtig blieben, theils zersprungen
waren, hervorzubringen, wobei die grünliche
Farbe des Gesteins, an den durch den electrischen Schlag aufgerissenen Stellen, in eine matte
graue verwandelt war. Dieser Versuch beweist,

nach Patrin, deutlich den electrifchen Urfprung
jener kuglichten Körper.

Der Verfaffer glaubt, dafs man noch viel weniger Aehnlichkeit zwifchen der *fibirifchen* und
amerikanifchen Eifenmaffe und jenen Steinen auffin-
den könne. Von der fibirifchen Maffe habe er in
einem Briefe in der *Bibliotheque Britannique*, No.
140, hinlänglich dargethan, dafs alle Umftände dahin übereinftimmen, dafs fie eine fehr reiche Eifen-
miner fey, die der Blitz gefchmolzen habe. Sie
liegt, nach Pallas, am Tage, nahe am Gipfel eines
Berges, doch ein wenig unterhalb eines mächtigen
Ganges von fchwarzem, durch den Magnet zieh-
baren Eifen, der auf dem Rücken des Berges zu
Tage ausgeht. Der Gang ift 18 Zoll mächtig und
die Miner enthält 70 Proçent Eifen. Der Berg
befteht aus einer Abart Kiefelfchiefer, und es fey
wahrfcheinlich, dafs ein Theil des Ganges, wo
er zu Tage ausfetzt, durch Quarzadern von der
andern Maffe getrennt gewefen fey. Nun aber
wiffe jeder Phyfiker, dafs nichts die Exploíion des
Blitzes mehr befördere, als eine ifolirte Metallmaffe, befonders wenn fie fich auf dem Gipfel eines
Berges befindet. Nichts fey daher natürlicher, als
dafs diefe Maffe von faft reinem Eifen den Entladungsfchlag einer ganzen Gewitterwolke angezogen habe; und da das electrifche Fluidum durch
die Quarzumgebung darin zurückgehalten und ge-
wiffermafsen condenfirt worden fey, fo habe fie in
einem Augenblicke fchmelzen müffen, da der Blitz

felbft nicht-ifolirtes Metall fchmelze. Die Structur der Maffe entfpreche ganz diefer Hypothefe. Der Gang befteht aus einer compacten Miner von metallifchem Anfehn, durch die die erdigen Theilchen gleichförmig zerftreut find. Gerade fo die ifolirte Eifenmaffe, in der die glasartigen Kügelchen gleichmäfsig verbreitet find, und fich faft berühren. Sie machen $\frac{1}{70}$ des Gewichts der Maffe aus, gerade wie die Schlacken, (*fcories,*) des Minerals, das im Gange anfteht, und feyen aus den Erdtheilen der Miner zufammengefchmolzen. Es fey daher nichts wunderbares in diefer Maffe zu fuchen. — Noch bemerkt Patrin, (oder Déterville?) in einer Note, er habe diefe fibirifche Eifenmaffe felbft in allen Theilen forgfältig unterfucht, und könne daher verfichern, dafs fie keine Zellen ohne den glasähnlichen Theil enthalte. Man trenne die einzelnen Stücke von der Maffe durch eine Axt, die fchief angefetzt, und auf die mit dem Hammer gefchlagen wird. Das fehr weiche Eifen werde dadurch zufammengedrückt, und die glafichten Kügelchen dazwifchen zerdrückt. Daher komme das Anfehn derfelben in dem einen Stücke des Grevillefchen Kabinets, nicht von einer Zerfetzung. Ift ein Stück weit genug losgearbeitet, fo reifse man es vollends ab, und dann könne man fich fehr deutlich davon überzeugen, dafs es keine leeren Zellen gebe, fondern dafs fie allefammt glasartige Kügelchen enthalten, und wohl nur durch fie exiftiren.

Die Eisenmasse liegt auf einem mit Tannen-
und Lerchenbäumen bewachsenen Boden. Dieser
müsse daher, meint Patrin, aus lockerm Erd-
reiche bestehn, in welches ein vom Himmel fallen-
der Stein sich gänzlich müste vergraben haben,
da senkrecht in die Höhe geschossene Kanonenku-
geln beim Zurückfallen 2 bis 3 Fuls tief in die Erde hineinschlügen. Zwar meine Howard dieses
Argument dadurch entkräftet zu haben, dafs er
die Stein - und Metallmassen in einer fast horizontalen Richtung herabfallen lasse; das lasse sich aber
wohl von Meteoren, deren Substanz eine Materie fast ohne Schwere sey, aber wahrlich nicht
von 1600 oder gar 30000 Pfund schweren Massen denken, die doch unmöglich gleich einem
Luftballon horizontal in der Atmosphäre umher-
spatzieren könnten.

Patrin schliefst mit der Bemerkung, dafs,
so sehr man gezwungen sey, viele unerklärbare
Erscheinungen zu glauben, man sich doch hüten
müsse, Thatsachen, die sich ganz leicht und einfach aus bekannten Naturgesetzen erklären lassen,
in wunderbare Ereignisse umzugestalten, für die sich
in der Natur nichts Analoges findet, und für die
wir keinen andern Beweis als die allerunbedeu-
tendsten Sagen haben. Er empfiehlt den Natur-
forschern folgenden Versuch: auf Felsenspitzen
oder Spitzen alter verlafsner Thürme Massen von
Schwefelkiesen und andern eisenhaltigen Minern

auf Glas- oder Quarzunterlagen zu legen, und allenfalls noch mit einem fenkrechten Eifenftabe zu
verfehn. Es könne nicht lange dauern, fo müffe
ein Blitzftrahl fie treffen, und dann werde es fich
zeigen, ob fie nicht in Steine wie die vom Himmel gefallnen oder wie die fibirifche Eifenmaffe
umgeftaltet feyn werden.

VI.

BESTANDTHEILE

mehrerer meteorifcher Stein - und Me-
tallmaffen,

nach der chemifchen Analyfe

des Ober - Medicinalraths KLAPROTH,
in Berlin. *)

— — Von den bei Siena im Jahre 1794 am
16ten Jun. gefallenen Meteorfteinen erhielt ich einige Probeftücke, womit ich zwar bald nachher
eine chemifche Zergliederung anftellte, deren Be-
kanntmachung ich jedoch, aus Beforgnifs, darüber
in einen gelehrten Streit verflochten zu werden,

---

*) Der Herr Verfaffer hat die Güte gehabt, aus der
fehr wichtigen und intereffanten Abhandlung
über meteorifche Stein - und Metallmaffen, die er am
27ften Jan. in der Akademie der Wiffenfchaften
zu Berlin vorgelefen hat, die Refultate feiner
chemifchen Analyfen, auf meine Bitte, mir für
die Annalen mitzutheilen. Die Folgerungen,
welche Howard aus feinen Unterfuchungen gezogen hat, durch einen Klaproth beglaubigt
und beträchtlich erweitert zu fehn, wird jedem,
der in fo dunkeln Regionen die geprüfteften
Führer wünfcht, gewifs befonders angenehm
feyn.   *d. H.*

weil man damahls noch zu sehr geneigt war, das
Factum selbst für ein Mährchen zu halten, unter-
liefs. Jetzt ist mir hierin Edw. Howard zuvor-
gekommen. Das Resultat meiner Analyse dieser
Meteorsteine von Siena bestand in Folgendem:

Gediegnes Eisen	2,25
Nickelmetall	0,60
Schwarzes Eisenoxyd	25
Bitterfalceerde	22,50
Kiefelerde	44
Braunsteinoxyd	0,25
Verlust, mit Einschluss des Schwe-	
fels und Nickeloxyds	5,40
	100

Gegenwärtig habe ich ferner den im *Aichstädt-*
schen gefallenen Meteorstein *) zu analysiren Gelegenheit genommen. Er gleicht jenem von Siena,
in Betracht der äufsern schwarzen Rinde, wie auch
der innern afchgrauen, magern, feinkörnigen
Hauptmasse, gänzlich. An eingesprengten Körnern des gediegnen Eisens war er noch reicher;
die Kiespunkte aber hatten eine stärkere Verwitte-
rung erlitten, und waren meistens in Braun - Ei-
fenocher übergegangen. Die gefundenen Bestandtheile waren im Hundert:

---

*) S. *Bergbaukunde*, B. II, Leipz. 1790, S. 398. *K.*

Gediegnes Eisen	19
Nickelmetall	1,50
Braunes Eisenoxyd	16,50
Bitterfalzerde	21,50
Kiefelerde	37
Verluft mit Einfchlufs des Schwefels	4,50
	100

Da ich den Eifengehalt, fowohl in beiderlei Meteorfteinen, wie auch in der Pallasfchen Eifenftufe, Nickel enthaltend gefunden, hiermit auch Prouft's Analyfe der grofsen füdamerikanifchen gediegnen Eifenmaffe, ingleichen Howard's Analyfe der englifchen und oftindifchen Meteorfteine übereinftimmen; fo wünfchte ich, die maffive Metallmaffe, welche, 71 Pfund am Gewichte, im Jahre 1751 am 26ften Mai bei *Agram in Slavonien* herabgefallen ift,*) und feitdem, nebft den darüber verhandelten Acten, im kaiferlichen Kabinette in Wien aufbewahrt wird, einer Prüfung zu unterwerfen; welcher Wunfch mir durch gefällige Ueberfendung eines zur Analyfe hinreichenden Theils derfelben gewährt worden. Die gefundenen Beftandtheile deffelben find:

Gediegnes Eifen	96,50
Nickelmetall	3,50
	100 **)

*) S. a. a. O., S. 399. K.

**) Der Herr Verfaffer folgert aus feinen und aus Howard's Unterfuchungen folgende Cha-

Es blieb nun noch die Frage zu erörtern übrig:
Giebt es, aufser diefen meteorifchen Eifenmaffen,
von der Natur in den Gebirgslagern unfers Erdplaneten wirklich erzeugtes gediegnes Eifen? -

Diejenigen mineralogifchen Schriftfteller, welche diefe Frage bejahen, beziehen fich meiftens
auch auf die, von Lehmann befchriebene,
marggraffche Eifenftufe von Eibenftock. Allein,
ich bemerke an einem ähnlichen, in meiner
Sammlung befindlichen Exemplare eben daher,
dafs deffen äftige Zacken mit ähnlichem olivinarti-
gen Geftein, wie das fibirifche und das bei Ta-

raktere der niedergefallenen meteorifchen Körper: „Sie beftehn entweder blofs aus derbem Eifen, oder aus fteinartigen Gemengen
mit eingefprengten Eifenkörnern. In allen ift
das Eifen von gleicher Befchaffenheit; es ift dehn-
bar, äufserft zähe, giebt einen weifsen Feil-
ftrich, und enthält ftets Nickelmetall. Die Steine find äufserlich mit einer fchwarzen Rinde umgeben, inwendig hellgrau mit dunkeln Flecken,
und aufser den Eifentheilen auch noch mit zar-
ten Schwefelkiespunkten durchfprengt. Die
Hauptmaffe derfelben enthält Eifenoxyd, Bitter-
falzerde und Kiefelerde." — Die Meinung des
Dr. Chladni, dafs diefe meteorifchen Producte
Bruchftücke von Feuerkugeln find, ift, nach dem
Urtheile des Herrn Verfaffers, durch die fpätern
Erfahrungen als völlig beftätigt zu betrachten.

d. H.

bar in Böhmen gefallene, verwachfen find, welches einen gleichen meteorifchen Urfprung vermuthen läfst. Einen zuverläffigern Beweis giebt
dagegen das gediegne Eifen, welches, obgleich
nur felten, zu Grofskamsdorf in Sachfen vorgekommen ift. Die erfte Nachricht davon findet man in des Herrn von Charpentier mi-
neralogifcher Geographie von Sachfen, S. 343,
und eine anderweitige Nachricht davon hat Herr
O.-B.-R. Karften in Lempe's Magazin für
die Bergbaukunde, Theil 4, 1787, mitgetheilt.
Meine eigne Sammlung befitzt eine ähnliche Stufe, aus der Grube *Eiferner Johannes* zu Grofskamsdorf, welche aus derbem gediegnen Eifen
mit anfitzendem dichten, bräunlich-fchwarzen Eifenoxyd befteht, am Gewichte 12 Unzen. Auch
im hiefigen Mineralienkabinette des königlichen
Bergdepartements befindet fich ein ähnliches
Exemplar diefes ächten gediegnen Eifens, wobei die Grube *zum kleinen Johannes* bei Kamsdorf als Geburtsort genannt ift. Die chemifche
Prüfung, zu welcher die benöthigte Menge von
jener Stufe aus der Grube *Eiferner Johannes*
angewendet worden, hat folgende Beftandtheile angezeigt:

Eifen	92,50
Blei	6
Kupfer	1,50

100

Den Refultaten zu Folge, welche die Unterfuchung der beiderlei Eifen gegeben hat, wird
nun das Dafeyn oder die Abwefenheit eines Ni-
ckelgehalts als chemifches Kriterion dienen können, nach welchem fich jedes vorkommende natürlich - gediegne Eifen beurtheilen läfst, ob es
meteorifcher Abkunft fey, oder ob es in Gebirgslagern unfers Erdplaneten erzeugt worden.

Klaproth.

VII.

NACHRICHT,

von Steinen, die in Breſſe aus der Luft gefallen ſind,

von

JERÔME LA LANDE,

in Paris. [*]

In den *Etrennes hiſtoriques*, die ich 1756 als ein junger Menſch noch in *Breſſe* herausgegeben habe, und die ſchwerlich in die Hand eines Phyſikers kommen dürften, findet ſich folgender Artikel:

„Ein merkwürdiges Phänomen erregte 1753 in Breſſe groſses Aufſehn. Nachforſchungen an Ort und Stelle lehrten mir darüber Folgendes: Im September, ungefähr um 1 Uhr Nachmittags, an einem ſehr heiſsen und heitern, völlig wolkenfreien Tage, hörte man ein groſses Getöſe, wie zwei oder drei Kanonenſchüſſe, das nicht lange dauerte, aber doch 6 Lieues in der Runde wahrgenommen wurde; am ſtärkſten zu Pont-de-Vesle, 14 Lieues weſtlich von Bourg-en-Breſſe. Bei Laponas, einem Dorfe, 4 Lieues von Pont-de-Vesle, hörte man ſelbſt ein Ziſchen, wie von einer Flintenkugel, und noch an demſelben Tage fand man zu Laponas

---

[*] *Journal de Phyſique*, *t.* 55, p. 451. d. H.

und bei einem Dorfe nahe bei Pont - de - Vesle zwei
schwärzliche, runde, doch sehr ungleiche Maſſen,
die auf beſtelltes Land gefallen und etwa $\frac{1}{4}$ Fuſs tief
in die Erde hinabgeſunken waren. Die eine wog
beinahe 20 Pfund. Sie wurden zerſchlagen, und
in der ganzen Provinz gab es kaum einen Neugie-
rigen, der nicht ein Stückchen dieſer Maſſen zu
ſehn bekommen hätte. Der zweite, $11\frac{1}{2}$ Pfund
ſchwere Stein kam nach Dijon in das Naturalienka-
binet des Herrn Varenne de Beoſt, Sekretärs
der Staaten von Bourgogne. Mehrere hielten dieſe
Steine für Schwefelkieſe, und man unterſchied in
ihnen Fäden oder Nadeln, denen des Spiefsglanzes
ähnlich. Ein geſchickter Chemiker unterſuchte die
Maſſe, und erklärte den Grundtheil derſelben für
einen grauen, ſehr ſchwer oder gar nicht ſchmelz-
baren Stein, dem, beſonders in den Spalten, Eiſen
in Körnern und Faſern eingemengt ſey, welches,
wie die meiſten Eiſenminern, erſt geglüht werden
müſſe, um vom Magneten vollkommen angezogen
zu werden. Von Arſenik zeigte es keine Spur.
Sie ſchienen ein ſehr heftiges Feuer ausgehalten zu
haben, und davon an der Oberfläche geſchmolzen
zu ſeyn, welches um ſo eher möglich iſt, da das
Eiſen die Erden leichtflüſſiger macht. Man könnte
geneigt ſeyn, dieſe äuſere Schwärze und Schmel-
zung einem Blitzſtrahle, der ſie getroffen habe, zuzuſchreiben; da man derer aber an zwei, ja nach
einigen Berichten ſelbſt an drei verſchiednen Orten gefunden hat, es auch kaum möglich ſcheint,

dafs an einem fo heitern, völlig wolkenleeren Himmel Blitze entftehn follten, fo halte ich fie vielmehr für Erzeugniffe eines Vulkans." —— ——

„Am St. Peterstage 1750 hörte man in der untern Normandie ein ähnliches Getöfe, und auch damahls fiel zu *Nicor*, nahe bei *Coutance*, eine Steinmaffe herab, die ungefähr von derfelben Natur, als die hier befchriebnen, nur fehr viel größer war."

Diefes fchrieb ich 1753. Ich war damahls noch fehr jung, doch habe ich in den 50 Jahren, die feitdem verfloffen find, meine Meinung nicht geändert. Ich kann weder zugeben, dafs diefe Maffen Concretionen find, die der Blitz gebildet habe, noch losgeriffene Stückchen von einem andern Planeten, noch auch kleine Trabanten, die, ohne dafs man fie fieht, um die Erde laufen und durch irgend ein befonderes Zufammentreffen vom Himmel herabgefallen find. Lieber geftehe ich, dafs ich von ihrem Urfprunge nichts weifs.

VIII.

BESCHREIBUNG

eines feurigen Meteors,

das am 24sten Juli 1790 in Gascogne gesehen
wurde,

von

B A U D I N,
Prof. der Phyf. in Pau. *)

Der 24fte Juli 1790, ein Sonnabend, war ein
fehr warmer Tag gewefen; noch am Abend war
die Luft, rubig und heiter und der Himmel völlig
wolkenlos. Der Mond, (es war ungefähr 30 Stunden vor dem Vollmonde,) fchien fehr hell, und ich
ging, um etwa halb zehn Uhr, mit Herrn von
Carris Barbotan im Hofe des Schloffes zu
Mormes auf und ab, als wir uns plötzlich von einem weifslichen Lichte, welches das Mondlicht
verdunkelte, umgeben fahn. Als wir aufwärts
blickten, fahen wir faft in unferm Zenith eine
Feuerkugel, gröfser als der Mond, mit einem 5 -
bis 6mahl längern Schweife, der von der Kugel ab
immer fchmäler wurde und in eine Spitze auslief.
Kugel und Schweif waren matt - weifs, die Spitze

*) Ausgezogen aus der Décade philofophique. 1796,
No. 67.   d. H.

dunkel-, faft blutroth. Das Meteor zog mit ausnehmender Gefchwindigkeit von Süden nach Nor-
den. Zwei Sekunden nachdem wir deffen anfichtig
geworden waren, theilte es fich in mehrere Stücke
von beträchtlicher Gröfse, die wir in verfchiednen
Richtungen herabfallen fahn, ungefähr nach der
Art, wie ich es mir bei einer Bombe, die in der
Luft platzt, denke. Einige dieser Trümmern, (wo
nicht alle,) wurden blutroth, wie die Spitze des
Schweifes, und alle erlofchen noch in der Luft.

Ungefähr 3 Minuten nachher erfolgte ein heftiger Donnerfchlag, oder vielmehr eine Explofion,
als ob mehrere grofse Artilleriestücke losge-
brannt würden; der Luftdruck war dabei fo ftark,
dafs die Fenfter in ihren Rahmen zitterten, und einige fich öffneten. Wir gingen in den Garten.
Das Getöfe dauerte noch fort, und fchien fenkrecht über uns zu feyn; einige Zeit nachdem es
aufgehört hatte, hörten wir ein dumpfes Getöfe,
das fich längs der Kette der 15. Lieues entfernten
Pyrenäen in Echos zu verlängern fchien, immer
fchwächer wurde, und überhaupt gegen 4 Minuten dauerte. Zugleich verbreitete fich ein fehr
ftarker Schwefelgeruch, und bald darauf erhob fich
ein frifcher Wind.

Als wir einigen den Ort zeigen wollten, wo
das Meteor fich zertheilt hatte, fahn wir an der
Stelle ein kleines weifsliches Wölkchen, durch
welches 3 Sterne im Hintertheile des grofsen Bären bedeckt waren, fo dafs man fie kaum noch er-

kennen konnte. Aus der Zeit zwifchen dem˝Zer-,
fpringen des Meteors und der Exploſion liefs fich
vermuthen, dafs diefes wenigſtens 7 bis 8 Meilen
über der Erdfläche gefchehen feyn müffe. Auch
vermuthete ich, das Meteor müffe etwa 4 Lieues
nördlich von *Mormes* niedergefallen feyn; welches
bald durch die Nachricht beftätigt wurde, dafs
nach *Juliac* zu und bis bei *Barbotan*, (4 Stunden
nördlich und 5 Stunden, nordöftlich von *Mormes*,)
eine Menge Steine herabgefallen fey.

Aus den Erzählungen mehrerer unterrichteter
und glaubwürdiger Leute läfst fich fchliefsen, dafs
das Meteor in einer kleinen Entfernung von Juliac
zerfprungen fey, und dabei in einem Umkreife von
2 Lieues im Durchmeffer Steine von verfchiedner
Gröfse habe herabfallen laffen. So wenig bebaut
diefes Heideland auch ift, fo fielen doch einige
Steine neben Häufern, in den Höfen und Gärten
nieder, und in den Wäldern fand man Aefte zerbrochen und abgeriffen. Viele hörten beim Herabfallen diefer Steine ein ftarkes Zifchen; andre wollen während des Meteors felbft eine Art von Kniftern gehört haben, wovon wir indefs nicht das
mindefte bemerkt hatten. Man fand 18 bis 20
Pfund fchwere Steine, die 2 bis 3 Fufs tief in den
Erdboden eingefunken waren, und die man wirklich hatte herabfallen fehn; ja man will 50 Pfund
fchwere Steinmaffen gefunden haben. Herr von
Carris Barbotan verfchaffte fich einen 18
Pfund fchweren Stein und fchickte ihn an die Aka-

demie der Wiſſenſchaften in Paris. Ein kleiner
Stein, den ich mir verſchaffte, war ziemlich ſchwer,
äuſserlich ſchwarz, im Innern gräulich mit vielen
kleinen glänzenden metalliſchen Punkten, und gab
am Stahle einige matte dunkelrothe Funken. Nach
einem pariſer Mineralogen ſollten dieſe Steine eine
Art von grauer Schlacke mit Kalkſpath vermiſcht,
und äuſserlich mit ſchwarzem verglaſten Eiſenkalke
überzogen ſeyn. Es wurde behauptet, man habe
einige ganz verglaſte Steine gefunden.

Man ſah das feurige Meteor auch zu Bayonne,
Auch, Pau, Tarbes, ſelbſt zu Bourdeaux und
Toulouſe, in letzterer Stadt aber nur etwas gröſser
als eine Sternſchnuppe. Nach dem Zerſpringen
hörte man dort nur ein dumpfes Getöſe, faſt wie
von einem entfernten Donnerſchlage.

[Der Herausgeber der *Décade philoſophique* begleitet dieſe Nachricht mit der Bemerkung, ſo un-
glaubliche Erzählungen lieſsen ſich ſchwerlich als
wahr annehmen, und es ſey beſſer, man läugne ſie
ganz, als daſs man ſich auf Erklärung derſelben,
(dergleichen Baudin, doch ohne Glück, ver-
ſucht,) einlaſſe.]

IX.

HYPOTHESE

des Herrn Dr. CHLADNI

über

den Urfprung der meteorifchen Steine.

„Alle Feuerkugeln," fagt Herr Dr. Chladni,[*] „die man bisher mit einiger Genauigkeit beobachtet hat, waren, als fie anfingen fichtbar zu werden, in einer fehr beträchtlichen Höhe, manche 19 und mehrere geogr. Meilen über der Erde, wie fich aus gleichzeitigen Wahrnehmungen an verfchiednen Orten fchliefsen liefs, bewegten fich mit einer Gefchwindigkeit von mehrern Meilen in einer Sekunde, und waren alle von einer fehr anfehnlichen Gröfse, manche von ¼ Meile und mehr im Durchmeffer.[**] Alle fah man herabfallen, meiftens in

---

[*] In feinen Anmerkungen über das von Baudin befchriebene Meteor; in Voigt's *Magazin*, *Th.* 11, *St.* 2, *S.* 118.   *d. H.*

[**] H. M. Lüdicke beweift fehr überzeugend in feinen *Bemerkungen über die fehr beträchtlich hohen und grofsen Feuerkugeln*, (*Annalen*, I, 10 f.,) „dafs man bis jetzt *noch keine einzige* Beobachtung habe, aus welcher man ficher fchliefsen könne, dafs es eine Feuerkugel in fo beträchtlichen Höhen, [und alfo auch von fo aufserordentlicher Gröfse und Gefchwindigkeit,] gegeben habe."   *d. H.*

einer fehr fchiefen Richtung; nie ging eine aufwärts. Alle zeigten fich als kugelförmige, ftark
leuchtende, zuweilen in die Länge gezogne Maffen,
die einen, dem Anfehn nach aus Flammen und
Rauch beftehenden, Schweif nach fich zogen. Alle zerfprangen, nachdem fie einen weiten Raum
durchzogen hatten, mit einem Getöfe, das alles
weit umher erfchütterte, und immer fand man,
wenn man die Stücke auffuchte, welche nach dem
Zerfpringen niederfielen und zuweilen einige
Fufs tief in die Erde einfchlugen, fchlackenartige
Maffen, die regulinifches oder oxydirtes Eifen,
rein, oder mit Erdarten, oder mit Schwefel gemifcht enthielten. Alle Erzählungen von folchen
Begebenheiten, ältere und neuere, von Naturforfchern fo wie von ununterrichteten Leuten, find im
Wefentlichen einander fo ähnlich, dafs eine faft
nur eine Wiederhohlung der andern zu feyn
fcheint. Diefe Uebereinftimmnug in Nachrichten,
wo ein Augenzeuge von dem andern nichts wufste,
und wo kein Intereffe, immer das nämliche zu er-
dichten, ftatt fand, auch die meiften Umftände
als landkundig engefehn wurden, kann unmöglich
ein Werk des Zufalls oder der Erdichtung feyn,
und giebt den erzählten Thatfachen, fo unerklärbar fie auch manchem fcheinen mögen, alle Glaubwürdigkeit. In meiner Sohrift: *Ueber den Urfprung der von* Pallas *gefundenen und anderer
ihr ähnlichen Eifenmaffen, und über einige damit in
Verbindung ftehende Naturerfcheinungen, Leipz.*

1794, 4., habe ich die vorzüglichsten Beobachtungen über Feuerkugeln und das mehrere Mahl dabei bemerkte Niederfallen eisenhältiger schlacken-
artiger Maſſen zuſammen geſtellt, und eine Erklärung gegeben, die, ſo abentheuerlich ſie auch
ſcheinen mag, doch meines Erachtens beſſer als
die bisherigen mit den beobachteten Thatſachen
übereinſtimmt, und keinem andern Naturgeſetze
widerſpricht.‟

  Dieſe Erklärung des Herrn Dr. Chladni
beſteht der Hauptſache nach in Folgendem: „Die
Feuerkugeln oder fliegenden Drachen können weder eine Anhäufung der Nordlichtsmaterie, noch
electriſche Funken, noch Anhäufungen lockerer
brennbarer Materien in der obern Luft, noch Ent-
zündungen langer Strecken von brennbarer Luft
ſeyn, ſondern ſind Maſſen von beträchtlicher
Schwere und Conſiſtenz, da ihre Bahn ſo ſichtbare
Wirkungen der Schwere zeigt, und ſie ſich, ungeachtet des Widerſtandes der Luft, ſo äuſerſt
ſchnell bewegen, ohne ſich zu zerſtreuen. Ihre
runde oder längliche Geſtalt, und das Anwachſen
ihrer Gröſse bis zum Zerſpringen macht es wahrſcheinlich, daſs ſie flüſſig oder wenigſtens zähe
durch Feuer, vielleicht ſelbſt durch elaſtiſche Flüſſigkeiten ausdehnbar ſind. Aus Theilen in unſrer
Atmoſphäre kann ein ſo dichter Stoff in ſolchen
Höhen ſich auf keinen Fall anhäufen; eben ſo wenig können telluriſche Kräfte, ſo weit wir ſie kennen, dichte Maſſen bis zu ſolchen Höhen hinauf-

wer-

werfen, und ihnen eine fo fchnelle falt horizontale Wurfbewegung geben. Diefer Stoff kann daher
nicht von unten hinauf gekommen, fondern muſs
fchon vorher in höhern Regionen, *im Weltraume*
vorhanden gewefen, und aus ihm auf unferm Plane-
ten angelangt feyn."

„Erdige und metallifche Theile machen den
Grundftoff unfers Planeten aus, und Eifen gehört
unter die Hauptbeftandtheile deffelben. Wahrfcheinlich beftehn auch die andern Weltkörper aus
denfelben, nur anders gemifchten und modificirten
Grundftoffen. Sehr möglich, daſs aufserdem viele folche grobe, in kleinern Maffen angehäufte
Materien, ohne mit einem gröfsern Weltkörper in
unmittelbarer Verbindung zu ftehn, in dem *allge-*
meinen Weltraume zerftreut vorhanden find, und
in ihm fich, durch Wurfkräfte und Anziehung getrieben, fo lange bewegen, bis fie etwa einmahl
der Erde oder einem andern Weltkörper nahe
kommen, und von deffen Anziehungskraft ergrif-
fen, darauf niederfallen.*) Bei ihrer fehr fchnel-

*) *Daſs* und *wie* es möglich fey, daſs Maffen, die
nun vielleicht fchon Jahrtaufende nach den Gefetzen der Centralkräfte im Weltraume fich umher bewegt haben, endlich zur Erde herabftürzen, müfste, wenn ich nicht irre, erft aus den
Principien der höhern Mechanik dargethan feyn,
ehe wir zu einer Hypothefe, wie diefe, völlig

len, befchleunigten Bewegung durch die Atmofphäre der Erde mufs eine ausnehmende Reibung, und
dadurch eine ftarke Electricität und Hitze erregt
werden, wodurch fie fchmelzen und fich entzünden, Dabei entbindet fich eine Menge Dämpfe
und Luftarten, und diefe treiben die gefchmolz-
ne Maffe zu einer ungeheuren Gröfse auf, bis
fie endlich zerfpringt. Bei diefem Aufblä-
hen wird die Maffe fpecififch leichter, daher
der Widerftand der Luft fie immer mehr retardirt, und ihr bald den gröfsten Theil ihrer
Fallkraft benimmt, fo dafs fie nicht tief in die Erde einfinken kann."*)

berechtigt find. So lange die Möglichkeit der Sache in Zweifel bleibt, führt uns die Hypothefe
um nichts weiter. Daher werden die meiften
geneigter feyn, der Hypothefe La Place's über
den Urfprung der meteorifchen Steinmaffen bei-
zuftimmen, da die Möglichkeit derfelben nach
Gründen der höhern Mechanik im folgenden Auffatze und in der verfprochnen Fortfetzung deffelben aufser Streit gefetzt wird.   d. H.
*) Auch die meiften *Sternfchnuppen* fcheinen Herrn
Dr. Chladni folche Feuerkugeln zu feyn, nur
dafs ihre gröfsere Wurfbewegung fie in einer
gröfsern Entfernung vor der Erde vorbeiführe,
fo dafs fie von ihr nicht bis zum Niederfallen angezogen werden. Sie verurfachen daher, nach ihm,
beim Durchgehn durch die höchften Regionen der
Atmofphäre entweder eine nur fchnell vorüberge-

- Diefes ift, nach der Meinung des Herrn
Chladni, die einzige Theorie, welche mit
allen bisherigen Beobachtungen übereinftimmt,
und der Natur in keiner andern Rückficht
widerfpricht. (?) *). Er führt für fie noch Folgendes an:

„Das blendend weiße Licht der Feuerkugeln
wird von manchem Beobachter mit dem Lichte des
fchmelzenden Eifens verglichen. Das Brennen,
Rauchen, Funkenauswerfen bemerkt man ebenfalls beim Eifen, befonders beim Verbrennen def-

hende electrifche Erfcheinung, oder kommen
nur einen Augenblick über in Brand, weil fie
fogleich wieder in Regionen gerathen, wo die
Luft zum Unterhalten des Feuers zu dünn ift.

d. H.

*) La Place's Hypothefe ift viel neuer. Ni-
cholfon, (*Journal*, 1802, *Vol.* 3, *p.* 256,) meint
zwar, auch wenn die Luft nur bis auf eine Höhe
von 500 Fuß zu einem Taufendtel aus Eifen und
Metall beftehe, das in ihr zerftreut fey, fo
würde, ungeachtet ein Kubikfuß Luft keine
100 Gran wiegt, doch über 10 Acres 3000 Pfund
Metall in der Luft zerftreut feyn, und davon
brauche fich nur ein geringer Theil zu präcipi-
tiren, um einen gewaltigen Steinregen zu bewirken. Wer fieht aber nicht, daß eine folche,
an fich fchon aus der Luft gegriffne, Erklärung
faft keinem der Umftände des Phänomens ent-
fprechen würde? d. H.

Z 2

selben in Sauerstoffgas. Die innere schwammichte Beschaffenheit, und die kuglichten Eindrücke in der äufsern harten Rinde der sibirischen und andrer gediegnen Eisenmassen scheinen noch Spuren von der Ausdehnung durch elastische Flüssigkeiten und dem Zusammenziehn beim Erkalten zu seyn. Der Schwefel befördere das Brennen in einer sehr dünnen Luft; da er bekanntlich unter dem Recipienten der Luftpumpe in einer so verdünnten Luft brenne, wo fast jeder andre Körper verlischt. In meteorischen Massen ohne Schwefel sey dieser wahrscheinlich völlig verbrannt. Auch wollen einige nach Erscheinung einer Feuerkugel einen starken Schwefelgeruch verspürt haben."

„Die ungeheure Gröfse der sibirischen und, noch mehr, der amerikanischen Eisenmasse, die noch dazu an einem Orte liegt, wo nirgends Eisen ansteht, widerlegen alle Erklärungen, welche diese Massen durch einen Wald - oder Steinkohlenbrand, oder durch einen Blitzstrahl an Ort und Stelle wollen ausgeschmolzen seyn lassen. Dagegen sprechen auch Umstände, wie die in der Agramer Urkunde, (welche Herr Dr. Chladni mittheilt,) dafs Leute in verschiednen Gegenden des Königreichs Slavonien das Zerspringen der Feuerkugel, das Knallen und Krachen, und das Herabfallen von etwas Feurigem bemerkt haben; Umstände, die schlechterdings nur auf eine Feuerkugel,

und auf keinen Blitz paſſen. Bei der Gleichartig-
keit der meteoriſchen Steine iſt es auch höchſt un-
wahrſcheinlich, daſs an allen den Orten, wo man
dergleichen gefunden, immer einerlei ſchmelzbare
Theile in der Erde ſollten gelegen und vom Blitze
einerlei Veränderung erlitten haben. Ueberdies
ſind noch nie an Orten, wo der Blitz wirklich ein-
geſchlagen hat, ähnliche Maſſen, ſondern allenfalls nur verſchlackte erdige Theile und dergleichen
gefunden worden.‟

X.

HYPOTHESE
LA PLACE'S
über

den Urſprung der meteoriſchen Steine,

vorgetragen und erörtert

von

J. BIOT,
in Paris. *)

Nachdem Biot mit wenigen Worten einen Ab-
riſs von Howard's Unterſuchungen gegeben hat,
fährt er fort: Ohne bis zu den Schriften der Alten
hinaufzuſteigen, in denen ganz ähnliche Erzählungen vorkommen, will ich hier nur folgende
merkwürdige Stelle aus Freret's *Réflexions ſur les
prodiges rapportés par les Anciens* anführen:

„Der berühmte Gaſſendi, deſſen Genauig-
keit und Zuverläſſigkeit eben ſo bekannt als ſeine
Gelehrſamkeit ſind, erzählt, daſs er am 27ſten
November 1617 in der Provence auf dem Berge
Vaiſien, der zwiſchen *Guillaume* und *Pesne* liegt,

---

*) Bearbeitet nach einem nicht ganz lichtvollen
Auffatze im *Bulletin des Sciences de la Soc. philo-
mat.,* No. 66 und 68. d. H.

bei fehr heiterm Himmel, gegen 10 Uhr Morgens, einen brennenden Stein, der etwa 4 Fufs im Durchmeffer zu haben fchien, habe herabfallen fehn. Er war von einem Lichtkreife umgehen, der verfchiedne Farben hatte, ungefähr wie der Regenbogen. Das Herabfallen deffelben war mit einem Getöfe verbunden, als wenn verfchiedne Kanonen zugleich abgefchoffen würden. Der Stein wog 59 Pfund,[*) und war von dunkler metallifcher Farbe und ausnehmender Härte."

Diefe Befchreibung Gaffendi's, welche mit den Erzählungen, die Howard anführt, vollkommen zufammenftimmt, giebt der ftreitigen Thatfache einen grofsen Grad von Wahrfcheinlichkeit. Noch mehr fpricht für fie der Umftand, dafs diefe Steine, die insgefammt von gleicher Art find, Nickel enthalten, der fich felten auf der Oberfläche der Erde findet, und metallifches Eifen, welches nie unter den vulkanifchen Producten vorkömmt; daher fie keine Erzeugniffe vulkanifcher Eruptionen feyn können, wogegen auch alle Umftände der einzelnen Nachrichten find.

So fonderbar diefes Phänomen an fich auch fcheint, fo ift es doch mit den Naturgefetzen fo wenig in Widerfpruch, dafs fich dafür recht wohl

---

*) War diefes nicht blofs ein Stück des Steins, der 4 Fufs im Durchmeffer zu haben fchien, fo dürften beide Beftimmungen kaum mit einander beftehn. d. H.

eine Urfach angeben läfst, die zwar nur eine Hypothefe, aber doch allen Regeln einer gefunden Phyfik gemäfs ift. Wohl verftanden, dafs ich damit nicht die wahre und gewiffe Urfach deffelben getroffen zu haben behaupte, fondern dafs es mir hier nur um eine *Suppofition* zu thun ift, welche darthue, dafs das Herabfallen von Steinen an fich keine Unmöglichkeit in fich fchliefse.

Die Hypothefe, welche ich meine, ift: dafs diefe meteorifchen Steine und Metalle *von der Oberfläche des Mondes fortgefchleudert feyn können.*

Vielleicht, dafs diefe Erklärung auf den erften Anblick bizarr oder gar abfurd fcheint; man bedenke aber, dafs das Phänomen felbft, ehe man genauer darüber nachgeforfcht hatte, für eine Abfurdität erklärt wurde, indefs es jetzt, bei den vielfachen Beweifen, die dafür fprechen, fchwerlich geläugnet werden kann. Ehe man entfcheidet, find daher auch hier billig die Gründe, welche die Sache wahrfcheinlich machen könnten, anzuhören und abzuwägen.

Es ift bekannt, dafs es auf dem Monde Vulkane giebt, und dafs der Mond gar keine, oder nur eine höchft dünne Atmofphäre hat. Die von den Mondvulkanen ausgeworfnen Maffen werden daher in der Mondatmofphäre durch keinen Widerftand retardirt, ftatt dafs auf der Erde die gröfste Wurfbewegung durch den Widerftand der Luft fehr bald ganz aufgehoben wird. Der Punkt zwifchen

Erde und Mond, wo die Anziehung nach dem
Monde und die nach der Erde gleich grofs find,
liegt fehr viel näher beim Monde als bei der Erde.
Würde eine Maffe von einem Mondvulkan nur bis
über diefen Punkt hinaufgefchleudert, fo könnte
fie nicht mehr nach dem Monde zurück, fondern
müfste nun nach der Erde herabfallen, und zwar
mit befchleunigter Bewegung, bis fie in die Erd-
atmofphäre hineinkäme. In diefe würde fie mit
einer aufserordentlichen Gefchwindigkeit eintreten, und deshalb in ihr einen ausnehmenden Widerftand finden, der fie allmählig retardiren müfste, fo dafs fie an der Oberfläche der Erde nur mit
der gewöhnlichen Gefchwindigkeit, welche wir
bei fallenden Körpern wahrnehmen, ankommen
könnte. Sie würde aber wahrfcheinlich erhitzt,
vielleicht felbft entbrannt feyn, durch die ausnehmende Reibung, welche fie bei dem ungeheuren Widerftande der Luft erleidet. Wären diefe
von den Mondvulkanen ausgeworfnen Maffen von
ganz andrer Natur als die irdifchen vulkanifchen
Produkte, fo würde es möglich feyn, fie auf
der Oberfläche der Erde, nachdem fie niedergefallen, zu finden.

Ohne einen allzugrofsen Werth auf diefe
Erklärung zu legen, darf ich behaupten, dafs
fie den Phänomenen, die wir hier unterfuchen,
und allen beglaubigten Umftänden derfelben,
fehr gut entfpricht. Auch ift es La Place, der

fie, mit eben fo viel Vorficht als Scharffinn, zuerft
aufgeftellt hat.*)

Die Wurfgefchwindigkeit, welche erfordert
wird, um Steine aus dem Monde bis zu dem Punkte hinaufzufchleudern, wo die Anziehung der Erde der Anziehung des Mondes gleich wird, ift nicht
fchwer zu beftimmen. Ich will fie hier unter der
Vorausfetzung berechnen, dafs Mond und Erde

*) In einem Briefe vom 24ften Juli an den Herrn
Oberften von Zach, (*Monatl. Correfpondenz*,
1802, *Sept.*, *S.* 277,) äufsert fich La Place
wie folgt: „Ohne Zweifel haben Sie von den
Steinen gehört, die vom Himmel gefallen feyn
follen, und über die Howard weitläufige Verfuche angeftellt hat. — — Wären fie vielleicht
Produkte der *Mondsvulkane?* Ich finde, dafs folche ausgeworfene Körper die Erde erreichen
können, wenn fie mit einer 5- bis 6mahl gröfsern Gefchwindigkeit, als die einer Kanonenkugel, aufwärts gefchleudert werden. Unfre irdifchen Vulkane fcheinen ihren Auswürfen eine
gröfsere Gefchwindigkeit als diefe zu ertheilen.
Die geringe Maffe des Mondes, und die grofse
Feinheit feiner Atmofphäre, wenn er überhaupt
eine hat, machen, dafs die Sache nicht unmöglich ift Es wäre fonderbar, wenn wir mit unferm Trabanten auf eine folche Art in Verbindung ftünden. — Ich änfsere diefen Gedanken
blofs als Vermuthung; ehe man ihn annehmen
darf, müffen die Facta forgfältig geprüft, und
alle übrigen Erklärungen, die man davon geben
kann, genau unterfucht werden." *d. H.*

ftill ſtünden, und daſs der Stein in der geraden
Linie zwiſchen dem Mittelpunkte des Mondes und
der Erde in die Höhe geworfen werde.

Erde und Mond für Kugeln genommen, ſey
der Halbmeſſer der Erde r, des Mondes ρ; die,
Schwere an der Oberfläche der Erde g, an der
Oberfläche des Mondes γ;*) und die Entfernung
des Mittelpunkts der Erde vom Mittelpunkte des,
Mondes D. Es iſt die Frage: Wie ſtark ziehn
Mond und Erde einen Körper an, der vom Mittelpunkte des Mondes um δ, folglich vom Mittelpunkte der Erde um $D - \delta$ entfernt iſt?

Da die Anziehung direct den Maſſen und verkehrt dem Quadrate der Entfernung des angezog-
nen Körpers vom Mittelpunkte der Anziehung
proportional iſt; ſo muſs die Anziehung, welche
der Mond auf einen Körper äuſsert, der vom Mittelpunkte deſſelben um δ entfernt iſt, [das heiſst,
die Beſchleunigung, die er einem ſolchen Körper in
der erſten Sekunde nach ſeinem Mittelpunkte zu,
ertheilt,] betragen $\frac{\gamma \cdot \rho^2}{\delta^2}$. Nach der Erde gravitirt dieſer Körper, da er von dem Mittelpunkte

---

*) Das heiſst, die Beſchleunigung, welche Erde und
Mond einem Körper an ihren Oberflächen während einer Sekunde ertheilen, in ſo fern ſich denken läſst, daſs ſie ihn während dieſer Zeit
gleichförmig beſchleunigen. Dieſe Beſchleunigung iſt bekanntlich gleich der doppelten Fallhö-
he während der erſten Sekunde, welche E u l e r
mit g zu bezeichnen pflegt. *d. H.*

derfelben um $D - \delta$ abfteht, mit einer Kraft gleich $\dfrac{g \cdot r^2}{(D-\delta)^2}$.

Folglich wird die Entfernung des Punktes, in welchem ein Körper nach Mond und Erde gleich ftark gravitirt, vom Mittelpunkte des Mondes, durch den Werth von δ gegeben, der durch folgende Gleichung beftimmt wird:

$$(I) \quad \frac{\gamma \cdot \rho^2}{\delta^2} \;=\; \frac{g \cdot r^2}{(D-\delta)^2}.$$

Um bis zu diefer Höhe δ anzufteigen, mufs ein Körper von der Oberfläche des Mondes mit derfelben Gefchwindigkeit aufwärts getrieben werden, mit welcher ein Körper, der von einem Orte herabfiele, welcher um δ vom Mittelpunkte des Mondes entfernt ift, an der Oberfläche des Mondes ankommen würde. In einer Entfernung z vom Mittelpunkte des Mondes, (immer in der geraden Linie zwifchen den Mittelpunkten beider Weltkörper verftanden,) ift, nach dem eben Auseinandergefetzten, die befchleunigende Kraft nach dem Monde zu $\dfrac{\gamma \cdot \rho^2}{z^2}$, nach der Erde zu $\dfrac{g \cdot r^2}{(D-z)^2}$; folglich die befchleunigende Kraft, mit welcher ein Körper in diefer Entfernung z wirklich nach dem Monde zu getrieben wird: $\dfrac{\gamma \cdot \rho^2}{z^2} - \dfrac{g \cdot r^2}{(D-z)^2}$.

Nun ift aber auch nach den Principien der ungleichförmig befchleunigten Bewegung diefe befchleunigende Kraft gleich $\dfrac{-d^2 z}{d t^2}$.[*] Daher mufs

---

[*] Weil die Kraft abnimmt, wenn z zunimmt. d. H.

folgende Gleichung gelten:

$$\frac{d^2z}{dt^2} = -\frac{\gamma \rho^2}{z^2} + \frac{g\,r^2}{(D-z)^2}.$$

Wird diese Gleichung erst mit dz multiplicirt, und darauf integrirt, so giebt sie folgende:

$$\left(\frac{dz}{dt}\right)^2 = \frac{2\gamma\rho^2}{z} + \frac{2g\,r^2}{(D-z)} + \text{Const.}$$

Nun ist $\frac{dz}{dt}$ die Geschwindigkeit des nach dem Monde zu fallenden Körpers. Diese soll, vermöge der Bedingungen unsrer Rechnung, in der Entfernung δ vom Mittelpunkte des Mondes o seyn. Also muss, $z = \delta$ gesetzt,

$$o = \frac{2\gamma\rho^2}{\delta} + \frac{2g\,r^2}{(D-\delta)} + \text{Const.}$$

seyn, wodurch die *Const.* bestimmt wird. Wir erhalten hiernach

$$\left(\frac{dz}{dt}\right)^2 = 2\gamma\rho^2\left(\frac{1}{z}-\frac{1}{\delta}\right) + 2g\,r^2\left(\frac{1}{D-z}-\frac{1}{D-\delta}\right)$$

Dieses ist das Quadrat der Geschwindigkeit, welche ein Körper, der aus der Entfernung δ nach dem Mittelpunkte des Mondes zu, von der Ruhe ab, fällt, erlangt hat, wenn er in dem Abstande z vom Mittelpunkte des Mondes ankömmt. Um hieraus die Geschwindigkeit an der Oberfläche des Mondes selbst zu haben, brauchen wir nur $z = \rho$ zu setzen. So findet sich:

$$\text{(II)} \quad \frac{dz}{dt} = \left[2\gamma\rho^2\left(\frac{1}{\rho}-\frac{1}{\delta}\right) + 2g\,r^2\left(\frac{1}{D-\rho}-\frac{1}{D-\delta}\right)\right]^{\frac{1}{2}}$$

Dieser Ausdruck giebt uns also auch die Geschwin-

digkeit, mit welcher ein Körper an der Oberfläche
des Mondes senkrecht in die Höhe geworfen werden mufs, um bis zu der Entfernung δ, [d. i., der
Höhe δ — ρ,] anzusteigen.

Die Gröfsen in diefer Formel haben, den beften Beobachtuugen gemäfs, wie man fie in La
Lande's *Aftronomie* findet, folgende Zahlwerthe;

g = 30,2 parifer Fufs

r = 1432 Lieues, jede zu 2282 Toifen

p = 391 Lieues

D = 86324 Lieues.

γ, = der Befchleunigung an der Oberfläche des
Mondes, hängt von der Maffe des Mondes ab,
welche, den aftronomifchen Beobachtungen gemäfs,
$\frac{1}{58}$ der Erdmaffe beträgt.*) Ein Körper, der vom
Mittelpunkte des Mondes um r abftünde, würde
daher nur um $\frac{1}{58} \cdot g$ befchleunigt werden, weshalb

---

*) *Aftronomie par* La Lande, t. 3, p. 427. La
Place beftimmte die Maffe des Mondes ehemahls
aus der Wirkung des Mondes auf Ebbe und Fluth
auf $\frac{1}{58,5}$ der Erdmaffe; allein er felbft erklärt
diefe Beftimmung für unzuverläffig, weil er gefunden habe, dafs jene Wirkung durch Localum-
ftände verftärkt werden kann, und glaubt, die
Maffe des Mondes müffe den aftronomifchen Beobachtungen gemäfs auf $\frac{1}{68,5}$ herabgefetzt werden. (S. von Zach's *Monatl. Correfp.*, 1802,
Sept., S. 275.)   d. H.

diefe Befchleunigung in der Entfernung ϱ, das heifst γ, $= \frac{1}{66} \cdot g \cdot \frac{r^2}{\varrho^2}$ feyn mufs. Hieraus folgt

$$\frac{\gamma \cdot \varrho^2}{g \cdot r^2} = \frac{1}{66} = 0{,}015. \text{ *)}$$

Wird diefer Werth in die Formel (I) gefetzt, fo erhält man

$$0{,}015 = \frac{\delta^3}{(D - \delta)^2} \text{ und}$$

daraus $\delta = \dfrac{\pm D \sqrt{0{,}015}}{1 \pm \sqrt{0{,}015}}$

*) Diefes fetzte ich ftatt des ungenügenden, und in der That unphyfikalifchen Verfahrens des franzöfifchen Verfaffers, durch das er den Werth von γ beftimmt. Daraus, dafs die Anziehung homogener Sphären in gleichen Abftänden ihren Maffen, mithin dem Kubus ihrer Halbmeffer proportional ift, folgert er $\gamma = \frac{\varrho}{r} \cdot g$, fetzt diefen Werth in die Formel I, und dann in diefe für $\frac{\varrho^3}{r^3}$ 0,015, als das Maffenverhältnifs von Mond und Erde, *ainfi qu'on le concluroit des valeurs précédentes de r et de* ϱ. Von diefen hängt aber nur das Volumen, nicht aber das Maffenverhältnifs ab.

Das Volumen des Mondes ift $\frac{1}{49}$ von dem der Erde; feine Maffe nur $\frac{1}{66}$ von der Erdmaffe: alfo ift feine Dichtigkeit, oder die Intenfität des Materiellen, welches den Mondkörper erfüllt,

Nimmt man das obere Zeichen, fo giebt das

$$\delta = D \cdot 0,1071.^*)$$

Das untere Zeichen bezieht fich auf einen zweiten, jenfeits des Mondes liegenden Punkt, in welchem Mond und Erde einen Körper ebenfalls gleich ftark anziehn.

o,739, die Dichtigkeit der Erde im Durchfchnitte 1 gefetzt. Nach Maskelyne's Beobachtungen am Berge Sheballien ist das fpecififche Gewicht des Erdkörpers 4,5; (eine Angabe, die freilich nach Cavendifh's Verfuchen auf 5,5 zu er- höhen wäre, Ann., II, 67, 68) Das fpecififche Gewicht der vier meteorifchen von Howard unterfuchten Steine war 3,352, 3,508, 3,418, 4,281. Die drei erften geben im Mittel 3,426. Gefetzt alfo, fie rührten vom Monde her, und der ganze Mondkörper hätte diefelbe mittlere fpeci- fifche Schwere, als diefe Stückchen deffelben, fo würde die fpecififche Schwere des Mondes und der Erde zu einander in dem Verhältniffe von 3,426 : 4,5 = 0,76 : 1 ftehn; welches ,dem Maffenverhältniffe beider Weltkörper, wie es die Aftronomie giebt, in der That fehr nahe kömmt. Ein Grund mehr, diefe Fremdlinge auf unferm Erdkörper für Angehörige des Mondes zu halten.   d. H.

*) Alfo müfste der Körper 9245 Lieues oder 5547 geogr. Meilen fenkrecht in die Höhe gefchleudert werden, um bis zu dem Punkte hinaufzukom- men, wo Mond und Erde ihn gleich ftark anzie- hen.   d. H.

Setzt man den hier berechneten Werth von δ, fammt den übrigen Zahlwerthen, in die Gleichung (II), fo erhält man

$$\frac{dz}{dt} = 7771 \text{ parifer Fufs.}$$

Mit diefer Gefchwindigkeit müfste alfo ein Kör-per von der Oberfläche des Mondes in der gera-den Linie zwifchen den Mittelpunkten von Mond und Erde fenkrecht in die Höhe gewor-fen werden, um bis zu dem Punkte hinanzukom-men, wo die Erde ihn eben fo ftark als der Mond anzieht.

Man fieht hieraus, dafs ein Körper, der mit einer gröfsern Gefchwindigkeit, z. B. mit einer Gefchwindigkeit von 7800 Fufs, in die Höhe ge-worfen würde, nicht wieder auf den Mond zu-rückfallen könnte, fondern fich auf die Er-de herabftürzen müfste. Diefe Gefchwindig-keit ift ungefähr fünfmahl gröfser als die Gefchwindigkeit, mit welcher ein Vier - und - zwanzig - Pfünder, der mit zwölf Pfund Pul-ver geladen ift, eine Kugel von gehörigem Ka-liber forttreibt.

Wir haben hier von der Bewegung der Erde und des Mondes während des Herabfallens abge-fehn, und angenommen, dafs die Wurfbewegung dem Körper nach einer Richtung eingedrückt werde, die vom Mittelpunkte des Mondes nach

dem Mittelpunkte der Erde geht. Dieſes reicht
hin, die *Hypotheſe*, welche ich vorgetragen habe,
zu verdeutlichen. Ich behalte einem der nächſten Blätter die Aufgabe in ihrer Allgemeinheit
vor, wenn wir Mond und Erde ſich bewegend,
und die Richtung der Wurfbewegung beliebig
denken, und werde darüber eine Analyſis
von einem unſrer jüngſten und vorzüglichſten
Mathematiker, dem Bürger Poiſſon, Profeſſor an der *Ecole polytechnique*, mittheilen.

XI.

BEOBACHTUNG
einer merkwürdigen Sternſchnuppe

vom

Dr. DROYSEN,

Adjunct der phil. Fac. zu Greifswalde.

Den 2ten Januar Abends, um etwa 5 Uhr 45 Minuten, zeigte ſich in Oſten von den Zwillingen, gegen
den groſsen Bären zu, eine auſserordentlich groſse
Sternſchnuppe, die durch ihren ungewöhnlichen
Glanz auf einige Augenblicke auffallend erleuchtete. Das Sonderbarſte daran war, daſs der ſehr
helle Schweif, der ſonſt augenblicklich nach dem
Erlöſchen des Sterns ebenfalls verſchwindet, und
der dem bleibenden Eindrucke auf die Netzhaut zu-
geſchrieben wird, hier mit ungewöhnlicher Klar-

heit auffallend lange am Himmel ftehen blieb. Er
nahm ungefähr 8° am Himmel ein und war etwas
gebogen, ungefähr wie Taf. IV, Fig. 5 zeigt.
Der Lichtfchimmer deffelben verlor fich nach
und nach, etwa in dem Zeitraume von 4 Minuten,
und dabei veränderte fich die Geftalt mit dem ab-
nehmenden Lichte fo, dafs er immer mehr und
mehr gebogen wurde. Diefe auffallend lange
Dauer und die veränderte Geftalt fah ich nie bei
andern Sternfchnuppen. Ich hatte Zeit, ein Fernrohr nach der Stelle zu richten, und fo den abneh-
menden Schimmer noch deutlicher mit der veränderten Geftalt, welche kurz vor dem Verfchwinden, der Figur 6 nahe kam, zu betrachten. Offenbar konnte diefer Schweif nicht eine Folge des Ein-
drucks auf die Netzhaut feyn, fondern mufste irgend
einen andern Grund haben. Vielleicht traf diefer
brennende Körper auf brennbare Theilchen, die
länger brannten und fich dann allmählig nieder-
fenkten. Vier Meilen von hier bemerkte einer
meiner Freunde die nämliche Erfcheinung. Das
Wetter war den Morgen trübe - regnig, es fiel
Hagel bei — 5° Reaum., Wind SO. Nachmittags
klärte fich der Himmel auf. Das Barometer ftand
gleich nach der Erfcheinung 27″ 11‴, 2,5;
Thermometer — 4° R.

Vielleicht, dafs Herr Dr. Benzenberg diefelbe Erfcheinung beobachtet hat.

XII.

AUSZÜGE

aus Briefen an den Herausgeber.

1. *Vom Herrn Bergcommiffär Weftrumb.*

Hameln den 8ten März 1803.

— — Seit langer Zeit fehe ich von dem guten Hacquet nichts, und fürchte, er leidet noch immer an den Folgen einer unglücklich abgelaufenen Reife, bei der er, nebft mehrern der Seinen, durch Unvorfichtigkeit des Fuhrmanns von einem hohen Berge herabgeftürzt wurde.

Der Stoff, den ich in den *Schwefelwaffern* fand, kann nicht wohl der liquide Schwefelwafferftoff Desormes feyn, doch will ich auf diefen beim Bekanntmachen meiner Verfuche Rückficht nehmen. Er ift, hintergehen meine Unterfuchungen mich nicht, eine Naphtha, — hier mehr, dort minder erdharziger Art, — mit Schwefelgas verbunden und durch diefes auflöslich im Waffer gemacht. Ich habe diefen Stoff in den 2 Stemdorfer, 6 Eylfer, den Winzlarer und mehrern andern Schwefelwaffern, die am Fufs der letzten vom Rhein her zu uns fich erftreckenden Flötzgebirge entfpringen, gefunden, und werde ihn nächftens im Achener Waffer fuchen, von dem mir der Prof. Wurzer zu Bonn grofse Quantitäten Rückftand verfchafft hat.

Herr Baffe, ein eifriger Verfolger der Galvanifchen Verfuche, ift mein erfter Gehülfe, und hat,
da ich keine Koften fcheue, wenn es Menfchenwohl und Auffuchung chemifcher und phyfifcher
Wahrheiten betrifft, Gelegenheit, feine Neigung
und Wünfche zu befriedigen. Seit faft 2 Jahren
find täglich mehrere Gehör- und andere Kranke
von ihm galvanifirt worden. Leider können wir
aber in das Gefchrei der Voreiligen nicht einftim-
men. Mehrere *Gehörkranke* find ohne Heilung
entlaffen. Andere, die Erfchütterungen von 19
bis 30 Plattenpaaren nicht ertragen konnten, mufsten entlaffen werden. Keiner ift ganz geheilt, und
nur allein von drei Gelähmten darf ich rühmen,
dafs der Galvanismus fie ganz geheilt habe. Den einen, einen alten 70jährigen Greis, hatte der Schlag
gerührt und die ganze linke Seite gelähmt; — er
wurde über 6 Monat electrifirt und galvanifirt.
Der zweite, ein 20jähriger Soldat, war gefallen,
hatte die Handwurzel verletzt, — wurde 10 Monat unter den Händen der Aerzte auf mehrere
Weife behandelt, 3 Monat galvanifirt, und hergeftellt. Der dritte, ein 12jähriger Knabe, zer-
fchellete auf dem Eife den Ellenbogen, bekam
Schwinden und Contractur des Arms, und ift jetzt,
nach 14tägigem Galvanifiren, fo gut als hergeftellt.
Beim zweiten Kranken halfen das berühmt gewefene
Extract von Rhus radicans, zu einer Unze des Tages, (es war von Brüffel, von Hannover, von Göttingen und hier bereitet,) die Moxa, die Can-

thariden, die Guajaktinctur mit Salzblumen, nichts,
gar nichts. — Herr Baffe arbeitet jetzt an der
Schrift für Ihr Journal, und wird fie Ihnen ehe-
ftens fenden. Sie werden merkwürdige Verfuche
darin finden. Gern theilte ich einige diefer Verfuche mit, fürchtete ich nicht, dafs wir, bei Wiederhohlung derfelben, *vielleicht* eine andere Anficht
erhalten könnten, als wir heute davon haben. Da
einige diefer merkwürdigen Verfuche in und an
Flüffen, und zwar dem Weferftrome, angeftellt find,
und die Witterung uns jetzt nicht günftig ift, fo
mufs deren Wiederhohlung bis zu heitern, fonnen-
reichen Tagen verfchoben werden. Ausgemacht
fcheint es indefs zu feyn, dafs im Innern der Säule
überall Gas, und zwar am Zink brennbares, am
Kupfer u. f. w. Oxygengas entftehe, und dafs an
Einfaugung des Oxygens aus der die Säule umgebenden Atmofphäre, fo wie an Wafferzerlegung,
fchwerlich weiter zu denken feyn werde. In unferm Apparate werden die Gasarten in folchen
Mengen, vorzüglich das brennbare Gas, entbunden,
wie ich es bei andern fich nie entbinden fah.

---

2. *Von Herrn Dr. Langguth, Profeffor der
Phyfik und Naturgefchichte.*

Wittenberg den 16ten Jan. 1803.

— — Da mir noch keine *magnetifchen Beobachtungen* über Wittenberg bekannt find, fo über-
mache ich Ihnen ein paar folche Beobachtungen,

wie fie vor kurzem mit meinen Inftrumenten angeftellt wurden.

Es fand fich hier am 5ten Januar 1803 am
grofsen Declinatorium die *magnetifche Declination*
17.° weftl., und am Inclinatorium die *Inclination*
zwifchen 70° 30′ und 70° 45′.

Die Nadel meines Compaffes wiegt 3½ Duka-
ten - Afs, und wird in einer Entfernung von 8¼ Zoll
Dresdner Maafs 10° aus ihrer Richtung gezogen
durch ein Stück *Humboldtfcher* in Serpentin über-
gehender Felsmaffe von 4 Pfund 26 Loth am Gewichte. — Durch einen gewöhnlichen *magneti-*
fchen Eifenftein von 1 Pfund 24 Loth wurde fie
fchon in der Entfernung von 15½ Zoll aus ihrer
Richtung um 10° geftofsen. Da nun die magnetifche Kraft beider Steine dem Quadrate der Entfernungen, und verkehrt den Maffen proportional ift,
aus welchen fie auf die Nadel gleiche Wirkung äufsern; fo verhält fich die magnetifche Kraft
der Humboldtfchen Felsmaffe zu der des magneti-
fchen Eifenfteins wie $\frac{15}{174}$: $\frac{62}{36}$, das ift, wie
0,227 : 1,107 $=$ 1 : 4,88.

Nach den *barometrifchen Höhenberechnungen*
des Herrn Bergraths von Charpentier in feiner mineralogifchen Befchreibung von Sachfen,
und nach Herrn von Gersdorf, (zu Rengers-
dorf in der Oberlaufitz,) liegt Wittenberg 247 parifer Fufs über der Meeresfläche.

Nach J. F. Weidler's, ehemaligen Profeffors der Mathematik in Wittenberg, *Diff. de lati-*

tudine et longitudine Wittebergae etc., *Witteb.*
1755, ift die *Breite* von Wittenberg 5 1° 5 1' 10'',
die *Länge* vom erften franz. Meridian 3o°22'.

Was den Barometerftand betrifft, fo foll nach
des verftorbenen Profeffors Titius' Beobachtung
die *mittlere Barometerhöhe* für Wittenberg 27 Zoll
10 Linien feyn. Nach den allerneueften Beobachtungen von 1801 und 1802 beträgt fie 27 Zoll 7
Linien und 9 Skrupel, (f. *Neues Wittenberg. Wo-
chenbl.*, 1803, No. 1.)

Im Sommer kommt die *Hitze* nur in wenig
Tagen zu 90° Fahr., die übrige Zeit ift fie 70°
bis 80°. Im Jahre 1802 war die mittlere Temperatur 46$\frac{1}{2}$°. Die höchfte Kälte ftieg bis 6° unter
Fahr., die gröfste Wärme bis 99°.

Der Weftwind weht ziemlich $\frac{1}{3}$, der Oftwind
$\frac{1}{3}$, der Wind aus S. $\frac{1}{10}$, aus N. $\frac{1}{10}$, aus NW. $\frac{1}{10}$, aus
SW. $\frac{1}{30}$, aus NO. $\frac{1}{27}$, aus SO. $\frac{1}{15}$ des Jahrs hindurch.

Das Mittel der *Hygrometerveränderungen* war
im Jahre 1802 107$\frac{1}{2}$ Gr.

Die Summe des fämmtlichen im Jahre 1802
herabgefallenen *Luftwaffers* betrug 10049$\frac{1}{2}$ Duka-
ten-Afs, welche ungefähr eine Höhe von 23 Zoll
und 1 Linie geben. Der trocknen Tage waren
226, der naffen 139.

Ich erfuche Sie bei diefer Gelegenheit, durch
Ihre Annalen einen fchon längft von mir genähr-
ten Wunfch an das Publikum zu bringen: *dafs fich
nämlich eine Gelegenheit finden möge, meine* in dem
3ten Theile der Grohmannfchen Annalen der Uni-

verſität Wittenberg, S. 154, beſchriebenen *natur-*
hiſtoriſchen, ökonomiſchen, phyſiſchen und medi-
ciniſchen Sammlungen, einer öffentlichen Lehran-
ſtalt, noch bei meinem Leben, abtreten zu können.

Ihr Umfang und ihre Zweckmäſsigkeit geben
ihnen vor andern Sammlungen, die in einzelnen
Branchen ungleich vollſtändiger und koſtbarer ſind,
gewiſs einigen Vorzug; und wird noch einige Jahre auf dem eingeſchlagenen Wege fortgefahren, ſo
werden ſie wenig zu wünſchen übrig laſſen.

Da ich keine feſte Geſundheit ſeit ein paar
Jahren mehr genieſse, ſo drängt ſich natürlich mir
nicht ſelten der Gedanke auf, daſs vielleicht in einiger Zeit auch dieſe, mit ſo vielem Fleiſse, Zeit
und Koſtenaufwande für einen ſo wichtigen
Zweck, als ein *akademiſcher Unterricht* iſt, zu-
ſammengebrachten Sammlungen, wie mehrere vor
ihnen, das Schickſal haben werden, nach ihres
Beſitzers Ableben der Zerſtreuung wieder Preis
gegeben zu ſeyn; und es ſcheint der Unmuth darüber dadurch nicht beſänftigt werden zu können,
daſs ihre Vernichtung zur Vervollkommnung anderer doch wieder beiträgt, — indem dann jener
Aufwand nicht nur umſonſt war, ſondern auch die
Natur- und Kunſtkörper durch die ewigen Wande-
rungen endlich völlig zerſtört werden. — Die
beigelegte Beſchreibung meiner Sammlungen iſt nur
ein Abzug von einem Artikel in den Grohmann-
ſchen Annalen. Von Zeit zu Zeit werden Nach-
träge folgen, die theils jene Sammlungen mehr

detailliren, theils die vorzüglichſten Sachen derſelben kunſtmäſsig beſchrieben und abgebildet liefern ſollen. *)

3. *Von Herrn Dr. Benzenberg.*

Hamburg den 4ten Januar 1803.

Sie haben bei der Stelle von La Lande in
Band XI der Annalen, S. 373, Anm., ein Fragzei-
chen gemacht. Aber ich glaube, daſs La Lande
Recht hat; denn wenn die Abweichung nach Süden von einer Ziehung des Thurmes kommt, ſo
kommt auch, konnte ein Tychonianer ſagen, vielleicht die Abweichung nach Oſten von derſelben
Ziehung her; und der Copernikaner konnte aus
dieſer nicht mehr die Richtigkeit ſeines Syſtems
beweiſen. La Lande meint im §. 1083 ſeiner

*) Nach dieſer detaillirten Beſchreibung beſteht das
ganze Kabinet des Herrn Dr. Langguth aus
neun Hauptabtheilungen, welche in der That eine ſehr inſtructive und faſt vollſtandige Sammlung zur Kenntniſs der Natur in ihrem ganzen
Umfange bilden. Das von den beiden Helmſtädt-
ſchen Aerzten Fabricius und Heiſter be-
ſchriebne *Vaterſche Muſeum anatomicum*, (*in quo
omnis generis nitidiſſima praeparata anatomica aſſer-
vata ſunt. Helmſt.* 1750,) welches von Herrn Dr.
Langguth bis auf das Doppelte, (310 menſchliche und 200 thieriſche Präparate,) vermehrt
worden iſt, macht die erſte Hauptabtheilung aus;
100 Präparate für die Pflanzenphyſiologie ſind die
zweite; 2300 Naturkörper aus dem Thierreiche
1200 Pflanzen und 1800 Mineraſien, worunter

Aſtronomie, die Abweichung nach Oſten käme
her *de la courbure de la terre et du defaut de paral-
lelisme des lignes verticales.* Darin hat er ſehr Unrecht: unter den Polen, wo die Erde eben ſo gut
rund iſt, und wo die Senkrechten eben ſo wenig
parallel ſind wie unter dem Aequator, findet keine
Abweichung nach Oſten ſtatt.

———

In Bode'ns aſtron. Jahrbuche für 1805 ſteht
eine Abhandlung vom Prof. Wurm über den *Se-
hungsbogen der Sterne.* Er ſagt, daſs die Sonne 1°
unter dem Horizonte ſeyn müſſe, ehe die Venus,
und 4°, ehe Jupiter ſichtbar werde. Ich habe mich
über dieſe Angaben gewundert, da es bekannt iſt,
daſs die *Venus* recht gut bei Tage ſichtbar iſt. Wir
haben ſie hier im Mai von 1801 noch bei Tage geſehen, als ſie nur 20 Grad von der Sonne entfernt

ſelbſt die neueſten ſind, alle nach Werner's Methode geordnet, die dritte; und eine Sammlung ro-
her Handelsproducte und von Münzen die vierte
Hauptabtheilung. Die fünfte iſt eine nur beiläufig angelegte Sammlung von Kunſtſachen, unter
andern von 300 Siegeln und 3000 Kupferportrai-
ten. Die ſechste enthält in 7 Schränken einen zu
akademiſchen Vorleſungen beſtimmten phyſikaliſchen Apparat, der ſich durch ſeine Vollſtändig-
keit empfiehlt; die ſiebente einen chemiſchen,
die achte einen mathematiſchen, und die neunte
einen ziemlich vollſtändigen chirurgiſchen Apparat von Inſtrumenten und Bandagen. Der Preis,
wofür Herr Dr. Langguth dieſe belehrende Folge von Sammlungen abzulaſſen Willens iſt, ſcheint
mir ſehr billig zu ſeyn. *d. H.*

war, und als die Breite ihrer Sichel nur 4 Sek. betrug.

Ob man *Jupiter* bei Tage fehen kann, das war fchon zweifelhafter, — wenigstens fagte mir Dr. Olbers im vorigen Frühjahre, dafs er ihn nie habe finden können, auch wenn der nahe ftehende Mond die Stelle bezeichnete, wo er ftand. Dafs es indefs möglich ift, ihn bei Tage zu fehen, das habe ich mit meinem Freunde, dem Deichinfpéktor Brandes, der mich im vorigen Monate von Ekwarden befuchte, am 14ten Dec. erfahren, wo wir den Jupiter noch des Morgens um 8 Uhr 47 Minuten am Himmel auffanden und ins Fernrohr brachten. Zufall war diefes nicht, denn wir hätten ihn eben fo um 8 Uhr 45′, 42′ und 37′ wieder aufgefunden. Dafs es übrigens nicht fchwer ift, ihn zu finden, das fchliefse ich daraus, dafs wir ihn immer noch wieder finden konnten, nachdem wir einige Mahl in die aufgegangene Sonne gefehen hatten. — Wir hätten ihn vielleicht noch fpäter gefehen, wenn die Gegend, wo Jupiter ftand, nicht wolkig geworden wäre. — Ich glaube, dafs man ihn unter günftigen Umftänden den ganzen Tag fehen kann.

Das Fernrohr, welches wir hierbei gebrauchten, ift ein Tafchenperfpektiv von Linell in London. Es hat einen kleinen meffingenen Fufs, den man zufammenlegen kann, und ift zu fo kleinen Beobachtungen fehr bequem. Die Jupiterstrabanten wollte es indefs nicht bei Tage zeigen, obfchon es fonft nicht allein diefe und die Streifen, fondern auch den Saturnsring und den 6ten Trabanten zeigt. — Es hat 2 engl. Zoll Oeffnung und 6omahl Vergr. Es koftet mit dem Stativ 8 Ld'or.

Ich hatte mir geſtern Fiſcher's *Geſchichte der Phyſik* kommen laſſen, um etwas nachzuſchlagen, was ich in Gehler's Wörterbuche nicht finden konnte. Beim Durchblättern kamen mir gleich viele Perioden ſo bekannt vor, — obſchon ich nie etwas vom Prof. Fiſcher in Jena geleſen hatte, — daſs ich Neugierde halber die Artikel in Gehler's Wörterbuche nachſchlug, wo ich mich erinnerte dieſe Perioden früher geſehen zu haben. Von dem, was ich fand, will ich Ihnen einiges abſchreiben.

Gehler Art. Balliſtik. B. 1, S. 236 f.	Fiſcher's Geſchichte, Th. 1, S. 71.
Vor Galiläi hatte man von der Bahn der horizontal oder ſchief geworfenen Körper ſehr unrichtige Begriffe.	Von der Bahn, welche horizontal oder ſchief geworfene Körper durchlaufen, hatte man vor den Zeiten des Galiläi ſehr unrichtige Begriffe.
Man glaubte, der erſte Theil des Weges einer Kanonenkugel ſey geradlinig, und der ganze Weg werde mit dreierlei Bewegung, der gewaltſamen, gemiſchten und natürlichen, zurückgelegt.	Man war in der Meinung, daſs der erſte Theil des zurückgelegten Weges geradlinig ſey, und daſs überhaupt der ganze Weg mit dreierlei Bewegungen, der gewaltſamen, gemiſchten und natürlichen, vollendet

Artikel Fernrohr, Th. 2,
S. 181.

In der folgenden Nacht
errieth Galiläi die Zu-
fammenfetzung, und
machte den Tag darauf
das Werkzeug nach dem
erften Entwurfe, mit ei-
nem Planconvex - und
Planconcavglafe, in ei-
nem bleiernen Rohre fer-
tig, und fand, unerach-
tet der fchlechten Glä-
fer, feine Erwartung er-
füllt.

Sechs Tage nachher
reifte er wieder nach
Venedig, und brachte
ein anderes befferes Fernrohr mit, das er unter-
deffen gemacht hatte,
und welches mehr als
8mahl vergröfserte.

Hier zeigte er von ei-
nigen erhabenen Orten
den Senatoren der Repu-
blik, zu ihrem gröfsten
Erftaunen, eine Menge
Gegenftände, die dem
blofsen Auge undeutlich
waren; fchenkte auch
das Werkzeug dem Do-
ge Lonardo Donati
und zugleich dem ganzen
Senate, nebft einer ge-
fchriebenen Nachricht,
worin der Bau deffelben
erklärt und der grofse
Nutzen gezeigt war. Aus
Dankbarkeit für das ed-
le Vergnügen, das er

Fifcher's Gefchichte,
Th. 1, S. 185.

In der folgenden Nacht
errieth Galiläi die Zu-
fammenfetzung, und
machte den Tag darauf
fogleich das Werkzeug
nach feinem vorläufigen
Entwurfe fertig, und er
fand fich, ungeachtet
der Unvollkommenheit
der Gläfer, die er dazu-
mahl zur Hand hatte,
in feinen Erwartungen
nicht getäufcht.

Seinen Freunden in
Venedig gab er hiervon
fogleich Nachricht, rei-
fte fechs Tage darauf
felbft dahin, und brachte
zugleich ein anderes bef-
feres Fernrohr mit, wel-
ches er unterdeffen ge-
macht hatte.

Hier zeigte er von ei-
nigen hohen Orten den
vornehmften Räthsher-
ren der Republik, zu ih-
rem gröfsten Erftaunen,
eine Menge Gegenftände,
die dem blofsen Auge un-
deutlich waren, ganz
deutlich, und fchenkte
diefes Fernrohr dem Do-
ge Lonardo Donati
und zugleich dem gan-
zen Rathe von Venedig,
nebft einer gefchriebe-
nen Nachricht, worin
der Bau des Werkzeugs
angegeben, und die man-
nigfaltige Nutzbarkeit

dem Senate gemacht hat-
te, erhöhte derſelbe am
25ſten Auguſt 1609 ſei-
nen Gehalt über das
Dreifache. u. ſ. w.

daſſelben gezeigt war.
Für das edle Vergnügen,
welches Galiläi da-
durch dem Senate ge-
macht hatte, erhöhte
dieſer am 23ſten Auguſt
1609 ſeinen Gehalt auf
das Dreifache. u. ſ. w.

Daſs Herr Prof. Fiſcher in Jena Gehler abgeſchrieben hat, das wird ihm niemand übel nehmen, der den Vortrag des Prof. Fiſcher und den
des ſeligen Gehler kennt. An Klarheit des
Gedachten, an Deutlichkeit der Darſtellung und
an Eleganz des Vortrags kann Gehler nur von
wenigen erreicht, und von noch wenigern über-
troffen werden. Indeſs ſcheint es mir doch, daſs
Herr Prof. Fiſcher wohl gethan hätte, mit ein
paar Worten in der Vorrede zu ſagen, daſs Gehler ihn nicht abgeſchrieben habe. Auch hätte er
nicht, aus allzugroſser Vorliebe für Gehler, Gehler's Fehler copiren ſollen.

So ſagt z. B. Fiſcher Theil I, S. 472, die
Verſchiedenheit der Reſultate, (bei den Schallmeſ-
ſungen,) rührt ohne Zweifel, wie man auch nachher durch mehrere Erfahrungen gefunden hat, von
der veränderlichen Beſchaffenheit der Luft her.

Dieſes iſt unrichtig, denn die groſse Verſchiedenheit in den Reſultaten rührt 1. von den Fehlern
der alten Beobachtungen von Gaſſendi, Mer-
ſenne, Caſſini u. ſ. w., und 2. von den kleinen
Standlinien her, auf welchen ſie beobachteten.

Als ich in Gehler's Wörterbuche den Artikel *Schall* nachſchlug, ſtand hier daſſelbe: „dieſe
groſse Verſchiedenheit in den Reſultaten rührt ohne Zweifel von der veränderlichen Beſchaffenheit
der Luft her." Aber dieſes ſchrieb Gehler im

Jahre 1790, wo ihm die Verfuche über die Gefchwindigkeit des Schalls mit Tertienuhren noch
unbekannt waren. Diefe geben alle fehr nahe daffelbe Refultat; und obfchon ich auch glaube, dafs
die verfchiedene Befchaffenheit der Luft einen kleinen Einflufs auf die Gefchwindigkeit des Schalls haben kann, fo bin ich doch zugleich überzeygt, dafs
er kleiner ift, als die Fehlergrenzen der bisherigen
Beobachtungen mit Tertienuhren, da man fogar
bei diefen weder den conftanten Fehler der Uhr,
noch den conftanten Fehler des Sinnes mit in Rechnung genommen hat.

Die alten Beobachtungen von Gaffendi und
Merfenne geben die Gefchwindigkeit des Schalls
zu 13 bis 1400 Fufs an; Caffini und Maraldi
auf einer Standlinie von 4 Meilen 1038 Fufs; Hofr.
Meyer in Göttingen auf 1036; und Major Mül-
ler auf 1040 Fufs Diefe Verfuche waren im Jahre
1801, als Herr Prof. Fifcher feine *Gefchichte der
Phyfik* herausgab, längft bekannt. Sie ftehen fogar in Gehler's Supplementbande.

Wes Geiftes Kind der Schriftfteller ift, zeigt
fich gewöhnlich nicht leichter und ficherer, als in
der Dedication und in der Vorrede. Es ift der
Mühe werth, in diefer Hinficht die Vorreden vor
den beiden genannten Werken mit einander zu
vergleichen.

Behzenberg.

ANNALEN DER PHYSIK.

JAHRGANG 1803, VIERTES STÜCK.

I.

Ueber Erwärmung durch Dampf,

vom

Grafen von Rumford.[*])

Zimmer, mittelſt Metallröhren, durch Dampf aus
einem Keſſel zu heizen, der ſich auſſerhalb befindet, wurde ſchon vor mehr als 50 Jahren von
dem Oberſten William Cook in den *Philoſophi-
cal Transactions* empfohlen, und die Art, wie ſich
dieſes bewerkſtelligen lieſſe, durch ein Kupfer vollkommen deutlich gemacht. Sein Vorſchlag iſt ſeit-
dem mehrmahls inner - und auſſerhalb Englands ausgeführt worden.

Man hat gleichfalls zu verſchiednen Zeiten ver-
ſucht, Waſſer durch Dampf, den man hineinleitete,
heiſs zu machen, doch mehrentheils ohne Erfolg,
weil man nicht wuſste, daſs Waſſer, als ein Nicht-

[*]) Zuſammengezogen aus dem *Journal of the Royal
Inſtit.*, I, 34.   d. H.
Annal. d. Phyſik. B. 13. St. 4. J. 1803. St. 4.   Bb

leiter der Wärme, die Hitze nicht herabwärts fort-
pflanzen, mithin durch Dampf nicht anders erhitzt
werden kann, als wenn diefer am Boden des Gefäfses condenfirt wird, und mithin hier zur Dampfröhre heraustritt. Ueberdies mufs der Dampf von
oben herab in den Wafferbehälter fteigen, weil man
fonft Gefahr läuft, dafs mitunter bei fchnellem
Condenfiren des Dampfes das Waffer aus dem Behälter in den Keffel übertritt. Diefes vermeidet
man, läfst man den Dampf erft 6 bis 7 Fufs hoch
anfteigen, und dann wieder in den Behälter herab-
treten. Ehe das Waffer durch diefe Höhe anfteigt,
trifft es auf neuen Dampf, der es wieder heraus-
treibt.

Beobachtet man nun diefe und einige ähnliche
Vorfichten, fo läfst fich der Dampf in vielen Fällen
mit grofsem Nutzen brauchen, Waffer heifs zu
machen oder warm zu erhalten, z.B. in Färbereien,
in Brauereien, und in manchen andern Manufactu-
ren, wo fich auf diefe Art nicht nur viel Brennmaterial und Arbeit, fondern auch grofse Auslagen
für Gefäfse und andere Mafchinerien erfparen laffen;
denn bei der Erwärmung durch Dampf können
die Keffel ausnehmend leicht und dünn gemacht
werden, da fie fich durch eiferne Bänder und Stangen
verftärken laffen; auch können fie nur wenig Repa-
ratur erfordern. Häufig laffen fich ftatt ihrer blofs
hölzerne Gefäfse nehmen. Ueberdies hat man den
Vortheil, dafs man fie hinftellen kann, wo man will,
in jeder beliebigen Entfernung vom Feuer, und fo,

dafs fie von allen Seiten freien Zutritt erlanben.
Auch kann man fie mit Holz und andern fchlechten
Wärmeleitern umgeben, um die Hitze in ihnen zu-
fammen zu halten, welches ebenfalls mit den
Dampfröhren gefchehn müfste.

Dem Keffel, worin das Waffer kocht und fich
in Dampf verwandelt, giebt man füglich diefelbe
Conftruction, wie bei den Dampfmafchinen. Er
mufs bei grofsen Anlagen Stärke genug haben, um
dem Drucke des Dampfes Widerftand zu leiften,
wenn diefer den Druck der Atmofphäre um $\frac{1}{3}$ bis $\frac{1}{2}$
übertrifft, (alfo jeden Quadratzoll des Keffels mit
einer Kraft von 4 bis 6 Pfund drückt;) denn der
Dampf hat aufser dem Luftdrucke noch den Druck
der Wafferfäule in dem Gefäfse, bis zu deffen Boden die Dampfröhre hinabgeht, zu überwinden.
Es verfteht fich von felbft, dafs der Keffel auch hier
mit zwei *Sicherungsventilen* verfehn feyn mufs, deren eins den Dampf hinausläfst, wenn er plötzlich
fo ftark wird, dafs er den Keffel zerfprengen könnte; und deren anderes Luft in den Keffel läfst, wenn
bei ausnehmender Hitze der Dampf im Keffel fich
condenfirt, damit dann nicht etwa der Keffel durch
den Luftdruck eingebogen werde, oder die Flüffigkeit aus den Gefäfsen durch die Röhren in den Keffel hineingehoben werde.

Die Dampfröhre, die mitten aus dem Deckel
des Keffels anfteigt, will ich den *Hauptconductor*,
und die fenkrecht zum Boden des Gefäfses, worin
das Waffer erwärmt werden foll, herabfteigende

Bb 2

Röhre vorzugsweife die *Dampfröhre* nennen. Sie
kann entweder im Gefäfse oder an der Aufenfeite
deffelben herabfteigen, welches vorzuziehn feyn
dürfte, und mufs in beiden Fällen bis wenige Zoll
vom Boden herabgehn. Im letztern Falle erhält
fie ein Knie, und mufs genau wafferdicht eingefetzt
werden. Sie ift etwa 6 Fufs über dem Boden der
Stube mit einem dampfdicht fchliefsenden Hahne
zu verfehn. Beide Röhren werden am beften durch
eine faft horizontale Röhre verbunden, die ich den
horizontalen Conductor nennen will, und die man
an der Decke des Zimmers fo aufhängt, dafs fie vom
Hauptconductor ab ein klein wenig in die Höhe
geht, damit das in ihr fich condenfirende Waffer
in den Keffel zurücklaufe, und dem Dampfe weder
den Zugang zum kalten Waffer des Gefäfses, noch
überhaupt den Durchgang verfperre, welches gefchehn würde, wenn der horizontale Conductor Bie-
gungen herab- und heraufwärts hätte. Aus diefem
Grunde mufs man auch, wenn aus demfelben horizontalen Conductor mehrere Dampfröhren nach verfchiednen Waffergefäfsen herabgehn, jede derfelben
wenigftens einen Zoll weit im Innern des Conductors
hinaufragen laffen, und fie zu dem Ende beträchtlich
enger als diefen horizontalen Conductor machen.

Um allen Wärmeverluft in den Röhren zu vermeiden, umgebe man die horizontalen Conductoren mit viereckigen hölzernen Röhren, und fülle
den Zwifchenraum zwifchen beiden mit Kohlenftaub,
oder feinen Sägefpänen, oder mit Wolle aus. Den

Hauptconductor und die Dampfröhren beklebe man
erft mit 3 oder 4 Lagen dicken Papiers, mittelft
Kleifters oder Leims, überziehe diefe mit einer Fir-
nifslage und bekleide fie dann mit fchlechtem dicken Tuche. Es wird felbft vortheilhaft feyn, die
horizontálen Conductoren erft mit einigen Lagen
Papier zu bekleben; denn gefchieht das mit langen Streifen, die, während fie von Kleifter oder Leim
noch feucht find, regelmäfsig in Spirallinien um den
Conductor geklebt werden, von einem Ende bis
zum andern, fo wird dadurch zugleich die Feftigkeit der Röhre in folchem Grade vermehrt, dafs fie
aus fehr dünnem Bleche beftehn kann.

Denn, fo unglaublich es auch fcheinen mag, fo
haben mir doch wiederhohlte Verfuche bewiefen,
dafs, wenn eine hohle Röhre aus Kupferblechen,
die $\frac{1}{20}$ Zoll dick find, auch nur mit einer doppelt fo
dicken Lage von ftarkem Papiere überzogen wird,
welches man mit gutem Leime ftraff darauf klebt, die
Feftigkeit der Röhre dadurch *mehr als verdoppelt*
wird. Ich habe férner durch Verfuche, die keinen
Zweifel zulaffen, und die ich künftig in ihrem Detail bekannt machen werde, gefunden, dafs Papier-
blätter, die mit Leim gut zufammengeklebt find,
dadurch eine folche Feftigkeit erlangen, dafs ein
daraus gebildeter Cylinder, deffen Querfchnitt höchftens 1 Quadratzoll betrug, ein Gewicht von 30000 Pf.
Av. d. p. oder von mehr als 13 Tonnen tragen konnte, ohne zu reifsen. — Noch mehr Feftigkeit hat
Hanf; ein ähnlicher Cylinder von Hanffäden, die

der Länge nach zufammengeleimt find, kann nach
meinen Verfuchen 92000 Pfund tragen, ehe er
reifst. — Ein gleicher Cylinder aus dem fefteften
Eifen, das mir je vorgekommen ift, vermag nur
66000 Pfund zu tragen, und das Eifen mufs fchon
von befonderer Güte feyn, foll es nicht fchon bei
einer Laft von 55000 Pf. Av. d. p. reifsen. *)

Der Plan, den ich hier vorgezeichnet habe, ift
keine blofse Idee mehr, fondern fchon fehr im
Grofsen, und mit vollkommnem Erfolge, ausgeführt
worden, fo dafs die obigen Details wenig mehr als
genaue Befchreibungen deffen find, was fchon da
ift. Ein grofses Handels- und Manufacturhaus zu
Leeds, Gott *and Comp.*, hat den Muth gehabt,
aller Warnungen und alles Gefpöttes feiner Nachbarn
ungeachtet, eine fehr grofse *Färberei* nach den hier
angegebnen und empfohlnen Grundfätzen anzule-

*) Hier noch ein paar merkwürdige Refultate aus
meinen *Cohäfionsverfuchen* : Die Feftigkeit von Körpern, die einander ähnlich find und aus derfelben Materie beftehn, fteht *nicht im Verhältniffe ihres Querfchnitts*, oder der Fläche des Riffes, fondern in einem höhern Verhältniffe, welches nach
Verfchiedenheit der Materie variirt. — Die Geftalt des Körpers hat einen beträchtlichen Einflufs
auf feine Feftigkeit, felbft wenn er nach feiner
Länge belaftet und zerriffen wird. — Alle Körper, felbft die zerbrechlichften, fcheinen *einzeln*
zu zerreifsen, d. h., ihre Theilchen oder Fibern
brechen *eins nach dem andern*; daher mufs *die Ge-*
ftalt, unter allen, einem Körper, wenn er feiner

gen. Bei meiner Anwesenheit zu Leeds im vorigen Sommer zeigte mir Herr G o t t, der damahls Lord-Mayor der Stadt war, seine wirklich herrliche und in allen Theilen vollendete Manufactur von den allerfeinsten Tüchern, die das Jahr zuvor abgebrannt und nun erweitert wieder aufgebaut war. Man wird sich mein Vergnügen denken, als ich das Färbehaus ganz nach Grundsätzen eingerichtet fand, an deren Verbreitung ich einigen Theil gehabt habe, und die der Besitzer, wie er mir sagt, nach Durchlesung meines siebenten *Essay*, (*Annalen*, II, 249,) angenommen hatte. Der Versuch ist ihm, wie er versichert, über alles Erwarten gut gelungen; schon hat sein Nachbar, ein Färber von Profession, der anfangs sehr gegen diese Neuerung eingenommen war, die Anlage nachgeahmt, und, wie er glaubt, werden in wenig Jahren alle Färbereien in England auf diesen Fuß eingerichtet seyn.

Länge nach belastet wird, die größte Stärke geben, bei welcher die größte Zahl von Theilchen oder Längenfibern sich in den größten Abstand von einander entfernen lassen, ehe sie über die Grenze der Cohärenz hinauskommen. — Es ist mehr als wahrscheinlich, daß die scheinbare Festigkeit verschiedner Materien viel mehr von der Zahl ihrer Theilchen, die in Wirkung kommen, bevor eins derselben über die Grenze der Anziehung der Cohäsion hinausgetrieben wird, abhängt, als von einer specifischen Verschiedenheit der Intensität dieser Kraft in diesen verschiednen Materien. *Graf v. Rumf.*

Das Färbehaus ift fehr geräumig, und enthält eine grofse Menge kupferner Keffel von verfchiedner Gröfse, die ohne anfcheinende Ordnung in zwei Zimmern, jeder einzeln, etwa 3 Fufs über dem Fufsboden ftehn, und insgefämmt durch Dampf aus einem einzigen Dampfkeffel, der in der Ecke des einen Zimmers fteht, gebeizt werden. Einige diefer Keffel halten über 1800 Gallons Waffer. — Die horizontalen Conductoren hängen unter der Decke der Zimmer; einige find aus Blei, andre aus Gufseifen, haben 4 bis 5 Zoll Durchmeffer, und follten noch erft bekleidet werden. Die aus diefen herabfteigenden Dampfröhren find alle aus Blei, und $\frac{3}{4}$ bis $2\frac{1}{2}$ Zoll weit, je nachdem fie zu einem gröfsern Keffel hinabgingen. Sie gehn an der Aufsenfeite des Keffels herunter, und treten am Boden deffelben horizontal hinein. Alle Keffel werden aus einem Wafferbehälter durch bleierne Röhren gefpeift, und haben Meffingbähne, durch die man die Flüffigkeit, die in ihnen ift, ablaffen kann. Sie find alle mit dünnem Mauerwerke umgeben, das fie zu tragen und die Wärme beifammen zu erhalten dient.

Die Schnelligkeit, mit welcher kaltes Waffer in diefen Keffeln erwärmt wird, ift in der That bewunderoswürdig. In einem der gröfsten Keffel, der über 1800 Gallons fafst, kömmt es binnen einer halben Stunde zum Kochen, indefs das gröfste Kohlfeuer, das unter dem Keffel angemacht würde, diefes kaum in einer Stunde zu bewerkftelligen

vermöchte. Diefer *Zeitgewinn* liefse fich noch ver-
gröfsern, wenn man die Dampfröhre breiter machte.
Nach des Befitzers Berechnung werden ⅔ an *Feuerma-*
-terial gefpart, welches nöthig wäre, würden alle
Keffel einzeln geheizt.

Noch habe ich einen wichtigen Vortheil der Erwärmung von Flüffigkeiten durch Dampf nicht erwähnt. Da der Dampf hierbei höchftens ein paar
Grad wärmer als das kochende Waffer wird, fo findet hier kein Anbrennen oder Verderben durch zu
heftige Hitze ftatt; welches für manche Manufactu-
ren, ganz befonders aber für die *Kocherei* im Grofsen, von Wichtigkeit ift. Dabei ift kein Umrühren
nöthig, um das Verbrennen zu verhindern; ftatt
der koftbaren und wandelbaren kupfernen Koch-
keffel laffen fich hölzerne Gefäfse brauchen, und
was in ihnen ift, läfst fich durch eine *tragbare*
Feuerftätte, die mit einem Dampfkeffel verfehn ift,
kochen. Da fich überdies folche tragbare Feuerftätte mit ihrem Keffel recht wohl fo leicht und klein
machen laffen, dafs zwei Menfchen fie tragen können,
und dafs fie durch eine Thür gehn; fo gewähren
fie den Vortheil, dafs man in einer halben Stunde, wo
man will, eine öffentliche Küche für Armenfup-
pen, Puddings, Gemüfe u. f. w., kurz, für alles ge-
kochte Effen errichten, auch jedes Zimmer in eine
Küche, und umgekehrt die Küche wieder in ein
Zimmer umändern kann.

Diefe Methode, das Waffer durch Dampf zu erwärmen, empfiehlt fich befonders auch für Anftal-

ten, um *warm zu baden*, und würde wahrſcheinlich
auch beim *Bleichen* und *Waſchen*, und überhaupt
überall da von Vortheil ſeyn, wo man Waſſer lange Zeit über warm erhalten will, ohne daſs es zum
Kochen kommen ſoll; denn durch die Stellung
des Hahns in der Dampfröhre hat man die Temperatur, bis zu der es kommen ſoll, ganz in ſeiner
Macht. Herr Gott zeigte mir einen Keſſel, worin
Stückchen von Häuten digerirt wurden, um *Leim*
zu geben. Der Dampf war hier ſo regulirt, daſs
die Flüſſigkeit immer auf dem Punkte zu ſeyn ſchien,
zum Kochen zu kommen, ohne doch je *wirklich*
aufzuwallen; eine Wärme, bei welcher man, *der*
Erfahrung nach, den beſten Leim erhält.

Den Unternehmern der Anlage, die ich hier
beſchrieben habe, iſt unſer Land gewiſs ſehr ver-
pflichtet. Den geiſtvollen Ausführungen ſolcher
Männer, die in jedem andern Lande äuſerſt ſelten
ſind, verdanken wir den Ruhm, auf den wir am
ſtolzeſten ſeyn dürfen, eine erleuchtete und eine
unternehmende Nation zu ſeyn.

II.

BESCHREIBUNG

eines von Arthur Woolf erfundnen Appa-
rats, Waffer durch Dampf, der fonft un-
genutzt verloren gehn würde,
zu erwärmen,

von

WILL. NICHOLSON,
in London. *)

Dieser Apparat ift im Auguft 1800 in der grofsen
Brauerei der Hrn. Meux und Comp. eingerichtet
worden, und ift feitdem in ununterbrochnem Gebrauche gewefen. Ich habe ihn vor wenigen Wochen in Arbeit gefehn. Die Leichtigkeit und Sicherheit, mit welcher er geht, machte mir hohes
Vergnügen, und ich freue mich, den Lefern eine
fo wohl überdachte und nützliche Mafchinerie genauer bekannt machen zu können.

Taf. V ftellt diefen Apparat im Aufriffe vor.

A ift die Dampfröhre, welche aus dem Deckel
des grofsen, genau verfchlofsnen, kupfernen Brau-
keffels ausgeht, und den Dampf, der fonft ungenutzt bleiben würde, zum Apparate führt.

B ift ein Kegelventil mit feinem Gewichte.

C das Gefäfs, worin der Dampf condenfirt, und
dadurch das Waffer erhitzt wird.

*) Nicholfon's *Journal*, Juli 1802, p. 203. d, H.

D eine Röhre, welche das kalte Waſſer, das erwärmt werden ſoll, aus einem höher ſtehenden Behälter in das Gefäſs *C* hineinleitet.

E ein Kegelventil, welches das obere Ende dieſer Röhre verſchlieſst, und durch das nur wenn es geöffnet iſt, Waſſer in das Condènſationsgefäſs hineinſpritzen kann. Dieſes Ventil hängt an dem Hebel *F*, und die Ventilſtange geht dampfdicht durch die Schmierbüchſe auf dem Condenſationsgefäſse.

G iſt die Ableitungsröhre, durch die das erwärmte Waſſer aus dem Condenſator abflieſst. Damit aus dieſem kein Dampf mit entweiche, ſteigt ſie herab, und dann wieder herauf.

H iſt ein kleines Waſſerreſervoir, das etwas niedriger als der Condenſator ſteht, und aus welchem mehrere Röhren mit Hähnen abgehn, durch die das heiſse Waſſer nach yerſchiednen Orten abflieſst.

I eine offne Röhre, welche auf dem Reſervoir ſteht, um zu verhindern, daſs, wenn das Waſſer in Röhren herabgeleitet wird, im Reſervoir kein luftverdünnter Raum entſtehe.

K eine dünne Röhre, durch welche der Dampf aus dem Condenſator frei in den Regulator ſteigt.

L, der Regulator, iſt aus drei concentriſchen Cylindern zuſammengeſetzt, von denen der äuſere und der innerſte am Boden zuſammengelöthet ſind, und zwiſchen ſich einen hohlen cylindriſchen Mantel bilden, der voll Waſſer gegoſſen wird. Der mittelſte Cylinder iſt oben zu, unten offen, läſst

fich in dem Waffer herauf- und herunterbewegen,
und dient ftatt eines Kolbens.

M ift ein Hebel, mit welchem diefer bewegliche Cylinder durch die Kolbenftange verbunden ift.

N ein verfchiebbares Gewicht, das an den andern Arm des Hebels angefchraubt wird, und
durch deffen Stellung die Menge und die Hitze des
Waffers fich nach Belieben ändern und beftimmen läfst.

O ift endlich ein mit einem Gewichte befchwer-
tes Kegelventil, durch das man den Dampf aus dem
Condenfator fteigen läfst, wenn er nicht benutzt
werden foll.

Die Wirkungsart diefer Mafchine ift leicht zu
überfehn. Das Ventil *E*, das mittelft des Hebels
F mit dem beweglichen Cylinder an demfelben
Arme des Hebels *M* hängt, wird durch das Gewicht
diefes hohlen Kolbens zugedrückt. Diefes Gewicht
läfst fich mittelft des Gegengewichts *N* reguliren,
und nimmt zu, wenn man *N* dem Drehpunkte des
Hebels *M* nähert. Erft wenn der Dampf, der aus
dem Keffel in den Condenfator *C*, und aus diefem
durch *K* in den hohlen Kolben tritt, Kraft genug
erlangt hat, den Kolben zu heben, öffnet fich das
Ventil *E*, und fogleich fpritzen durch die Ventilöffnung Strahlen kalten Waffers in den Condenfator,
wie das in der Kupfertafel dargeftellt ift. Diefes
Waffer condenfirt Dampf, der daher an Druckkraft
verliert. Folglich finkt der Kolben, und verringert
die Ventilöffnung, mithin auch die Confumtion des

Dampfs, der nun wieder ſtärker drückt und den
-Kolben etwas hebt. Nach einer oder zwei Schwan-
kungen ſtellt ſich indeſs ſchon ein Gleichgewicht ein,
und kömmt das Ventil in eine ſolche Lage, daſs immer
nur ſo viel Waſſer einſpritzt, als hinreicht, den
Dampf, der ſonſt einen ſtärkern Druck bewirken
und den Kolben höher heben würde, zu condenſiren, ſo daſs dann der Hebel in vollkommner Ruhe
bleibt.

Es fällt hieraus zugleich in die Augen, daſs, wenn
das Gegengewicht N dem Drehpunkte näher ge-
rückt wird, der Dampf mächtiger, und mithin hei-
ſser ſeyn, muſs, um den Kolben zu heben, daher
denn auch das Waſſer durch den Dampf eine höhere Temperatur annimmt. Und in dieſer Hinſicht
iſt der Apparat ſo wirkſam, daſs ſich das Waſſer
bis auf 210° F. erhitzen läſst. Er giebt, je nachdem die Temperatur des Waſſers höher oder niedriger iſt, jede Stunde 100 bis 180 Barrels heiſsen
Waſſers. *)

*) Ein *Barrel* Biermaaſs iſt gleich 46 hamburger
Stübchen, und hält 5,87 engl. oder 4,78 pariſer
Cubikfuſs.   *d. H.*

III.

Ueber die electroskopischen Aeusserungen der Voltaischen Ketten und Säulen,

vom

Hofmedicus Dr. JÄGER

zu Stuttgardt.

Ohne mich in eine detaillirte Beschreibung der bei den folgenden Versuchen nöthigen Handgriffe einzulassen, bemerke ich blofs im Allgemeinen, dafs es nur einer durch längere Uebung geschärften Aufmerksamkeit gelingt, sich aller Umstände, welche darauf Einflofs haben, so zu bemächtigen, dafs man auf beständige Resultate zählen kann. Eine Menge scheinbarer Kleinigkeiten sind bei Versuchen dieser Art sehr nöthig: die Beschaffenheit der umgebenden Luft, der Zustand der prüfenden Instrumente, und der Zustand der untersuchten Säule selbst müssen bei jedem Versuche mit berücksichtigt werden, und besonders darf man nie vergessen, dafs jede leise Berührung, jeder schon angestellte Versuch den electrischen Zustand der Säule verändert hinterlassen kann, und dafs daher vor jedem neuen Versuche die alte Säule erst wieder hergestellt werden mufs, welches dadurch geschieht, dafs man sie, aufser aller Verbindung mit den gebrauchten prüfenden Instrumenten, mittelst eines isolirten (mit einem isolirenden Handgriffe versehenen,) Leiters, eine

Zeit lang vollkommen fchliefst. Selbft die Zeit, die
man auf jeden einzelnen Verfuch wendet, und die
Summe der Zeiten, die man auf Verfuche mit derfelben Säule verwandt hat, ift hierbei gar nicht
gleichgültig. Die anfcheinende Gefetzlofigkeit vieler Erfcheinungen, die anfangs den Muth des Beobachters niederfchlägt, löft fich bei forgfältiger
Rückficht auf diefe Einflüffe in völlige Beftimmtheit auf.

Was die Schlüffe betrifft, die fich auf die aufgefundnen Erfahrungsgefetze gründen laffen, fo
mufs man dabei beftändig das im Auge haben, dafs
wir durch unfre Prüfungsmittel eigentlich nie etwas von dem electrifchen Zuftande der Säule felbft
erfahren, fondern nur über die Bedingungen belehrt
werden, unter welchen fie unfre Werkzeuge afficirt. Allein diefe Werkzeuge find keinesweges paf-
five Reagentien, fondern fie veranlaffen erft Prozeffe, deren Präexiftenz vor Anlegung jener Werkzeuge wir nicht vorausfetzen dürfen; wir nöthigen
erft die von uns armirte Säule zu Aeufserungen,
und dürfen nie behaupten, dafs fie unter andern
Bedingungen auch ftatt finden werden. Diefe Bemerkung trifft jedes Inftrument, auf welches die
Säule durch Mittheilung wirkt, alfo das gewöhnliche Electrofkop fo gut als den Condenfator. Ich
habe daher keinen Anftand genommen, meine Unterfuchungen mit dem Condenfator anzuftellen, um
der unendlichen Mühe auszuweichen, immer fehr
grofse, unmittelbar auf das Electrofkop wirkfame
Säulen

Säulen aufbauen zu müſſen, und ich glaube das Allgemeine der aufgefundnen Reſultate ohne Irrthum
auf die Unterſuchung mit dem Electroſkope ausdehnen zu dürfen.

Ich bediente mich Voltaiſcher Condenſatoren
von gefirniſsten polirten Zink- und Kupferplatten,
deren Condenſationskraft für kleine Grade von Electricität ſich bei einigen auf das 200fache, bei andern auf das 5ofache ſchätzen liefs.

Zu den meiſten Verſuchen wandte ich Säulen
von 10 bis 20 Paaren Zink- und Kupfer- oder Gold-
platten an, weil ſie leichter gleichförmig und reinlich erbaut werden, als groſse Säulen; alle Verſuche aber wurden an 5o- und 6ogliedrigen Säulen
wiederhohlt. Die feuchten Leiter beſtanden aus
Papierſcheiben, die in deſtillirtes oder auch in
Brunnenwaſſer eingetaucht wurden. Einige weitere Bemerkungen über den Mechanismus dieſer
Verſuche werden ſich beſſer in ihre Erzählung ver-
flechten, als im Allgemeinen angeben laſſen.

1. *Von den electriſchen Aeuſſerungen der offnen
Säule.*

Verſuch 1. Wenn man mit dem Pole *A* einer
vollkommen iſolirten *) offnen Säule von 20 bis 3o

*) Am beſten ſcheinen mir Glasplatten, die man
mit geſchmolznem Siegellacke überzogen hat, zu
iſoliren. Ich baue die Säulen gewöhnlich in 2
oder mehrern gehörig mit einander verbundnen
Stücken auf ſolchen Glasplatten auf, die auf umge-

Plattenpaaren einen isolirten Leiter verbindet, und diesem ein schwebendes Goldblättchen nähert, so wird das letztere nicht angezogen.

Eben so wird der Collector eines guten Condensators, dessen andere Platte die Erde berührt, durchaus nicht geladen, wenn man ihn durch den isolirten Leiter mit dem Pole *A* verbindet.

Versuch 2. Wenn man mit dem andern Pole *B* eben dieser Säule durch einen isolirten Leiter, (es ist gleichgültig, von welcher Art, es kann ein Streifen nasser Karte oder ein Metalldraht seyn,) eine grosse isolirte leitende Fläche, z. B. eine grosse isolirte Metallplatte, verbindet, so zieht nun ein mit dem Pole *A* verbundner isolirter Leiter das ihm genäherte Goldblättchen an.

Auch ladet nun der Pol *A* den mit ihm auf die obige Art verbundnen Condensator mit der diesem Pole eigenthümlichen Electricität.

Die Intensität der so zu erhaltenden Electricität steht in geradem Verhältnisse mit der Zahl der Ketten, aus welchen die Säule besteht, und bis zu einer gewissen Grenze hin, mit der Grösse der an *B* angebrachten leitenden Fläche; für jeden gegebnen Condensator ist diese Grenze eine eigenthümliche und bestimmte.

Versuch 3. Nähert man zuerst dem mit dem grossen isolirten Leiter verbundnen Pole *B* das schwe

stürzten trocknen Trinkgläsern ruhn, die Pol liegen dann nach oben frei neben-einander.   J.

bende Goldblättchen, fo wird diefes nicht angezogen, und eben fo wenig kann diefer armirte Pol *B*
einen Condenfator laden, fo lange mit dem Pole *A*
nichts vorgenommen worden ift.

Verfuch 4. Verbindet man mit jedem Pole der
obigen Säule einen befondern ifolirten Leiter von
grofser Oberfläche, fo ladet fowohl der Pol *A* als
der Pol *B* den jedes Mahl zuerft an ihn angebrachten
Condenfator, jeder mit feiner eigenthümlichen Electricität, deren Intenfität denfelben Gefetzen folgt,
wie in Verfuch 2. *)

Verfuch 5. Grössere vollkommen ifolirte Säulen
von 50 und mehr Ketten theilen an ihren Polen
dem an fie angebrachten Condenfator etwas Polarität mit, und ihre Pole ziehen auch das fchwebende
Goldblättchen etwas an.   Die Intenfität diefer Electricität richtet fich nach der Gröfse der Säule, ihre
übrigen Verhältniffe find, wie fich nachher ergeben
wird, den Verhältniffen der Electricität, die eine
kleinere an ihren beiden Polen mit grofsen ifolirten
Leitern verbundne Säule zeigt, vollkommen gleich.
Ich fchliefse hieraus, dafs die Maffe der Säule felbft
diefelben Wirkungen hervorbringen kann, wie
grofse mit ihren Polen verbundne leitende Flächen,
und dafs eine grofse ifolirte Säule anzufehen ift, als

---

*) Hat man diefen Verfuch am Pole *A* angeftellt, fo
   mufs erft der urfprüngliche Zuftand der Säule
   wieder hergeftellt feyn, ehe man ihn am Pole *B*
   wiederhohlt.   *J.*

wäre fie mit grofsen ifolirten Leitern verbunden.
Hierdurch wird das Refultat des Verfuchs 1 abhängig von dem Verhältniffe, das zwifchen der Gröfse
der Säule und den Eigenfchaften des prüfenden Inftruments ftatt findet, und es ift kein Zweifel, dafs
die Säule 1 einen fehr kleinen Condenfator auch
laden würde, aber aus dem Verfuche 2 folgt, dafs
fie dies nur thut, in fo fern fie felbft eine leitende
Fläche darftellt.

Verfuch 6. Verbindet man jeden Pol einer vollkommen ifolirten Säule mit dem Collector eines
befondern Condenfators, deffen andere Platte den
Boden berührt, fo werden beide Collectoren geladen, jeder mit der Electricität des Pols, mit dem
er verbunden war.

Sind beide Condenfatoren an Güte und Gröfse
einander gleich, fo find beide gleich ftark geladen,
und die Intenfität ihrer Electricitäten fteht in geradem Verhältniffe mit der Kettenanzahl der Säule
und mit der Condenfationskraft beider Inftrumente.
Sind die Condenfatoren ungleich, fo ift der fchwächere ftärker geladen als der beffere, und die Intenfität der Electricität eines jeden richtet fich wieder nach der Kettenzahl der Säule.

Verfuch 7. Jeder Pol ift mit einem Condenfator
verbunden, der dem andern an Güte gleich ift, an
den Pol *A* wird zu gleicher Zeit noch ein dritter
Condenfator gebracht. Der Condenfator am Pole
B findet fich jetzt ftärker, der erfte Condenfator

am Pole *A* aber schwächer geladen, als wenn der
dritte Condensator nicht hinzugekommen wäre.

Versuch 8. Beide Pole find mit gleich guten Condensatoren verfehn, der mit dem Pole *A* verbundne
Collector wird isolirt von dem Pole getrennt, abge-
hoben und durch Berührung entladen; bringt man
ihn nun wieder wie zuvor an den Pol *A*, so ladet er
sich wieder, aber schwächer als das erste Mahl; nach
jeder neuen Entladung nimmt die Intensität der Electricität ab, die er von dem Pole *A* erhalten kann,
und endlich erhält er gar nichts mehr. Unterfucht
man nun den Condensator am Pole *B*, so findet sich
dieser doppelt so stark geladen, als es im Verfuche 6
der Fall war, und dies ist das Maximum von Electricität, das er überhaupt durch irgend ein Mittel
an dieser Säule erhalten kann. Entladet man nun
wiederhohlt den mit dem Pole *B* verbundnen Condensator, während der andere dauernd mit dem
Pole *A* in Verbindung bleibt, so erhält man endlich
am Pole *B* keine Electricität mehr, und nun ist der
Condensator am Pole *A* mit demselben Maximo der
entgegengesetzten Electricität geladen, das zuvor
am Pole *B* erschien. Diese Verdichtung der Electricität des einen Pols und die gleichzeitige Steigerung
der des andern auf ein Maximum kann man wiederhohlen, so oft man will.

Sind die Condensatoren ungleich, so wird der
Pol, der mit dem bessern Condensator verbunden
ist, in der kürzesten Zeit auf Null gebracht.

Man kann diefen Verfuch auch fo anftellen, dafs
man jeden Pol mit feinem Condenfator in Verbindung läfst, und fich zur Entladung des einen oder
des andern Pols eines dritten Condenfators bedient;
diefer zeigt dann eben daffelbe wechselfeitige Vernichten und Steigern der Polarelectricitäten.

Die Polarelectricität, welche eine ifolirte mit
einer oder zwei grofsen ifolirten leitenden Flächen verbundne, oder eine *fehr grofse blofs* ifolirte
Säule zeigt, kann durch einen entladenden Condenfator eben fo vernichtet werden, und diefe Vernichtung ift eben fo mit einer Steigerung der entgegengefetzten Electricität zu einem Maximo verbunden.
Der Pol, deffen Electricität für den Condenfator
auf Null gebracht ift, wirkt auch nicht mehr anziehend auf ein Goldblättchen, indeffen der andere
den höchften Grad feiner Wirkfamkeit erreicht.

Verfuch 9. Schliefst man eine ifolirte Säule durch
einen ifolirten Condenfator fo, dafs der Pol *A* mit
der einen, der Pol *B* mit der andern Condenfatorplatte leitend verbunden ift, fo ladet fich jede Platte
diefes Condenfators mit dem Maximo von Electricität, das überhaupt diefelbe Säule demfelben Condenfator durch irgend ein Mittel mittheilen kann;
die Intenfität der Ladung wird übrigens durch die
Kettenzahl der Säule beftimmt.

Eben fo wird von zwei Condenfatoren, deren
jeder mit einer Platte einen Pol berührt, während
beide andere Platten leitend mit einander verbunden
find, jeder mit dem möglichen Maximo der Electri-

eität diefer Säule geladen, und zwar hat immer der
mit dem Pole verbundne Collector, die diefem Pole
eigenthümliche Electricität.

Verfuch 10. Ift auf die vorige Art eine ifolirte
Säule durch einen oder zwei Condenfatoren gefchloffen, und bringt man an *einen* ihrer Pole einen
neuen Condenfator an, fo verhält fie fich gegen den
letztern durchaus wie jede andere ifolirte Säule,
und theilt ihm nicht die mindefte Ladung mit.

Verfuch 11. Bringt man den Pol *A* einer ifolirten Säule in leitende Verbindung mit dem Erdboden, fo theilt der Pol *B* einem an ihn angebrachten
Condenfator das Maximum von Electricität mit,
das diefer überhaupt an derfelben Säule erhalten
kann. Auch zieht nun der Pol *B* ein Goldblättchen
mit dem Maximo feiner Intenfität an. Der abgeleitete Pol *A* aber wirkt weder auf das Goldblättchen,
noch auf den Condenfator.

Diefe Electricität ift unerfchöpflich, und kann,
fo lange die Ableitung am Pole *A* befteht, nie durch
Entladung von *B* auf Null gebracht werden. Ihre
Intenfität fteht im geraden Verhältniffe mit der Kettenzahl der Säule.

Verfuch 12. Verbindet man jeden Pol einer
ifolirten Säule leitend mit der Erde, fo ladet jeder,
(immer in einem befondern Verfuche,) den an ihn
angebrachten Condenfator mit feiner eigenthümlichen Electricität; ihre Intenfität ift aber nur dem
halben Maximo gleich, mit dem derfelbe Condenfator unter andern Bedingungen an diefer Säule ge-

laden werden kann; übrigens hängt fie wieder von
der Kettenanzahl der Säule ab.

Verfuch 13. Wenn im vorigen Verfuche die Leiter, durch welche die Pole mit der Erde verbunden werden, von verfchiedner Güte find, z. B. der
eine trocknes Holz, der andere naffes Papier; fo
nähert fich die Electricität des fchlechter abgeleite-
ten Pols mehr dem Maximo, die des beffer abgelei-
teten aber tritt unter die Hälfte des Maximi zurück,

Verfuch 14. Eine ifolirte Säule ift durch einen
ifolirten Condenfator gefchloffen, (f. Verf. 9;) in
ihrer Mitte oder an jedem andern beliebigen Punkte wird fie durch einen Leiter mit der Erde verbunden. Beide Condenfatorplatten erhalten das Maximum von Electricität, das diefe Säule überhaupt
diefem Condenfator mittheilen kann.

Verfuch 15. Die Säule ift durch einen Condenfator gefchloffen, und an irgend einem Punkte mit
der Erde verbunden, wie im vorigen Verfuche.
Unterfucht man fie an einem ihrer Pole, (d. h. an
der Metallfläche der einen Plätte des fchliefsenden
Condenfators,) mittelft eines zweiten Condenfators,
fo wird diefer mit *dem* Maximo von Electricität geladen, das er an einer Säule erhalten konnte, welche dem zwifchen dem geprüften Pole und dem die
Erde berührenden Punkte eingefchlofsnen Säulen-
ftücke an Gröfse gleich käme.

Verfuch 16. Alle Säulen, welche fich in der
Lage befinden, dafs fie nur an dem *einen* ihrer Pole
das prüfende Infirument afficiren, das man ihm nä-

hert, indeffen fie am andern Pole keine Electricität
äufsern, (alfo die Säulen, deren *einer* Pol mit einem
grofsen ifolirten Leiter, oder mit einem Condenfator, oder mit der Erde zufammenhängt, oder
deren *einer* Pol durch Entladung auf Null gebracht
ift,) zeigen an jedem Punkte ihrer Länge immer nur
die Electricität desjenigen Pols, der fich in ihnen als
electrifch äufsert, und zwar in abnehmender Intenfität, je mehr man fich mit dem prüfenden Inftrumente dem Pole nähert, der keine Electricität äufsert. Alle Säulen hingegen, welche an ihren *beiden* Polen electrifch nach aufsen wirken können,
(alfo die grofsen *blofs* ifolirten, und die an *beiden*
Polen mit grofsen ifolirten Leitern, oder mit Condenfatoren, oder mit der Erde verbundnen Säulen,)
theilen fich für das prüfende Inftrument in zwei
Hälften. In ihrer Mitte haben fie einen Indifferenz-
punkt, und von diefem aus zeigen fie gegen jeden
Pol hin die diefem Pole zukommende Electricität, und zwar mit fteigender Intenfität, je mehr
man fich mit dem prüfenden Inftrumente den Polen
nähert. *)

Verfuch 17. Was hier von den Polen der offnen
Säule gefagt wurde, das gilt von allen andern Punkten derfelben. Wird an irgend einen Punkt der

---

*) Bei allen diefen Verfuchen mufs nach jeder vor-
genommnen Prüfung der urfprüngliche Zuftand
der Säule wieder hergeftellt werden, ehe man
wieder einen andern Punkt unterfucht.   J,

Säule ein isolirter Leiter oder ein Condensator angebracht, oder ist irgend ein Punkt mit der Erde
verbunden, so wird von irgend einem zweiten Punkte dieser Säule ein prüfendes Instrument so afficirt,
als es von dem zwischen diesen zwei Punkten ein-
geschlosnen Säulehstücke, dessen Pole jene zwei
Punkte repräsentiren, auch geschehen würde. Nur
bei sehr grosen Säulen, in welchen die über jene
beiden Punkte hinaus liegenden isolirten Säulen-
stücke noch eigenthümliche Wirkungen äusern,
möchten hierin Verschiedenheiten eintreten.

Diese Versuche scheinen mir die electrischen
Verhältnisse der offnen Säule, wenn ihre Pole entweder *atmosphärisch* wechselseitig gegen einander
selbst oder gegen die Erde wirken, oder wenn sie
durch Mittheilung von der Erde oder von andern Leitern afficirt werden, hinlänglich zu erörtern, und
ich enthalte mich daher, alle die mannigfaltigen Abänderungen zu erzählen, durch welche sie noch
ferner bestätigt werden könnten. *)

*) Um diese Versuche nicht in Widerspruch mit
einigen ältern, in einem Briefe an Herrn Professor
Gilbert, (*Annalen*. XII, 123,) erzählten, zu lassen, glaube ich die eigentliche Bedeutung der
letztern hier noch angeben zu müssen. Ich hatte
bei meinen damahligen, ebenfalls mit dem Condensator angestellten Untersuchungen die Säulen
unmittelbar auf zwei umgestürzten Trinkgläsern in
zwei gleichen Stücken erbaut; die Luft war sehr
feucht, und die Gläser waren, wie mich andere

2. *Von den electrischen Aeußerungen der unvoll-*
kommen geschloßnen Säule.

Versuch 18. Wenn eine isolirte Säule durch eine
ebenfalls vollkommen isolirte gasgebende Röhre

Versuche lehrten, zu schwachen Leitern geworden. Indem ich nun den Pol *A* der ganzen ver-
meintlich isolirten Säule prüfte, war es eigentlich
der Pol der halben Säule, deren anderer Pol *B*
durch das Trinkglas mit der Erde in Verbindung
stand, der das Instrúment afficirte, und ihm die
halbe Electricität mittheilte, die der Pol *A* ganz
zeigen mußte, wenn der freie Pol *B* der ganzen
Säule mit der Erde verbunden wurde. Berührte
ich den Pol *B* vorübergehend, so daß sich die
Folgen dieser beßern Ableitung nicht über die
ganze Säule verbreiten konnten, so hatte ich wieder die Hälfte der Säule vor mir, deren eines Ende durch das Trinkglas, das andere durch die
vorübergehende Berührung mit der Erde verbunden war. Diese Säule hatte einen Indifferenz-
punkt, der zwischen den beiden Ableitungen liegen mußte, und leicht mit dem Drittheile der
ganzen Säule zusammenfallen konnte. Wer je-
mahls Versuche dieser Art angestellt hat, wird
in solchen Irrthümern, die eigentlich nur irrig
ausgedrückte, aber an sich richtige Beobachtungen
sind, keinen Grund finden, die Glaubwürdigkeit
des Beobachters überhaupt in Zweifel zu ziehn. —
Es können noch mehrere Fälle eintreten, in welchen die Säule solche täuschende Anomalien zeigt,
wie dies aus meinen neuern Versuchen selbst erhellt. So wird z. B. eine isolirte Säule, die an

gefchloffen ift, fo ladet fie weder den Condenfator,
noch wirkt fie auf ein fchwebendes Goldblättchen,
die gasgebenden Drähte mögen einander nahe ftehn,
oder ihre Spitzen mögen weit von einander entfernt
feyn, und es mag Gasentwickelung ftatt finden
oder nicht.

Verfuch 19. Unter den Bedingungen aber, unter welchen eine offne ifolirte Säule Electricität
äufsert, alfo wenn an einem oder beiden Polen
grofse ifolirte Leiter, oder Condenfatoren, oder
Verbindungen mit der Erde angebracht werden,
äufsert auch diefe Säule Electricität, vollkommen
eben fo wie jede andere offne Säule, fo dafs man
alle bisher erzählten Verfuche an ihr wiederhohlen
kann.

einem oder beiden Polen eine abweichende Geftalt
hat, fich in grofse Metallplatten endigt, andere
Erfcheinungen hervorbringen, als eine ganz gleichförmig erbaute Säule; und fo ift es möglich, dafs
eine gewiffe electrifche Befchaffenheit der Luft
den einen Pol einer ifolirten Säule fo afficirt, dafs
der andere Pol electrifche Wirkungen zeigt, die
ihm fonft fremd find; oder dafs eine fehr leitende
Atmofphäre beide Pole fo afficirt, als wären fie
durch fchlechte Leiter mit dem Boden in Verbindung. Ich glaube felbft, hier und da folche Abweichungen wahrgenommen zu haben; indeffen
find die hier erzählten Verfuche durch fo häufige
Wiederhohlungen beftätigt, dafs jene offenbar
nur als Ausnahmen da ftehn.   *J.*

Die Intenfität diefer Electricität fteht aber nicht
blofs in geradem Verhältniffe mit der Anzahl der
Ketten, aus welchen die Säule befteht, fondern zugleich in umgekehrtem mit der Nähe, zu welcher
die beiden gasgebenden Drahtfpitzen einander ent-
gegengerückt find. Stehn fie aber auch fo weit von
einander ab, dafs fie gar kein Gas geben können,
fo fcheint dennoch die Intenfität der aus einer folchen
Säule zu erhaltenden Electricität geringer zu feyn,
als bei einer gleich grofsen offnen Säule; indeffen
ift es nicht fo leicht auszumachen, ob an den Drähten alle Gasentwickelung ceffirt oder nicht, denn
bei einer grofsen Entfernung ihrer Spitzen von einander findet man oft erft nach langer Zeit dennoch
einige losgewordne Luftbläschen an ihnen.

3. *Von den electrifchen Aeufserungen der vollkommen gefchlofsnen Säule.* *)

Verfuch 20. Die ifolirte vollkommen gefchlofsne Säule theilt weder an irgend einem ihrer Punkte

*) Es ift nicht fo leicht, als es beim erften Anbli-
cke fcheinen kann, eine vollkommen gefchlofsne
gröfsere Säule zu erhalten; ein Tropfen Waffer
zwifchen zwei Metallplatten, die fich trocken berühren follten, oder eine verkalkte Stelle, welche
die metallifche Berührung irgendwo hindert, kann
Schuld feyn, dafs die Säule keinen durchaus ho-
molog gebauten Kreis mehr darftellt, und dies
ändert dann die Erfcheinungen fehr auffallend
ab. *J.*

dem Condenfator einige Electricität mit, noch wirkt
fie irgendwo anziehend auf ein ihr genähertes Goldblättchen.

Verfuch 21. Wird aber irgend eine Metallplatte
diefer Säule leitend mit der Erde verbunden, fo
äufsern alle andern Platten derfelben Electricität,
die den Condenfator laden kann, aber überall an
allen Platten nur eine und eben diefelbe Intenfität
hat, und diefe Intenfität wächft auch nicht mit der
Anzahl der Ketten, aus denen die Säule beftebt,
fondern ift in allen Säulen nur fo grofs, als fie der
prüfende Condenfator von einem einzelnen Paare
Metallplatten, welche beide mit der Erde in Verbindung find, auch erhalten kann. (S. Verfuch 29.)
Wird der prüfende Condenfator mittelft eines ifolirten feuchten Leiters an die zu unterfuchende Platte
gebracht, fo erhält er an den Zinkplatten pofitive,
an den Gold- oder Kupferplatten aber negative
Electricität. Wird er hingegen durch einen ifolirten Metalldraht an die Platten applicirt, fo erhält
er, wenn er von Kupfer ift, überall nur negative,
und wenn er von Zink ift, überall nur pofitive
Electricität.

Eben diefe Erfolge finden auch ftatt, wenn man
irgend eine Platte der Säule ftatt mit dem Erdboden,
mit einem guten Condenfator verbindet; gefchieht
diefe Verbindung durch Metall, fo mufs der Collector von demfelben Metalle wie die abgeleitete
Platte feyn; bedient man fich aber zur Verbindung
eines feuchten Leiters, fo ift diefes nicht nöthig.

In einer folchen Säule ist eigentlich jede Metallplatte als abgeleitet anzufehn, denn zwifchen jeder
und der angebrachten gemeinfchaftlichen Ableitung
befindet fich bloſs ein Stück Säule, d. i., ein aus
lauter Leitern beſtehender Körper.

4. *Von den electrifchen Aeuſserungen der einfachen*
Voltaifchen Kette.

Verfuch 22. Eine ifolirte Zinkplatte ſteht in metallifcher Berührung mit einer ifolirten Gold- oder
Kupferplatte. Unterfucht man eine diefer Platten
mittelſt eines Condenfators von demfelben Metalle,
fo erhält man keine Spur von Electricität.

Verfuch 23. Die eine diefer Platten wird durch
einen ifolirten feuchten Leiter mit einer grofsen
ifolirten leitenden Fläche verbunden, nun theilt
die andere Platte dem mit ihr homogenen Condenfator etwas Electricität mit, deren Intenfität bis zu
einer gewiffen Grenze hin mit der Gröfse des ifolirten Leiters wächſt, welcher mit der erften Platte
verbunden iſt.

Verfuch 24. Jede diefer Platten wird mit einem
mit ihr homogenen Condenfator verbunden, jeder
Collector ladet fich mit der feiner Metallplatte eigenthümlichen Electricität, der fchwächere ſtärker,
der beffere weniger ſtark. Die Intenfität iſt bei
keinem fo grofs, als das Maximum, das er unter
andern Bedingungen durch Berührung mit der heterogenen Platte erhalten kann.

Diesen Verfuch kann man auch fo anftellen,
dafs man die zwei heterogenen Collectoren von
zwei Condenfatoren, deren andere Platten den
Boden berühren, mittelft eines ifolirten Leiters mit
einander verbindet.   Der Erfolg ift natürlich
derfelbe.

Verfuch 25. Jede Platte ift mit einem mit ihr
homogenen Condenfator verbunden, der Collector
der Platte *A* wird ifolirt von ihr getrennt, abgeho-
ben und entladen; verbindet man ihn wieder mit
der Platte *A*, fo theilt ihm diefe jetzt keine Electricität mehr mit; unterfucht man aber nun den Collector der Platte *B*, fo hat diefer das Maximum von
Electricität, das er überhaupt von dem heterogenen
Metalle erhalten kann. Die Electricität einer jeden
Platte kann wechfelsweife und unerfchöpflich auf
Null oder auf ihr Maximum gebracht werden. Eben
dies gilt auch von der Electricität, die fich im Verfuche 23 äufsert.

Verfuch 26. Ein Condenfator, deffen eine Platte
von Zink, die andere von Kupfer ift, wird ifolirt;
während beide Platten mit ihren Harzflächen auf
einander liegen, werden fie durch einen ifolirten
gekrümmten metallnen Leiter an ihren Metallflächen
mit einander verbunden; jede Platte findet fich mit
dem Maximo von Electricität geladen, das fie, als
Collector diefes Condenfators gebraucht, durch
Berührung mit dem heterogenen Metalle, (in dem
bekannten Voltaifchen Verfuche 28,) erhalten
kann.

Ver-

Verſuch 27. Statt in dem vorigen Verſuche die beiden Metallflächen der Condenſatorplatten durch einen iſolirten Leiter mit einander zu verbinden, wird dieſer verbindende Leiter ſelbſt mit der Erde verbunden; jede Platte iſt eben ſo, wie im vorigen Verſuche, mit dem Maximo geladen.

Verſuch 28. Von zwei einander metalliſch be- rührendeI Platten Zink und Kupfer iſt die eine mit der Erde in Verbindung; die andere ladet ei- nen mit ihr homogenen Condenſator mit dem Maxi- mo von Electricität, das er überhaupt durch Be- rührung mit dem heterogenen Metalle erhalten kann.

Verſuch 29. Sowohl die Zinkplatte als die Kup- ferplatte iſt mit der Erde verbunden, jede theilt unerſchöpflich einem mit ihr homogenen Conden- ſator ihre eigenthümliche Electricität mit; dieſe hat aber eine beträchtlich geringere Intenſität, als im vorigen Verſuche. ●

Verſuch 30. Alle bisherigen Verſuche zeigen dieſelben Reſultate, wenn ſich zwiſchen den beiden an irgend einem Punkte einander metalliſch berüh- renden heterogenen Metallplatten ein zuſammen- hängender feuchter Leiter, befindet, das heiſt, wenn man aus der einfachen Voltaiſchen Kette eine ein- fache Voltaiſche Säule macht.

Es kann mir unmöglich entgangen ſeyn, daſs dieſe Verſuche im Grunde in Volta's Schriften ſchon enthalten ſind, eben ſo wenig, als daſs meh- rere der vorhergehenden ſchon von Ritter und

van Marum angeftellt und bekannt gemacht find;
Indeſſen glaubte ich, meine Wiederhohlungen theils
als Beſtätigungen erzählen zu dürfen, theils war es
zu Bildung allgemeinerer Reſultate nöthig, das Ganze im Zuſammenhange zu überſehn.

6. *Allgemeine Reſultate aus dieſen Verſuchen.*

Schon bei einer flüchtigen Vergleichung der in
dem letztern Abfchnitte erzählten Thatfachen mit
dem Vorhergehenden ergiebt fich, dafs:

Erftens die Bedingungen für die Möglichkeit
electrifcher Aeufserungen überhaupt, für die Säule
ganz dieſelben find, wie für die einfache Kette;
und dafs zweitens die Bedingungen, unter welchen eine Säule an einem gegebnen prüfenden Inftrumente das Maximum der Intenfität ihrer Electricität zeigt, denen ganz analog find, unter welchen die einfache Kette einen gegebnen Condenfator
mit dem Maximo von Electricität ladet, das fie ihm
mittheilen kann.

Die Säule und die Kette ftehn alfo in Rückficht
auf die Möglichkeit überhaupt, fich electrifch zu
äufsern, und in Rückficht auf die Möglichkeit, ihre
Electricitäten fteigend bis zu einem beſtimmten
Maximo zu äufsern, ganz unter denfelben ihnen
beiden gemeinfchaftlichen Gefetzen.

Aus der Ueberficht jener Bedingungen fcheinen
fich in diefen beiden Rückfichten folgende zwei *allgemeine Gefetze* zu ergeben:

a. Jeder Punkt einer Säule oder Kette kann nur dann electrisch nach aufsen wirken, wenn *zu glei-cher Zeit* ein von ihm heterogener Punkt derselben Säule oder Kette electrisch nach aufsen wirkt; und er kann nur mit einem Quanto von Electricität nach aufsen wirken, das dem Quanto gleich ist, mit wel-chem *zu gleicher Zeit* der heterogene Punkt nach aufsen wirkt.

b. Jeder Punkt einer Säule oder Kette zeigt nur dann das Maximum der Intensität seiner nach aufsen wirkenden Electricität, wenn die entgegengesetzte Electricität des heterogenen Punkts, die zu gleicher Zeit nach aufsen wirksam werden mufs, ihrer In-tensität nach zerstört wird; und die Intensität der Electricität, mit welcher ein Punkt nach aufsen wirkt, nähert sich um so mehr ihrem Maximo, je mehr im Verhältnisse gegen sie die Intensität der Electricität an dem heterogenen Punkte abnimmt; sind aber die Intensitäten der an beiden Punkten nach aufsen wirkenden Electricitäten einander gleich, so wirkt jede nur mit der Hälfte dieses Maximi nach aufsen.

Heterogene Punkte nenne ich hier solche, die an heterogenen Metallplatten liegen. — Die Mög-lichkeit des Erscheinens der verstärkten oder der eigentlichen Säulenelectricität und die jedesmah-lige Gröfse derselben richten sich nach folgenden *besondern* Gesetzen:

c. Verstärkte Electricität kann nur bei einer Säule, das heifst, bei einem Systeme von mehr als

einer einfachen Kette eintreten, und zwar nur bei
einer offnen oder unvollkommen geschlofsnen, nie
aber bei einer vollkommen geschlofsnen Säule.

d, Die Intensität dieser verstärkten Electricität
steht in geradem Verhältnisse mit der Zahl der Ketten, aus welchen die geprüfte Säule besteht, und
überdies in einer Beziehung zu der Art der Schliefsung der Säule, die sich so ausdrücken läfst: Je
mehr sich die Säule in ihrer Structur der vollkommen geschlofsnen nähert, um so geringer ist die
Intensität ihrer Electricität; je mehr sie sich aber der
ganz offnen Säule nähert, um so gröfser ist diese
Intensität.

Diese besondern Gesetze sind übrigens den allgemeinen unter *a* und *b* angegebnen immer coor-
dinirt.

Auf diese Gesetze lassen sich durchaus alle oben
erzählten Versuche zurückführen, wenn man dabei
gehörige Rückficht auf die Gesetze der Wirkungen
des Condensators überhaupt nimmt, besonders darauf, dafs sich dieses Instrument nur dann mit einer
Electricität von gegebner Intensität so ladet, als es
davon geladen werden kann, wenn sie ihm von einer unerschöpflichen Quelle zugeführt wird, und
dafs, wenn die dem Collector zugeführte Electricität ihre entgegengesetzte in der andern Platte erst
aus der Erde hervorrufen mufs, die entstehende
Ladung nur halb so grofs erscheint, als wenn der
andern Condensatorplatte diese entgegengesetzte

Electricität ebenfalls aus einer unerfchöpflichen
Quelle zugeführt wird.

6. *Von dem Zuſammenhange zwiſchen dieſen Geſetzen und zwiſchen der Theorie der Säule.*

Das *Geſetz a* für die Möglichkeit der electriſchen Aeuſerung überhaupt, hat Volta für die
einfache Kette befriedigend aus der gegenſeitigen
Bindung der durch Erregung entſtandnen Electricitäten durch einander erklärt. Keine kann einſei-
tig von der andern los werden, beide folgen aber
zu gleicher Zeit dem Zuge leitender Subſtanzen,
der ihre Anziehung gegen einander ſo ſchwächt, daſs
ſie ſich von einander trennen, und indem ſie ſich
einzeln oder beide in prüfende Inſtrumente ergie-
ſen, für uns kenntlich werden.

Der Allgemeinheit des Geſetzes zufolge muſs
daſſelbe auch in der Säule ſtatt finden, auch hier
müſſen die entgegengeſetzten Electricitäten ſo durch
einander gebunden ſeyn, daſs keine *allein* nach
auſsen wirken kann, auſser wenn *zugleich* die Einwirkung der andern auf ſie ebenfalls durch den
Zug einer leitenden Fläche geſchwächt iſt.

Das *Geſetz b* für die Möglichkeit des Erſchei-
nens eines Maximi der Intenſität der nach auſsen
wirkenden Electricität, iſt bereits durch das Vorige
erklärt. Denn wenn eine Electricität, von einer entgegengeſetzten beſchränkt, nur dann nach auſsen
wirken kann, wenn dieſe entgegengeſetzte zugleich
auch nach auſsen wirkt, ſo muſs ſie mit um ſo grö-

faerer Intenſität nach außen wirken, je weniger ſie
von der entgegengeſetzten beſchränkt wird, und
mit der gröſsten, wenn dieſe Beſchränkung ganz
aufhört.

Daſs aber, wenn beide Electricitäten mit gleichen Intenſitäten einander wechſelſeitig beſchrän-
ken, jede gerade nur mit der halben Intenſität des
Maximi nach außen wirkſam erſcheint, das ſie
zeigt, wenn die andere ihrer Intenſität nach vernichtet iſt, — das ſcheint auf ein allgemeines Geſetz
zurückgeführt werden zu müſſen, welches entgegengeſetzte Electricitäten, die, ohne ſich mit einander neutraliſiren zu können, auf einander einwirken, befolgen. Wenn man die Seite *A* einer
Frankliniſchen Tafel, (in welcher die entgegengeſetzten Electricitäten durch die Glasſchicht von
einander getrennt ſind, indeſſen ſie in der Voltaiſchen Kette bloſs durch die Cohibenz der Metalle
von einander geſchieden werden,) ladet, indem die
Seite *B* mit der Erde verbunden iſt, hierauf dieſe
Verbindung aufhebt, und die Seite *A* der iſolirten
Tafel am Electrometer prüft, ſo theilt ſie dieſem
einen beſtimmten Grad von Electricität mit, der
ſogleich auf das Doppelte ſteigt, ſobald man zugleich die Seite *B* ableitend berührt, wenigſtens
gilt dies von gewiſſen Graden von Electricität bei
einer gewiſſen Dicke der Glasſchicht.

Die *beſondern Geſetze* für die verſtärkte oder Säulenelectricität zu erklären, ſind bis jetzt verſchiedne
Verſuche gemacht worden. Diejénigen, welche eine

einfache Addition der Wirkungen der einzelnen Plattenpaare annehmen, scheinen mir dadurch blofs einen einfachen Ausdruck für das Factum gegeben zu haben, ohne sich auf das Wie noch einzulaffen; diejenigen aber, welche eine Atmofphärenwirkung zwifchen den einzelnen Plattenpaaren, durch den feuchten Leiter vermittelt, vorausfetzen, müffen noch zeigen, warum es unmöglich ift, an einem nach der Regel der Voltaifchen Säule erbauten Syfteme von heterogenen metallnen Condenfatorplatten, die Erfcheinungen diefer Säule hervorzubringen. Aus diefen Gründen glaube ich für jetzt noch bei dem Verfuche stehen bleiben zu dürfen, den ich gemacht habe, diefe Gefetze der verftärkten Electricitätsäufserungen aus dem Gegeneinanderwirken der durch Erregung entftandnen reinelectrifchen Pole der Plattenpaare, und der chemifch - electrifchen Pole, die fich zwifchen den Zinkplatten und feuchten Leitern bilden, zu erklären. (*Annalen.* XI, 316.)

Die Art, wie durch die Anziehung, welche die erregten Electricitäten auf die chemifchen Auflöfungen äufsern, in den Polen der ifolirten offnen Säule entgegengefetzte Electricitäten angehäuft werden, habe ich in meiner frühern Abhandlung entwickelt; ich fetze hier blofs noch hinzu, dafs diefe angehäuften Electricitäten nicht als frei anzufehen find, fondern dafs fie durch die Säule hindurch auf einander wirken, fich wechfelfeitig binden, und nur dann als frei erfcheinen, wenn die Bedingun-

gen für die Möglichkeit electrischer Aeußerungen
überhaupt erfüllt werden.

Daß die *vollkommen geschlofsne* Säule keine
verstärkte Electricität mehr äufsern kann, folgt hieraus von felbft, denn die Anhäufung der Electricität
in den Polarplatten der offnen Säule wurde nur
darum möglich, weil diefe Polarplatten nicht in
der Lage find, auf chemifch-electrifche Auflöfungen anziehend zu wirken. Wird die Säule vollkommen gefchloffen, das heifst, ift die in *jedem* Plattenpaare erregte Electricität in der Lage, jene Auf-
lölungen anzuziehen, fo wird auch die Electricität
einer *jeden* Platte gleich ftark gebunden, und jede
hat aufser ihrer Einwirkung auf jene Auflöfungen
blofs noch die Fähigkeit übrig, unter den oben ent-
wickelten Bedingungen ein prüfendes Inftrument
in dem Grade zu afficiren, in welchem es jede einfache Kette und jede einfache Säule unter denfelben
Umftänden auch thut.

In der *unvollkommen geschloßnen* Säule befinden fich auch die beiden Polarplatten in dem Falle,
auf chemifch-electrifche Auflöfungen, (die fich an
den Spitzen der Polardrähte bilden,) zu wirken,
alfo auch ihre Electricitäten werden gebunden, und
können fich nicht mit dem Maafse von freiem Wir-
kungsvermögen nach aufsen, in ihnen anfammeln,
wie in der offnen Säule; und je näher fich die Polardrähte find, je thätiger der chemifche Prozefs
zwifchen ihnen ift, um fo mehr wird auch die Electricität der Polarplatten gebunden, um fo mehr

nähert sich also der Zustand dieser Platten dem Zustande eines *jeden* andern Plattenpaars, und die
ganze Säule dem Zustande der vollkommen geschlofsnen.

Bei dieser Erklärung wurde lediglich die wech-
selseitige Anziehung und Abstofsung zwischen den erregten Electricitäten und den producirten chemisch-
electrischen Auflösungen vorausgesetzt, es war noch
von keiner Zersetzung der letztern, noch von keinem eigentlichen chemischen Prozesse die Rede,
und wirklich liefse sich das einmahlige Erscheinen irgend eines electrischen Phänomens vollkommen
durch diese Hypothese von der chemischen Atmo-
sphärenwirkung erklären. Allein dabei ist ein sehr
wichtiger Umstand ganz übergangen, nämlich die
Unerschöpflichkeit, die beständige Reproducibili-
tät aller electrischen Erscheinungen in der Säule;
denn es ist klar, dafs in einem Systeme von Con-
densatorplatten, (und ein solches ist eigentlich die
Säule, so weit wir sie bis hierher betrachtet haben,)
deren jede doch nur eine endliche Menge von Electricität binden kann, alle Wirkung nach aufsen
cefsiren müfste, sobald alle Platten das Maximum
ihrer Ladung erhalten hätten. Dieses Problem kann
wahrscheinlich nur durch Erörterung des wechsel-
feitigen Verhältnisses zwischen den electrischen und
chemischen Erscheinungen der Säule gelöst werden,
und es ist wenigstens gegenwärtig noch erlaubt, einen solchen Versuch zu wagen. In der vollkommen

gefchloßnen Säule ift die durch Erregung entftand-
ne Electricität einer jeden Platte durch Anziehung
der chemifch - electrifchen Auflöfungen auf Null
gebracht; fobald fie aber Null ift, fo werden die
Platten aufs neue fähig, Electricität in einander zu
erregen; diefe neue Electricität wird abermahls
gebunden, und es kann wieder neue Erregung
entftehn; das Refultat wird nothwendig immer verftärkte Anziehung der chemifch-electrifchen Auflöfungen feyn, und der Erfolg zeigt, dafs diefe endlich in Zerlegung übergeht. Somit entfteht ein
beftändiger Wechfel zwifchen Erregung von Electricität und Wiederzerftörung der erregten, der in jedem Zeitmomente ftatt hat und uns in feinen Folgen, in den chemifchen Niederfchlägen, fichtbar
wird. Es ift kein Strom da, der die Säule in *einer*
Richtung durchdringt, fondern die Säule ift ein
Syftem von Quellen, die nach entgegengefetzten
Richtungen von den metallifchen Berührungspunk-
ten eines jeden Plattenpaars ausftrömen, und fich
wechfelfeitig in jedem feuchten Zwifchenleiter zerftören.

In der unvollkommen gefchloßnen Säule ift
ebenfalls *jede* Platte in der Lage, dafs ihre Electricität durch chemifch - electrifche Auflöfungen gebunden werden kann; alfo ift auch in ihr Erneuerung der Erregung und bis zur Zerfetzung der
Auflöfungen verftärkte Anziehung derfelben von
dem Erregten, alfo Vernichtung der erregten Electricität, möglich. Alfo auch in ihr wird der chemi-

fche Prozeſs ében ſo wie in der vollkommen geſchloſsnen Säule eingeleitet und fortgeſetzt. Allein
die an den Polardrähten dieſer Säule angehäufte
Electricität wird nicht in eben dem Grade von den
chemiſch-electriſchen Auflöſungen gebunden, wie
die Electricität *aller* Platten in der vollkommen geſchloſsnen Säule. Dieſe Auflöſungen entſtehn an
den Polarſpitzen langſamer, als an den Flächen der
übrigen Platten, alſo wird die Electricität der Polarplatten langſamer durch Zerſetzung vernichtet
werden, als es an allen Platten der vollkommen
geſchloſsnen Säule geſchieht; die Erneuerung der
Erregung iſt alſo auch langſamer, und immer bleibt
noch Anhäufung von Electricität an den Polen
übrig. Der ganze chemiſche Prozeſs iſt hierdurch
retardirt, und zwar um ſo mehr, je weniger die
Polarſpitzen in der Lage ſind, chemiſch-electriſche
Auflöſungen zu bilden, welche anziehend und zer-
ſtörend auf die Polarelectricitäten wirken könnten,
das heiſst, je entfernter jene Spitzen von einander
ſind.

Die Bildung der chemiſch-electriſchen Auflöſungen zwiſchen den Polarſpitzen muſs aber nothwendig von ihrer Entfernung von einander abhän-
gen, denn beide können nur zu gleicher Zeit durch
den gemeinſchaftlichen Zug der entgegengeſetzten
Electricitäten auf das Waſſer ſich bilden; je entfernter aber die Drahtſpitzen, die Quellen jener entgegengeſetzten Electricitäten, von einander ſind, um
ſo mehr nimmt die Einwirkung der einen oder der.

andern, oder beider auf jeden zwifchen ihnen befindlichen Waffertheil ab.

Diefes erklärt nun zwar die Retardation der
chemifchen Centralwirkungen in der unvollkommen gefchlofsnen Säule; allein es erklärt das geringere abfolute Maafs diefer Wirkungen nicht.
Denn durch die längere Dauer follte die geringere
momentane Action erfetzt werden können, und
dennoch erfcheinen in der unvollkommen gefchlofsnen Säule nach mehrern Stunden ihrer Wirkfamkeit nie die chemifchen Centralwirkungen in dem
Grade, in welchem fie in der vollkommen gefchlofsnen Säule nach wenigen Minuten hervortreten.
Diefer merkwürdige Unterfchied erfordert noch
eine befondere Erklärung.

Ich habe in einem frühern Auffatze, (*Ann,*, XI,
288,) gezeigt, dafs der Zink für fich im Stande ift, die
electrifchen Auflöfungen, die fich in feinem Contacte
mit einem feuchten Körper bilden, zu zerfetzen, dafs
aber diefe zerfetzende Eigenfchaft für die pofitive
Auflöfung eben fo thätig ift, wie für die negative, daher fich die Bafen beider unter einander auf der Fläche des Zinks niederfchlagen, indefs durch zwei
einander electrifch - polarifirende Metalle, z. B.
Zink und Gold, beide Auflöfungen fo von einander
getrennt werden, dafs fich die pofitive an dem einen, die negative an dem andern Metalle zerfetzt.

Es ift keinesweges nothwendig, dafs durch diefe letztere Art der Zerfetzung die erftere völlig aufgehoben werde, beide können neben einander zu

gleicher Zeit beſtehn, und jeder Verſuch mit einer
einfachen geſchloſnen Säule ſcheint darauf hinzu-
weiſen, daſs wir immer nur ein aus beiden ge-
miſchtes Reſultat erhalten. Dem gröſsten Theile
nach erſcheinen die Auflöſungen in getrennten Nie-
derſchlägen zerſetzt; einem kleinern Theile nach
erſcheinen ſie durch die einfache, keine Polarität
erfordernde, Wirkung des Zinks für ſich, zerſetzt.
Je mehr nun an einer Säule die Bedingungen erfüllt ſind, unter welchen der Trennungsprozeſs
eintritt, alſo je ſchneller die Electricität ihrer Platten vernichtet und durch Erregung reproducirt
werden kann, um ſo mehr wird in dem Reſultate
der Erfolg des Trennungsprozeſſes in die Beobachtung fallen; je weniger aber jene Bedingungen erfüllt ſind, um ſo mehr wird ſich der Erfolg des
Trennungsprozeſſes mit dem des einfachen Zerle-
gungsprozeſſes vermiſchen, und um ſo mehr wird
alſo der erſtere für unſre Wahrnehmung zurück-
treten. Hierin, und nicht in der bloſsen Retardation, liegt der Grund der ſchwachen Centralwirkungen der unvollkommen geſchloſnen Säule.

Iſt die Säule *offen*, aber an ihren beiden Polen
mit der Erde leitend verbunden, ſo ergieſsen ſich
die angehäuften Electricitäten der Pole in dieſe Ableitungen, alſo auch hier wird erneuerte Erregung
und bis zur Zerſetzung verſtärktes Einwirken der
erregten Electricitäten auf die chemiſchen Auflöſungen möglich: allein der ganze Prozeſs geht noch
weit langſamer von ſtatten, als im vorigen Falle.

Denn den Polarelectricitäten wirkt hier nicht mehr
der Zug electrischer Auflöfungen, fondern nur der
Zug des neutralen, einfach leitenden Erdbodens entgegen, fie zerftören fich langfam, und ihr Anhäu-
fungszuftand wird wenig vermindert. Der Tren-
nungsprozefs in der Säule ift nicht mehr hervorfte-
chend, und feine Vermifchung mit dem einfachen
Zerlegungsprozeffe fo grofs, dafs er in feinen Folgen
für unfre Beobachtung völlig verfchwindet; die
Säule fcheint keine-andern chemifchen Centralwirkungen zu haben, als die der offnen Säule, wenn
fie fchon ohne Zweifel auf welche zeigen würde,
fobald fie durch feinere Reagentien deutlich für
uns werden könnten.

Endlich ftockt in der öffnen Säule aller Tren-
nungsprozefs völlig; in den Polen häufen fich die
Electricitäten an, und diefe Anhäufung hebt alle
Möglichkeit erneuerter Erregung auf; die Anziehung des einmahl Erregten gegen die electrifch-
chemifchen Solutionen hat ihr höchftes erreicht,
und die Zerfetzung derfelben gefchieht nun auf
diefelbe Art, wie bei dem einfachen Zinke, und
diefer Erfolg allein wird uns als Refultat zu Theil.
Entziehen wir aber durch unfre prüfenden Inftrumente den Polen einen Theil ihrer Electricität,
fo machen wir allerdings wieder erneuerte Erregung
möglich, und ahmen bei jeder folchen Prüfung die
an ihren beiden Polen mit der Erde verbundne Säule nach, allein der Erfolg diefer fucceffiven Einlei-
tungen des Trennungsprozeffes kann uns natürlich

noch weit weniger fichtbar werden, als im vorigen
Falle. Statt des unendlich fchnellen Stroms von
Electricität, der fich in der vollkommen gefchlof-
nen Säule beftändig aus jedem Metalle in jeden
feuchten Leiter ergiefst, haben wir hier einen Strom,
der nur bei jedesmahliger Application unfrer Inftrumente in Bewegung gefetzt wird, und deffen
Maafs fich nach der jedesmahligen Capacität diefer
Inftrumente richtet.

Aus diefer Unterfuchung ergiebt fich alfo folgendes Refultat:

Die Erfcheinungen der verftärkten oder der eigentlichen Säulenelectricität beruhen lediglich auf
der Anziehung und Abftofsung, die zwifchen den
durch Erregung entftandnen Electricitäten und den
producirten chemifch - electrifchen Auflöfungen
ftatt findet. Die Möglichkeit der Fortdauer diefer
electrifchen Erfcheinungen aber beruht auf eben
diefer bis zur Zerfetzung der Auflöfung gefteigerten
Anziehung, und diefe Zerfetzung ift nach der
verfchiednen Schnelligkeit, mit welcher fie gefchieht, zugleich von mehr oder weniger deutli-
chen chemifchen Niederfchlägen begleitet.

Hieraus wird es nun begreiflich, dafs es Säulen
geben kann, an welchen fich durchaus alle electrifchen Erfcheinungen der gewöhnlichen Säule darftellen laffen, und welche dennoch vollkommen
gefchloffen keine chemifchen *Säulen*wirkungen äufsern. Denn, um uns den chemifchen Trennungs-
prozefs unkenntlich zu machen, bedarf es nichts,

als die zu feinem Uebergewichte nöthige Erneuerung
der Erregung zu retardiren, nicht, fie aufzuheben;
fo lange fie aber blofs retardirt ift, wird in den
electrifchen Erfcheinungen nichts wefentliches geändert.

Diefe fonderbaren Eigenfchaften zeigt eine Säule
aus Gold und Zink, (z. B. von 12 Plattenpaaren,)
in der jeder feuchte Leiter aus 2 Schichten befteht,
zwifchen welchen ein am Rande ganz trocknes Gold-
ftück liegt. Electrifch wirkt fie wie jede andere
Säule, chemifch aber wirkt fie gar nicht. Schliefst
man fie vollkommen, fo zeigt fie nicht die mindeften centralen Säulenwirkungen; und fchliefst man
fie unvollkommen, das heifst, durch ein Gasglied,
fo zeigt fie weder eine chemifche Polar-, noch eine
Centralwirkung. Ich hatte in meinem frühern Auffatze die chemifche Unwirkfamkeit diefer Säule
daraus erklärt, dafs die erregte negative Electricität des Goldes, mit gar keiner chemifch-electrifchen
Auflöfung in Berührung ftehend, auch gar nicht
zerftört werden könne; allein ich glaube, für das
electrifche Fluidumift die Zwifchenplatte permeabel,
und es findet allerdings Anziehung, und wahrfcheinlich bis zur Zerfetzung verftärkte Anziehung.
ftatt, die Zerfetzung aber ift durch die Structur
der Säule fo retardirt, dafs ihr auszeichnender Erfolg unfrer Beobachtung entgeht. Ueberdiis aber
beweift der Umftand, dafs eine folche Säule durch
ein Gasglied gefchloffen auch keine Polarwirkung
äufsert, dafs zur Hervorbringung der letztern eben-

falls

falls eine gewisse Geschwindigkeit des electrischen Stroms erfordert wird, und dass seine Retartadion in der Säule den Erfolg haben kann, dass alle Polarwirkung, wenigstens für uns, völlig cessirt.

Ich habe in den bisherigen Untersuchungen immer nur von dem Verhalten des Zinks und Goldes oder Kupfers gesprochen, weil ich durch diese Vereinzelung der Versuche Verwickelungen auszuweichen glaubte, welche die Resultate zweideutig machen, und den Beobachter irre führen können; ich wiederhohle hier aber, was ich schon in der ersten Abhandlung bemerkt hatte, dass Gold und Zink blofs zwei beinahe an den Grenzen stehende Glieder einer zusammenhängenden Reihe von Stoffen find, in welcher alles nur stufenweise hervortritt und verschwindet. Nahmentlich ist die Eigenschaft, mit feuchten Leitern im Contacte chemische Stoffe zu produciren, keineswegs dem Zinke eigen. Sie läfst sich noch mit denselben Reagentien am Blei, Zinne, Eifen und Kupfer erweisen; und wenn schon diese Reagentien am Golde nichts mehr deutlich machen, so ist es doch wahrscheinlich, dass auch das Gold *nicht gar nichts*, sondern nur sehr wenig producirt, indem die Metalle vermuthlich in diesem Productionsvermögen in derselben Folge stehn, in welche sie Volta in Rücksicht ihres Erregungsvermögens gegen einander gestellt hat.

Geschrieben im December 1802.

IV.

Galvanisch - electrische Versuche mit Eis, und über die electrische Anziehung der Säule,

von

S. P. BOUVIER,

Mitglied der naturf. Gesellschaft zu Brüssel. *)

Ich habe den ersten Frost während dieses Winters benutzt, um einige Versuche anzustellen, wie sich das *Eis* in Volta's Säule als feuchter Leiter, als Erreger und als electrischer Leiter verhält.

Eine Säule aus 80 Lagen Zink, Silber und sehr dünnen Eisscheiben errichtet, gab weder die geringste Erschütterung, noch den mindesten Geschmack, oder eine Spur von Lichtblitz. Ich liefs sie mehrere Stunden lang stehn, aber es erfolgte keine Wirkung.

Darauf legte ich die Eisscheiben Stück für Stück auf Laubthaler, und erbaute aus diesen Plattenpaaren und aus Pappscheiben, die in Salzwasser getränkt waren, eine Säule von 80 Lagen. Auch sie gab keine Spur einer Wirkung.

Eine Säule aus gleich viel Lagen Eis, Zink und nasser Pappe wirkte eben so wenig.

---

*) Aus dem schätzbaren und reichhaltigen *Journal de Physique et de Chimie, par* van Mons, No. 10, p. 52. *d. H.*

Nun wurde eine Säule aus 128 Lagen Zink,
Silber und Pappe in Salzwasser genäfst aufgebaut.
Sie gab heftige Schläge, die man bis in die Schultern fühlte. Als ich aber kleine Eisstücke in die
Hände nahm, und mit ihnen die Enden der Säule
berührte, erfolgte nicht der geringste Schlag. Eben
so wenig eine Spur von Geschmack, wenn ich ein
Eisstück in den Mund nahm, und damit das eine,
mit dem Finger das andere Ende der Säule in Berührung brachte.

Eintretendes Thauwetter unterbrach hier diese
Versuche. Wenn es wieder friert, denke ich mit
Scheiben aus salzsaurer Kalkerde, kaustischem Kali
und schwefelsaurem Kali Versuche anzustellen.

Die *Anziehung* der Säule habe ich auf mehrere
Arten auffallend sichtlich gemacht.

Auf der obersten Platte einer Säule aus 140 Lagen Zink, Silber und Pappe mit Salmiakwasser genäfst wurde ein eiserner Stift befestigt, und auf
ihn eine sehr empfindliche Magnetnadel mit ihrem
Hütchen gesetzt; Reibung fand hier fast gar nicht
statt. Nun berührte ich mit der einen Hand den
untern Pol der Säule, und näherte die andere Hand
der Spitze der Magnetnadel. Diese näherte sich
ihr langsam und oscillirend; doch schien die mag-
netische Kraft, die sie nach der Richtung des mag-
netischen Meridians zog; stärker als die electrische
Anziehung zu seyn. Messingdraht, den ich in die
Hand nahm, verstärkte diese Anziehung nicht
sichtbar.

Statt der Magnetnadel fetzte ich eine kupferne
Nadel, die fich ziemlich frei bewegte, auf den
Stift, und näherte ihr das eine Ende eines Meffingdrahts, deffen anderes Ende den untern Pol der
Säule berührte. Sie drehte fich aus einer Entfernung von einigen Linien, mit zunehmender Gefchwindigkeit, nach dem Drahte, bis fie ihn berührte. Der Erfolg war derfelbe, wenn meine Arme
die Kette bildeten.

Es wurde eine krumm gebogne eiferne Strick-
nadel auf die oberfte Platte gebracht und an ihr ein
Faden von fogenanntem filbernes Treffendrahte auf-
gehängt. Wenn ich mit der einen Hand den untern Pol berührte, und ihr die andere Hand näherte, fo kam ihr der Faden aus einer gewiffen Entfernung entgegen, und blieb am Finger hängen,
ungeachtet diefer vollkommen trocken war. —
Wurde die Kette durch einen Meffingdraht gefchloffen, fo war der Erfolg derfelbe; dabei zeigten fich
fehr lebhafte Funken zwifchen Draht und Faden,
welche den letztern an feiner ganzen Oberfläche oxydirten und mehrere Linien deffelben fchmolzen. —
Alle diefe Verfuche wurden mehrmahls, und immer mit demfelben Erfolge wiederhohlt.

Ich fetzte das untere Ende einer ähnlichen Säule
aus 97 Lagen mit einem Gefäfse voll Salzwaffer in
leitende Verbindung, tauchte die eine Hand in das
Waffer, und näherte die andere einem Treffen-
faden, der vom obern Pole herabhing. Der Faden
näherte fich dem Finger, und hing fich an ihn an; zog

ich die andere Hand aus dem Waſſer, ſo fiel er ſogleich zurück, näherte ſich ihr aber ſogleich wieder, wenn ich die Hand wieder in das Waſſer
tauchte.

Dieſer Verſuch fiel noch beſſer aus, als ich den
Treſſenfaden an einem Meſſingdrahte aufhing, der
auf einem Fuſse von Blei, und ſo nahe bei der Säule
ſtand, daſs der Faden ſich in der Sphäre der Anziehung des Knopfs an der obern Endplatte befand.
Berührte ich das Blei mit der einen genäſsten Hand,
und tauchte die andere in das Becken, ſo näherte
ſich der Faden dem Knopfe, und hing ſich an ihn an,
verlieſs ihn aber ſogleich wieder, als ich die Hand
aus dem Becken zog. Mehr als 5omahl hinter einander blieb dieſer Erfolg nie aus.

V.

WEITERE ERÖRTERUNG

einer neuen Theorie über die Beschaf-
fenheit gemischter Gasarten,

VON

JOHN DALTON,

in Manchester. *)

Meine neue Theorie über die Beschaffenheit, (*Con-*
stitution,) der Atmosphäre, (*Annalen*, XII, 385,)
habe ich in den *Memoirs of the Society of Manche-*
ster, Vol. 5, Part 2, weiter ausgeführt und durch
eine Kupfertafel erläutert. Dessen ungeachtet ver-
sichern mir mehrere meiner chemischen Freunde,
dafs ihnen meine Hypothese nicht völlig deutlich sey,
und dafs sie daher über das Verdienst und die Mängel derselben nicht urtheilen könnten. Dr. Thom-
son, in seinem *System of Chemistry*, T. 3, p. 270,
glaubt sogar meine Theorie deshalb verwerfen zu
müssen, weil, auch wenn die Theilchen verschie-
denartiger elastischer Flüssigkeiten sich gegenseitig
weder anzögen noch abstiefsen, sich diese elastischen
Flüssigkeiten doch nicht gleichförmig unter einander
vertheilen könnten, sondern sich nach ihrer specifischen Schwere von einander absondern müfsten; etwas, das niemand behaupten kann, der Mechanik ver-

*) Aus Nicholson's *Journal*, 1802, Dec., p. 267.
d. H.

ſteht und meine Hypothele verſtanden hat. Alles
dieſes belehrt mich von der Nothwendigkeit, meine
Theorie noch weiter zu erörtern und zu erläutern.

Ich werde daher hier 1. die Sätze, welche ich
zum Grunde lege, ſo deutlich als möglich angeben;
2. darthun, daſs die Folgerungen, die ich aus ihnen
ziehe, richtig ſind, und daſs ganz beſonders gemiſchte elaſtiſche Flüſſigkeiten, ihnen gemäſs, ſich
nicht nach ihrem ſpecifiſchen Gewichte von einander
abſondern können; und 3. zu beweiſen ſuchen, daſs,
wenn man annimmt, die Gasarten, welche die Atmoſphäre ausmachen, werden unter einander in
einem Zuſtande gleichförmiger Vertheilung durch
chemiſche Verwandtſchaft erhalten, dieſe Annahme nicht nur mit den Phänomenen nicht beſtehn
kann, ſondern auch völlig abſurd iſt.

I. *Grundſätze, die ich annehme.* *Erſtens* ſetze
ich als zugeſtanden voraus, daſs alle Theilchen einer einfachen, (nicht gemengten,) elaſtiſchen Flüſſigkeit ſich gegenſeitig mit einer Kraft abſtoſsen,
welche bei einer gegebnen Temperatur im umgekehrten Verhältniſſe der Entfernung ihrer Mittelpunkte von einander ſteht. Dieſes iſt eine mathema-
tiſche Folgerung aus einer Thatſache, die jedermann
zugiebt, daſs nämlich der Raum, den eine Gasart
einnimmt, ſich verkehrt wie der Druck verhält, unter dem ſie ſteht. *) Die *abſolute* Entfernung der
Mittelpunkte dieſer Theilchen muſs nach Verſchie-

---

*) Siehe **Newton's** *Principia*, lib. 2, prop. 23. *Dalt.*

denheit der Umſtände variiren, und iſt ſchwerlich
zu beſtimmen; ihre *relative* Entfernung in verſchiednen elaſtiſchen Flüſſigkeiten läſst ſich dagegen in einigen Fällen angeben. So z. B. hat Watt dargethan, daſs unter einem Drucke von 28 engl. Zollen
Queckſilberhöhe und 212° F. Wärme, Waſſerdampf
1800mahl leichter als Waſſer iſt; der Abſtand der
Theilchen im Dampfe muſs ſich daher zur Entfernung derſelben im Waſſer wie $\sqrt{}$ 1800 : 1, oder
nahe wie 12 : 1 verhalten. Im Waſſerdampfe im
luftverdünnten Raume der Luftpumpe haben die
Theilchen ungefähr einen 4mahl gröſsern Abſtand,
und ihre Entfernung verhält ſich zu der Entfernung,
die ſie im tropfbar - flüſſigen Waſſer haben, wie 48 : 1.

Zweitens nehme ich an, daſs die heterogenen
Theilchen gemengter elaſtiſcher Flüſſigkeiten ſich
gegenſeitig *nicht* zurückſtoſsen, in Entfernungen,
in denen die homogenen Theilchen einer und derſelben Flüſſigkeit einander repelliren, und daſs,
wenn ſie mit einander, (um beim gewöhnlichen
Sprachgebrauche zu bleiben,) in wahre Berührung
gebracht werden, ſie in jeder Rückſicht wie un-
elaſtiſche Körper ſich einander Widerſtand leiſten. —
Dieſes iſt das Charakteriſtiſche meiner Hypotheſe,
und das, was nicht allgemein verſtanden zu werden ſcheint. Etwas Aehnliches findet beim Magnetismus ſtatt, und vielleicht läſst ſich die Sache hierdurch am beſten erläutern. Die beiden gleichnamigen Pole zweier Magnete ſtoſsen ſich mit gleicher
Kraft ab, gleichviel, ob ein anderer Körper zwi-

hen ihnen liegt oder nicht, und wirken nicht
f diesen andern Körper. Gerade so, denke ich
ir, stofsen sich zwei Theilchen derselben Gasart
egenseitig mit einerlei Kraft ab, gleichviel, ob
Theilchen einer andern Gasart zwischen ihnen sind
der nicht, und wirken gar nicht auf diese fremd-
rtigen Theilchen. Beim Conflicté des Magnets mit
enen andern Körpern finden in der scheinbaren
Serührung mit ihnen die gewöhnlichen Gesetze der
Jewegung statt; und gerade so, wenn zwei hete-
ogene Theilchen beider Gasarten sich scheinbar
Jerühren. Sie äufsern dann zwar auch eine Re-
pulsivkraft gegen einander; diese ist aber wesentlich
verschieden von der Zurückstofsung zwischen den
homogenen Theilchen, indem sie sich nur in der
Berührung und nicht über sie hinaus äufsert.

Man denke sich weiter ein höchst feines senkrecht stehendes Haarröhrchen, in dem sich eine Menge kleiner magnetischer Theilchen, eins über dem
andern, und zwar so befindet, dafs die gleichnamigen
Pole derselben einander zugewandt sind, und dafs die
Luft zwischen ihnen frei zutreten kann. Es wird
dann scheinen, als trüge die Luft, die sich zwischen
ihnen befindet, die obern Theilchen, ungeachtet
sie lediglich vermöge der gegenseitigen Repulsion
der gleichnahmigen Pole, ungeachtet ihrer Schwere, von einander entfernt gehalten und getragen
werden. Gerade so, denke ich mir, werden die
Theilchen einer Gasart nur von den homogenen
Theilchen derselben Gasart getragen, obschon, wä-

ren diefe Theilchen fichtbar, es fcheinen würde,
als ruhten fie unmittelbar auf den heterogenen Theilchen einer andern Gasart, die fich zwifchen ihnen
befinden. Der Boden trägt die unterften Theilchen
jeder Art, daher beide Flüffigkeiten mit ihrem ganzen Gewichte auf ihm laften.

Diefe Bemerkungen, denke ich, werden hinreichen, jeden mit dem wahren Sinne meiner Hypothefe bekannt zu machen. Es wird nicht un-
zweckmäfsig feyn, hier noch hinzuzufügen, dafs
fich in den kleinften Theilchen der Materie etwas,
einer Polarität fehr ähnliches, auch beim Uebergange aus dem flüffigen in den feften Zuftand zeigt,
wie unter andern das Frieren des Waffers davon ein
Beifpiel giebt.

II. *Folgerungen.* Es erhellet aus dem Bisherigen, dafs ich mir jedes Gas als aus etwa *einem* Theile
fefter Maffe, auf *taufend* und mehrere Theile leere
Zwifchenräume, oder Poren, (wenn ich fie anders
fo nennen darf,) beftehend denke, und fo, dafs eine
Menge anderer Gasarten fich in diefen Zwifchen-
räumen befinden könne, ohne diefes erftere Gas
wefentlich zu ftören, wofern nur nicht die Zwifchenräume ganz mit fefter Materie ausgefüllt find,
(womit ich auf tropfbar-flüffige und fefte Körper
hindeute.) So könnte unfre Atmofphäre ein Dut-
zend verfchiedner Gasarten, ftatt der drei oder vier,
aus denen fie befteht, alle in demfelben Umfange
enthalten, jede in der Dichtigkeit, in der fie für
fich allein diefen Raum ausfüllen würde. Das fchwe-

rere Gas hat eben so wenig ein Bestreben, das leichtere in die Höhe zu treiben, als Schrotkörner, die in einem Haufen liegen, die Luft zwischen sich herauszudrücken, und es findet hier weder eine Action noch eine Reaction statt, durch die das leichtere Gas bestimmt werden könnte, in die Höhe zu steigen. Daher muss ich schliefsen, dafs alle jene Gasarten zugleich die untersten und die obersten Regionen unabhängig von einander einnehmen werden, und dafs sich jede gerade so verbreiten wird, wie das geschehn würde, wenn sie sich in einem völlig leeren Raume befände.

Da so meine Hypothese die gröfse Schwierigkeit wegräumt, wie die gleichförmige Verbreitung verschiedner Gasarten durch einen gegebnen Raum möglich sey; so kann die Erklärung der übrigen Phänomene jedem, der in der Pneumatik bewandert ist, weiter keine Schwierigkeit machen: z. B., wie aus einem Gasgemische, Schwefelkali alles Sauerstoffgas, Kalkwasser alles kohlensaure Gas u. s. w. verschlucken könne. Gerade auf dieselbe Art, wie das geschieht, wenn das Gas, von dem die Rede ist, sich allein in einem Gefäfse befände, und der Prozefs in einem verschlofsnen Gefäfse vor sich ginge.

III. *Gasarten durch chemische Verwandtschaft an einander gebunden zu denken, ist absurd.* — Hier erst einige ausgemachte Thatsachen: a. Wenn man zwei Gasarten von verschiednem specifischen Gewichte, z. B. Sauerstoffgas und Wasserstoffgas, in

ein Gefäfs bringt und umfchüttelt, und fie darauf
geraume Zeit ftehn läfst, fo bleiben fie immerfort
gleichförmig gemifcht. — b. Sie nehmen vor und
nach dem Schütteln einerlei Raum ein, wenn die
Temperatur diefelbe bleibt, d. h., ein Maafs von
jeder nehmen, auch wenn fie durch einander ge-
fchüttelt find, zwei Maafs ein. Nach Davy follen
zwar, Stickgas und Sauerftoffgas hiervon eine Ausnahme machen; doch ift dies noch fehr die Frage,
und auf jeden Fall ift die Abweichung ganz unbedeutend. — c. Die Vermifchung ift denfelben Gefetzen der Verdünnung und Verdichtung unterworfen, als jedes Gas einzeln.

Ueber die Einwirkung heterogener Gastheilchen
auf einander laffen fich nur *drei* wefentlich verfchiedne Meinungen aufftellen: *erftens,* dafs fie fich
gegenfeitig *zurückftofsen,* gerade fo wie es die homogenen Theilchen einer unvermifchten Gasart
thun; *zweitens,* dafs fie gegen einander gleichgültig
find, fich weder anziehn noch zurückftofsen; *drittens,* dafs fie zu einander eine *Anziehung* oder chemifche Verwandtfchaft haben. — Die, welche eine
chemifche Adhäfion zwifchen den gemifchten Gasarten annehmen, müffen, gleich mir, die *erfte* Meinung verwerfen. Auch die *zweite* Meinung, zu
der ich mich bekenne, ift mit der ihrigen unver-
einbar. Die *dritte* Meinung läfst, fo viel ich ein-
fehe, nur zwei verfchiedne Auslegungen zu: a. Zwei
oder mehrere heterogene Theilchen verbinden fich
zu neuen Mittelpunkten der Adhäfion des Wärme-

ſtoffs; dann aber hören die Gasarten auf zwei verſchiedne zu ſeyn, und bilden nur *eine* Materie,
Sauerſtoffgas und Waſſerſtoffgas z. B. Waſſerdampf.
Dieſes kann daher nicht der Fall ſeyn, wo zwei
Gasarten, *als ſolche*, durch chemiſche Verwandtſchaft an einander gebunden werden. *b.* Die Theilchen jeder der beiden Gasarten behalten ihren Wärmeſtoff um ſich, und dabei werden die heterogenen durch chemiſche Verwandtſchaft bei einander
erhalten, und ſo fände ein Gleichgewicht zwiſchen
den anziehenden und den zurückſtoſenden Kräften
ſtatt. Dieſes beſteht aber offenbar nicht damit, daſs
das gemiſchte Gas und die einzelnen Gasarten gleichen Geſetzen der Dilatation und Compreſſion unterworfen ſind.

Noch will ich hier hinzufügen, daſs ich kürzlich in unſrer litteräriſchen und naturforſchenden
Geſellſchaft, (zu Mancheſter,) eine Abhandlung
vorgeleſen habe, in der ich darthue, daſs das *kohlenſaure Gas*, welches ſich in einem gegebnen Volumen *atmoſphäriſcher Luft* befindet, nicht mehr
als $\frac{1}{1000}$ dieſes Volums beträgt, und daſs kohlenſaures Gas im *Waſſer* nicht durch chemiſche Verwandtſchaft zurückgehalten wird, ſondern lediglich durch den Druck, den dieſes Gas, allein betrachtet, auf die Oberfläche des Waſſers äuſsert,
und durch welchen es in die Zwiſchenräume der
Waſſertheilchen hineingepreſst wird.

VI.

ZERSTREUTE AUFSÄTZE

über die angeblich thierische Electricität.

1. *Zwei Schreiben des Abts Anton Maria Vaffalli-Eandi, damahls in Paris, jetzt Profeffors der Phyfik am Athen. zu Turin, an Delamétherie, über den Galvanismus, den Urfprung der thierifchen Electricität und die Krampffifche.*

Paris den 11ten März 1799. [*]

Sie verlangen meine Meinung über den *Galvanismus*, das heilst, über die Urfach der Muskelzuckungen, welche entftehn, wenn man mit heterogenen Leitern der Electricität Nerven und Muskeln eines lebenden, oder eines eben erft geftorbnen Thiers in Berührung fetzt. Ift diefe Urfach die electrifche Materie, die, wenn verfchiedne Metalle oder andere heterogene Leiter mit einander in Berührung kommen, durch eine leichte Reibung erregt und in Bewegung gefetzt wird? Oder ift es eine dem

___

[*] Ausgezogen aus dem *Journal de Phyfique*, tom. 5, p. 336. Zwar wurden beide Briefe gefchrieben, noch ehe Volta's Säule bekannt war, doch find fie auch jetzt nicht ohne Intereffe, befonders in dem Zufammenhange, worin fie hier erfcheinen.

d. H.

thierifchen Körper eigna Electricität, welche der
Leiter aus einem Theile des Körpers in einen andern
überführt? Oder ift die Urfach diefer Erfcheinungen in einer von der electrifchen ganz verfchiednen Materie zu fuchen? — Diefe Fragen find, meiner
Ueberzeugung nach, noch durch keinen entfcheidenden Verfuch völlig genügend beantwortet, fo
viel man auch darüber gefchrieben hat.

Ich war einer der Erften, der vom Dr. Galvani die Abhandlung erhielt, worin er feine Verfuche
bekannt machte, und der diefe Verfuche mit Glück
wiederhohlte. Was ich fchon damahls fchrieb, mufs
ich noch jetzt behaupten, dafs man beweifendere
Erfahrungen erwarten mufs, ehe fich für fie eine
gründliche Theorie aufbauen läfst. Lieft man die
delicaten und finnreichen Verfuche des Prof. Volta, die ich häufig mit gleichem Erfolge wiederhohlt
habe, fo wird man zwar fehr geneigt, mit ihm an-
zunehmen, dafs die Muskelbewegungen durch *die
Electricität der Metalle* oder andere heterogene
Leiter erregt werden, dafs dabei folglich *keine thierifche Electricität* mit im Spiele fey, und dafs Galvani's Verfuche weiter nichts darthun, als dafs
die Thiere empfindlichere Electrometer, als alle
andere, für die kleinften Grade von Electricität
find, z.B. für die, welche beim Berühren oder dem
leichten Reiben heterogener Körper an einander
erzeugt wird, und für die unter andern die Verfuche mit meinem Goldblatt-Electrometer fprechen,
welches, wenn man darauf das kleinfte Atom Sie-

gellaek oder Chocolade abkratzt, oder mit dem
kleinſten Siegellackfaden reibt, ſichtbar Electricität
zeigt. (*Annalen,* VII, 498.) Wäre jedoch der Grund
der Zuckungen in den Galvaniſchen Verſuchen kein
andrer, als Electricität, die beim Berühren der
verſchiednen Metalle entſteht; ſo begreife ich nicht,
warum keine Muskelbewegung erfolgt, wenn man
das Metall, das die Nerven oder Muskeln berührt,
mit einem Nichtleiter reibt. In dieſem Falle entſteht gewiſs eine ſtärkere Electricität, und doch erhält man keine Muskelbewegung, da doch noch
ſtärkere künſtliche, poſitive ſowohl als negative,
Electricität die Muskeln in Zuckungen ſetzt.

Folgendes iſt die *Theorie* Galvani's, wie ſie
ſein Neffe Aldini vervollkommnet hat, welcher
letztere mir vor dem Tode Galvani's ſchrieb,
ſein Oheim habe genügende Beantwortungen gegen
alle Einwürfe Volta's; hoffentlich werden ſie
nicht verloren gehn. Nach dieſen beiden Phyſikern
iſt der *menſchliche Körper eine Art von Kleiſtiſcher
Flaſche oder von magiſcher Scheibe.* In einem Theile deſſelben iſt Ueberfluſs, im andern Mangel an
Electricität; der Leiter führt die Electricität, von
dem Theile, wo ſie angehäuft iſt, in den über, in
welchem ſie mangelt, und bei dieſem Uebergange
zeigen ſich gerade ſo Muskelzuckungen, wie beim
Entladen der Kleiſtiſchen Flaſche oder der magiſchen
Scheibe. So wie nur Leiter die Flaſche zu entladen vermögen, ſo können auch ſie nur Zuckungen
erregen; und ſo wie die Flaſche nach einigen Ent-

ladun-

ladungen kein Zeichen von Electricität weiter giebt,
so bleibt das Thier nach einigen Zuckungen unbeweglich. Die Natur bedient sich des Uebergangs
der Electricität von einem Theile zum andern, um
die verschiednen Bewegungen, vielleicht auch die
Empfängnils zu bewirken. — Spricht gleich für
diese einfache Theorie die Analogie mit sehr vielen electrischen Erscheinungen, so reicht diese Analogie doch nicht ganz durch. Ein leichter Körper
geht zwischen zwei Kugeln, wovon die eine mit
der innern, die andre mit der äufsern Belegung einer geladnen Flasche in Verbindung steht, hin und
her; dasselbe müfste bei der thierischen Erschütte-
rungsflasche, (darf ich mich dieses Ausdrucks bedienen,) der Fall seyn. Zwar wollen der D. Valli, der Professor Eandi und andre bei Galvanischen Versuchen electrische Bewegungen wahrgenommen haben; allein ich muls frei gestehn, dals
ich diesen Versuch unter mannigfaltigen Abänderungen mit Goldblättchen und andern sehr leichten Körpern wiederhohlt habe, ohne je dabei eine
electrische Bewegung wahrnehmen zu können.

Soll man hieraus schliefsen, dals das, was bei
den Galvanischen Versuchen die Muskeln in Zuckungen setzt, weder metallische, noch thierische
Electricität, sondern ein ganz verschiednes Fluidum,
von noch unbekannter Natur ist? *) Ich wenig-

*) Fabroni's Meinung zu Folge, (Annalen, IV,
428.) sind die Galvanischen Erscheinungen Wir-

ſtens möchte dieſe Behauptung nicht aufſtellen; vielmehr fürs erſte nichts über den Galvanismus feſt-
ſetzen.

Sollte ich mich indeſs doch zu irgend einer Meinung bekennen, ſo möchte ich noch am erſten annehmen, die Zuckungen der Muskeln würden durch
Bewegung der *thieriſchen Electricität*, welche durch
die Leiter der gewöhnlichen Electricität dirigirt
wird, erzeugt. Ohne zum Beweiſe dieſer Meinung
die vielen von den D. Gardini, Bertholon,
Cotugno, Galvani, Aldini, Valli, Eandi,
Giulio, Roſſi, Volta u. a. geſammelten Facta
anzuführen, bemerke ich bloſs, daſs, da jeder Körper, der ſeinen chemiſchen Zuſtand ändert, auch
in ſeiner Capacität für Electricität Veränderung leidet, ja häufig ein ganz anderes electriſches Verhalten annimmt, (wie z. B. die Metalloxyde,) und da
die Luft beim Reſpiriren, und die Nahrungsmittel beim Verdauen, chemiſch verändert werden,
auch dieſe hierbei ihre Capacität für das electriſche
Fluidum ändern müſſen. Aus Read's Verſuchen*)
folgt, daſs durch Reſpiration das natürliche electri-

kungen *chemiſcher Kräfte*, die beim Berühren verſchiedner Metalle unter einander, die Oxydation
dieſer Metalle und eine Waſſerzerſetzung bewirken, und Electricität zur *Folge*, nicht zur *Urſach*
haben; eine Meinung, die Vaſſalli damahls
nicht bekannt geweſen zu ſeyn ſcheint. *d. H.*

*) Gren's *Neues Journal der Phyſik*, B. 2, S. 72.
d. H.

fche Gleichgewicht der *Luft* aufgehoben, und fie in Mangel an electrifcher Materie verfetzt wird. Nach meinen Verfuchen ift der *Urin* negativ-electrifch, dagegen zeigt *Blut*, das man aus den *Venen* ausfliefsen läfst, in meinem; in den Schriften der Turiner Akademie, Th. 5, befchriebenen electrometrifchen Apparate, pofitive Electricität, wie ich es in Gegenwart der D. Gerri und Garetti mehrmahls gefunden habe. Folglich mufs fich von der electrifchen Materie, welche die Luft und die Lebensmittel in ihrem natürlichen Zuftande enthalten, etwas in gewiffen Theilen des Körpers anhäufen, während andere Theile des Körpers nicht fo viel haben, als fie nach ihrer Capacität faffen könnten. Die electrifchen Schläge, welche der Zitterrochen, der Zitteraal, Aale, Katzen, Ratzen etc. austheilen, können meiner Meinung zur Beftätigung dienen. Eine genaue anatomifche Zergliederung diefer Thiere wird uns den Grund diefer Erfcheinung erklären. Da das, was Spallanzani mir von feiner Zergliederung des Zitterrochens mitgetheilt hat, fchliefsen läfst, dafs die Nerven im Zitterrochen die in den Muskeln enthaltene Electricität hinaustreiben, (*expriment;*) fo erlangt Galvani's Theorie hierdurch viel Wahrfcheinlichkeit. Dafs fich keine electrifche Bewegung zeigt, wenn man der Leiter dem Muskel oder dem Nerven nähert, läfst fich vielleicht daraus erklären, dafs es eines kleinen Drucks bedarf, um das Uebergehen der thierifchen Electricität zu bewirken, wie man

das am Zitterrochen wahrnimmt, der ohne einen leichten Druck feiner Muskeln keinen Schlag
ertheilt.

Paris den 2ten Jul. 1799. *)

Nachdem ich meinen erſten Brief geſchrieben
hatte, habe ich des H. von Humboldt Werk
über den Galvanismus, nach Jadelot's Ueber-
ſetzung, geleſen.   Es iſt das Vollſtändigſte über dieſe Materie. Ich freute mich, daſs er der Meinung
beiſtimmt, daſs über den Galvanismus noch nichts
Gewiſſes ausgemacht iſt.   Er dehnt dieſen Zweifel
auch auf die *electriſchen Fiſche* aus, über die er ſich
in Amerika neue Aufſchlüſſe zu verſchaffen hofft. **)

*) *Journal de Phyſique*, t. 6, p. 69.   d. H.

**) Hierbei verdient ein Brief erwähnt zu werden,
   den Girtanner, Götting. den 25ſten Jan. 1800,
   an van Mons ſchrieb, und der in den *Annales
   de Chimie*, t. 34, p. 307, abgedruckt iſt, deſſen
   Werth ich indeſs dahin geſtellt ſeyn laſſe. „Eine
   Abhandlung, welche Prof. Pfaff in Kiel über
   die Galvaniſchen Verſuche des H. v. Humboldt
   ſo eben bekannt macht, (Nord. Archiv für Na-
   tur- und Heilkunde, B. 1, St. 1,) erregt viel Sen-
   ſation. Beim Wiederhohlen dieſer Verſuche erhielt er ſehr verſchiedne Reſultate.   Er zeigt, daſs
   keine chemiſche Wirkung der Stoffe auf die thieriſche Fiber ſtatt findet, wie ſie Humboldt annimmt, ſondern daſs alle dieſe Stoffe lediglich
   als Glieder einer electriſchen Kette wirken; daſs
   Humboldt's Hypotheſen ſich widerſprechen,

Es ift, meiner Meinung nach, noch manches zu thun,
um über die Urfach der Erfcheinungen in ihnen

und dafs fein Werk die Phyfiologie um keinen
Schritt weiter bringe. Beffer fey es, unfre Unwiffenheit über den unbekannten Prozefs der Vitalität zu bekennen, als uns in fo willkührliche Hypothefen und in Träume zu wiegen, die den For-
fchungsgeift einfchläfern, daher Humboldt's
Art, die Chemie auf Phyfiologie anzuwenden, die.
fe eher zurück als vorwärts bringe. Wie follen
2 oder 3 Tröpfchen Kali oder Salzfäure die chemifche Mifchung einer Menge von Muskeln ändern
und fie dadurch plötzlich in Zuckungen bringen
können. Humboldt meint, dies gefchehe
durch den Stickftoff und den Wafferftoff in den
fixen Alkalien, welche als zwei oxydirbare
Grundftoffe den Prozefs der Vitalität befchleu-
nigen follen, indefs das Kohlenftoff-Wafferftoffgas ihn retardire. Wie könnten aber zwei Stoffe
von fo gar verfchiedner Verwandtfchaft, als Alkalien und Salzfäure, einerlei chemifche Wirkung
hervorbringen? Doch man wird das Leben nim-
mermehr durch chemifche Verwandtfchaften erklären. — Pfaff beweift durch ganz finnreiche
Verfuche, dafs in den Humboldtfchen Verfuchen
das Waffer, wo nicht das einzige, doch das
Hauptagens ift. In der That habe ich fie felbft
mit einem Stückchen naffen Schwamms faft alle
hervorgebracht, daher ich überzeugt bin, dafs
der Galvanismus nichts anderes als die längft bekannte thierifche Electricität ift, aufs neue von
Galvani und v. Humboldt hervorgezogen,
um bald wieder vergeffen zu werden." (??)
So weit Girtanner.   d. H.

aufs Reine zu kommen, die von R e a u m û r,
We'lfch, H u n t e r und andern angegebnen Thatfachen zu berichtigen, unter den Fabeln, welche,
A r i f t o t e l e s , P l i n i u s , T h e o p h r a f t und ihre Commentatoren vom Zitterrochen erzählen, das
Wenige, was wahr ift, auszufondern, und die wunderbaren Relationen Schilling's und Käm-
pfer's gehörig zu würdigen.

Da ich mich feit 1790 in Pavia aufhielt, zeigte
mir S p a l l a n z a n i , dem ich zuvor meine Meinung über die Zitterfifche mitgetheilt hatte, feine
grofsen anatomifchen Tafeln über die electrifchen
Organe des *Zitterrochens*, und erzählte mir dabei,
dafs, als er die drei grofsen Nervenäfte durchfchnitt,
deren Zweige die mit einer weichen Materie aus-
gefüllten Prismen umfchlingen, aus denen der Körper des Zitterrochens befteht, das Thier das Vermögen verloren habe, electrifche Schläge zu geben, wogegen man, wenn diefe Nerven unbefchä-
digt blieben, auch noch einige Zeit nach dem Tode
des Thiers kleine Schläge erhalte. Aus diefem
Grunde fagte ich in meinem vorigen Briefe, dafs
die Nerven die in den Muskeln befindliche electrifche Materie hinaustreiben, (*expriment.*) — Eine
zweite Bemerkung S p a l l a n z a n i's ift, dafs die
Fötus der Zitterrochen in der Mutter mit dem Eie
durch die Nabelfchnur verbunden find, und dafs
fie beim Herausziehn leichte electrifche Schläge geben. Er zeigte mir im Mufeo diefe kleinen, mit

den Eiern verbundnen Zitterrochen, die ihm die
Schläge gegeben hatten.

Hier mit wenigen Worten meine *Theorie über
die Zitterfiſche*, welche auf den Erfahrungen vieler
Phyſiker und Anatomen über ſie beruht: Ich nehme an, daſs die Zitterfiſche das Vermögen beſitzen,
das electriſche Fluidum in einem Theile ihres Körpers zu condenſiren, und daſs bei der gewöhnlichen
Lage ihrer innern Organe dieſes Fluidum durch
eine einzwängende Hülle, (*un voile cohibent*,) zurückgehalten wird, welches nachher durch Verdünnung oder durch Zufluſs von Säften leitend
wird, und, ſo oft der Fiſch einen Erſchütterungs-
ſchlag geben will, die condenſirte Electricität hin-
durchläſst. Auch hier wieder werden Luft und
Nahrungsmittel die Electricität, wie in andern Thieren, hergeben, dieſe aber condenſirt ſich in den
electriſchen Organen. Das Medium, worin der Zitterrochen lebt, kann hierbei keine Schwierigkeit
machen, ſowohl wegen der Structur dieſes Fiſches,
als wegen des electriſchen Verhaltens des Waſſers.*)
Hiernach ſind die Schläge der Zitterfiſche nichts als
Wirkungen der Electricität nach ihren bekannten
Geſetzen, und nach Geſetzen der thieriſchen Phyſik,
wofür auch die Schwächung bei auf einander folgenden Schlägen, und ihr endliches Ausbleiben ſprechen.

*) Was **Vaſſalli** weiter zum Beſten ſeiner Theorie ſagt, iſt ſo ſeicht und mitunter ſonderbar,
daſs ich es übergehe.   *d. H.*

2. *Vaffalli, Kandi über die thierifche Electri-*
cität, und die Möglichkeit, das Electrome-
ter als Vitalitometer zu brauchen. *)

An den Prof. Buniva ju Turin.

Die Electricität, welche Sie in meinem Electrometer wahrnahmen, als Sie es auf den Rücken eines
kranken Thiers während des Krankheitsfchauers
fetzten, erkläre ich mir fehr leicht nach meiner Theorie, nach welcher im menfchlichen, wie im thierifchen
Körper, im gefunden Zuftande ftets einige Theile
pofitiv-, andre negativ-electrifch find. Die negativen Theile, d. h., die der Excretionen, fcheinen
fchwächer, wie die pofitiven, d. h., die des Bluts
zu feyn. Wenn nun eine Unordnung in der thierifchen Oekonomie die natürlichen Schranken der
Electricität im Körper niederwirft, fo entwifcht diefe, um fich in das Gleichgewicht zu fetzen, und
mufs fich folglich gerade in den Augenblicken, wo
die Schranken niedergeworfen werden, thätig äufsern, d. h., wenn der Krankheitsftoff die innern
Theile verändert, und dadurch das Schaudern bewirkt. Da Schreck und andre heftige Leidenfchaf-
ten die thierifche Oekonomie angreifen, fo müffen
fie diefelbe Wirkung hervorbringen; daher fahen
Sie das Goldblatt-Electrometer divergiren, es
mochte im Krankheitsfchauer, oder in dem durch
Schreck veranlafsten Schauer auf den Rücken des
Thiers gefetzt werden. Auf diefelbe Art erklärt

*) *Journal de Phyfique*, t. 7, p. 148 u. 303. *d. H.*

fich der Mangel an Electricität, den Sie in kranken
Katzen wahrnahmen, und von dem ich vermuthe,
dafs er fich erft nach mehrern Tagen von Krankheit zeigen möchte.

Im Gefolge der electrifchen Verfuche, die ich
mit *Waffer* und *Eis* angeftellt, und in den *Memorie
della focietq italiana*, t. 3, befchrieben habe, unternahm ich ähnliche Verfuche mit verfchiednen thierifchen und vegetabilifchen Flüffigkeiten, und mit
verfchieden präparirten Waffern. Der Urin und
die thierifchen Flüffigkeiten zeigten dabei die gröfsten Unterfchiede in der Electricität, woraus Sie eine neue Beftätigung meiner Theorie abnehmen mögen. Da ich gefunden habe, dafs das Blut derer,
die im Fieber find, noch pofitiv electrifch ift; fo
wäre es intereffant, die Krankheiten und den Grad
derfelben zu beftimmen, bei welchen es die pofitive Electricität verliert. Vielleicht liefsen fich die
hoffnungslofen Krankheiten durch das Electrometer entdecken, und diefes zu einer Art von *Vitalitometer* erheben. Doch dazu müfste man in der Electricität erft noch vieles leiften.

War es überrafchend, Electricität im Zitterrochen zu entdecken, fo fcheinen die Erfahrungen
'Cotugno's, der von einer Maus, die er anato-
mirte, einen electrifchen Schlag erhielt, von Ton-
fo, den ihm eine Katze ertheilte, und meine electrifchen Verfuche über die Ratzen, nichts mehr
wünfchen zu laffen. Allein im unendlichen Gebiete der Natur kömmt man täglich auf neue Unter-

fuehungen; und feitdem ich die entgegengefetzte
Electricität des Bluts und der Excretionen entdeckt
habe, fehe ich, wie gar vieles noch zu thun übrig
ift, um Gardini's, Berthollon's, Tref-
fan's und Carlieu's Vorftellungen über die thierifche Electricität gehörig zu würdigen. Sie haben
den beften Weg dazu eingefchlagen, indem Sie die
Natur durch Verfuche befragen. Fahren Sie fort,
und Sie werden das Vergnügen haben, die Grän-
zen der Wiffenfchaft zu erweitern.

Es war eine blofse Idee, auf die ich keinen grofsen Werth fetze, das Electrometer möge vielleicht
dienen können, unheilbare Krankheiten von heil-
baren dadurch zu unterfcheiden, dafs es den gänzlichen Mangel an thierifcher Electricität in Thieren,
deren Organifation fo zerrüttet ift, dafs fie keiner
Wiedergenefung fähig find, anzeigte. Man hat
hiergegen die Galvanifchen Erfcheinungen in todten
Thieren eingewandt. Allein bei den Verfuchen,
die ich gemeinfchaftlich mit meinen Kollegen Giulio und Roffi über die Wirkungen des Phosphors
auf die Thiere anftellte, fanden wir, dafs Fröfche,
die an Phosphor ftarben, für den Galvanismus nicht
weiter reizbar waren. Daffelbe fand ich bei Fröfchen, die im luftverdünnten Raume oder an Krankheit ftarben. Hieraus fcheint zu erhellen, dafs an
Krankheit geftorbne Thiere, der Galvanifchen Zuckungen nicht fähig find, welches auf das befte mit

den im Vorigen angeführten Erfahrungen zusammen-
ftimmt, und keineswegs gegen die Idee eines Vita-
litometers ftreitet.

Obgleich ich mich jetzt viel mit der thierifchen
Electricität befchäftige, und die Wirkungen der
Gifte, Heilmittel, Gasarten und der Luft in verfchiednen Graden der Verdünnung auf die Thiere
zu erforfchen fuche, fo gehöre ich doch keineswegs zu den Enthufiaften, welche in allen Natur-
begebenheiten Wirkungen der Electricität wahrnehmen wollen. Schon 1789 machte ich darauf aufmerkfam, dafs die künftliche Electricität in manchen Krankheiten fchädlich fey; und die Electricität bei Vulkanen und Erdbeben ift mir keineswegs
Grund, fondern Wirkung diefer grofsen Naturer-
eigniffe. Man trage eine beffere Theorie über die
Erfcheinungen der thierifchen Electricität vor, und
ich werde mich zu ihr bekennen.

───────

3. *Aldini's neuefte Galvanifche Verfuche.* *)

Der B. Aldini hat dem National-Inftitute eine Reihe von Verfuchen mitgetheilt, (*prefenté,*) die
zur Abficht haben, die Behauptung Galvani's zu
beweifen, dafs in der Berührung von Nerven und

───────

*) Ausgezogen aus einem Auffatze Aldini's über
den Galvanismus von Biot, im *Bulletin des fcien-
ces,* N. 68, Brum. A. XI, p. 156; ein Zufatz zu
Annalen, XIII, 216.   d. H.

Muskeln fich eine ähnliche Wirkung äufsert, 'als
in der Berührung verfchiedenartiger mineralifcher
Körper. Der Hauptverfuch felbft, den er nur weiter entwickelt hat, fchreibt fich von Galvani her.
Da er wenig bekannt, und doch leicht nachzuma-
chen ift, fo wollen wir ihn hier umftändlich mittheilen.

Man fchneidet einem Frofche den Kopf ab, ent-
häutet ihn, nimmt alle Glieder des Torachus fort,
und fchneidet den Rückgrath durch, der nun nur
noch durch die Lumbalnerven mit den Gliedern des
Unterleibes zufammenhängt. Darauf fafst man mit
der einen Hand einen Schenkel des Thiers, mit der
andern das Ende des Rückgraths, und beugt den
Schenkel zurück, bis die Cruralmuskeln mit dem
Nerven in Berührung kommen. Im Momente der
Berührung geräth der Frofch in lebhafte Contractionen. — Der Verfuch gelingt eben fo gut, wenn
man den Frofch auf Glasftäben ifolirt hält. Der
Frofch mufs lebendig und mit Schnelligkeit präparirt feyn, und man mufs Sorgfalt anwenden, um
alle kleine Gefäfse abzulöfen; die fich durch die
Lumbalnerven durchfchlängeln, auch möglichft vermeiden, dafs diefe Nerven nicht mit dem Blute des
Thiers bedeckt werden.

Diefer Verfuch ift entfcheidend. Beruht aber
in ihm der Erfolg auf einer Entwickelung von Electricität? Diefes fcheint wahrfcheinlich, ift aber
nicht gewifs, indefs es bei fich berührenden Metallen durch hinlängliche Erfahrungen bewiefen ift.

Die übrigen Verſuche ſind Modificationen des eben beſchriebnen. Aldini hat Muskelzuckungen hervorgebracht, indem er Muskel und Nerven durch eine Kette von mehrern Menſchen in Verbindung ſetzte. Beſonders hat er in groſsen eben getödteten Thieren, und ſelbſt in menſchlichen Körpern ſehr heftige Wirkungen erregt.

———

4. *Ein Brief Aldini's an Moscati über thieri-*
ſche Electricität. *)

—— — Ihre Meinung iſt, wenn ich nicht irre, etwa folgende: „Die verſchiednen Theile des thieriſchen Körpers, insbeſondre die Muskeln und Nerven, haben eine verſchiedne electriſche Capacität. Da ſie ſich nun in einer beſtändig electriſchen Atmoſphäre befinden, ſo werden ſich Nerve und Muskel verſchieden damit laden. Von dieſer Ungleichheit kann indeſs keine Exploſion entſtehn; die Theile ſind mit einander in ununterbrochner Berührung. Setzt man nun, Muskel- und Nervenfaſer ſeyen nicht gleich gute Leiter der Electricität, ſo wird nach ihrer Trennung vom thieriſchen Körper eine verſchiedne Menge Electricität beide verlaſſen; ihr

---

*) Ausgezogen von L. A. v. Arnim aus den *Opus-coli ſcelti ſulle ſcienze e ſulle arti*, in *Milano* 1796, T. 19, pag. 217 — 226. Das Weggelaſsne enthält Nachrichten von den bekannten Beobachtungen der Hrn. Klein und Greve. A.

verhältnifsmäfsiges electrisches Gleichgewicht wird
daher geftört. Werden jetzt zugleicher Zeit Nerve
und Muskel durch einen Leiter verbunden, fo werden fie erfchüttert werden, und das Gleichgewicht
ftellt fich her. Doch darf die Verbindung nur auf
kurze Zeit aufgehoben werden, fo wird das Gleichgewicht wieder aufgehoben, fo erfolgen neue Zuckungen.

Diefer Theorie zum Beweife haben Sie einige
fehr finnreiche *Verfuche* hinzugefügt. Man wählt
einen Frofchfchenkel aus, auf welchen das Galvanifche Reizmittel nicht mehr wirkt, legt ihn auf
eine Glasplatte, und ladet Nerven und Muskel vermöge einer Electrifirmafchine. Nach einigen Augenblicken Ruhe verfuchen Sie wieder die Galvanifchen Verbindungen, und jetzt entftehn von neuem
Zuckungen, bis diefes Fluidum fich wieder verliert.
Beim lebenden Körper gefchieht fo etwas nicht, theils
wegen der Haut und Fettbedeckung aller Theile,
theils wegen des ununterbrochnen Umtriebs des
Bluts und der Säfte.

Sie wünfchten, ich möchte mit Nichtleitern die
thierifchen Theile umgeben, um fowohl die verfchiedne electrifche Ableitung als auch alle Einlei-
tung der Electricität von anfsen zu verhindern. Muskel und Nerve wurden daher abwechfelnd bald mit
Oehlfirnifs, bald mit andern Nichtleitern überzogen,
bis auf die beiden kleinen Stellen, wo die Metalle
angelegt werden follten. Die erften Zuckungen,
welche erfolgten, rechne ich nicht; fie konnten

von der erlangten ungleichen Ladung vor dem Ue-
bergiefsen mit den Nichtleitern entstanden feyn.
Aber wie wollen Sie nach jener Theorie die grofse
Zahl der langen Zeit darauf immer noch ungestört
folgenden Zuckungen erklären? Woher kam hier
das gestörte Gleichgewicht?

Erinnern Sie sich ferner der Verfuche Volta's
und einiger anderer, wo der Galvanismus ohne Ent-
blösung der Haut, alfo auch ohne ungleiche Ableitung, sich wirkfam zeigt, wo man daher eine innere, dem Nerven eigenthümliche *Electricität* zu-
gestehn mufs.

Hier einen noch mehr entscheidenden *Verfuch.*
Ich armirte einen lebenden Frofch auf gewöhnliche
Art, und legte ihn ins Waffer, um der Electricität
der Atmófphäre alle Gelegenheit zu benehmen, sich
mit ihm zu verbinden, fo wie auf der andern Seite
die ihm fchon mitgetheilte Electricität durch diefe
Umgebung mit einem Leiter sich zerstreuen mufste.
Deffen ungeachtet waren die Contractionen unge-
fchwächt, wenn man die Kette fchlofs. Wie konnte hier ein gestörtes Gleichgewicht entstehn?
Mufs man hier nicht auf eine *innere Electricität*
fchliefsen?

Kommen wir nun auf jenen Verfuch über die
Herstellung der Zuckungen durch Electricität wieder zurück, fo läfst diefer auch eine andere Erklärung zu. So wie das Glas fchwer geladen wird, fo
läfst es auch fchwer die erhaltne electrifche Ladung
von fich; fo auch die, welche es dort bei dem Ele-

ctrifiren erhielt. Wird jetzt der Schenkel berührt,
so entladet sich das Glas immer theilweise durch den
Muskel, und daher die jetzige Wirksamkeit des
Galvanischen Reizes. Nimmt man daher eine leitende Fläche, eine Metallplatte, und electrifirt
darauf den Froschschenkel, so wird die Reizbarkeit
durchaus nicht weiter hergestellt. Man kann jene
Ladung selbst fühlbar machen. Wenn man mit einer Hand unten die Glasfläche, und mit der andern
den Schenkel berührt, so erhält man einen kleinen
Schlag. *)

Nehmen wir äufsere Electrifirung als Urfach der
Galvanischen Erscheinungen an, so müfsten auch,
je nachdem man die Electricität verstärkt oder
schwächt, stärkere oder schwächere Wirkungen
sich zeigen. Das habe ich aber gar nicht gefunden.
Wenn ich auch die Kette stärker oder schwächer
electrifirte, konnte ich doch weder eine Verstär-
kung noch Minderung der Wirkung wahrnehmen.
Auch Leute, die ich den Geschmacksverfuch,
nachdem ich fie electrifirt hatte, und unelectrifirt
machen liefs, fanden keinen Unterschied. Oft schienen fogar electrifirte Frölche früher ihre Reizbarkeit zu verlieren. **)

5.

*) Ueber die Ladung des Glases ohne Belegung,
  Annalen der Physik, IV, 421.   A.

) Auch Herr **von Humboldt, (*Ueber d. g. Mus-*
                                            kel.

Barzellotti über Muskelzusammenziehung, *) und Prüfung der Prochaskaschen Theorie,

von L. A. von Arnim.

Die Frage, ob die Muskeln bei ihrer Zusammenziehung ihr Volumen ändern, ist verschieden beantwortet worden. Glisson glaubte in seinem Versuche eine Volumsverminderung wahrzunehmen. Da er aber etwas zu unvollkommen angestellt war, um zu entscheiden, so wiederhohlte Gilbert Blane **) den Versuch mit einem Aale, den er auf verschiedne Art reizte. Er fand weder Vermehrung noch Verminderung des Volums. Dasselbe Resultat gaben auch alle von Barzellotti angestellten sehr genauen Versuche, indem er Froschschenkel unter Wasser galvanisirte. Blane zeigte auch,

kelfaser, B. II, S. 213,) fand, dass schwache electrische Schläge zwar erst stark reizen, aber zugleich auch bald überreizen. Noch einige Gründe gegen die oben aufgestellte Meinung Moscati's finden sich in einem Anhange der Schrift Aldini's dell' uso e dall' attirità dell' arco conduttore nella contrazione dei muscoli, Modena 1794, woraus man einen kurzen Auszug in den Gött. gel. Anz., 1795, St. 155, und in Voigt's Magazin, B. 10, St. 3, S. 78, findet.   A.

*) Opuscoli scelti, Milano 1796, p. 145 — 173, T. XIX.

**) Della causa della contrazione muscolare del Dr. Gilb. Blane, nel Giornale dei litterati di Pisa.   A.

dafs das specifische Gewicht des einzelnen Gliedas
entweder gar nicht, oder doch nur sehr wenig verändert werde.

Schon diese Verfuche find ein wichtiger Einwurf
gegen Prochaska's Theorie, (*De carne muscula-
ri*,) dafs die Muskelcontractionen eine Folge des Blut-
andranges find, doch fprechen auch noch folgende
Verfuche Barzellotti's dagegen. Er mochte,
auf welche Art er wollte, den Muskel zerfchneiden,
und nachher galvanifiren, fo konnte er doch nie
ausgedrungnes Blut an den durchfchnittnen Gefäfsen wahrnehmen, was nicht fchon vorher da gewefen wäre. Eben das fah er an einer durchfchnittnen Vene. Er fammelte Frofchblut, und fetzte
es in einem Gläschen mit einem Frofchfchenkel
in ein Gemenge von Eis und Waffer. Bei $5\frac{1}{2}°$ des R.
Thermometers war das Blut völlig geronnen, aber
die Muskelcontractionen gingen bei diefer Temperatur noch fehr gut von ftatten. Selbft Thiere,
die er hatte verbluten laffen, bis zu diefer Temperatur erkältet, zeigten ungefchwächte Zuckungen. Einem Hunde unterband er die *Arteria cru-
ralis*, durchfchnitt die Venen, und liefs alle aus-
bluten, und doch zeigte der Schenkel noch beim
Galvanifiren Zuckungen. Aus diefen Verfuchen
erhellt, dafs, wenn der Blutumlauf auch überhaupt
zur Muskelcontraction nöthig feyn mag, diefe doch
keinesweges durch den gröfsern Andrang oder Anhäufung deffelben hervorgebracht werde.

Ich glaube, die erften Verfuche von Blané
und Barzellotti über das unveränderte Volumen
können vielleicht noch einiges andere, als die Un-
zulänglichkeit der hier widerlegten Theorie beweifen, insbefondere Folgendes: 1. dafs die Summe der Kraft, welche die Muskeln in der Ruhe und
in der Bewegung fpannt, gleich grofs fey; 2. dafs
die Muskelbewegung eine blofs veränderte Richtung derfelben Kraft ift, die auch in der fchéinba-
ren Ruhe den Muskel fpannt; 3. dafs, wenn wir
Muskelbewegung als das Auszeichnende des Organismus betrachten wollen, der Unterfchied zwifchen
der organifirten und der blofs trägen Maffe nicht in
einer befondern Kraft, womit jene ausgerüftet ift,
liegt, fondern dafs ihre Kraft eine beftimmte Richtung hat, und der Unterfchied zwifchen der organifirten und der trägen fchweren Maffe auch nicht
in einer befondern Kraft, oder in einer befondern
Richtung, fondern darin liegt, dafs jene Kraft ihre
Richtung verändern kann.   v. A.

---

6. *Neuere Beobachtungen über fogenannte
unterirdifche Electrometrie,*

von L. A. von Arnim.

Eine Ueberficht der meiften frühern Schriften
über die aufserordentliche Eigenfchaft einiger Individuen, wie Thuvenel's und Pennet's, ver-
borgne Quellen, Metalle, Kohlenlagen beim Hin-

übergehen zu entdecken, gab Herr von Humboldt, (Ueber die gereizte Muskel- und Nervenfafer, B. I, S. 467—471,) ohne bei dem damahligen Mangel an hinlänglichen vollftändigen Beobachtungen ein Urtheil zu wagen. Aus einem neuern Auffatze des Abbé Amoretti *) fcheint diefer Gegenftand doch einiges Licht zu erhalten. Zuerft beweift er, dafs dergleichen Individuen nicht fo fehr felten find. Zwei weiblichen Gefchlechts, die Gandolfi und Vincenzo Anfoffi, ein alter Abt Amoretti und fein Enkel u. a. m., zeigten diefe Eigenfchaften völlig in dem Grade, wie Thurenel. Es würde überflüfig feyn, die 32 von ihm erzählten Beifpiele anzuführen, wo diefe Leute abfichtlich verftecktes Metall, Steinkohlenlager, befonders aber und in grofser Zahl Quellen entdeckten. Täufchung fcheint dabei nicht gut möglich zu feyn. Der junge Amoretti fagte, als er ohne Ruthe eine Quelle entdeckte, und man ihn fragte, was er, und wo er etwas empfände: die Füfse fchienen ihm einzufinken, als wenn er in dem naffen Sande des Meerufers ginge; die Ferfen fchienen ihm an einem Orte fich einzufenken. Nachher fagte er, die Zéhen fchienen fich zu fenken, und meinte, er fey heute zum erften Mahle darauf

*) Lettera al Abbate Fortis fu varii individui che hanno la facoltà di fentire le forgenti, le miniere; Opusc. fcelti, Milano 1796, T. 19, p. 233—249.

aufmerkfam geworden, was er eigentlich empfinde.
Einige andere fagten, der Boden über einer Quelle
fey warm, was Amoretti, wenn er mit der Hand
ihn anfühlte, nicht wahrnehmen konnte. Pennet
fagte, er bemerke Wärme über Quellen, über Eifen und Kohlenlager; Kälte, indem er über Salz,
Schwefelkies u. f. w. ftehe. Thuvenel hatte
auch eine Theorie darüber entworfen. Wärme,
meinte er, empfänden wir dann, wenn der Körper Electricität erhielte, Kälte, wenn fie ihm entzogen werde. Diefe Bemerkungen über beobachtete Kälte und Wärme mit den Füfsen kommen fo
wiederhohlt vor, dafs man faft in Verfuchung kömmt,
fo wie den Fingerfpitzen das feinfte Gefühl oder
Getaft, fo den Fufszehen einen befondern Wärmefinn
beizulegen, der von der blofsen Ausdehnung, die
alle Theile empfinden, verfchieden ift. Doch kommen hier vielleicht noch einige Umftände in Betrachtung. Wir wiffen, wie ftark die Hautausdünftung
an den Füfsen ift, und wie Hautausdünftung von
dem hygrofkopifchen Zuftande der umgebenden
Körper, befonders der Luft, abhängt, wie befchwer-
lich uns die Wärme bei hohen Hygrometergraden,
und wie viel wärmer fie uns dann ift. Nun denke
man fich die heifsere italiänifche Luft, den lebhaften Lebensprozefs des Italiäners; und man wird
die Empfindlichkeit gegen geringe hygrofkopifche
Aenderungen der umgebenden Körper, das Gefühl
der Wärme, das Quellen finden bei gröfserer Feuch-

tigkeit nicht mehr fo wunderbar finden. Vielleicht würden alle Menfchen ohne Bedeckung der Füfse, *nach dem Verhältniffe ihrer Ausdänftung*, mehr oder weniger diefe Eigenfchaft haben, wenn fie darauf achteten; denn wie viele find fo äufserft empfindlich an diefen Theilen gegen jede Abwechfelung der Wärme, dafs nicht blofs vorübergehende Empfindungen, fondern dauernde Krankheiten daraus entftehn.

———

VII.

VERSUCHE,

die eigne, frei wirkende, positive oder negative Electricität des menschlichen Körpers betreffend,

von

C. G. SJÖSTEN. *)

Man hat schon längst vermuthet, daſs der Mensch eine eigne, durch feine Electrometer bemerkbare Electricität besitze. Man hat sich isolirt, Hände, Arme und andre Theile des Körpers gerieben, sich stark und schwach bewegt, und wirklich gefunden, daſs dadurch Electricität erregt wurde. Diese Erscheinungen aber sind, gleich denen beim Haarkämmen und Tragen seidener Strümpfe, als Wirkungen von Electricität zu betrachten, die durch Reiben zwischen dem Körper und den Kleidern erregt wird. Versuche, wodurch man directe beweisen könnte, daſs der Mensch eine eigne, inwohnende, freie Electricität hege, oder von derselben umgeben werde, sind mir nicht bekannt. Folgende Versuche, welche ich der königl. Akademie der Wissenschaften vorzulegen die Ehre habe, können dazu dienen, diesen Gegenstand etwas mehr aufzuhellen.

*) Aus den *Vetenſk. Akadem. Nya Handlingar*, Stockholm 1800, 1 *Quart.* Ausgezogen von Herrn Adj. Droysen in Greifswalde. *d. H.*

1. Bei mehrern Verſuchen mit dem Bennet-
ſchen Electrometer fiel es mir ein, zu unterſuchen,
wie ſtark ich wohl die mit Goldfirniſs überzogne
Scheibe mit der Hand reiben müſste, um die Goldblättchen aus einander zu treiben, und Electricität
bemerkbar zu machen. Ich ſtrich daher mit dem
untern Theile der geſchloſsnen Hand ganz leiſe über
die Meſſingſcheibe, wodurch ſo ſtarke Electricität
erregt wurde, daſs die Goldblättchen an die Wände des Glaſes anſchlugen, als wenn ſie der ſchwache Funke einer Electriſirmaſchine getroffen hätte.
Mit dem verminderten Streichen verminderte ſich
auch die Electricität, doch hörte ſie nicht mit demſelben zugleich auf; es entfernten ſich die Goldblättchen noch bedeutend, wenn man bloſs den untern Theil der Hand auflegte und plötzlich wieder
abhob. Mit der flachen Hand glückte der Verſuch
nicht ſo leicht, und oft war dann die Electricität
unmerkbar. Wurde aber der bloſse Arm, oder
der Ellbogen, auf die Scheibe gelegt, und, ohne im
mindeſten zu reiben, ſchnell wieder in die Höhe gehoben; ſo fuhren die Goldblättchen allemahl mit
negativer Electricität, und oft ſo ſtark aus einander,
daſs ſie die Wände des Glaſes berührten; beſonders
dann, wenn Arm und Scheibe zugleich mit der andern Hand berührt wurden, ehe man den Arm wieder aufhob. Im Allgemeinen ſchien dadurch die
Electricität ſehr verſtärkt zu werden.

2. Um zu ſehen, was verändert werden möchte, wenn ich mich iſolirte, ſtellte ich mich auf den

Ifolirfchemel; aber es erfolgten alle die nämlichen
Erfcheinungen, nur mit der Ausnahme, dafs die,
immer noch negative, Electricität fchwächer zu
feyn fchien.

3. Darauf wufch ich mit Weingeilt den Firnifs,
welchen ich als die Haupturfach diefer Erfcheinungen anfah, ab, und wiederhohlte den Verfuch;
er glückte nun nur dann, wenn der Arm auf der
Scheibe lag und plötzlich aufgehoben wurde.
Durch Reiben mit der Hand konnte ich nicht die geringfte Electricität hervorbringen, und durch Reiben
mit dem Arme nicht bedeutend mehr, als durch blofses Auflegen und fchnelles Abheben deffelben.
Die E war nun auch negativ, und fchien fich nicht
fo ftark als vorher durch eine leitende Verbindung
zwifchen dem Arme und dem Meffing zu vermehren.

4. Weil das Reiben der Kleidung an dem Körper diefe Wirkung verurfachen konnte, entkleide-
te ich mich völlig, berührte mehrere Theile mit
verfchiednen Leitern, um alle durchs Reiben erzeugte E wegzunehmen, und fand jene Verfuche,
die ich ifolirt und nicht ifolirt wiederhohlte, immer
fo wie im Vorhergehenden.

Vergebens verfuchte ich durch die Berührung
verfchiedener Theile des Körpers mit der Meffing-
fcheibe einige Veränderung von negativer zu pofitiver E zu bewirken, und durch Reiben des Arms mit
Wolle, Leinwand und Seide ftärkere E zu erregen. Sie fchien dadurch viel mehr gefchwächt zu
werden, da die Ausdünftung verftärkt wurde. Das

Einzige, was ich zu finden glaubte, war, dafs die
Theile des Körpers, welche ftarke Ausdünftung
hatten, nicht die geringfte Spur von Electricität gaben. Hände und Füfse, die Gruben unter den
Armen und Knien etc. konnten diefe Erfcheinung
nicht hervorbringen, wohl aber Lenden, Arme,
Waden etc.

5. Wurde der Arm mehrere Mahl in verfchiednen Punkten in Berührung mit der Spitze auf der
Metallfcheibe gebracht, fo zeigte fich keine Spur
von Electricität; wurde aber eine Meffingkugel von
ungefähr ¾ Zoll Durchmeffer auf die Meffingftan-
ge gefchraubt und der Arm mit ihr in Berührung gefetzt, fo zeigte fich fchwache negative Electricität.

6. Mehrere Perfonen haben in meiner Gegenwart die meiften von diefen Verfuchen mit gleichem Erfolge angeftellt. Alle erregten —— Electricität; nur ein einziges Mahl wurde durch fchnelles
Abheben des Arms ╂- Electricität erregt, obgleich
diefelbe Perfon fonft durch denfelben Verfuch dem
Electrometer —— -Electricität mittheilte. Noch verdient bemerkt zu werden, dafs man nach mehrern, auf diefe Weife angeftellten Verfuchen diefes
Vermögen verliert.

7. Hieraus fcheint unzweifelhaft zu folgen, dafs,
der menfchliche Körper eine eigne freie negative
oder pofitive Electricität an fich habe, welche, ob
fie gleich fehr fchwach ift, doch, auf einer grofsen
Oberfläche gefammelt, hinreicht, ihr Dafeyn durch

das Auseinanderfahren der Goldblättchen anzuge-
ben. *) Daſs man dieſe Electricität nicht durch eine Spitze den Goldblättchen mittheilen kann, mag
wohl daher rühren, daſs die Anziehung der Electricität gegen den Körper ſo ſtark iſt, daſs ſie nicht

*) Oder ſollten dieſe Erſcheinungen nicht vielmehr
auf Electricitätserregung durch Berührung zwiſchen Leitern aus beiden Klaſſen, hier dem Metalle und dem menſchlichen Körper, beruhen,
worüber Volta aus ſeinen Verſuchen ſchon das
Reſultat aufſtellte? (Annal., IX, 245.) „Die einfache Berührung der Metalle mit Halbleitern errege in
den Metallen mehr oder weniger eine negative Electricität, welche durch Druck ſchwächer, ja bis-
weilen ſogar poſitiv werde.“ Da auch hier Arm
und Metall ſich in einer groſsen, wohl polirten
Fläche berührten, ſo verrichteten ſie zugleich das
Geſchäft von Erregern und von Condenſator, wie
in Volta's Verſuch mit zwei heterogenen wohl
polirten und iſolirten Metallplatten. (Annalen, X,
437.) Das wird dadurch noch wahrſcheinlicher,
daſs durch Berührung des Metalls, während der
Arm darauf lag, mit dem Finger des andern
Arms, die Electricität ſehr verſtärkt wurde, und
daſs bei Berührung einer Spitze mit dem Arme
kein Zeichen von Electricität wahrzunehmen war.
Auch ſind Arm und Metall wahrſcheinlich ein
viel beſſerer Condenſator als zwei polirte Metalle,
da beim Anſchmiegen des Arms an die Ebne eine viel genauere Berührung als zwiſchen zwei
Metallen ſtatt findet. Daraus würde ſich die ſtarke Divergenz des Goldblattelectrometers erklären
laſſen. d. H.

die entgegengeſetzte Electricität in der Spitze erwecken kann, welcher Umſtand zur Mittheilung der
Electricität durch die Spitze nothwendig iſt. Wenn
im Gegentheile der Arm auf der Scheibe oder Kugel
liegt, wo ſich die ſchwache, aber doch freie Electricität gleichmäſsig unter den Arm und das Metall
vertheilen muſs, kann man durch ſchnelles Wegnehmen des Arms die Anziehung, welche dieſe Electricität zum Metalle hat, ſo ſchnell nicht überwinden, daſs ſie dem Arme folgte; ſie bleibt daher zurück, und bringt jene Erſcheinungen hervor. Daſs
dieſe Electricität ſich wirklich frei in dem Menſchen
befinde, ſcheint beſonders daraus zu erhellen, daſs
ſie, (nach 4 und 5,) nicht durch Reibung erweckt
werden kann.

8. Um dieſen Verſuch mit Sicherheit anzuſtel-
len, muſs man nicht ſchwitzig ſeyn, und das Electrometer durch Erwärmung von aller Feuchtigkeit
befreit haben.

VIII.

Galvanifche Reizverfuche an feinem Körper angeftellt

von

H. MÜLLER,

jetzt Regimentsquartiermeifter in Breslau.

Halle den 28ften Jun. 1800.

Meine Abficht war, durch Nachahmung der Verfuche, die Herr v. Humboldt an feinem Körper
vornehmen liefs, die Gefühle, die das Galvanifiren
erregt, felbft zu erfahren, um fie getreu und rein
beobachtet, aufnehmen und mit den Wirkungen
der Electricität vergleichen zu können; weshalb
ich Ihnen auch fogleich nach ihrer Beendigung einen Auszug aus den niedergefchriebnen Bemerkungen mittheile.

Den Abend vorher hatte ich mir zwei Blafen-
pflafter, von der Gröfse eines Laubthalers, auf den
Musculus cucullaris der rechten und linken Schulter legen laffen; diefe wurden abgenommen, und eine Portion der ungefärbten *lymphatifchen Flüffigkeit*,
die herabflofs, wurde aufgefammelt. Sie fchmeckte
fehr falzig, färbte den Veilchenfaft grün, gerann
mit Salzfäure, und liefs auf der Haut, auf der fie
herabgefloffen war, nach ihrem Eintrocknen nichts
weiter, als einen fchwachen Glanz zurück.

Die Epidermis wurde von beiden Wunden abge-
zogen. Ich liefs mit einem fpitzigen Eifendrahte die

eine Wunde berühren und eine Verstärkungsflasche
in der Nähe entladen; es erfolgte keine Empfindung
und Zuckung im Muskel.

Ich isolirte mich und liefs Funken aus den Wunden ziehen. — Die Empfindung hatte nichts eignes, und war schwächer, als wenn die Funken aus
gesunden Theilen gezogen wurden; die Muskeln
zogen sich aber dabei heftig zusammen. Sonderbar
ist es, dafs ich dieses gar nicht verspürte, da ich
doch jede kleine Bewegung derselben, die durch
das Galvanisiren entstand, örtlich und sehr merklich empfand. — Dieselben Erscheinungen fanden
auch statt, wenn ich mir den Funken geben liefs.

Liefs ich eine Sonde in der Nähe der Wunden
bewegen, so bemerkte ich den electrischen Wind
auch schwächer, als auf den andern Theilen des
Körpers; das Zucken des Muskels wurde dabei
nicht bemerkt. Die Lymphe quoll während des
Electrisirens sehr häufig hervor.

Ich legte mich nun zu den Galvanischen Versuchen, welche Hr. Dr. Horkel, und einige andre
meiner Freunde anstellen wollten, flach auf ein Sofa
nieder, und konnte so nichts von dem sehen und bemerken, was man mit mir vornahm. Nach der
Auflegung der Metalle wurde so lange die weitere
Procedur verschoben, bis der Schmerz, der dadurch
in der Wunde entstand, vorüber war, und dann erst
zum Galvanisiren geschritten, ohne mich mit der auf-
gelegten Armatur und den angewendeten Leitern
eher, als ich meine Empfindung beschrieben hatte,
bekannt zu machen.

Beide Wunden wurden mit *Silber*, (die eine mit
einem Preufsischen, die andre mit einem Laubthaler,) armirt, die Verbindung geschah mit *Eisen*. —
Ich empfand ein geringes Brennen. (Diese brennende Empfindung kömmt ganz der gleich, die das
Unguentum volatile camphoratum auf eine vorher
geriebene Stelle der Haut hervorbringt.).

Die Wunden wurden mit *Silber* und *Wismuth*
armirt; die Verbindung geschah mit *Silber* und *Eisen*. — Keine Wirkung.

Zink und *Silber* wurden auf einer Wunde in
Verbindung gebracht. — Ich hatte ein Gefühl,
das mit dem plötzlichen Aufgiefsen von kaltem Was-
fer zu vergleichen ist. Nahm man statt des Zinks
Spiefsglanz, so trat derselbe Erfolg ein. — Zink
und Silber von einer andern Legirung wie das vorige, gaben einen stechenden Schmerz. (Dieses Ste-
chen ist derselbe Schmerz, der bei Berührung der
Brennnessel zu allererst empfunden wird.)

Die Wunden wurden mit *Zink* und *Silber* armirt,
die Verbindung mit *Eisen* gemacht. — Beide *Cu-
cullares* zuckten heftig. Die Zuckungen erfolgten
mehrentheils nur bei Eröffnung der Kette. Wenn
die Metalle ganz trocken waren, bemerkte man
keinen Erfolg; auch nicht, wenn der Versuch zu
oft und schnell hinter einander wiederholt wurde;
nach kleinen Pausen zeigte er sich aber immer sehr
wirksam. Dieses Zucken der Muskeln war mit
gar keiner krampfhaften oder schmerzhaften Empfindung begleitet, es fand blofs ein reines Gefühl

von Bewegung diefes Theils des Körpers ohne Spannung ftatt. Die Bewegung des Zuckens erftreckte
fich allein nach dem untern Theile des Körpers hin
und erregte, wenn fie ftark war, eine andre
krampfhafte Erfchütterung, wie die ift, die durchs
Kitzeln entfteht, wodurch mir der ganze Körper
unwillkührlich in die Höhe gehoben wurde.

Die Muskeln zuckten nicht, wenn die Verbindung mit *Silber* gemacht wurde.

Wurde die *Zunge* mit Silber, die eine Wunde
mit Zink armirt, und die Verbindung mit *Eifen* gemacht; fo empfand ich, ohne Zuckung des Muskels, einen fauer brennenden Gefchmack.

Ich brachte ein Stück Zink, fo weit ich konnte,
in die *Nafe,* und liefs es vermittelft Eifens mit der
Silberarmatur der einen Wunde in Berührung bringen. — Es zeigte fich vor dem Auge derfelben
Seite ein fchwacher weifser Blitz und der Muskel
zuckte.

Ich fchob einen Eifendraht zwifchen den *Bulbus*
und das *Augenlied,* und liefs ihn die Silberarmatur
der einen Wunde berühren. Es entftand dadurch
zu gleicher Zeit ein blauweifser Blitz im Auge und
ein ftarkes Zucken im Muskel. Diefe Empfindung
war fehr angreifend und mit einem ftarken krampfhaften Spannen im Kopfe begleitet; ich konnte daher diefen Verfuch nicht oft wiederhohlen laffen.

Ich nahm ein Stück Zink an die *Nafe;* die Wunde wurde mit Silber armirt; die Verbindung mach-

te

te Kupfer. — Die Wirkung war ein sehr heftiger Reiz zum Niesen.

Die Wunden wurden mit *Graphit* und *Zink* armirt, die Verbindung geschah durch *Eisen*. Es erfolgten sehr starke Zuckungen sowohl beim Schliesen als Eröffnen der Kette, aber jedes Mahl nur auf der Seite des Graphits. Dieses Resultat bestätigte sich durch mehrmahlige Wiederhohlung des Versuchs mit Abwechselung der Armatur.

Eisen und *Zink* auf einer Wunde in Verbindung gebracht, brachten ein geringes zusammenziehendes Brennen hervor.

Gold und *Graphit* Armatur, die Verbindung mit Silber und Eisen, verursachten in beiden Fällen ein starkes Brennen.

Wurde mit *Kupfer* und *Wismuth* armirt, die Verbindung mit Eisen oder Silber gemacht, so erfolgte keine Empfindung.

Gold und *Spiessglanz* als Armatur, verbunden mit Eisen oder Silber, brachten auch keine Wirkung hervor.

War die Armatur *Gold* und *Zink*, die mit Silber oder Eisen in Verbindung gebracht wurden, so empfand ich jedes Mahl starke Zuckungen in beiden Muskeln.

Gold und *Kohle* Armatur, die Verbindung mit Eisen, brachten eben so wenig als Gold und Eisen auf einer Wunde eine Wirkung hervor.

Die eine Wunde wurde mit kohlenſaurer Kalilauge beſtrichen und zugleich mit Silber, die andre mit Zink armirt, und die Verbindung mit Eiſen gemacht. Hier erfolgten die ſtärkſten Zuckungen ſowohl beim Eröffnen als Schließen der
Kette, und ihre Bewegung verbreitete ſich ſowohl
nach dem Nacken, als nach dem untern Theile des
Körpers hin.

Während ich dieſen letzten Verſuch mit mir anſtellen ließ, wurde eine Leidener Flaſche fortdauernd
geladen, und ich bemühte mich, in demſelben Augenblicke, wenn die Metalle in Verbindung gebracht
wurden, den Erſchütterungsfunken zu bekommen.
Beide Empfindungen äuſſerten ſich zuweilen in demſelben Momente, ohne in einander zu ſchmelzen
und ſich zu modificiren.

Alle die verſchiedenen Empfindungen, die der
Metallreiz hervorbringt, ſchienen mir weſentlich
von denen, welche Electricität bewirkt, verſchieden zu ſeyn. Das Unterſcheidende derſelben wage ich aber vor Wiederholung ähnlicher Verſuche
noch nicht zu beſtimmen. Schon hatten die Verſuche drittbalb Stunden gedauert, und wir muſsten ſie beendigen.

Noch muſs ich bemerken, daſs ungefähr $\frac{3}{4}$ Stunde nach dem Galvaniſiren die aus den Wunden
flieſsende Lymphe rothe Streifen auf der Haut her-
vorbrachte, ohne jedoch ſich ſelbſt zu färben.

Nach 2 bis 3 Stunden waren diese Streifen noch
in derselben Röthe sichtbar, ob ich gleich den Körper nach dem Experimentiren mit kaltem Wasser
abgewaschen hatte. Nach 5 Stunden waren noch
einige rothe Flecke übrig, die sich beim Reiben zu
vergrössern schienen und erst nach 6 bis 7 Stunden gänzlich verschwanden.

IX.

BESCHREIBUNG

eines merkwürdigen Blitzschlags,

aus einem Schreiben des B. Toscan,
Bibliothekar d. naturhift. Mufeums zu Paris. *)

Ich bin, mein Freund, Zeuge eines fehr merkwürdigen electrifchen Phänomens gewefen. Das fehr
fchmale, 3 Stockwerke hohe Haus, welches ich im
botanifchen Garten bewohne, und das über die
angränzenden Häufer hervorragt, fteht mit feiner
nach Nordweft gerichteten kaum 16 bis 18 Fufs langen Façade in die *Rue de Seine;* die entgegengefetzte
füdöftliche Fronte fieht nach dem botanifchen Garten, und wird von diefem durch einen kleinen Garten getrennt; und 3 Fufs weit von der Mauer, zwifchen den beiden Fenftern eines niedrigen Saals, befindet fich hier ein Brunnen, der tief genug ift, um
immerfort ein fehr klares, nicht riechendes Waffer
zu geben. Diefer Brunnen ift mit einem einfachen
eifernen Geländer umgeben, das aus einer blofsen
1 Zoll dicken Eifenbarre befteht, welche in einen
Kreis von $2\frac{1}{2}$ Fufs Durchmeffer gekrümmt ift, und
von 4 Eifenftangen, die 2′ 3″ hoch find, getragen
wird.

Es hatte feit halb fünf Uhr Morgens von Zeit zu
Zeit gedonnert, und jeder Donnerfchlag war von

*) Aus der *Décade philofophique, An* 10, *Therm.,* p. 372.

einem heftigen Regenguſſe begleitet worden, der
aber nur ſehr kurze Zeit dauerte. Die Luft war
ſtickend heiſs, und man athmete nur mit Mühe. Als gegen halb ſechs das Gewitter ſich zu ver-
ziehn ſchien, und die erſten Sonnenſtrahlen zum
Vorſchein kamen, ging ich mit meiner Frau in den
unterſten Saal, um die friſche Luft zu genieſsen,
öffnete die Fenſter, die nach dem Garten gehn, und
trat ins Freie, um mich am Himmel umzuſehn.
Gerade im Zenith unſers Hauſes ſtand eine einzelne,
ſchwarze und dunkle Wolke, von geringer Ausdehnung, die mir aber von Augenblick zu Augenblick dicker und dunkler zu werden, und ſich tiefer herabzuſenken ſchien. Nur in groſser Entfernung von dieſer Wolke zeigten ſich einzelne Wolken am Himmel zerſtreut, und dieſe hatten kein
drohendes Anſehn. Die Luft war vollkommen in
Ruhe, und die Blätter wurden auch nicht vom lei-
ſeſten Hauche bewegt. Ich ging in den Saal zurück,
machte die Fenſter zu, und ſetzte mich neben meine Frau an eins der Fenſter, ſo daſs wir den ganzen Umfang des Brunnens im Auge hatten, (von dem
wir nur 6 Fuſs entfernt waren,) um den Ausgang
abzuwarten.

Plötzlich zeigte ſich auf der gekrümmten Eiſen-
barre, die das Geländer des Brunnens bildet, eine
Feuerkugel. Wir hatten alle Muſse, ſie gut zu betrachten, denn ich ſchätze die Dauer dieſer Erſcheinung auf wenigſtens 18 Sekunden. Der Feuerball
ſchien ungefähr 1 Fuſs im Durchmeſſer zu haben;

in der Mitte war er von einem weifsen Lichte und
unbeweglich; an feinem Umfange fchoffen gelbliche,
fehr lebhafte Feuerftrahlen voll Funken, (*très
fcintillantes*,) hervor, die ungefähr 2 Zoll breit
waren und fich in mehrern Spitzen endigten. Diefer Anblick fetzte meine Frau in Schrecken; fie
neigte fich zu mir über; ich hatte Zeit, nach ihr hin,
und dann wieder auf den Feuerball zu fehn, der
noch unverändert fo wie zuvor war. Mit einem
Mahle verfchwand er, und wir hörten einen heftigen Knall. In demfelben Augenblicke hatte der
Blitz in ein Haus, 100 Schritt von dem unfrigen,
das in derfelben Häuferreihe ftand, eingefchlagen.
Der Knall war zwar fürchterlich und zerreifsend,
beftand aber nur aus einer einzigen Explofion ohne
Wiederbohlung, ohne Kniftern und ohne Rollen.

Ich begab mich in das Haus, wo der Blitz eingefchlagen hatte, und hier fand ich Folgendes: Das
Haus hatte 4 Stockwerke, und in jedem nur zwei
kleine Zimmer, wovon das eine nach der Strafse,
das andere in den botanifchen Garten ging, und
diefe hintere Seite war vom Blitze getroffen worden. *) Der Blitz hatte zwei Schornfteinröhren

---

*) Ein Italiäner Ba litor o behauptet in der *Décade
philofoph.*, p. 418, „der Blitz treffe überhaupt immer am häufigften die Südoftfeite, felten die Süd-
weftfeite, und nie die Nordfeite. Er habe drei-
fsig Jahre lang alle Frühjahre und Herbfte in feinem alten fehr hoch gelegnen Schloffe zugebracht.
So oft ein Gewitter aufzog, habe er die Vorficht

auf dem Dache, ferner den Winkel der Mauer, an
den fie fich lehnten, und einen Theil des Dachs, und
in dem unmittelbar darunter liegenden Zimmer die
beiden Kamine, das Fenfter und die Fenfterwand
mit fortgenommen, fo dafs diefe Theile bis an den
Fufsboden des Zimmers rafirt waren. Ein Schapp
mit Töpferzeug, das an den beiden Kaminen ftand,
war umgeworfen, zerbrochen und das Töpferzeug
zertrümmert, der Mantel des Kamins in der Stube
zerfchlagen, die Einfaffung, (Chambranle,) bis auf
die Eifenftange, die fie trug, fortgeriffen, und der
Fufsboden neben dem Feuerherde durchbohrt worden. Alle kleinen Meubeln waren umhergewor-
fen und zerbrochen. Die unter diefer liegende
Stube des dritten Stockwerks zeigte faft daffelbe.
Das Fenfter und ein Theil der Fenftermauer fehl-
ten; der Mantel des Kamins hatte von oben bis unten einen Rifs; das Papier, womit diefe Mauer bekleidet war, war ganz zerriffen; und ein dicker
Bálken in der Ecke der Scheidewand, zwifchen diefem Zimmer und dem nach der Strafse, war von oben

gebraucht, fich in ein Zimmer an der Nordfeite
zu begeben, und fich dadurch häufig vor Unglück
gefchützt, da der Blitz alle Jahr die füdliche oder
weftliche Ecke getroffen habe, bis man endlich
einen Blitzableiter anlegte. Er habe diefe Bemerkung vielfältig heftätigt gefunden, und wiffe kein
Beifpiel, wo der Blitz die Nord- oder Nordoft-
feite eines Haufes oder Thurms getroffen habe."

d. H.

bis, unten gespalten, so daſs man hindurchsehn
konnte. Die Ueberzüge zweier Betten, die in diesem Zimmer standen, waren an mehrern Stellen
durchlöchert, und um die Löcher geschwärzt und
verbrannt, auch hier mehrere Meubeln zerbrochen. In der zweiten Etage, in der erſten und im
Rez-de-Chauſſée, sah man verhältnismäſsig immer
schwächere Wirkungen, und von geringerm Umfange, die auch hier sich hauptsächlich in den Röhren der Kamine und in der Nähe derselben geänsert
hatten.

An den Fuſs der äuſsern Mauern des Hauſes lehn-
te sich an dem Theile, wo die Schornſteine in die
Höhe gingen, ein hölzerner, mit Stroh gedeckter
Pferdeſtall, deſſen Raufe längs der Mauer hinlief
und an ihr befeſtigt war, und in dem sich gerade
mehrere Pferde befanden. Zwei derselben, die
neben einander ſtanden, wurden vom Blitze getödtet und nach derselben Seite hin geworfen.
Längs der Krippe sah man die Spur des Blitzes, der
von dem einen zum andern gegangen war und auf
dem Wege einen groſsen Quaderſtein zerſprengt
hatte, so daſs eine breite Spalte bis in das Innere
des Hauſes ging. Ein Stallknecht, der dabei ſtand,
wurde umgeworfen, nahm aber keinen Schaden.
Dieses war die letzte Wirkung des Blitzschlags, die
ich bemerken konnte.

Das Haus iſt von Wäscherinnen bewohnt, die,
als es einschlug, glücklicherweise alle auf, und im
Erdgeschoſſe in der nach der Straſse gehenden Stu-

be mit Waſchen beſchäftigt waren. Aller Schade,
den dieſe ganze Seite des Hauſes gelitten hatte, be-
ſtand in einigen zerſprungnen Fenſterſcheiben. In
dem Zimmer des dritten Stockwerks, das nach der
Straſse geht, war ein Mann beim Zerſprengen des
Balkens in der Wand der angrenzenden Stube nie-
dergeſtürzt worden, und hatte davon Contuſionen
am Arme und an der Schulter erhalten. In der am
ſchlimmſten zugerichteten Stube des vierten Stockwerks, d. h., in einem 7 bis 8 Fuſs breiten Raume,
wo nichts als Staub und Trümmer waren, befand
ſich, als es einſchlug, eine Frau mit ihrem 9 - bis
1 ojährigen Sohne, den ſie eben dicht am Fenſter hatte
niederknieen laſſen, damit er ſein Morgengebet her-
ſagen ſollte; ſie ſelbſt ſtand vor einer Commode, die
ſich an der dem Kamine gegenüberſtehenden Mauer
befand, und bereitete ſein Frühſtück. Sie wurde
vom Schlage betäubt niedergeworfen und auf einige Augenblicke ihres Bewuſstſeyns beraubt. Als
ſie ſich wieder aufrafft, ſieht ſie ſich allein unter
den Trümmern. Sie ruft nach ihrem Kinde, und
endlich antwortet dieſes mit ſchwacher und zittern-
der Stimme: Mama, ich bin hinter der Thür. Der
arme Junge war von dem einen Ende der Stube bis
an das andere geworfen worden, und einige Contuſionen waren aller Schade, den er davon trug.

Was den Feuerball betrifft, den ich kurz vor
dieſem Blitzſchlage ſah, ſo iſt es mir ſehr wahrſcheinlich, daſs die electriſche Materie, die in ſo
groſser Menge hier zuſtrömte, den ganzen eiſernen

Kreis gleich einer Krone von Feuer umfafste, und
fich mir nur als eine Kugel zeigte, weil ich nur einen Theil diefes Kreifes fehn konnte. Zog aber
die Eifenbarre die electrifche Materie aus der Wolke in folcher Menge an fich? oder war es umgekehrt die Wolke, die auf diefem Wege die electrifche Materie der Erde an fich zog? und nahm nicht
vielleicht der Blitz von dem Punkte feinen Anfang,
wo ich ein fo reichliches Ausftrömen von electrifcher Materie wahrnahm? Von allem diefem weifs
ich nichts. Was aus dem Feuerballe bei der Detonation wurde, konnte ich nicht bemerken, eben
fo wenig fah ich die Wolke oder den Blitzftrahl.
Die Amme, die mein Kind in dem Zimmer des zweiten Stockwerks, gerade über dem Saale wartete,
fah längs des Fenfters einen fo hellen Blitzftrahl,
dafs fie glaubte, er fey ihr über den Kopf wegge-
gangen, und die Bürgerin Desfontaines, welche von ihrer Wohnung aus damals gerade die
Wolke betrachtete, verficherte mir, es habe ihr
gefchienen, als wenn die ganze Wolke fich ent-
zündete.

X.

ZERLEGUNG

des rothen blättrigen Granats aus Grönland,

von

W. GRUNER,

Hofapotheker zu Hannover.

Herr Prof. Trommsdorf. glaubt in einem von ihm zerlegten byacinthähnlichen Foffil aus Grönland Zirkonerde gefunden zu haben, (v. Crell's *chemifche Annalen,* 1801, B. I, S. 433 b,) doch ohne hinreichende Verfuche. Diefes veranlafste folgende Analyfe deffelben Foffils, welches ich von einem reifenden Mineralogen Dänemarks, unter dem Namen; rother blättriger Granat aus Grönland, erhalten hatte; und da ich darin, aufser der Zirkonerde, auch noch Kalkerde finde, welche Herr Trommsdorf nicht gefunden hat, fo halte ich es der Mühe werth, die Refultate meiner Analyfe bekannt zu machen.

So unvollftändig auch die äufsere Befchreibung ift, die Herr Prof. Trommsdorf von feinem Foffil giebt, fo war fie doch hinreichend, mich zu überzeugen, dafs mein Grönländifches Foffil völlig daffelbe ift, und diefes beftätigte einer meiner Göttinger Freunde, der bei Herrn Trommsdorf das Foffil gefehn hatte. Schon der Fürft Gallitzin, von dem Herr Trommsdorf das Foſſil erhielt, verwirft die von dieſem vorgeſchlagene Benennung; *dichter Hyacinth*, und glaubt, dieſes Foſſil ſey vielmehr der neuen Steinart beizuzählen, die unter dem Namen: *Coccolith*, bekannt iſt. Allein eine Vergleichung dieſes Foſſils mit dem von Abilgoard zuerſt bekannt gemachten Coccolith überzeugt den Beobachter leicht, daſs beide nicht bloſse Varietäten eines und deſſelben Foſſils ſeyn können; denn ſehr deutlich zeigt das hyaciñthrothe Foſſil aus Grönland blättriges Gefüge, mit doppeltem Durchgange der Blätter, indeſs der Coccolith aus ſehr ausgezeichnet körnig-abgeſonderten Stücken beſteht, die auch zur Benennung deſſelben die Veranlaſſung gaben. Der Coccolith enthält, nach Abilgoard, Braunſtein, aber keine Zirkonerde, das Grönländiſche Foſſil hingegen, Zirkonerde, aber keinen Braunſtein. Als Abart des Coccoliths dürfte es daher wohl nicht angeſehen werden; aber zu den Granaten würde es auch nicht zu zählen ſeyn. Sollte nicht der Name: *blättriger Hyacinth*, der paſſendere ſeyn, da es doch zum *Zirkongeſchlechte* gehört?

1. *Aeuſsere Beſchreibung des Foſſils.* Die Farbe deſſelben iſt ſchön hyacinthroth. Auf dem Querbruche zeigt es Glasglanz, auf dem Hauptbruche hingegen iſt es ſehr wenig glänzend, dem Seidenglanze ſich nähernd. Das Gefüge deſſelben iſt geradeblättrig, mit doppeltem Durchgange der Blätter; die Bruchſtücke ſind halbdurchſichtig, dicke Stücke

aber nur an den Kanten durchscheinend. Es ist
leicht zersprengbar, und nicht sonderlich schwer.
Es ritzt das Glas sehr leicht, und der Magnet wird,
obgleich nur wenig, von demselben afficirt. Die
specifische Schwere dieses Fossils ist 3,827.

2. *Zerlegung des Fossils.* A. Das Fossil wurde
in einem Stahlmörser zu einem feinen Pulver gerieben. 100 Gran dieses Pulvers ½ Stunde stark geglüht, und noch warm gewogen, zeigten einen Ge-
wichtsverlust von 2 Gran; diese find als das *eigenthümliche Wasser* des Fossils zu berechnen. Die
übrig gebliebenen 98 Gran wurden mit einem Ge-
mische aus 1½ Unzen Salzsäure und ½ Unze Salpetersäure übergossen, und 9 Stunden einer starken
Digerirwärme ausgesetzt. Die Säure hatte dadurch
eine Weinfarbe angenommen, und das Pulver sich
an den Boden des Glaskolbens als eine zähe, dem
aufgequollnen Stärkenmehle ähnliche, weisgelbe
Masse angelegt. Nachdem etwas destillirtes Wasser
hinzugeschüttet war, wurden die Flüssigkeit und das
unaufgelöste Pulver auf ein Filtrum gebracht, und
der auf dem Filtro befindliche unaufgelöste *Rückstand* mit destillirtem Wasser ausgesüsst, getrocknet
und gewogen. Das Gewicht desselben betrug
77 Gran. Die Säure hatte also 21 Gran *aufgelöst.*

B. Die abgeschiedne *saure Flüssigkeit* wurde in
gelinder Wärme bis zur Trocknis abgeraucht, und
der trockne Rückstand wiederum mit destillirtem
Wasser übergossen. Es schied sich etwas *Kieselerde*

ab, die, durch ein Filtrum von der Flüßigkeit getrennt, nach gehörigem Glühen 4,25 Gran wog.

C. Die helle weingelbe Flüßigkeit, (B,) wurde nun so lange mit reinem Ammoniak verfetzt, bis letzteres hervorstach. Es schied sich ein braunrother, etwas aufgequollner Niederschlag ab, der, durch Filtriren von der Flüßigkeit geschieden, und nach gehörigem Ausfüsen, wiederum in Salzsäure aufgelöst wurde.

D. Die abfiltrirte Flüßigkeit war farbenlos, und erwies sich völlig eisenfrei. Ich überfättigte sie mit Salzsäure, und zerfetzte sie hierauf durch kohlensaures Kali. Es schied sich eine weiße Erde ab, welche, ausgefüßt, in der Wärme getrocknet, und hierauf geglüht, 2 Gran wog; und nach allen mit ihr angestellten Prüfungen sich als reine *Kalkerde* erwies.

E. Die Auflösung des braunrothen Niederschlags in Salzsäure, (C,) wurde mit kohlensaurem Natrum genau neutralifirt, und nun so lange mit bernfteinfaurem Natrum verfetzt, als sich noch ein Niederschlag, der aus bernfteinfaurem Eifen beftand, zeigte. Das hierdurch erhaltne bernfteinfaure Eifen wurde, nachdem es von der Flüßigkeit geschieden war, gehörig ausgefüßt, getrocknet und in einem kleinen Tiegel geglüht, hierauf mit einem Tropfen Leinöhl angerieben, und verfchloffen ausgeglüht. Nach dem Erkalten wurde es rasch vom Magnete angezogen, und erwies sich als *oxydulirtes Eifen*, in welchem Zuftande es Beftandtheil des Foffils ift. Das Gewicht deffelben betrug 3 Gran.

F. Die von dem bernſteinſauren Eiſen geſchied-
ne Flüſſigkeit wurde nun mit reinem Ammoniak
zerſetzt. Es entſtand ſogleich ein ſehr lockerer
weiſser Niederſchlag, der ſich bei der Prüfung als
reine *Thonerde* zeigte, indem er, in Schwefelſäure
aufgelöſt und mit etwas eſſigſaurem Kali verſetzt,
gänzlich zu Alaun anſchofs. Das Gewicht der erhaltnen *Thonerde* betrug, nachdem ſie geglüht war,
9,50 Gran.

G. Die von der Säure unaufgelöſt gebliebnen
77 Gran, (A,) wurden mit 500 Gran Aetzlauge,
in welcher das reine Kali die Hälfte des Gewichts
ausmachte, in einem ſilbernen Tiegel übergoſſen,
zur Trockniſs eingedickt, und hierauf eine Stunde
mäſsig geglüht, wobei die Maſſe in keinen ordent-
lichen Fluſs gerieth. Nach dem Erkalten beſaſs die
Maſſe eine durchaus gleiche braungrüne Farbe. Sie
würde mit deſtillirtem Waſſer aufgeweicht, und
dann mit Salzſäure übergoſſen. Es löſte ſich alles
ganz klar auf, und die ſaure Flüſſigkeit hatte eine
geſättigte braune Farbe. Ich dampfte ſie nun bis
zur Trockniſs ab, löſte die zurückbleibende Maſſe in
ſalzgeſäuertem Waſſer wiederum auf, und ſchied
die zurückbleibende *Kieſelerde* durchs Filtriren.
Sie wog nach dem Ausſüſsen und Glühen 26,50 Gr.

H. Die von der Kieſelerde befreite ſalzſaure
Flüſſigkeit wurde nun mit kohlenſaurer Kaliauf-
löſung ſo lange zerſetzt, bis das Kali ſehr ſtark her-
vorſtach, und hierauf das ganze Gemiſch 4 Stunden
ſtark digerirt. Dieſes geſchah, theils um die Zir-

konerde, wenn folche Mitbeftandtheil des Foffils
wäre, in dem kohlenfauren Kali wiederum aufzulöfen, und fo von dem übrigen Niederfchlage zu fcheiden; theils aber auch, fie von dem dem Foffil bei-
gemengten Eifen zu trennen, um folche ganz eifen-
frei zu erhalten, welches auf einem andern Wege
fo fchwer zu erreichen ift, da diefe Erde, nach
Klaproth's Erfahrungen, von den Mitteln, deren man fich gewöhnlich zur Fällung des Eifens bedient, mit niedergefchlagen wird. Diefes wurde
auch vollkommen erreicht; denn nachdem die
Kalilauge von dem Niederfchlage durch ein Filtrum
gefchieden und mit Salzfäure genau neutralifirt
war, fchied fich eine weife Erde ab, deren Gewicht
nach dem Trocknen und Glühen 11 Gran betrug,
und die alle Eigenfchaften der Zirkonerde befafs.

I. Der auf dem Filtro befindliche Niederfchlag,
(H,) wurde wiederum in Salzfäure aufgelöft, und
diefe Auflöfung fo lange mit blaufauren Kali verfetzt, als fich noch ein Niederfchlag zeigte. Nachdem diefer Eifenniederfchlag, auf einem Filtro gefammelt, gehörig ausgefüfst, und hierauf mit einigen Tropfen Leinöhl angerieben, in einem Tiegel
geglüht war, zeigte er fich dem Magnete vollkommen folgfam, und wog, nach Abzug des in dem
blaufauren Kali als Hinterhalt befindlichen Eifens,
13 Gran.

K. Die von dem Eifen befreite Flüfsigkeit wurde nun mit reinem Ammoniak zerfetzt. Es fchied
fich fogleich eine weife Erde ab, die, nach den mit

ihr

ihr angeftellten Prüfungen, fich als reine Thonerde bewies, und deren Gewicht nach gehörigem Glühen 21 Gran betrug.

L. Aus der abfiltrirten Flüfigkeit wurde, nach-dem das überflüfige Ammoniak mit Salzfäure weg-genommen war, durch kohlenfaures Kali noch Kalkerde abgefchieden, die nach dem Glühen 5 Gran wog.

Nach diefer forgfältigen Analyfe enthalten 100 Gran des Foffils aus Grönland:

Kiefelerde $\begin{cases} B, & 4,25 \text{ Gr.} \\ G, & 26,50 \text{ Gr.} \end{cases}$ 30,75 Gran.

Thonerde $\begin{cases} D, & 9,50 \\ K, & 21,— \end{cases}$ 30,50

Kalkerde $\begin{cases} D, & 2 \\ L, & 5 \end{cases}$ 7

Eifen $\begin{cases} E, & 3 \\ I, & 13 \end{cases}$ 16

Zirkonerde H

Waffer A   11

     2

     97,25

Verluft   2,75

     100 Gran.

XI.
VERVOLLKOMMNUNG

der sogenannten Thermolampe zum Gebrauche für das Haus -, Fabrik - und Hüttenwesen,

von

KRETSCHMAR,

Med. Dr. in Sandersleben. *)

Die Lebonsche Thermolampe ist nach dem Urtheile des Herrn Dr. Kretschmar mit so viel Unbequemlichkeiten verbunden, dafs man bisher mit Recht Bedenken getragen habe, sie in die Oekonomie einzuführen. Er behauptet von seiner Anlage, dafs sie in ihrer Einrichtung von der Lebonschen Thermolampe abweiche, und nach mannigfaltigen Versuchen und Abänderungen nun dahin vervollkommnet sey, dafs sie sich zum häuslichen und ökonomischen Gebrauche mit Vortheil anwenden lasse, im Zimmer, in der Küche, für das Fabrik- und Hüttenwesen, zum theatralischen Gebrauche, und um Zimmer, die noch so entfernt vom Verkohlungsofen liegen, zu heitzen und zu erleuchten.

Der Gebrauch dieser Feuerungsanstalt erfordere zwar etwas mehr Sorgfalt und Mühe, als ein gewöhnlicher Ofen. Das Feuer müsse gleichmäfsig

---

*) Ausgezogen aus dem *Reichsanzeiger*, 1803, den 22sten Febr., No. 50.   d. H.

unterhalten, das Verkohlungsgefäfs täglich ein-
oder zweimahl mit Holz gefüllt, von Kohlen ge-
leert, und wieder luftdicht verschlossen, und der
Dampf abgekühlt werden. Alles das indefs mache
nicht mehr Mühe, als das tägliche Heitzen zweier
Oefen. Dafür liefsen fich durch jenen einen, *drei*
bis vier Zimmer zugleich vollständig heitzen. (?)
Das Verkohlungsgefäfs ist fo eingerichtet, dafs ganze Scheite Holz fich darin aufrecht stellen, und dann
verkohlt in derfelben Gröfse herausnehmen laffen.
Die meiste Mühe habe das dampfdichte Verfchliefsen
des Deckels des Verkohlungsgefäfses gemacht, bis
der Herr Dr. auf die wichtige Entdeckung gekommen fey, dafs fich die Dämpfe ohne das fehr läftige
Verkitten zurück hälten laffen. Die Röhren waren
nach einem fiebenwöchentlichen Gebrauche nicht
einmahl verunreinigt, gefchweige denn verftopft.

Das Verkohlungsgefäfs mufs fo viel Holz faffen,
als wenigftens auf einen halben Tag, (als fo lange
das Kochen, Braten, Heitzen und Erleuchten hinter einander fort nöthig ift,) ausreicht. Das Feuer
im Verkohlungsofen braucht nicht mehr Feuerma-
terial, als ein gewöhnlicher Ofen, ob er gleich von
gebrannten Steinen erbaut fey, und die Hitze beinahe 3 Zoll dickes Gewände durchdringen müffe.
Der Verkohlungsapparat felbft befteht aus Eifen-
blech, und hatte nach einem monatlichen Gebrauche nicht im mindeften gelitten, da ihn ein dünner Oehlüberzug vor der Einwirkung der Säure
fchützte.

Hh 2

Etwa 10 bis 20 Minuten, nachdem das Feuer
angemacht worden, erscheinen bei dieser Feuerungsanstalt die brennbaren elastischen Flüßigkeiten,
und die Einrichtung ist so getroffen, daß sie dann
ruhig ohne Stöſse und Flackern fortbrennen, und
daſs man es ganz in seiner Gewalt hat, die *Flamme*
himmelblau, oder, (wenn das brennbare Gas mit feinen Oehltheilchen verbunden wird,) bläulich-weiſs
oder vollkommen weiſs brennen zu laſſen.   Das
himmelblaue Licht giebt eine düstere tragische Er-
leuchtung, das weiſse hinlängliche Helligkeit, oft
in solchem Grade, daſs es an Lebhaftigkeit alle
andern Lichter übertrifft.— Die *Hitze* dieſer Flamme hat weniger Nachdruck als die des Holzes, doch
ist sie, wie der Herr Dr. verſichert, vermöge der
Gröſse und gleichmäſsigen Fortdauer der Flamme
hinlänglich, um dabei bequem kochen und braten
zu können, und die Zimmer zu heitzen.   Dieſes
geſchah während einer Winterkälte von — 3 bis
— 6° R.

Die Flamme verbreite im Zimmer keinen übeln
Geruch, wenn die Röhren nur weit genug und gehörig vertheilt ſind, und ſey der Reinlichkeit und
Geſundheit der Zimmerluft nicht im mindeſten nachtheilig, da ſich bloſs Waſſerdünſte erzeugen. *)

*) Hier iſt Herr Dr. Kretſchmar in Irrthum.
Das brennbare Gas, welches hierbei zum Vorſchein kömmt, iſt nicht reines Waſſerſtoffgas,
(daſs er dieſes glaubt, erhellt aus mehrern andern Aeuſserungen, die ich hier übergangen ha-

In dieſer Feuerungsanſtalt verkohlten 24 bis 25 Pfund *Birkenholz* in 1 bis 3 Stunden, nachdem ſtärker oder ſchwächer gefeuert wurde, und gaben $5\frac{1}{2}$ bis 6 Pfund *Kohlen*, gleich beim Herausheben gewogen, ($= \frac{1}{4}$ Scheffel,) und dieſe Kohlen ſind mehr als hinreichend, wieder $\frac{1}{4}$ Zentner Holz zu verkohlen; ferner gegen 3 Pfund an ſchwererm theerartigen *Oehle*, und 6 Pfund Medicinalgewicht, ($= 2$ Maaſs,) *Holzeſſig*, von einem ſehr ſauern ſcharfen Geſchmacke. Vom leichtern, auf der ſauren Flüſſigkeit ſchwimmenden Oehle entſtand nur ſehr wenig. Alſo muſsten 9 bis 10 Pfund als Gas fortgehn. Die Flamme brannte 1 bis 3 Stunden lang. — Durch den häuslichen Gebrauch dieſer Feuerungsanſtalt könne man, meint der Herr Dr.,

be,) ſondern *Kohlen-Waſſerſtoffgas*, vielleicht mit etwas *gasförmigem Kohlenſtoffoxyd* untermiſcht. Das beweiſt ſchon das Blau der Flamme. Beim Verbrennen deſſelben bildet ſich alſo auch viel kohlenſaures Gas, und ob das in eingeſchloſnen Zimmern nicht höchſt nachtheilig werden könne, verdiente vorzüglich eine nähere Unterſuchung. Aus dem Holze ſelbſt ſcheint nur zu Anfang des Verkohlungsprozeſſes kohlenſaures Gas, weiterhin aber verhältniſsmäſsig immer mehr brennbares Gas und ſeiner Oehldampf entbunden zu werden, der, bei einem Verſuche, den ich mit einem Woulfeſchen Apparate anſtellte, als ſchnell Feuer gegeben wurde, durch das Waſſer dreier Mittelflaſchen mit hindurch ging und eine öhlartige Flamme bewirkte.   *d. H.*

täglich gewinnen 9 bis 12 Pfund theratigen Oehls, 6 bis 8 Maaß wäfferigen Effigs, und ¾ bis 1 Scheffel Kohlen.

Er verfpricht, feine Einrichtung, fein bisheriges Verfahren, und feine dabei gefammelten Erfahrungen durch den Druck bekannt zu machen, wenn fich genug Pränumeranten darauf, (jeder mit zwei Conventionsthalern auf 1 Exemplar,) finden, welches, wie der Herausgeber wünfcht, recht bald der Fall feyn möge.

———————

XII.

Neue Wahrnehmungen über die Blausäure,

vom

Apotheker Schrader

in Berlin. *)

Die Blausäure hat einen starken Geruch nach bittern Mandeln. Dieses ist fast so oft gesagt worden, als man ihrer in chemischen Handbüchern erwähnt hat; und doch sind die bittern Mandeln und ähnliche Pflanzenproducte noch von niemand auf Blausäure geprüft worden.

Ich habe diese Prüfung unternommen, und finde; dass der *riechende Stoff der bittern Mandeln*, des *Kirschlorbeers* und der *Pfirsichblätter* sich gegen das Eisen ganz wie die Blausäure verhält. Ein concentrirtes Wasser, das aus diesen Pflanzentheilen überdestillirt ist, giebt das schönste und reinste Reagens für Eisen. Mischt man etwas Kali hinzu, so hat man eine Flüssigkeit, welche das Eisen aus Auflösungen sogleich niederschlägt, und darf nur etwas Säure, (doch auch hier keine Salpetersäure,) hinzusetzen, um sogleich den blauen Niederschlag des Metalls zu erhalten. Destillirt man diese Wasser über kaustisches Kali, so bleibt im Rückstande eine wahre Blutlauge, die Berlinerblau giebt, sich undeutlich krystallisirt, und ebenfalls bald zerfliesst.

*) Aus der Spenerschen Berlinschen Zeitung vom 29sten Jan. 1803.

Das übergehende Waſſer hat zwar die Eigenſchaft, Eiſenauflöſungen zu fällen, giebt aber kein Berlinerblau, ſondern ſcheint Ammoniak zu enthalten. Denn hinzugetröpfelte Säuren löſen den Niederſchlag wieder auf, und die Flüſſigkeit reagirt auf Fernambukpapier. Pfirſichblätter mit kauſtiſchem Ammoniak deſtillirt gaben *keine* Blutlauge; eben ſo wenig ein Aufguſs von kauſtiſchem Ammoniak auf Kirſchlorbeerblätter, oder eine Verkohlung dieſer Blätter mit Kali. ... Ein mehrere Jahr altes Oehl aus bittern Mandeln fällte die Eiſenauflöſungen nicht; vielleicht, daſs friſch deſtillirtes es gethan haben würde.

Da die deſtillirten Waſſer der angeführten Pflanzentheile ſich in ſo vielen Fällen wie die deſtillirte Blauſäure verhielten, ſo war ich neugierig, zu ſehn, ob auch dieſe Blauſäure die Eigenſchaft jener deſtillirten Waſſer habe, das thieriſche Leben zu zerſtören. Ich flöſte daher einem Sperlinge ein paar Tropfen deſtillirter Blauſäure ein. In demſelben Augenblicke war er erſtarrt. Daſſelbe erfolgte, wenn ich den Sperling eine Zeit lang über die Mündung der Flaſche hielt, worin ſich dieſe Säure befand.

Weder den durch Blauſäure getödteten noch warmen Vogel, noch einen andern in kohlenſaurem Gas erſtickten, vermochte oxydirt-ſalzſaures Gas, in das ſie gebracht wurden, zum Leben zurückzurufen.

Aus dieſen Verſuchen erhellt, daſs die Natur ſelbſt Blauſäure in manchen Pflanzen durch den Organismus derſelben bildet.